高职高专"十二五"规划教材
21世纪全国高职高专土建系列工学结合型规划教材

# 建筑材料选择与应用

编　著　申淑荣　李颖颖　张　培
主　审　徐锡权

北京大学出版社
PEKING UNIVERSITY PRESS

# 内 容 简 介

本书依据高职高专的教学规律和教学特点，本着以适合社会实际需要为宗旨，以理论知识适度、强调技术应用和实际动手能力为目标，来组织基本内容的编写，编写时力求内容实用、精炼、突出重点，注重与建设工程现行行业规范、建材标准紧密结合。建筑材料多种多样，本书内容主要包括：课程导入；胶凝材料的选择与应用；混凝土的选择与应用；建筑砂浆的选择与应用；建筑金属材料的选择与应用；墙体及屋面材料的选择与应用；建筑防水材料的选择与应用；木材及其制品的选择与应用；建筑装饰材料的选择与应用；绝热、吸声与隔声材料的选择与应用；建筑塑料的选择与应用。

本书具有较强的针对性、实用性和通用性，可作为高职高专土建类专业的教材，也可作为中专、函授、成人教育、继续教育的学习用书，也可供有关建筑工程技术人员参考。

**图书在版编目(CIP)数据**

建筑材料选择与应用/申淑荣，李颖颖，张培编著. —北京：北京大学出版社，2013.3
(21 世纪全国高职高专土建系列工学结合型规划教材)
ISBN 978-7-301-21948-5

Ⅰ.①建… Ⅱ.①申…②李…③张… Ⅲ.①建筑材料—高等职业教育—教材 Ⅳ.①TU5

中国版本图书馆 CIP 数据核字(2013)第 007424 号

| | |
|---|---|
| 书　　　名： | 建筑材料选择与应用 |
| 著作责任者： | 申淑荣　李颖颖　张　培　编著 |
| 策 划 编 辑： | 赖　青　杨星璐 |
| 责 任 编 辑： | 杨星璐 |
| 标 准 书 号： | ISBN 978-7-301-21948-5/TU · 0304 |
| 出 版 者： | 北京大学出版社 |
| 地　　　址： | 北京市海淀区成府路 205 号　　　100871 |
| 网　　　址： | http://www.pup.cn　新浪官方微博:@北京大学出版社 |
| 电 子 信 箱： | pup_6@163.com |
| 电　　　话： | 邮购部 62752015　　发行部 62750672　　编辑部 62750667　　出版部 62754962 |
| 印 刷 者： | 北京富生印刷厂 |
| 发 行 者： | 北京大学出版社 |
| 经 销 者： | 新华书店 |
| | 787 毫米×1092 毫米　16 开本　21.25 印张　495 千字 |
| | 2013 年 3 月第 1 版　　2015 年 9 月第 3 次印刷 |
| 定　　　价： | 39.00 元 |

未经许可，不得以任何方式复制或抄袭本书之部分或全部内容。
**版权所有，侵权必究。**
举报电话：010-62752024　电子信箱：fd@pup.pku.edu.cn

# 北大版·高职高专土建系列规划教材
## 专家编审指导委员会

主　　　任：　于世玮（山西建筑职业技术学院）

副 主 任：　范文昭（山西建筑职业技术学院）

委　　　员：　（按姓名拼音排序）

丁　胜（湖南城建职业技术学院）

郝　俊（内蒙古建筑职业技术学院）

胡六星（湖南城建职业技术学院）

李永光（内蒙古建筑职业技术学院）

马景善（浙江同济科技职业学院）

王秀花（内蒙古建筑职业技术学院）

王云江（浙江建设职业技术学院）

危道军（湖北城建职业技术学院）

吴承霞（河南建筑职业技术学院）

吴明军（四川建筑职业技术学院）

夏万爽（邢台职业技术学院）

徐锡权（日照职业技术学院）

杨甲奇（四川交通职业技术学院）

战启芳（石家庄铁路职业技术学院）

郑　伟（湖南城建职业技术学院）

朱吉顶（河南工业职业技术学院）

特邀顾问：　何　辉（浙江建设职业技术学院）

姚谨英（四川绵阳水电学校）

# 北大版·高职高专土建系列规划教材
# 专家编审指导委员会专业分委会

## 建筑工程技术专业分委会

主　任：吴承霞　　吴明军
副主任：郝　俊　徐锡权　　马景善　　战启芳　　郑　伟
委　员：（按姓名拼音排序）

| | | | | |
|---|---|---|---|---|
| 白丽红 | 陈东佐 | 邓庆阳 | 范优铭 | 李　伟 |
| 刘晓平 | 鲁有柱 | 孟胜国 | 石立安 | 王美芬 |
| 王渊辉 | 肖明和 | 叶海青 | 叶　腾 | 叶　雯 |
| 于全发 | 曾庆军 | 张　敏 | 张　勇 | 赵华玮 |
| 郑仁贵 | 钟汉华 | 朱永祥 | | |

## 工程管理专业分委会

主　任：危道军
副主任：胡六星　　李永光　　杨甲奇
委　员：（按姓名拼音排序）

| | | | | |
|---|---|---|---|---|
| 冯　钢 | 冯松山 | 姜新春 | 赖先志 | 李柏林 |
| 李洪军 | 刘志麟 | 林滨滨 | 时　思 | 斯　庆 |
| 宋　健 | 孙　刚 | 唐茂华 | 韦盛泉 | 吴孟红 |
| 辛艳红 | 鄢维峰 | 杨庆丰 | 余景良 | 赵建军 |
| 钟振宇 | 周业梅 | | | |

## 建筑设计专业分委会

主　任：丁　胜
副主任：夏万爽　　朱吉顶
委　员：（按姓名拼音排序）

| | | | |
|---|---|---|---|
| 戴碧锋 | 宋劲军 | 脱忠伟 | 王　蕾 |
| 肖伦斌 | 余　辉 | 张　峰 | 赵志文 |

## 市政工程专业分委会

主　任：王秀花
副主任：王云江
委　员：（按姓名拼音排序）

| | | | | |
|---|---|---|---|---|
| 翁金贵 | 胡红英 | 来丽芳 | 刘　江 | 刘水林 |
| 刘　雨 | 刘宗波 | 杨仲元 | 张晓战 | |

# 前 言

"建筑材料选择与应用"是高职高专土建类专业的一门重要技术基础课。本书主要介绍了建筑材料的组成与构造、性能与应用、技术标准、检测方法以及材料的储运、保管等知识。通过对本书的学习，能够正确、合理地选择和使用建筑材料，并为后续专业课的学习打下坚实的基础。

本书依据最新的建筑材料相关规范编写。在编写过程中，注重理论与实践相结合，以应用为主，力求反映当前最先进的材料技术知识。内容精练，信息量大，引导学生扩大知识面、了解新型材料的发展趋势。同时，为适应社会实践需要，本书在内容设计上与材料员考试大纲相接轨，使课堂需求与岗位需求的结合更加紧密。

本书建议教学课时为 40～50 课时。为提高学生的实践和动手能力，我们还编写了配套的《建筑材料检测实训》，建议其安排 20 课时，与理论教学相辅相成。

本书由日照职业技术学院申淑荣、李颖颖和张培编著，日照职业技术学院徐锡权任主审。具体编写分工如下：申淑荣编写课程导入的 0.1～0.6 节、学习情境 1、4、6、8、9 和 10，张培编写学习情境 2 和 3，李颖颖编写课程导入的 0.7 节、学习情境 5 和 7。全书由申淑荣撰写大纲并统稿。徐锡权（国家一级注册建造师）认真审阅了本书，并提出了许多宝贵的意见和建议。

本书在编写过程中参阅和检索了大量文献资料的内容，借鉴了国内外许多同行专家的最新研究成果和经验，均在参考文献中列出，谨在此表示衷心的感谢。

由于编者水平所限，书中不足之处在所难免，敬请使用本书的师生与读者批评指正，并提出宝贵意见，以便修订完善。

编者
2013 年 1 月

# CONTENTS •••••••••
## 目 录

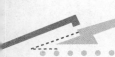

# 课程导入

通过对课程导入的学习，达到对建筑材料课程的基本了解，理解建筑材料的定义和分类，了解建筑材料在建筑工程中的重要地位、建筑材料的发展现状及方向以建筑材料的标准化等，初步了解建筑材料课程的特点。在理解建筑材料的基本物理、力学性质、光学和声学性质、耐久性的基础上，可以初步判断材料的性能和应用场合，为今后进一步学习正确选择及合理使用建筑材料打下基础。

◎学习要求

| 知 识 要 点 | 能 力 目 标 | 比重 |
|---|---|---|
| 建筑材料的定义和分类 | 懂得建筑材料的定义和建筑材料的分类 | 5% |
| 建筑材料的作用 | 懂得建筑材料在建筑工程中的地位与作用 | 5% |
| 建筑材料的发展 | 懂得建筑材料的发展现状及发展方向 | 5% |
| 建筑材料的标准化 | 懂得建筑材料的技术标准化 | 5% |
| 课程的主要学习任务 | 根据本部分内容，结合自己的学习目标和学习条件，制订一份本课程的学习计划 | 5% |
| 材料的基本物理性质 | (1) 懂得材料各指标的含义<br>(2) 会进行材料各项物理指标的计算<br>(3) 能进行材料各项物理指标的测定 | 40% |
| 材料的力学性质 | 懂得材料的力学性质的含义 | 15% |
| 材料的光学性质、材料的耐久性 | 懂得材料的光学性质、耐久性的含义 | 20% |

**引例 1**

某工程顶层欲加保温层,以下为两种材料的剖面,如图0.1所示,请问:应选择何种材料?

(a)                            (b)

图0.1 材料剖面

**引例 2**

某地发生历史罕见的洪水。洪水退后,许多砖房倒塌,其砌筑用的砖多为未烧透的多孔的红砖,如图0.2所示,请分析原因。

图0.2 未烧透的多孔的红砖

**引例 3**

如图0.3所示为某大楼的外表,从中可见墙壁发黑,在有的地方可见白色流迹线严重影响建筑物的外观,请分析原因。

图0.3 发黑的墙体

建筑物是由各种材料组成的,因此用于建筑工程中的材料的性能对建筑物的各种性能具有重要影响。建筑材料不仅是建筑物的物质基础,也是决定建筑工程质量和使用性能的关键因素。为使建筑物安全、性能可靠、耐久、美观、经济实用,必须合理选择且正确使用建筑材料。

## 0.1　建筑材料的定义

建筑材料是建筑工程中所使用的各种材料及制品的总称。建筑材料是构成建筑工程的物质基础，如图0.4所示为建筑物的组成。广义的建筑材料除用于建筑物本身的各种材料之外，还包括给水排水、供热、供电、燃气、通信以及楼宇控制等配套工程所需设备与器材。另外，施工过程中的暂设工程，如围墙、脚手架、板桩、模板等所涉及的器具与材料，也应囊括其中。本课程讨论的是狭义建筑材料，即构成建筑物本身的材料，包括地基基础、墙或柱、楼地层、楼梯、屋盖、门窗等所需的材料。

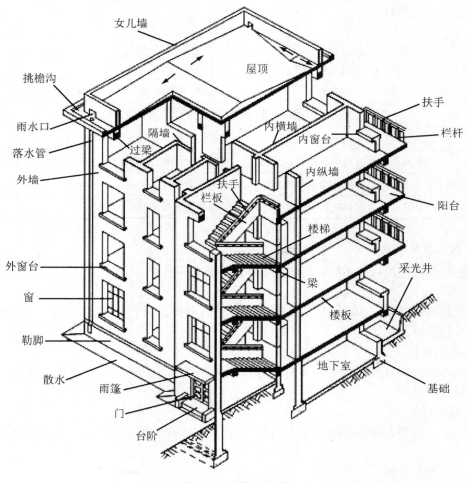

**图0.4　建筑物组成**

## 0.2　建筑材料的分类

建筑材料的种类繁多，性能各异，用途也不尽相同，为了便于区分和应用，工程中通常从不同的角度对建筑材料进行分类。

1. 按材料的化学成分分类

根据材料的化学成分，建筑材料可分为有机材料、无机材料以及复合材料三大类，见表0-1。

表 0-1　建筑工程材料按化学成分分类

| 分类 | 种　类 | | 举　例 |
|---|---|---|---|
| 有机材料 | 植物材料 | | 木材、竹材等 |
| | 沥青材料 | | 石油沥青、煤沥青、沥青制品等 |
| | 合成高分子材料 | | 塑料、涂料、胶粘剂等 |
| 无机材料 | 金属材料 | 有色金属 | 铝、铜、锌、铅及其合金 |
| | | 黑色金属 | 钢、铁、锰、铬及其合金等 |
| | 非金属材料 | 天然材料 | 砂、石及石材制品 |
| | | 烧土制品 | 砖、瓦、陶瓷 |
| | | 胶凝材料 | 石灰、石膏、水泥、水玻璃等 |
| | | 混凝土及硅酸盐制品 | 混凝土、砂浆、硅酸盐制品 |
| | | 无机纤维材料 | 玻璃纤维、矿物棉等 |
| 复合材料 | 无机非金属材料与有机材料复合 | | 聚合物混凝土、玻璃纤维增强塑料、沥青混凝土等 |
| | 金属材料与无机非金属材料复合 | | 钢筋混凝土 |
| | 金属材料与有机材料复合 | | 轻质金属夹芯板 |

2. 按使用目的分类

根据材料的使用目的不同，可将建筑材料分为如下几类。

1）结构材料

用作建筑物骨架，如梁、柱、墙体等组合受力部分的材料。例如，木材、石材、砖、混凝土及钢铁等。

2）装饰材料

包括内外装饰材料和地面装饰材料等。例如，瓷砖、玻璃、金属饰板、轻板、涂料、粘铺材料及壁纸等。

3）隔断材料

以防水、防潮、隔音、隔热等为目的而使用的材料。例如，沥青、嵌缝材料、玻璃棉等。

4）防火耐火材料

以提高难燃、防烟及耐火性等为目的的材料。例如，防火预制混凝土制品、石棉水泥板、硅钙板等；此外，还有兼顾防火、耐火及隔断等多方面功能的装饰材料。

3. 按使用功能分类

根据建筑材料功能及特点，可分为建筑结构材料、墙体材料和建筑功能材料。

1）建筑结构材料

建筑结构材料主要是指构成建筑物受力构件和结构所用的材料。如梁、板、柱、基础、框架及其他受力件和结构等所用的材料都属于这一类。对这类材料主要技术性能的要求是强度和耐久性。目前，所用的主要结构材料有砖、石、水泥混凝土和钢材及两者的复合物——钢筋混凝土和预应力钢筋混凝土。在相当长的时期内，钢筋混凝土及预应力钢筋混凝土仍是我国建筑工程中的主要结构材料之一。随着工业的发展，轻钢结构和铝合金结构所占的比例将会逐渐加大。如图 0.5 所示是某厂房钢材承重。

2）墙体材料

墙体材料是指建筑物内、外及分隔墙体所用的材料，有承重和非承重两类。由于墙体在建筑物中占有很大比例，故认真选用墙体材料，对降低建筑物的成本、节能和使用安全耐久等都是很重要的。目前，我国大量采用的墙体材料为砌墙砖、混凝土及加气混凝土砌块等。此外，还有混凝土墙板、石膏板、金属板材和复合墙体等，特别是轻质多功能的复合墙板发展较快。如图 0.6 所示是某框架结构的填充墙。

3）建筑功能材料

建筑功能材料主要是指担负某些建筑功能的非承重用材料。如防水材料、绝热材料、吸声和隔声材料、采光材料、装饰材料等。这类材料的品种、形式繁多，功能各异，随着国民经济的发展以及人们生活水平的提高，这类材料将会越来越多地应用于建筑物上。如图 0.7 所示是装饰后的建筑物室内环境。

一般来说，建筑物的可靠度与安全性，主要决定于由建筑结构材料组成的构件和结构体系，而建筑物的使用功能与建筑品质，主要决定于建筑功能材料。此外，对某一种具体材料来说，可能兼有多种功能。

图 0.5　钢材承重　　　　　　图 0.6　框架结构填充墙　　　　　图 0.7　装饰后的室内环境

## 0.3　建筑材料在工程中的作用

任何一种建筑物或构筑物都是用建筑材料按某种方式组合而成的，没有建筑材料，就没有建筑工程，因此建筑材料是建筑业发展的物质基础。正确、合理地选择和使用建筑材料，以及开发利用新材料对建筑业的发展来说意义非常重要。

1. 材料的质量决定建筑物的质量

建筑材料是建筑业发展的物质基础，材料的质量、性能直接影响建筑物的使用、耐久和美观。建筑材料的品种、质量及规格直接影响建筑的坚固性、耐久性和适用性。建筑材料质量的优劣、配制是否合理、选用是否恰当直接影响建筑工程质量。

2. 材料的发展影响结构性质及施工方法

任何一个建筑工程都由建筑、材料、结构、施工 4 个方面组成，其中，材料决定了结构形式,如木结构、钢结构、钢筋混凝土结构等,结构形式一经确定,施工方法也随之而定。建筑工程中许多技术问题的突破,往往依赖于建筑材料问题的解决。新材料的出现,将促使建筑设计、结构设计和施工技术革命性的变化。例如,粘土砖的出现,产生了砖木结构;水泥和钢筋的出现,产生了钢筋混凝土结构;轻质高强材料的出现,推动了现代建筑向高层和大跨度方向发展;轻质材料和保温材料的出现对减轻建筑物的自重、提高建筑物的抗震能力、改善工作与居住环境条件等起到了十分有益的作用,并推动了节能建筑的发展;新型装饰材料的出现使得建筑物的造型及建筑物的内外装饰发生明显变化。总之,新材料的出现远比通过结构设计与计算和采用先进施工技术对建筑工程的影响大,建筑工程归根到底是围绕着建筑材料来开展的生产活动,因此,建筑材料是建筑工程的基础和核心。工程中许多技术问题的突破,往往依赖于建筑材料问题的解决,而新材料的出现,又将促使结构设计及施工技术的革新。

### 3. 材料的费用决定建筑工程的造价

建筑材料的使用量很大,我国一般建筑物的总造价中,材料费约占 50%～60%。因此,材料的选用、管理是否合理,直接影响建筑工程的造价。只有学习并掌握建筑材料知识,才能合理地选择和使用材料,充分利用材料的各种功能,提高材料的利用率,在满足使用功能的前提下节约材料,进而降低工程造价。

建筑材料的发展是随着人类社会生产力的不断发展和人民生活水平的不断提高而向前发展的。现代科学技术的发展,使生产力水平不断提高,人民生活水平不断改善,这将要求建筑材料的品种和性能更加完备,不仅要求经久耐用,而且要求建筑材料具有轻质、高强、美观、保温、吸声、防水、防震、防火、节能等功能。

## 0.4 建筑材料的发展

建筑材料的发展史是人类文明史的一部分,利用建筑材料改造自然、促进人类物质文明的进步,是人类社会发展的一个重要标志。建筑材料是随着社会生产力和科学技术水平的发展而发展的,原始时代,人们利用天然材料,如木材、岩石、竹、粘土建造房屋用于遮风避雨。石器、铁器时代,人们开始加工和生产材料,如著名的金字塔使用的材料是石材、石灰、石膏;万里长城使用的材料是条石、大砖、石灰砂浆;布达拉宫使用的材料是石材、石灰砂浆。图 0.8 为石墙,图 0.9 为传统吊脚楼,图 0.10 为木结构房屋。18 世纪中叶,建筑材料中开始出现钢材、水泥;19 世纪,钢筋混凝土出现;20 世纪,预应力混凝土、高分子材料出现;21 世纪,轻质、高强、节能、高性能绿色建材出现。

图 0.8　石墙　　　　　　图 0.9　传统吊脚楼　　　　　图 0.10　木结构房屋

近几十年来，随着科学技术的进步和建筑工程发展的需要，一大批新型建筑材料应运而生，出现了塑料、涂料、新型建筑陶瓷与玻璃、新型复合材料（纤维增强材料、夹层材料等），但当代主要结构材料仍为钢筋混凝土。随着社会的进步、环境保护和节能降耗的需要，建筑工程对材料提出了更高、更多的要求。今后一段时间内，建筑材料将向以下几个方向发展。

**1. 轻质高强**

现今钢筋混凝土结构材料自重大（每立方米重约2500kg），限制了建筑物向高层、大跨度方向进一步发展。通过减轻材料自重，以尽量减轻结构物自重，可提高经济效益。目前，世界各国都在大力发展高强混凝土、加气混凝土、轻骨料混凝土、空心砖、石膏板等材料，以适应建筑工程发展的需要。

**2. 节约能源**

建筑材料的生产能耗和建筑物使用能耗，在国家总能耗中一般占20%～35%，研制和生产低能耗的新型节能建筑工程材料，是构建节约型社会的需要。

**3. 利用废渣**

充分利用工业废渣、生活废渣、建筑垃圾生产建筑材料，将各种废渣尽可能资源化，以保护环境、节约自然资源，使人类社会可持续发展。

**4. 多功能化**

利用复合技术生产多功能材料、特殊性能材料及高性能材料，这对提高建筑物的使用功能、经济性及加快施工速度等有着十分重要的作用。

**5. 智能化**

所谓智能化，是指材料本身具有自我诊断和预告破坏、自我修复的功能，以及可重复利用性。建筑材料向智能化方向发展，是人类社会向智能化社会发展过程中降低成本的需要。

**6. 绿色化**

产品的设计是以改善生产环境、提高生活质量为宗旨，产品具有多功能，不仅无损而且有益于人的健康；产品可循环或回收再利用，或形成无污染环境的废弃物。因此，生产材料所用的原料尽可能少用天然资源，大量使用废渣、垃圾、废液等废弃物；采用低能耗制造工艺和对环境无污染的生产技术；产品配制和生产过程中，不使用对人体和环境有害的污染物质。

**7. 再生化**

工程中使用材料是开发生产的可再生循环和回收利用，建筑物拆除后不会造成二次污染。

## 0.5 建筑材料的技术标准简介

目前，我国绝大多数建筑材料都有相应的技术标准，这些技术标准涉及产品规格、分

类、技术要求、验收规则、代号与标志、运输与储存及抽样方法等内容。

建筑材料的技术标准是产品质量的技术依据。对于生产企业，必须按照标准生产，控制其质量，同时技术标准可促进企业改善管理、提高生产技术和生产效率。对于使用部门，则按照标准选用、设计、施工，并按标准验收产品。我国建筑材料的检测标准见表0-2。

表0-2　我国建筑材料的检测标准

| 标准级别 | 表示内容 | 代号 | 表示方法 |
|---|---|---|---|
| 国家标准 | 国家标准 | GB | 由标准名称、标准代号、发布顺序号、发布年号组成，例如：《通用硅酸盐水泥》　GB175—2007 |
| | 国家推荐标准 | GB/T | |
| | 工程建设国家标准 | GBJ | |
| 行业标准（部分） | 建筑工业行业标准 | JG | |
| | 建设部行业标准 | JGJ | |
| | 冶金行业标准 | YB | |
| | 交通部行业标准 | JT | |
| | 水电标准 | SD | |
| 地方标准 | 地方强制性标准 | DB | |
| | 地方推荐性标准 | DB/T | |
| 企业标准 | 适用于本企业 | QB | |

技术标准是根据一定时期的技术水平制定的，因而随着技术的发展与使用要求的不断提高，需要对标准进行修订，修订标准实施后，旧标准自动废除。

工程中使用的建筑材料除必须满足产品标准外，有时还必须满足有关的设计规范、施工及验收规范或规程等的规定。这些规范或规程对建筑材料的选用、使用、质量要求及验收等还有专门的规定（其中有些规范或规程的规定与建筑材料产品标准的要求相同）。

无论是国家标准还是部门行业标准，都是全国通用标准，属国家指令性技术文件，均必须严格遵照执行，尤其是强制性标准。在学习有关标准时应注意到黑体字标志的条文为强制性条文。工程中有时还涉及美国标准 ASTM（American Society for Testing Materials）、英国标准 BS（British Standard）、日本标准 JIS（Japanese Industrial Standards）、德国标准 DIN（Deutschs Institut für Normung）、法国标准 NF、国际标准 ISO（International Standard Organization）等。

## 0.6　本课程的主要内容和学习任务

本课程主要讲述常用建筑材料的品种、规格、技术性质、质量标准、检验方法、选用及保管等基本内容。重点要求掌握建筑材料的技术性能与合理选用，并具备对常用建筑材料的主要技术指标进行检测的能力。

本课程包括理论课和实验课两个部分。学习目的在于使学生掌握主要建筑材料的性质、用途、制备和使用方法以及检测和质量控制方法，并了解工程材料性质与材料结构的关系，以及性能改善的途径。通过本课程的学习，应能针对不同工程合理选用材料，并能与后续课程密切配合，了解材料与设计参数及施工措施选择的相互关系。

为了学好建筑材料的选择与应用这门课程，学习时应以科学的观点和方法以及实践的观点为出发点，从以下几个方面来加强学习和理解。

1. 抓住重点内容

本课程的特点与力学、数学等完全不同，初次学习难免产生枯燥无味之感，但必须克服这一心理状态，必须静下心来反复阅读，适当背记，背记后再回想和理解。本课程的重点内容就是常用建筑材料的技术性能与选用、检测标准与方法等。在学习过程中要抓住每种材料"原料—生产工艺—组成、成分—构造—性质—应用—检验—储存以及它们之间的相互关系"这条主线。

2. 及时总结，发现规律

本课程各情境之间虽然自成体系，但材料的组成、结构、性质和应用之间存在着内在的联系，通过分析对比，掌握它们的共性。每一情境学习结束后，应及时总结。

3. 观察工程，认真检测

学习过程中注意理论与实践相结合。建筑材料是一门实践性很强的课程，学习时应注意理论联系实际，为了及时理解课堂讲授的知识，应利用一切机会观察周围已经建成的或正在施工的工程，在实践中理解和验证所学内容。材料性能检测是本课程的重要教学环节，通过材料性能检测可验证所学的基本理论。学会常用建筑材料的检测方法，掌握一定的检测技能，并能对检测结果进行正确的分析和判断，可以培养学生的学习与工作能力及严谨的科学态度。

# 0.7　建筑材料的基本性质

1. 材料的基本物理性质

1) 与材料构造有关的性质

(1) 材料的体积。

体积是材料占有的空间尺寸。由于材料具有不同的物理状态，因而表现出不同的体积。

① 材料的绝对密实体积($V$)：是指不包括孔隙在内的固体物质部分的体积，也称实体积，一般用 $V$ 来表示。在自然界中，绝大多数固体材料内部都存在孔隙，因此固体材料的总体积($V_0$)应由固体物质部分体积($V$)和孔隙体积($V_p$)两部分组成，而材料内部的孔隙又根据是否与外界相连通被分为开口孔隙(浸渍时能被液体填充，其体积用 $V_b$ 表示)和封闭孔隙(与外界不相连通，其体积用 $V_k$ 表示)。固体材料的体积和质量的关系图如图 0.11 所示。

② 材料的表观体积($V'$)：整体材料的外观体积(包括矿质实体和闭口孔隙体积)。一般以 $V'$ 表示材料的表观体积。

③ 材料的总体积($V_0$)：包括材料的矿质实体、闭口孔隙和开口孔隙在内的总体积。一般以 $V_0$ 表示材料的表观体积。

④ 材料的堆积体积($V'_0$)：粉状或粒状材料，在堆积状态下的总体外观体积(含物质固体体积及其闭口、开口孔隙，和颗粒间的空隙)。根据其堆积状态不同，同一材料表现的体积大小可能不同，松散堆积下的体积较大，密实堆积状态下的体积较小。材料的堆积体

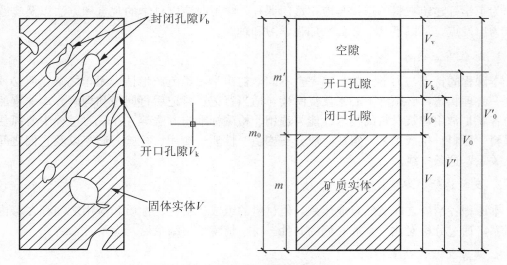

**图 0.11　固体材料的体积和质量的关系**

积一般以 $V_0'$ 来表示。

（2）材料的密度。

① 密度：材料的密度（又称真实密度）是指材料在规定的条件下（105℃±5℃烘干至恒重）下，单位矿质实体（不包含孔隙的实体体积）的质量，按式（0-1）计算：

$$\rho = \frac{m}{V} \tag{0-1}$$

式中　$\rho$——密度，$kg/m^3$ 或 $g/cm^3$；

　　　$m$——材料的质量，kg 或 g；

　　　$V$——材料的绝对密实体积，$m^3$ 或 $cm^3$。

材料的实体体积是指不包括材料孔隙的固体物质本身的体积，测试时，材料必须是绝对干燥状态。含孔材料应把材料磨成细粉（粒径小于 0.2mm）以排除其内部孔隙，经干燥至恒重后，用密度瓶（李氏瓶）测定其实际体积，该体积即可视为材料绝对密实状态下的体积。材料磨得愈细，测定的密度值愈精确。

② 表观密度（$\rho'$）：表观密度（简称视密度）是在规定条件下（105℃±5℃烘干至恒重），单位表观体积物质的质量，按式（0-2）计算：

$$\rho' = \frac{m}{V'} = \frac{m}{V + V_b} \tag{0-2}$$

式中　$\rho'$——材料的表观密度，$kg/m^3$ 或 $g/cm^3$；

　　　$m$——材料的质量，kg 或 g；

　　　$V'$——材料的表观体积，$m^3$ 或 $cm^3$。

细骨料（砂）的表观密度的检测方法有两种，标准法和简易法。粗骨料（石子）的表观密度的检测方法也有两种，标准法和简易法，详见《普通混凝土用砂、石质量及检验方法标准》（JGJ 52—2006）。

③ 体积密度（$\rho_0$）：材料的体积密度是在规定的条件下，单位总体积（包括矿质实体、闭口孔隙和开口孔隙）物质的质量，按式（0-3）计算：

$$\rho_0 = \frac{m}{V_0} = \frac{m}{V + V_b + V_k} \tag{0-3}$$

式中 $\rho_0$——材料的体积密度，$kg/m^3$ 或 $g/cm^3$；

$m$——材料的质量，$kg$ 或 $g$；

$V_0$——材料在自然状态下的体积，$m^3$ 或 $cm^3$。

④ 堆积密度($\rho'_0$)：散粒状（粉状、粒状、纤维状）材料在自然堆积状态下，单位体积（包含物质固体体积及其闭口、开口孔隙，和颗粒间的空隙）的质量称为堆积密度。按式(0-4)计算：

$$\rho'_0 = \frac{m}{V'_0} = \frac{m}{V + V_b + V_k + V_v} \tag{0-4}$$

式中 $\rho'_0$——材料的堆积密度，$kg/m^3$ 或 $g/cm^3$；

$m$——散粒材料的质量 $kg$ 或 $g$；

$V'_0$——散粒材料在自然堆积状态下的体积，又称堆积体积，$m^3$ 或 $cm^3$。

测定堆积密度时，采用一定容积的容器，将散粒状材料按规定方法装入容器中，测定材料质量，容器的容积即为材料的堆积体积，如图 0.12 所示。

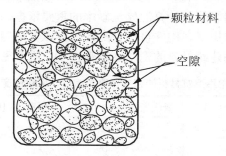

颗粒材料

空隙

**图 0.12 堆积体积示意图**

（3）材料的密实度与孔隙率。

① 密实度($D$)：指材料体积被固体物质所充实的程度。用式(0-5)表示：

$$D = \frac{V}{V_0} \times 100\% = \frac{\rho_0}{\rho} \times 100\% \tag{0-5}$$

② 孔隙率($P$)：指材料体积内，孔隙体积占自然状态下总体积的百分率。用式(0-6)表示：

$$P = \frac{V_0 - V}{V_0} \times 100\% = (1 - \frac{V}{V_0}) \times 100\% = (1 - \frac{\rho_0}{\rho}) \times 100\% \tag{0-6}$$

孔隙率一般是通过试验确定的材料密度和体积密度求得。

材料的孔隙率与密实度的关系为

$$P + D = 1$$

材料的孔隙率与密实度是相互关联的性质，材料孔隙率的大小可直接反映材料的密实程度，孔隙率越大，则密实度越小。

孔隙按构造可分为开口孔隙和封闭孔隙两种；按尺寸的大小又可分为微孔、细孔和大孔三种。材料孔隙率大小、孔隙特征对材料的许多性质会产生一定影响，如材料的孔隙率较大，且连通孔较少，则材料的吸水性较小、抗冻性和抗渗性较好、导热性较差、保温隔热性较好。

（4）材料的填充率与空隙率。

① 填充率：指装在某一容器的散粒材料，其颗粒填充该容器的程度。用式（0-7）表示：

$$D' = \frac{V_0}{V'_0} \times 100\% = \frac{\rho'_0}{\rho_0} \times 100\% \qquad (0-7)$$

② 空隙率：指散粒材料（如砂、石等）颗粒之间的空隙体积占材料堆积体积的百分率。用式（0-8）表示：

$$P' = \frac{V'_0 - V_0}{V'_0} \times 100\% = (1 - \frac{V_0}{V'_0}) \times 100\% = (1 - \frac{\rho'_0}{\rho_0}) \times 100\% \qquad (0-8)$$

式中　$\rho_0$——颗粒状材料的体积密度，$kg/m^3$ 或 $g/cm^3$；

　　　$\rho'_0$——颗粒状材料的堆积密度，$kg/m^3$ 或 $g/cm^3$。

散粒材料的空隙率与填充率的关系为

$$P' + D' = 1$$

空隙率与填充率也是相互关联的两个性质，空隙率的大小可直接反映散粒材料的颗粒之间相互填充的程度。散粒状材料，空隙率越大，则填充率越小。在配制混凝土时，砂、石的空隙率是作为控制骨料级配与计算混凝土砂率的重要依据。

土木工程中在计算材料用量、构件自重、配料计算以及确定堆放空间时，均需要用到材料的上述状态参数。常用建筑材料的密度、表观密度、堆积密度及空隙率见表0-3。

表0-3　常用建筑材料的密度、表观密度、堆积密度及空隙率

| 材料名称 | 密度/(g/cm³) | 表观密度/(kg/m³) | 堆积密度/(kg/m³) | 空隙率/% |
|---|---|---|---|---|
| 钢材 | 7.8～7.9 | 7850 | — | 0 |
| 花岗石 | 2.7～3.0 | 2500～2900 | — | 0.5～3.0 |
| 石灰岩 | 2.4～2.6 | 1800～2600 | 1400～1700（碎石） | — |
| 砂 | 2.5～2.6 | — | 1500～1700 | — |
| 粘土 | 2.5～2.7 | — | 1600～1800 | — |
| 水泥 | 2.8～3.1 | — | 1200～1300 | — |
| 烧结普通砖 | 2.6～2.7 | 1600～1900 | — | 20～40 |
| 烧结空心砖 | 2.5～2.7 | 1000～1480 | — | — |
| 红松木 | 1.55～1.60 | 400～600 | — | 55～75 |

2）与水有关的性质

（1）亲水性与憎水性。材料与水接触时，根据材料是否能被水润湿，可将其分为亲水性和憎水性两类。亲水性是指材料表面能被水润湿的性质；憎水性是指材料表面不能被水润湿的性质。

当材料与水在空气中接触时，将出现如图0.13所示的两种情况。在材料、水、空气三相交点处，沿水滴的表面作切线，切线与水和材料接触面所成的夹角称为润湿角（用 $\theta$ 表示）。当 $\theta$ 越小，表明材料越易被水润湿。一般认为，当 $\theta \leqslant 90°$ 时，如图0.13（a）所示，材料表面吸附水分，能被水润湿，材料表现出亲水性；当 $90° < \theta \leqslant 180°$ 时，如图0.13（b）所示，则材料表面不易吸附水分，不能被水润湿，材料表现出憎水性。

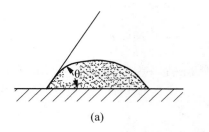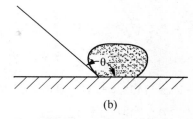

图 0.13　材料被水润湿示意图

(a)亲水性材料；(b)憎水性材料

亲水性材料易被水润湿，且水能通过毛细管作用而被吸入材料内部。憎水性材料则能阻止水分渗入毛细管中，从而降低材料的吸水性。建筑材料大多数为亲水性材料，如水泥、混凝土、砂、石、砖、木材等，只有少数材料为憎水性材料，如沥青、石蜡、某些塑料等。建筑工程中憎水性材料常被用作防水材料，或作为亲水性材料的覆面层，以提高其防水、防潮性能。

（2）吸水性。材料在水中吸收水分的性质称为吸水性。吸水性的大小用吸水率表示，吸水率有两种表示方法：质量吸水率和体积吸水率。

① 质量吸水率：材料在吸水饱和时，所吸收水分的质量占材料干质量的百分率。用式(0-9)表示：

$$\omega_a = \frac{m_{湿} - m_{干}}{m_{干}} \times 100\% \tag{0-9}$$

式中　$\omega_a$——材料的质量吸水率，%；

　　　$m_{湿}$——材料在饱和水状态下的质量，kg 或 g；

　　　$m_{干}$——材料在干燥状态下的质量，kg 或 g。

② 体积吸水率：材料在吸水饱和时，所吸收水分的体积占干燥材料总体积的百分率。用式(0-10)表示：

$$\omega_v = \frac{m_{湿} - m_{干}}{V_0} \cdot \frac{1}{\rho_{水}} \times 100\% \tag{0-10}$$

式中　$\omega_v$——材料的体积吸水率，%；

　　　$V_0$——干燥材料的总体积，m³ 或 cm³；

　　　$\rho_{水}$——水的密度，kg/m³ 或 g/cm³。

常用的建筑材料，其吸水率一般采用质量吸水率表示。对于某些轻质材料，如加气混凝土、木材等，由于其质量吸水率往往超过 100%，一般采用体积吸水率表示。

材料吸水率的大小，不仅与材料的亲水性或憎水性有关，而且与材料的孔隙率和孔隙特征有关。材料所吸收的水分是通过开口孔隙吸入的。一般而言，孔隙率越大，开口孔隙越多，则材料的吸水率越大；但如果开口孔隙粗大，则不易存留水分，即使孔隙率较大，材料的吸水率也较小；另外，封闭孔隙水分不能进入，吸水率也较小。

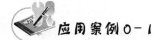 **应用案例 0-1**

烧结普通砖的尺寸为 240mm×115mm×53mm，已知其孔隙率为 37%，干燥质量为 2487g，浸水饱和后质量为 2984g。试求该砖的体积密度、密度、吸水率、开口孔隙率及闭口孔隙率。

解：

体积密度：$\rho_0 = \dfrac{m}{V_0} = \dfrac{2487}{24 \times 11.5 \times 5.3} = \dfrac{2487}{1462.80} = 1.7\text{g/cm}^3$

$P = \dfrac{V_{孔}}{V_0} \times 100\% = 37\%$ 故 $V_{孔} = 37\% \times 1462.8 = 541.236\text{cm}^3$

$V = V_0 - V_{孔} = 1462.8 - 541.236 = 921.6\text{cm}^3$

密度：$\rho = \dfrac{m}{V} = \dfrac{2487}{921.6} = 2.7\text{g/cm}^3$

吸水率：$\omega_a = \dfrac{(m_{湿} - m_{干})}{m_{干}} \times 100\% = \dfrac{2984 - 2487}{2487} \times 100\% = 20\%$

开口孔隙率：$P_k = \dfrac{(m_2 - m_1)}{\rho_{水}} \cdot \dfrac{1}{V_0} \times 100\% = \dfrac{2984 - 2487}{1462.8} \times 100\% = 34\%$

闭口孔隙率：$P_b = P - P_k = 37\% - 34\% = 3\%$

（3）吸湿性。材料在潮湿空气中吸收水分的性质称为吸湿性。吸湿性的大小用含水率表示，用式（0-11）表示：

$$\omega_{含} = \dfrac{m_{含} - m_{干}}{m_{干}} \times 100\% \tag{0-11}$$

式中　$\omega_{含}$——材料的含水率，%；

　　　$m_{含}$——材料在吸湿状态下的质量，kg 或 g；

　　　$m_{干}$——材料在干燥状态下的质量，kg 或 g。

　　材料的含水率随空气的温度、湿度变化而改变。材料既能在空气中吸收水分，又能向外界释放水分，当材料中的水分与空气的湿度达到平衡，此时的含水率就称为平衡含水率。一般情况下，材料的含水率多指平衡含水率。当材料内部孔隙吸水达到饱和时，材料的含水率等于吸水率。材料吸水后，会导致自重增加、保温隔热性能降低、强度和耐久性产生不同程度的下降。材料含水率的变化会引起体积的变化，影响使用。

　　（4）耐水性。材料长期在饱和水作用下不破坏，强度也不显著降低的性质称为耐水性。材料耐水性用软化系数表示，用式（0-12）表示：

$$K_{软} = \dfrac{f_{饱}}{f_{干}} \tag{0-12}$$

式中　$K_{软}$——材料的软化系数；

　　　$f_{饱}$——材料在饱和水状态下的抗压强度，MPa；

　　　$f_{干}$——材料在干燥状态下的抗压强度，MPa。

　　软化系数的大小反映材料在浸水饱和后强度降低的程度。材料被水浸湿后，强度一般会有所下降，因此软化系数在 0～1 之间。软化系数越小，说明材料吸水饱和后的强度降低越多，其耐水性越差。工程中将 $K_{软} > 0.85$ 的材料称为耐水性材料。对于经常位于水中或潮湿环境中的重要结构的材料，必须选用 $K_{软} > 0.85$ 耐水性材料；对于用于受潮较轻或次要结构的材料，其软化系数不宜小于 0.75。

　　（5）抗渗性。材料抵抗压力水渗透的性质称为抗渗性。材料的抗渗性通常采用渗透系数表示。渗透系数是指一定厚度的材料，在单位压力水渗透作用下，单位时间内透过单位面积的水量，用式（0-13）表示：

$$K=\frac{Wd}{AtH} \qquad (0-13)$$

式中　$K$——材料的渗透系数，cm/h；

　　　$W$——透过材料试件的水量，$cm^3$；

　　　$d$——材料试件的厚度，cm；

　　　$A$——透水面积，$cm^2$；

　　　$t$——透水时间，h；

　　　$H$——静水压力水头，cm。

渗透系数反映了材料抵抗压力水渗透的能力，渗透系数越大，则材料的抗渗性越差。

材料的抗渗性常采用抗渗等级（P）表示。抗渗等级是根据在规定的试验条件下，试件所能承受的最大水压力来确定，以"PN"表示，其中 N 为该材料所能承受的最大水压力（MPa）的 10 倍值。如 P8 表示混凝土承受 0.8MPa 水压力时无渗水现象。如混凝土的抗渗等级应以每组 6 个试件中 4 个未出现渗水时的最大水压力乘以 10 来确定。混凝土的抗渗等级应按式（0-14）计算：

$$P=10H-1 \qquad (0-14)$$

式中　$P$——抗渗等级；

　　　$H$——6 个试件中 3 个渗水时的水压力，MPa。

材料抗渗性的大小，与其孔隙率和孔隙特征有关。材料中存在连通的孔隙，且孔隙率较大，水分容易渗入，故这种材料的抗渗性较差。孔隙率小的材料具有较好的抗渗性。封闭孔隙水分不能渗入，因此对于孔隙率虽然较大，但以封闭孔隙为主的材料，其抗渗性也较好。对于地下建筑、压力管道、水工构筑物等工程部位，因经常受到压力水的作用，要选择具有良好抗渗性的材料；作为防水材料，则要求其具有更高的抗渗性。

（6）抗冻性。材料在饱和水状态下，能经受多次冻融循环作用而不破坏，且强度也不显著降低的性质，称为抗冻性。通常采用−15℃的温度（水在微小的毛细管中低于−15℃才能冻结）冻结后，再在 20℃的水中融化，这样的一个冻融过程称为一次循环。

材料经受冻融循环作用后，表面将出现剥落、裂纹，产生质量损失，强度也将会降低。冰冻的破坏作用是由材料内部孔隙中的水结冰所致。水结冰时体积要增大 9% 左右，对孔隙壁产生压力，当此应力超过材料的抗拉强度时，孔壁将产生局部开裂；随着冻融循环次数的增加，材料孔隙内壁因水的结冰体积膨胀产生最大达到 100MPa 的应力，在压力反复作用下，使孔壁开裂。材料在冻融过程中是由表及里逐层进行的。冻融循环次数越多，对材料的破坏作用也越严重，材料表面产生脱屑剥落和裂纹，强度逐渐降低。

判断材料抗冻性的好坏有 3 个指标，即冻融循环后强度变化、质量损失、外形变化。抗冻性的好坏取决于材料的孔隙率、孔隙的特征、吸水饱和程度和自身的抗拉强度。材料的变形能力大、强度高、软化系数大，则抗冻性较高。一般认为，软化系数小于 0.80 的材料，其抗冻性较差。材料受冻融破坏的程度，与冻融温度、结冰速度、冻融频繁程度等因素有关。环境温度愈低、降温愈快、冻融愈频繁，则材料受冻融破坏愈严重。

抗冻性良好的材料，对于抵抗大气温度变化、干湿交替等破坏作用的能力较强，所以抗冻性常作为考查材料耐久性的一项重要指标。在设计寒冷地区及寒冷环境（如冷库）的建筑物时，必须要考虑材料的抗冻性。处于温暖地区的建筑物，虽无冰冻作用，但为抵抗大气的作用，确保建筑物的耐久性，也常对材料提出一定的抗冻性要求。

3）与热有关的性质

为保证建筑物具有良好的室内小气候，降低建筑物的使用能耗，因此要求材料具有良好的热工性质。通常考虑的热工性质有导热性、热容量。

（1）导热性。

当材料两侧存在温差时，热量将从温度高的一侧通过材料传递到温度低的一侧，材料这种传导热量的能力称为导热性。材料导热性的大小用导热系数表示。导热系数是指厚度为 1m 的材料，当两侧温差为 1K 时，在 1s 时间内通过 $1m^2$ 面积的热量。用式（0-15）表示：

$$\lambda = \frac{Q\alpha}{At(T_2 - T_1)} \tag{0-15}$$

式中　$\lambda$——材料的导热系数，$W/(m \cdot K)$；

　　　$Q$——传递的热量，J；

　　　$\alpha$——材料的厚度，m；

　　　$A$——材料的传热面积，$m^2$；

　　　$t$——传热时间，s；

　$T_2 - T_1$——材料两侧的温差，K。

材料的导热系数愈小，表示其绝热性能愈好。各种材料的导热系数差别很大，大致在 $0.029 \sim 3.5 W/(m \cdot K)$，如泡沫塑料。工程中通常把 $\lambda$ 小于 $0.25 W/(m \cdot K)$ 的材料称为绝热材料。

导热系数与材料内部孔隙构造密切相关。由于密闭空气的导热系数很小，所以，材料的孔隙率较大者其导热系数较小，但如果孔隙粗大或贯通，由于对流作用，材料的导热系数反而增高。材料受潮或受冻后，其导热系数大大提高，这是由于水和冰的导热系数比空气的导热系数大很多（分别为 $0.60 W/(m \cdot K)$ 和 $2.20 W/(m \cdot K)$）。因此，绝热材料应经常处于干燥状态，以利于发挥材料的绝热效能。

建筑物要求具有良好的保温隔热性能。保温隔热性和导热性都是指材料传递热量的能力，在工程中常把 $1/\lambda$ 称为材料的热阻，用 $R$ 表示。材料的导热系数越小，其热阻越大，则材料的导热性能越差，其保温隔热性能越好。

（2）热容量。

热容量是指材料受热时吸收热量或冷却时放出热量的性质，公式如下：

$$Q = mc(t_1 - t_2) \tag{0-16}$$

式中　$c$——材料的比热，$J/(kg \cdot K)$；

　　　$Q$——材料吸收或放出的热量，J；

　　　$m$——材料的质量，kg；

　$t_1 - t_2$——材料加热或冷却前后的温差，K。

比热的物理意义是指 1kg 质量的材料，在温度升高或降低 1K 时所吸收或放出的热量，公式为

$$c = \frac{Q}{m(t_1 - t_2)} \tag{0-17}$$

比热反映材料的吸热或放热能力的大小，不同的材料比热不同，即使是同一种材料，由于所处物态不同，比热也不同，例如，水的比热为 4.19J/(kg·K)，而结冰后比热则是 2.05J/(kg·K)。

材料的比热，对保持建筑物内部温度稳定有很大意义，比热大的材料，能在热流变动或采暖设备供热不均匀时，缓和室内的温度波动。

材料的导热系数和热容量是设计建筑物围护结构（墙体、屋盖）进行热工计算时的重要参数，设计时应选用导热系数较小而热容量较大的土木工程建筑材料，有利于保持建筑物室内温度的稳定性。同时，导热系数也是工业窑炉热工计算和确定冷藏绝热层厚度的重要数据。几种典型材料的热工性能指标见表 0-4。由表 0-4 可知，水的比热最大。

表 0-4　常用建筑材料的热工性质指标

| 材　料 | 导热系数/[W/(m·K)] | 比热 [J/(kg·K)] |
|---|---|---|
| 铜 | 370 | 0.38 |
| 钢 | 55 | 0.46 |
| 花岗岩 | 2.91~3.45 | 0.749~0.846 |
| 普通混凝土 | 1.8 | 0.88 |
| 烧结普通砖 | 0.81 | 0.84 |
| 松木 | 0.17~0.35 | 2.51 |
| 泡沫塑料 | 0.03 | 1.30 |
| 冰 | 2.20 | 2.05 |
| 水 | 0.60 | 4.187 |
| 静止空气 | 0.025 | 1.00 |

● 引 例 点 评 ●·····································

引例 1 中选作保温材料的应该是图(a)中的材料。保温层的目的是减少外界温度变化对室内的影响，材料保温性能的主要描述指标为导热系数和热容量，其中导热系数越小材料的保温隔热性能越好。观察两种材料的剖面，可见(a)材料为多孔结构，(b)材料为密实结构，多孔材料的导热系数较小，适于作保温层材料。故选用图(a)中材料作保温材料。

2. 材料的力学性质

1) 材料的强度

材料在荷载（外力）作用下抵抗破坏的能力称为材料的强度。

根据外力作用形式的不同，材料的强度有抗压强度、抗拉强度、抗弯强度及抗剪强度等，均以材料受外力破坏时单位面积上所承受的力的大小来表示。材料的这些强度是通过静力试验来测定的，故总称为静力强度。材料的静力强度是通过标准试件的破坏试验而测

得，必须严格按照国家规定的试验方法标准进行。材料的强度是大多数材料划分等级的依据。表0-5列出了材料的抗压、抗拉、抗剪和抗弯强度的计算公式。

表0-5 材料受力作用示意图及计算公式

| 强度/MPa | 受力示意图 | 计算公式 | 附　注 |
|---|---|---|---|
| 抗压强度 $f_c$ | | $f_c = \dfrac{F}{A}$ | |
| 抗拉强度 $f_t$ | | $f_t = \dfrac{F}{A}$ | $F$——破坏荷载，N；$A$——受荷面积，$mm^2$；$l$——跨度，mm；$b$——试件宽度，mm；$h$——试件高度，mm |
| 抗剪强度 $f_v$ | | $f_v = \dfrac{F}{A}$ | |
| 抗弯强度 $f_m$ | | $f_m = \dfrac{3Fl}{2bh^2}$ | |

试验测定的强度值除受材料本身的组成、结构、孔隙率大小等内在因素的影响外，还与试验条件有密切关系，如试件形状、尺寸、表面状态、含水率、环境温度及试验时加荷速度等。为了使测定的强度值准确且具有可比性，必须按规定的标准试验方法测定材料的强度。

材料的强度等级是按照材料的主要强度指标划分的级别。掌握材料的强度等级，对合理选择材料、控制工程质量是十分重要的。

对不同材料进行强度大小的比较可采用比强度。比强度是指材料的强度与其体积密度之比。它是衡量材料轻质高强的一个主要指标。以钢材、木材和混凝土为例，见表0-6。

表0-6 钢材、木材和混凝土的强度比较

| 材　　料 | 体积密度/(kg/m³) | 抗压强度 $f_c$/(MPa) | 比强度 $f_c/\rho_0$ |
|---|---|---|---|
| 低碳钢 | 7860 | 415 | 0.053 |
| 松木 | 500 | 34.3（顺纹） | 0.069 |
| 普通混凝土 | 2400 | 29.4 | 0.012 |

由表0-6可知，松木的比强度最大，是轻质高强材料。混凝土的比强度最小，是质量大而强度较低的材料。

2）材料的弹性与塑性

材料在外力作用下产生变形，当外力取消后，能够完全恢复原来形状的性质称为弹性，这种变形称为弹性变形，其值的大小与外力成正比；不能自动恢复原来形状的性质称为塑性，这种不能恢复的变形称为塑性变形，塑性变形属永久性变形。

完全弹性材料是没有的。一些材料在受力不大时只产生弹性变形，而当外力达到一定限度后，即产生塑性变形，如低碳钢，其变形曲线如图 0.14(a)所示。很多材料在受力时，弹性变形和塑性变形同时产生，如普通混凝土，其变形曲线如图 0.14(b)所示。

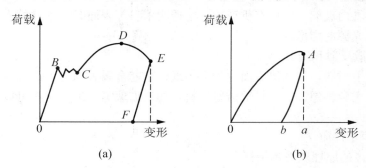

(a)　　　　　　　　(b)

**图 0.14　材料的变形曲线**

3）材料的脆性与韧性

材料受外力作用，当外力达到一定限度时，材料发生突然破坏，且破坏时无明显塑性变形，这种性质称为脆性，具有脆性的材料称为脆性材料。脆性材料的抗压强度远大于其抗拉强度，因此其抵抗冲击荷载或震动作用的能力很差。建筑材料中大部分无机非金属材料均为脆性材料，如混凝土、玻璃、天然岩石、砖瓦、陶瓷等。

材料在冲击荷载或震动荷载作用下，能吸收较大的能量，同时产生较大的变形而不破坏的性质称为韧性。材料的韧性用冲击韧性指标表示。

在建筑工程中，对于要求承受冲击荷载和有抗震要求的结构，如吊车梁、桥梁、路面等所用材料，均应具有较高的韧性。

⊙ 引 例 点 评 ∷∷∷∷∷∷∷∷∷∷∷∷∷∷∷∷∷∷∷∷∷∷∷∷∷∷∷∷∷∷∷∷∷∷∷∷∷∷∷∷∷∷∷∷∷∷∷∷∷∷∷∷∷∷

引例 2 中，这些红砖没有烧透，砖内开口孔隙率大，吸水率高。吸水后，红砖强度下降，特别是当有水进入砖内时，未烧透的粘土遇水分散，强度下降更大，不能承受房屋的重量，从而导致房屋倒塌。

3. 材料的光学与声学性质

1）材料的光学性质

（1）定向反射。

光线照射到玻璃镜、磨光的金属等表面会产生定向反射。这时在反射角的方向能清楚地看到光源的影像，入射角等于反射角，入射光线、反射光线和法线共面。定向反射主要用于把光线反射到需要的地方，如灯具；用于扩大空间，如卫生间、小房间；用于化妆；用于地下建筑采光等。

（2）定向投射。

光线照射玻璃、有机玻璃等表面会产生定向透射，这时它遵循折射定律。用平板玻璃能透过视线采光；用凹凸不平的压花玻璃能隔断视线采光。经定向反射和定向透射后光源

的亮度和发光强度，比光源原有的亮度和发光强度有所降低。

（3）均匀扩散反射。

光线照射到氧化镁、石膏、粉刷、砖墙、绘图纸等表面时，这些材料将光线向四面八方反射或扩散，各个角度亮度相同，看不见光源的影像。

（4）均匀扩散透射。

光线照射到乳白玻璃、乳白有机玻璃、半透明塑料等表面时，透过的光线各个角度亮度相同，看不见光源的影像。

（5）定向扩散反射和透射。

定向扩散反射材料，如油漆表面、光滑的纸、粗糙金属表面等大部分材料，在反射方向能看到光源的大致影像；定向扩散透射材料，如毛玻璃等，透过材料可以看到光源的大致影像。

2）材料的声学性质

（1）材料吸声的原理及技术指标。

声音起源于物体的振动，它迫使邻近的空气跟着振动而成为声波，并在空气介质中向四周传播。当声波遇到材料表面时，一部分被反射另一部分穿透材料，其余的部分则传递给材料，在材料的孔隙中引起空气分子与孔壁的摩擦和粘滞阻力，其间相当一部分声能转化为热能而被吸收掉。这些被吸收的能量（$E$）（包括部分穿透材料的声能在内）与传递给材料的全部声能（$E_0$）之比，是评定材料吸声性能好坏的主要指标，称为吸声系数（$\alpha$），用公式表示为

$$\alpha = E/E_0$$

吸声系数与声音的频率及声音的入射方向有关。因此吸声系数用声音从各方向入射的吸收平均值表示，并应指出是对哪一频率的吸收。通常采用常用规定的 6 个频率：125、250、500、1000、2000、4000Hz。任何材料对声音都能吸收，只是吸收程度有很大的不同。通常是将对上述 6 个频率的平均吸声系数大于 0.2 的材料，列为吸声材料。

一般来讲，坚硬、光滑结构紧密的材料吸声性能力差，反射能力强，如水磨石、大理石、混凝土、水泥粉刷墙面等；粗糙松软、具有互相贯穿内外微孔的多孔材料吸声能力好，反射能力差，如玻璃棉、矿棉、泡沫塑料、木丝棉、半穿孔吸声装饰纤维板和微孔砖等。

（2）材料的隔声性能。

人们要隔绝的声音按其传播途径可分为空气声（由于空气的振动）和固体声（由于固体撞击或振动）两种。两者隔声的原理不同。

对空气声的隔绝，主要是依据声学中的"质量定律"，即材料的密度越大，越不易受声波作用而产生振动，因此，其声波通过材料传递的速度迅速减弱，其隔声效果越好。因此必须选用密实、沉重的材料（如粘土砖、钢板、钢筋混凝土）作为隔声材料。而吸声性能好的材料，一般为轻质、疏松、多孔材料，不宜作为隔声材料。

对隔绝固体声最有效的措施是采用不连续的结构处理，即在墙壁和承重梁之间、房屋的框架和隔墙及楼板之间加弹性衬垫，如毛毡、软木、橡皮等材料，或在楼板上加弹性地毯。

### 4. 材料的耐久性

材料在使用过程中能长久保持其原有性质的能力，称为耐久性。

材料在使用过程中，除受到各种外力作用外，还长期受到周围环境因素和各种自然因

素的破坏作用。这些破坏作用主要有以下几个方面。

1）物理作用

物理作用包括环境温度、湿度的交替变化，即冷热、干湿、冻融等循环作用。材料经受这些作用后，将发生膨胀、收缩或产生应力，长期的反复作用，将使材料逐渐被破坏。

2）化学作用

化学作用包括大气和环境水中的酸、碱、盐等溶液或其他有害物质对材料的侵蚀作用，以及日光、紫外线等对材料的作用。

3）生物作用

生物作用包括菌类、昆虫等的侵害作用，导致材料发生腐朽、虫蛀等而破坏。

4）机械作用

机械作用包括荷载的持续作用，交变荷载对材料引起的疲劳、冲击、磨损等。

耐久性是对材料综合性质的一种评述，它包括抗冻性、抗渗性、抗风化性、抗老化性、耐化学腐蚀性等内容。对材料耐久性进行可靠的判断，需要很长的时间。一般采用快速检验法，这种方法是模拟实际使用条件，将材料在试验室进行有关的快速试验，根据实验结果对材料的耐久性做出判定。在试验室进行快速试验的项目主要有冻融循环、干湿循环、碳化等。

● 引 例 点 评 ●

引例3中，墙体的整体变黑是由于干性吸附的以碳为主的煤烟状悬浮颗粒物造成的。由于雨水中硫酸的冲洗，使石材露出新表面，从而形成流迹线；同时石灰质碱性岩容易与酸起反应，石材本身被硫酸溶解，出现表面凸凹不平，不久会出现建筑物的整体腐蚀，从而影响建筑物的耐久性。

提高材料的耐久性，对节约建筑材料、保证建筑物长期正常使用、减少维修费用、延长建筑物使用寿命等，均具有十分重要的意义。

## 情 境 小 结

1. 建筑材料是建筑工程中所使用的各种材料及制品的总称。建筑材料的种类繁多，工程中通常从不同的角度对建筑材料进行分类。建筑材料是建筑业发展的物质基础，正确合理地选择、使用建筑材料，以及新材料的开发利用对建筑业的发展来说意义非凡。

2. 建筑材料的发展史是人类文明史的一部分，利用建筑材料改造自然、促进人类物质文明的进步，是人类社会发展的一个重要标志。建筑材料的技术标准是产品质量的技术依据。

3. 重点要求掌握建筑材料的技术性能与合理选用，并具备对常用建筑材料的主要技术指标进行检测的能力。

4. 材料的基本物理性质主要有与构造有关的性质，与水有关的性质和与热有关的性质。与构造有关的性质重点是密度、密实度、空隙率、填充率。密度是单位体积的质量，由于计算密度时选用的体积不同，可分为密度（真密度）、表观密度、堆积密度。与水有关的性质主要有亲水性和憎水性、吸水性、吸湿性、耐水性、抗渗性、抗冻性。与热有关的性质主要有导热性和热容量。

5. 材料的力学性质主要有强度、弹性和塑性、脆性和韧性。强度根据外力作用形式的不同，材料的强度有抗压强度、抗拉强度、抗弯强度及抗剪强度等，均以材料受外力破坏时单位面积上所承受的力的大小来表示。

6. 材料的光学性质主要有定向反射、定向投射、均匀扩散反射、均匀扩散透射、定向扩散反射和透射。材料的声学性质主要有吸声性能和隔声性能。

7. 材料的耐久性是指材料在使用过程中能长久保持其原有性质的能力。

## 习 题

### 一、填空题

1. 按建筑材料的使用功能可分为＿＿＿＿＿＿＿、＿＿＿＿＿＿＿、＿＿＿＿＿＿＿等三大类。

2. 按材料在建筑物中的部位，可分为＿＿＿＿＿＿＿、＿＿＿＿＿＿＿、＿＿＿＿＿＿＿、＿＿＿＿＿＿＿等所用的材料。

3. 材料抗渗性的好坏主要与材料的＿＿＿＿＿＿＿和＿＿＿＿＿＿＿有密切关系。

4. 抗冻性良好的材料，对于抵抗＿＿＿＿＿＿＿、＿＿＿＿＿＿＿等破坏作用的性能也较强，因而常作为考查材料耐久性的一个指标。

5. 同种材料的孔隙率愈＿＿＿＿＿＿＿，材料的强度愈高；当材料的孔隙率一定时，＿＿＿＿＿＿＿孔愈多，材料的绝热性愈好。

6. 弹性模量是衡量材料抵抗＿＿＿＿＿＿＿的一个指标，其值愈＿＿＿＿＿＿＿，材料愈不宜变形。

7. 比强度是按单位体积质量计算的＿＿＿＿＿＿＿，其值等于＿＿＿＿＿＿＿和＿＿＿＿＿＿＿之比，它是衡量材料＿＿＿＿＿＿＿的指标。

8. 当孔隙率相同时，分布均匀而细小的封闭孔隙含量愈大，则材料的吸水率＿＿＿＿＿＿＿、保温性能＿＿＿＿＿＿＿、耐久性＿＿＿＿＿＿＿。

9. 保温隔热性要求较高的材料应选择导热系数＿＿＿＿＿＿＿、热容量＿＿＿＿＿＿＿的材料。

10. 量取10L烘干状态的卵石，称重为14.5kg，又取500g烘干的卵石，放入装有50mL水的量筒中，静置24h后，水面升高为685mL。该卵石的堆积密度为＿＿＿＿＿＿＿，表观密度为＿＿＿＿＿＿＿。

### 二、判断题

1. 建筑材料是建筑工程中所使用的各种材料及制品的总称。（　　）

2. 结构材料主要是指构成建筑物受力构件或结构所用的材料。（　　）

3. 材料的费用决定建筑工程的造价。（　　）

4. 建筑材料是建筑物的物质基础。（　　）

5. 建筑材料发展迅速，且日益向轻质、高强、多功能方面发展。（　　）

6. 凡是含孔材料，其干表观密度均比密度小。（　　）

7. 相同种类的材料，其孔隙率大的材料密度小，孔隙率小的材料密度大。（　　）

8. 材料的密度与表观密度越接近，则材料越密实。（　　）

9. 某材料含大量开口孔隙，直接用排水法测定其体积，该材料的质量与所测得的体积之比即为该材料的表观密度。（　　）

10. 材料在空气中吸收水分的性质称为材料的吸水性。（　　）

11. 材料的孔隙率越大，则其吸水率也越大。（　　）

12. 材料的比强度值愈小，说明该材料轻质高强的性能越好。（　　）

13. 选择承受动荷载作用的结构材料时，要选择脆性材料。（　　）

14. 材料的弹性模量越大，则其变形能力越强。（　　）

15. 一般来说，同组成的表观密度大的材料的耐久性好于表观密度小的。（　　）

### 三、单项选择题

1. 当材料的润湿角 $\theta$ _____ 时，称为亲水性材料。

A. $>90°$　　　　　　　B. $\leqslant 90°$　　　　　　　C. $0°$

2. 颗粒材料的密度为 $\rho$，体积密度为 $\rho_0$，堆积密度 $\rho'_0$，则存在下列关系 _____。

A. $\rho > \rho_0 > \rho'_0$　　　　B. $\rho'_0 > \rho_0 > \rho$　　　　C. $\rho > \rho'_0 > \rho_0$

3. 含水率为 5% 的砂 220kg，将其干燥后的质量是 _____ kg。

A. 209　　　　　　B. 209. 52　　　　　　C. 210　　　　　　D. 203

4. 材质相同的 A、B 两种材料，已知表观 $\rho_{0A} > \rho_{0B}$，则 A 材料的保温效果比 B 材料 _____。

A. 好　　　　　　　B. 差　　　　　　　C. 差不多

5. 通常，材料的软化系数为 _____ 时，可以认为是耐水性材料。

A. $>0.85$　　　　B. $<0.85$　　　　C. $-0.75$　　　　D. $>0.75$

6. 普通混凝土标准试件经 28d 标准养护后测得抗压强度为 22.6MPa，同时又测得同批混凝土水饱和后的抗压强度为 21.5MPa，干燥状态测得抗压强度为 24.5MPa，该混凝土的软化系数为 _____。

A. 0. 96　　　　　　B. 0. 92　　　　　　C. 0. 13　　　　　　D. 0. 88

7. 某材料孔隙率增大，则 _____。

A. 表观密度减小，强度降低　　　　　B. 密度减小，强度降低

C. 表观密度增大，强度提高　　　　　D. 密度增大，强度提高

8. 材料的孔隙率增加，特别是开口孔隙率增加时，会使材料的 _____。

A. 抗冻、抗渗、耐腐蚀性提高　　　　B. 抗冻、抗渗、耐腐蚀性降低

C. 密度、导热系数、软化系数提高　　D. 密度、绝热性、耐水性降低

9. 材料的比强度是指 _____。

A. 两材料的强度比　　　　　　　　　B. 材料强度与其体积密度之比

C. 材料强度与其质量之比　　　　　　D. 材料强度与其体积之比

10. 为提高材料的耐久性，可以采取的措施有 _____。

A. 降低孔隙率　　B. 改善孔隙特征　　C. 加保护层　　D. 以上都是

11. 建筑材料按 _____ 可分为有机材料、无机材料、复合材料。

A. 化学成分　　　B. 使用材料　　　C. 使用部位

12. 建筑材料国家标准的代号为 _____。

A. GB/T      B. GB      C. GBJ      D. JBJ

13. 某粗砂的堆积密度是 $\rho'_0 = m/\underline{\quad\quad}$。

A. $V_0$      B. $V_{孔}$      C. $V$      D. $V'_0$

14. 散粒材料的体积 $V'_0 = \underline{\quad\quad}$。

A. $V + V_{孔}$      B. $V + V_{孔} + V_{空}$      C. $V + V_{空}$      D. $V + V_{闭}$

15. 下列导热系数最小的是_____。

A. 水      B. 冰      C. 空气      D. 木材

## 四、多项选择题

1. 建筑材料的发展方向是_____。

A. 轻质高强      B. 多功能      C. 绿色化      D. 智能化

2. 下列标准中属于地方标准的是_____。

A. QB      B. DB      C. DB/T      D. GB

3. 材料的吸水率与_____有关。

A. 亲水性      B. 憎水性      C. 孔隙率

D. 孔隙形态特征      E. 水的密度

4. _____属于亲水材料。

A. 天然石材      B. 砖      C. 石蜡      D. 混凝土

5. 下列材料中属于韧性材料的是_____。

A. 钢材      B. 木材      C. 竹材      D. 石材

6. 能够反映材料在动力荷载作用下，材料变形及破坏的性质是_____。

A. 弹性      B. 塑性      C. 脆性      D. 韧性

7. 以下说法错误的是_____。

A. 空隙率是指材料内孔隙体积占总体积的比例

B. 空隙率的大小反映了散粒材料的颗粒互相填充的致密程度

C. 空隙率的大小直接反映了材料内部的致密程度

D. 孔隙率是指材料内孔隙体积占总体积的比例

8. 在组成材料与组成结构一定的情况下，要使材料的导热系数尽量小应采用_____措施。

A. 使含水率尽量低

B. 使孔隙率大，特别是闭口、小孔尽量多

C. 大孔尽量多

D. 使含水率尽量高

9. 建筑上为使温度稳定，并节约能源，减少热损失，应选用_____的材料。

A. 导热系数小      B. 导热系数大      C. 热容量小      D. 热容量大

10. 材料的抗弯强度与_____条件有关。

A. 受力情况      C. 截面形状      B. 材料质量大小      D. 支承条件

## 五、简答题

1. 材料的密度、表观密度、堆积密度有什么区别？

2. 材料的质量吸水率和体积吸水率有何不同？什么情况下采用体积吸水率来反映材

料的吸水性？

3. 什么是材料的导热性？材料导热系数的大小与哪些因素有关？

4. 为什么新建房屋的墙体保暖性能差，尤其是在冬季？

5. 材料的强度与强度等级有什么关系？比强度的意义是什么？

6. 评价材料热工性能的常用参数有哪几个？欲保持建筑物内温度的稳定并减少热损失，应选择什么样的建筑材料？

7. 生产材料时，在其组成一定的情况下，可采取什么措施来提高材料的强度和耐久性？

8. 影响材料耐腐蚀性的内在因素有哪些？

六、案例题

1. 某块材料的全干质量为 100g，自然状态下的体积为 40cm³，绝对密实状态下的体积为 33cm³，计算该材料的实际密度、体积密度、密实度和孔隙率。

2. 已知一块烧结普通砖的外观尺寸为 240mm×115mm×53mm，其孔隙率为 37%，干燥时质量为 2487g，浸水饱和后质量为 2984g，试求该烧结普通砖的体积密度、绝对密度以及质量吸水率。

3. 配制混凝土用的某种卵石，其体积密度为 2.65g/cm³，堆积密度为 1560kg/m³，试求其空隙率。若用堆积密度为 1500kg/m³ 的中砂填满 1m³ 上述卵石的空隙，问需多少 kg 的砂？

4. 对蒸压灰砂砖进行抗压试验，测得干燥状态下的最大抗压荷载为 190kN，测得吸水饱和状态下的最大抗压荷载为 162.5kN，若试验时砖的受压面积为 A＝115mm×120mm，求此砖在不同状态下的抗压强度，并试问此砖用在建筑中常与水接触的部位是否可行。

5. 已测得普通混凝土的导热系数 $\lambda = 1.8$W/(m·K)，烧结粘土砖的导热系数 $\lambda = 0.55$W/(m·K)。若在传热面积、温差、传热时间都相等的条件下，问要使普通混凝土墙与厚 240mm 的烧结粘土砖墙所传导的热量相等，则普通混凝土墙需要多厚？

七、实训操作题

根据本学习情境介绍的课程内容和学习要求，结合自己的学习情况和学习条件，制订一份本课程的学习计划。

# 学习情境 1

# 胶凝材料的选择与应用

## 学习目标

通过本情境的学习使学生具备几种常用胶凝材料的使用与检测能力。了解胶凝材料的定义和分类，了解石灰、石膏及水玻璃的原料与生产、熟化、凝结与硬化、技术要求、性质及应用等，掌握硅酸盐水泥和掺混合材料硅酸水泥的技术性质及适用范围，掌握硅酸盐水泥和掺混合材料硅酸水泥的矿物组成、水化产物、检测方法、水泥石的腐蚀与防止等，熟悉硅酸盐水泥的硬化机理，了解其他品种水泥性质和使用。

## 学习要求

| 知识要点 | 能力要求 | 比重 |
|---|---|---|
| 石灰的熟化和硬化特点、性质和应用 | (1) 能写出石灰的生产、熟化、硬化的化学反应式，以及在生产、熟化、硬化的过程中的特点<br>(2) 会根据石灰的特点合理正确选择工程实际中所需要的胶凝材料 | 10% |
| 建筑石膏的硬化特点、性质及应用 | (1) 能写出石膏的熟化、硬化反应式<br>(2) 会根据石膏的性质合理使用石膏 | 10% |
| 水玻璃的性质及主要应用 | 会根据使用环境正确选用水玻璃 | 5% |
| 水泥的生产原理、熟料矿物组成及水化特点 | (1) 能简单说出水泥的原材料对水泥性质的影响<br>(2) 能说出水泥水化产物 | 5% |
| 熟料水化机理、影响因素 | (3) 能简单分析影响硅酸盐水泥凝结硬化的因素 | 5% |
| 通用硅酸盐水泥技术性质、检测要求及适用范围 | (1) 能独立完成硅酸盐水泥的主要技术指标检测<br>(2) 会对水泥合格与否做出正确的判断 | 40% |
| 水泥石腐蚀的典型种类及防止措施 | 能简单分析水泥石腐蚀的原因，并据此提出相应的措施 | 5% |
| 典型专用水泥及特性水泥的特点及应用 | 能根据工程特点及所处的环境条件正确、合理地选择和使用水泥品种 | 20% |

## 引 例

某砌筑工程采用了石灰砂浆内墙抹面，干燥硬化后，墙面出现了部分网格状开裂及部分放射状裂纹，如图1.1所示，请分析原因。

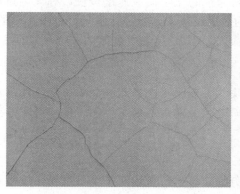

**图1.1　墙面裂缝局部示意图**

凡在一定条件下，经过自身的一系列物理、化学作用后，能将散粒或块状材料粘结成为具有一定强度的整体的材料，通称为胶凝材料。胶凝材料可分为有机和无机两大类。有机胶凝材料主要有沥青、树脂等。无机胶凝材料按硬化时的条件又可分为气硬性胶凝材料和水硬性胶凝材料。

气硬性胶凝材料只能在空气中凝结硬化，保持并发展其强度，典型材料有石灰、石膏、水玻璃等。水硬性胶凝材料既能在空气中硬化又能在水中硬化，保持并继续发展其强度，典型材料是水泥。

# 任务1.1　石灰的选用

石灰是建筑上使用时间较长、应用较广泛的一种气硬性胶凝材料。由于其原料来源广、生产工艺简单、成本低等优点，被广泛地应用于建筑领域。

## 1.1.1　石灰的生产和品种

### 1. 石灰的生产

生产石灰的原料是以碳酸钙（$CaCO_3$）为主要成分的天然矿石，如石灰石、白垩、白云质石灰石等。将原料在高温下煅烧，即可得到石灰（块状生石灰），其主要成分为氧化钙。在这一反应过程中由于原料中同时含有一定量的碳酸镁，在高温下会分解为氧化镁及二氧化碳，因此生成物中也会有氧化镁存在，反应如下：

$$CaCO_3 \xrightarrow{900℃} CaO + CO_2 \uparrow$$

$$MgCO_3 \xrightarrow{700℃} MgO + CO_2 \uparrow$$

一般来说，在正常温度和煅烧时间所煅烧的石灰具有多孔、颗粒细小、体积密度小与水反应速度快等特点，这种石灰称为正火石灰。而实际生产过程中由于煅烧温度过低或温度过高会产生欠火石灰或过火石灰。

如煅烧温度较低，不仅使煅烧的时间过长，而且石灰块的中心部位也没有完全分解，

石灰中含有未分解完的碳酸钙,此时称其为欠火石灰,它会降低石灰的利用率,但欠火石灰在使用时不会带来危害。

如煅烧温度过高,使煅烧后得到的石灰结构致密、孔隙率小、体积密度大,晶粒粗大,易被玻璃物质包裹,因此它与水的化学反应速度极慢,称其为过火石灰。正火石灰已经水化,并且开始凝结硬化,而过火石灰才开始进行水化,且水化后的产物较反应前体积膨胀,导致已硬化后的结构产生裂纹或崩裂、隆起等现象,这对石灰的使用是非常不利的。

**特 别 提 示**

生石灰烧制后一般是块状,表面可观察到部分疏松贯通孔隙,由于含有一定杂质,并非呈现氧化钙的纯白色,而是多呈浅白色或灰白色,称作块灰,主要成分是CaO。

### 2. 石灰的品种

按生石灰的加工情况分为建筑生石灰和建筑生石灰粉;按生石灰的化学成分分为钙质石灰($MgO \leqslant 5\%$)和镁质石灰($MgO > 5\%$)。将消石灰粉分为钙质消石灰粉($MgO \leqslant 5\%$)和镁质消石灰粉($MgO > 5\%$)。

目前应用最广泛的是将生石灰粉碎、筛选制成灰钙粉用于腻子等材料中。此外还有主要成分为氢氧化钙的熟石灰(消石灰)和含有过量水的熟石灰即石灰膏。

## 1.1.2 石灰的熟化和硬化

### 1. 石灰的熟化

石灰的熟化是指生石灰(氧化钙)与水发生水化反应生成熟石灰(氢氧化钙)的过程。这一过程也叫做石灰的消解或消化。其反应方程式为

$$CaO + H_2O \longrightarrow Ca(OH)_2 + 64.83kJ$$

生石灰熟化具有如下特点。

**1) 水化放热大,水化放热速度快**

这主要是由于生石灰的多孔结构及晶粒细小而决定的。其最初一小时放出的热量是硅酸盐水泥水化一天放出热量的9倍。

**2) 水化过程中体积膨胀**

生石灰在熟化过程中其外观体积可增大1~2.5倍。煅烧良好,氧化钙含量高的生石灰,其熟化速度快、放热量大、体积膨胀大。

生石灰的熟化,主要是通过以下过程来完成的。首先将生石灰块置于化灰池中,加入生石灰量的3~4倍的水熟化成石灰乳,通过筛网过滤渣子后流入储灰池,经沉淀除去表层多余水分后得到的膏状物称为石灰膏,石灰膏含水约50%,体积密度为1300~1400kg/m³。一般1kg生石灰可熟化成1.5~3L的石灰膏。为了消除过火石灰在使用过程中造成的危害,通常将石灰膏在储灰池中存放两周以上,使过火石灰在这段时间内充分地熟化,这一过程叫作"陈伏"。陈伏期间,石灰膏表面应敷盖一层水(亦可用细砂)以隔绝空气,防止石灰浆表面碳化,此种方法称为化灰法。

消石灰粉的熟化方法是:每半米高的生石灰块,淋适量的水(生石灰量的60%~80%),直至数层,经熟化得到的粉状物称为消石灰粉。加水量以消石灰粉略湿,但不成团为宜,这种方法称为淋灰法。

2. 石灰的硬化

石灰的硬化过程主要有结晶硬化和碳化硬化两个过程。

1）结晶硬化

这一过程也可称为干燥硬化过程，在这一过程中，石灰浆体的水分蒸发，氢氧化钙从饱和溶液中逐渐结晶出来。干燥和结晶使氢氧化钙产生一定的强度。

2）碳化硬化

碳化硬化过程实际上是水与空气中的二氧化碳首先生成碳酸，然后再与氢氧化钙反应生成碳酸钙，同时析出多余水分蒸发，这一过程的反应式为

$$Ca(OH)_2 + CO_2 + nH_2O \longrightarrow CaCO_3 + (n+1)H_2O$$

生成的碳酸钙晶体互相共生，或与氢氧化钙颗粒共生，构成紧密交织的结晶网，从而使浆体强度提高。上述两个过程是同时进行的，在石灰浆体的内部，对强度起主导作用的是结晶硬化过程，而在浆体表面与空气接触的部分进行的是碳化硬化，由于外部碳化硬化形成的碳酸钙膜达到一定厚度时就会阻止外界的二氧化碳向内部渗透和内部水分向外蒸发，再加上空气中二氧化碳的浓度较低，所以碳化过程一般较慢。

### 1.1.3 石灰的现行标准与技术要求

根据现行行业标准《建筑生石灰》（JC/T 479—2013）的技术标准要求，生石灰的化学成分见表1-1。生石灰的识别标志由产品名称、加工情况和产品依据标准编号组成。生石灰块后加Q，生石灰粉在代号后加QP。示例：符合JC/T 479—2013的钙质生石灰粉90标记为CL90—QP JC/T 479—2013。说明：CL：钙质石灰；90：（CaO+MgO）百分含量；QP：粉状；JC/T 479—2013：产品依据标准。建筑生石灰的化学成分及物理性质应符合表1-2的要求。

表1-1 生石灰的化学成分（JC/T 479—2013）

| 类　　别 | 名　　称 | 代　　号 |
|---|---|---|
| 钙质石灰 | 钙质石灰90 | CL90 |
| | 钙质石灰85 | CL85 |
| | 钙质石灰75 | CL75 |
| 镁质石灰 | 镁质石灰85 | ML85 |
| | 镁质石灰80 | ML80 |

表1-2 建筑生石灰的化学成分及物理性质（JC/T 479—2013）

| 名称 | 氧化钙+氧化镁 | 氧化镁 $M_gO$ | 二氧化碳（$CO_2$） | 三氧化硫（$SO_3$） | 产浆量 $dm^3/10kg$ | 细度 | |
|---|---|---|---|---|---|---|---|
| | | | | | | 0.2mm 筛余量% | 90μm 筛余量% |
| CL90—Q CL90—QP | ≥90 | ≤5 | ≤4 | ≤2 | ≥26 — | — | ≤2 | ≤7 |
| CL85—Q CL85—QP | ≥85 | ≤5 | ≤7 | ≤2 | ≥26 — | — | ≤2 | ≤7 |
| CL75—Q CL75—QP | ≥75 | ≤5 | ≤12 | ≤2 | ≥26 — | — | ≤2 | ≤7 |
| ML85—Q ML85—QP | ≥85 | ≤5 | ≤7 | ≤2 | ≥26 — | — | ≤2 | ≤7 |

续表

| 名称 | 氧化钙＋氧化镁 | 氧化镁 MgO | 二氧化碳 (CO₂) | 三氧化硫 (SO₃) | 产浆量 dm³/10kg | 细度 | |
|---|---|---|---|---|---|---|---|
| | | | | | | 0.2mm 筛余量 % | 90μm 筛余量 % |
| ML80－Q | ≥80 | >5 | ≤7 | ≤2 | ≥26 | — | — |
| ML80－QP | | | | | — | ≤2 | ≤7 |

注：其他物理特性，根据用户要求，可按照 JC/T478.1 进行测试

根据现行行业标准《建筑消石灰》（JC/T 481—2013）的技术标准要求，建筑消石灰粉的分类、化学成分及物理性质见表 1－3。建筑消石灰的标识示例：符合 JC/T 481—2013 的钙质生消石灰 90 标记为 HCL90 JC/T 481—2013。说明：HCL：钙质消石灰；90：$(C_aO＋M_gO)$ 百分含量；JC/T 481—2013：产品依据标准。

表 1－3　建筑消石灰粉的分类、化学成分及物理性质（JC/T 481—2013）

| 类别 | 名称 | 代号 | 氧化钙＋氧化镁 | 氧化镁 | 三氧化硫 | 游离水 % | 细度 | | 安定性 |
|---|---|---|---|---|---|---|---|---|---|
| | | | | | | | 0.2mm 筛余量 % | 90μm 筛余量 % | |
| 钙质消石灰 | 钙质消石灰 90 | HCL90 | ≥90 | | | | | | |
| | 钙质消石灰 85 | HCL85 | ≥85 | ≤5 | ≤2 | ≤2 | ≤2 | ≤7 | 合格 |
| | 钙质消石灰 75 | HCL75 | ≥75 | | | | | | |
| 镁质消石灰 | 镁质消石灰 85 | HML85 | ≥85 | >5 | | | | | |
| | 镁质消石灰 80 | HML80 | ≥80 | | | | | | |

### 1.1.4　石灰的技术性质

**1. 保水性、可塑性好**

材料的保水性就是石灰加水后，由于氢氧化钙的颗粒细小，其表面吸附一层厚厚的水膜，降低了颗粒之间的摩擦力，具有良好的塑性，易铺摊成均匀的薄层，而这种颗粒数量多，总表面积大，所以，石灰又具有很好的保水性(材料保持水分不泌出的能力)。又由于颗粒间的水膜使得颗粒间的摩擦力较小，使得石灰浆具有良好的可塑性。石灰的这种性质常用来改善水泥砂浆的和易性。

**2. 凝结硬化慢、强度低**

石灰是一种气硬性胶凝材料，因此它只能在空气中硬化，而空气中 $CO_2$ 含量低，且碳化后形成的较硬的 $CaCO_3$ 薄膜阻止外界 $CO_2$ 向内部渗透，同时又阻止了内部水分向外蒸发，结果导致 $CaCO_3$ 及 $Ca(OH)_2$ 晶体生成的量少且速度慢，使硬化体的强度较低。此外，虽然理论上生石灰消化需要约 32.13% 的水，而实际上用水量却很大，多余的水分蒸发后在硬化体内留下大量孔隙，这也是硬化后石灰强度很低的一个原因。经测定石灰砂浆(1：3)的 28 天抗压强度仅 0.2～0.5MPa。

**3. 耐水性差**

由于石灰浆体硬化慢，强度低，在硬化石灰体中大部分仍是尚未碳化的 $Ca(OH)_2$，而 $Ca(OH)_2$ 易溶于水，从而使硬化体溃散，故石灰不宜用于潮湿环境中。

**4. 硬化时体积收缩大**

由于石灰浆中存在大量的游离水，硬化时大量水分因蒸发失去，导致内部毛细管失水

紧缩，从而引起体积收缩，所以除用石灰乳做薄层粉刷外，不宜单独使用。常在施工中掺入砂、麻刀、无机纤维等，以抵抗收缩引起的开裂。

5. 吸湿性强

生石灰吸湿性强，保水性好，是一种传统的干燥剂。

6. 化学稳定性差

石灰是一种碱性材料，遇酸性物质时易发生化学反应生成新物质。因此石灰材料容易遭受酸性介质的腐蚀。

● 引 例 点 评 ●●●●●●●●

出现引例现象的原因如下：①网状裂纹的主要原因是由于石灰本身的干燥收缩大（砂掺量偏少）引起的。②放射状裂纹是由于存在过火石灰大颗粒而石灰又未能充分熟化而引起的。在实际工程中，广泛采用含有石灰成分的砂浆，如石灰砂浆、水泥石灰混合砂浆、石灰麻刀(纸筋)灰浆等作为内墙或天棚的抹面材料。施工中经常会出现这样一些现象，即在抹灰面施工完后或使用一个阶段后，抹灰面会出现一个个炸裂的小坑或鼓包，即爆灰（放射状裂纹）。

## 1.1.5 石灰的应用

1. 制作石灰乳涂料

将石灰加水调制成石灰乳，可用作内、外墙及顶棚涂料，一般多用于内墙涂料。

2. 拌制建筑砂浆

将消石灰粉与砂子、水混合拌制石灰砂浆或消石灰粉与水泥、砂、水混合拌制石灰水泥混合砂浆，用于抹灰或砌筑，后者在建筑工程中用量很大。

3. 拌制三合土和灰土

将生石灰粉、粘土按一定的比例配合，并加水拌和得到的混合料叫做灰土，如工程中的三七灰土、二八灰土(分别表示生石灰和粘土的体积比例为 3∶7 和 2∶8)等，夯实后可以作为建筑物的基础、道路路基及垫层。将生石灰粉、粘土、砂按一定比例配合，并加水拌和得到的混合料叫作三合土，可夯实后作为路基或垫层。

4. 生产硅酸盐制品

将石灰与硅质原料(石英砂、粉煤灰、矿渣等)混合磨细，经成形、养护等工序后可制得人造石材，由于它主要以水化硅酸钙为主要成分，因此又叫作硅酸盐混凝土。这种人造石材可以加工成各种砖及砌块。

5. 地基加固

对于含水的软弱地基，可以将生石灰块灌入地基的桩孔捣实，利用石灰消化时体积膨胀所产生的巨大膨胀压力而将土壤挤密，从而使地基土获得加固效果，俗称为石灰桩。

### 1.1.6 石灰的储运

生石灰要在干燥的条件下运输和储存。运输中要有防雨措施，不得与易燃易爆等危险液体物品混合存放和混合运输。如长时间存放生石灰则必须密闭防水、防潮，一般不超过一个月，应做到"随到随化"，将储存期变为熟化期。消石灰储运时应包装密封，以隔绝空气、防止碳化。

# 任务 1.2  石膏的选用

### 1.2.1 石膏的原料及生产

**1. 石膏的原料**

生产石膏的原料有天然二水石膏、天然无水石膏和化工石膏等。

天然二水石膏又称软石膏或生石膏。它的主要成分为含两个结晶水的硫酸钙（$CaSO_4 \cdot 2H_2O$），二水石膏晶体无色透明，当含有少量杂质时，呈灰色、淡黄色或淡红色，其密度约为 $2.2 \sim 2.4 g/cm^3$，难溶于水，它是生产建筑石膏和高强石膏的主要原料。

**2. 石膏的生产**

1）建筑石膏

将天然石膏入窑经低温煅烧后，磨细即得建筑石膏，其反应式如下：

$$CaSO_4 \cdot 2H_2O \xrightarrow{107^{\circ}C \sim 170^{\circ}C} CaSO_4 \cdot 1/2H_2O + 3/2H_2O$$

天然二水石膏的成分为二水硫酸钙，建筑石膏的成分为半水硫酸钙，由此可见建筑石膏是天然二水石膏脱去部分结晶水得到的 $\beta$ 型半水石膏。建筑石膏为白色粉末，松散堆积密度 $800 \sim 1000 kg/m^3$，密度为 $2500 \sim 2800 kg/m^3$。

2）高强石膏

将二水石膏置于蒸压锅内，经 0.13MPa 的水蒸气（125℃）蒸压脱水，得到的晶粒比 $\beta$ 型半水石膏粗大的产品，称为 $\alpha$ 型半水石膏，将此石膏磨细得到的白色粉末称为高强石膏。

$$CaSO_4 \cdot 2H_2O \xrightarrow[0.13MPa]{125^{\circ}C} CaSO_4 \cdot 1/2H_2O + 3/2H_2O$$

高强石膏由于晶体颗粒较粗、表面积小，拌制相同稠度时需水量比建筑石膏少（约为建筑石膏的一半），因此该石膏硬化后结构密实、强度高，7d 可达 $15 \sim 40MPa$。高强石膏生产成本较高，主要用于室内高级抹灰、装饰制品和石膏板等。若掺入防水剂可制成高强度抗水石膏，在潮湿的环境中使用。

### 1.2.2 石膏的凝结与硬化

建筑石膏与适量水拌和后形成浆体，然后是水分逐渐蒸发，浆体失去可塑性，逐渐形成具有一定强度的固体。其反应式为

$$CaSO_4 \cdot 1/2H_2O + 3/2H_2O \rightarrow CaSO_4 \cdot 2H_2O$$

这一反应是建筑石膏生产的逆反应，其主要区别在于此反应是在常温下进行的。另

外，由于半水石膏的溶解度高于二水石膏，所以上述可逆反应总体表现为向右进行，即表现为沉淀反应。就其物理过程来看，随着二水石膏沉淀的不断增加也会产生结晶。随着结晶体的不断生成和长大，晶体颗粒之间便产生了摩擦力和粘结力，造成浆体开始失去可塑性，这一现象称为石膏的初凝。而后，随着晶体颗粒间摩擦力和粘结力的增加，浆体最终完全失去可塑性，这种现象称为石膏的终凝。整个过程称为石膏的凝结。石膏终凝后，其晶体颗粒仍在不断长大和连生，形成相互交错且孔隙率逐渐减小的结构，其强度也会不断增大，直至水分完全蒸发，形成硬化后的石膏结构，这一过程称为石膏的硬化。建筑石膏的水化、凝结及硬化是一个连续的、不可分割的过程，水化是前提，凝结硬化是结果。

### 1.2.3 建筑石膏的技术要求

纯净的建筑石膏为白色粉末，密度为 $2.60\sim2.75g/cm^3$，堆积密度为 $800\sim1000kg/m^3$。建筑石膏按原材料种类分为三类：天然建筑石膏（N）、脱硫建筑石膏（S）和磷建筑石膏（P）；按2h抗折强度分为3.0、2.0、1.6三个等级。牌号标记按产品名称、代号、等级及标准编号顺序标记，如等级为2.0的天然石膏标记为"建筑石膏 N2.0 GB/T 9776—2008"。建筑石膏物理力学性能指标有细度、凝结时间和强度，具体要求见表1-4。

表1-4 建筑石膏技术要求（GB/T 9776—2008）

| 等　级 | 细度(0.2mm 方孔筛筛余)/% | 凝结时间/min | | 2h 强度/MPa | |
|---|---|---|---|---|---|
| | | 初凝时间 | 终凝时间 | 抗折强度 | 抗压强度 |
| 3.0 | | | | ≥3.0 | ≥6.0 |
| 2.0 | ≤10 | ≥3 | ≤30 | ≥2.0 | ≥4.0 |
| 1.6 | | | | ≥1.6 | ≥3.0 |

将浆体开始失去可塑性的状态称为浆体初凝，将从加水至失去可塑性这段时间称为初凝时间；至浆体完全失去可塑性，并开始产生强度称为浆体终凝，从加水至完全失去可塑性称为浆体的终凝时间。

### 1.2.4 建筑石膏的性质

#### 1. 凝结硬化快

建筑石膏加水拌和后，几分钟便开始初凝，30min内终凝，2h后抗压强度可达3～6MPa，7d即可接近最高强度（约8～12MPa）。凝结时间过短不利于施工，一般使用时常掺入硼砂、骨胶、纸浆废液等缓凝剂，延长凝结时间，延缓其凝结速度。

#### 2. 硬化时体积微膨胀

建筑石膏硬化时具有微膨胀性，其体积膨胀率约为0.05%～0.15%。石膏的这一特性使得它的制品表面光滑、棱角清晰、线脚饱满、装饰性好，常用来制作石膏制品。

#### 3. 孔隙率大、表观密度小、强度低、保温和吸声性好

建筑石膏的水化反应理论上需水量仅为18.6%，但在搅拌时为了使石膏充分溶解、水化并使得石膏浆体具有施工要求的流动度，实际加水量达50%～70%，而多余的水分蒸发

后，在石膏硬化体的内部将留下大量的孔隙，其孔隙率可达 50%～60%。由于这一特性使石膏制品导热系数小，仅为 0.121～0.205W/(m·K)，保温隔热性能好，但其强度较低。由于硬化体的多孔结构特点，使建筑石膏具有质轻、保温隔热、吸声性强等优点。

**4. 具有一定的调温、调湿作用**

建筑石膏制品的热容量大、吸湿性强，因此，可对室内空气具有一定调节温度和湿度的作用。

**5. 防火性好、耐火性差**

建筑石膏制品的导热系数小，传热速度慢，且二水石膏受热脱水产生的水蒸气蒸发并吸收热量，能有效阻止火势的蔓延。但二水石膏脱水后，强度显著下降，故建筑石膏制品不耐火。

**6. 装饰性好、可加工性好**

建筑石膏制品表面平整，色彩洁白，并可以进行锯、刨、钉、雕刻等加工，具有良好的装饰性和可加工性。

**7. 耐水性和抗冻性差**

建筑石膏是气硬性胶凝材料，吸水性大，长期在潮湿的环境中，其晶粒间的结合力会削弱直至溶解，故石膏的耐水性差。另外，建筑石膏中的水分一旦受冻会产生破坏，即抗冻性差。

### 1.2.5　建筑石膏的应用

**1. 室内抹灰及粉刷**

建筑石膏加水、砂及缓凝剂拌和成石膏砂浆，用于室内抹灰或作为油漆打底使用，其特点是隔热保温性能好、热容量大、吸湿性强，因此可以一定限度地调节室内温、湿度，保持室温的相对稳定，此外这种抹灰墙面还具有阻火、吸声、施工方便、凝结硬化快、粘结牢固等特点，因此可称其为室内高级粉刷及抹灰材料。石膏砂浆抹灰的墙面和顶棚，可直接涂刷油漆或粘贴墙布或墙纸等。

**2. 建筑石膏制品**

随着框架轻板结构的发展，石膏板的生产和应用也迅速发展起来。由于石膏板具有原料来源广泛、生产工艺简便、轻质、保温、隔热、吸声、不燃及可锯可钉性等，因此它被广泛应用于建筑行业。常用的石膏板有纸面石膏板、纤维石膏板、装饰石膏板、空心石膏板、吸声用穿孔石膏板等。以模型石膏为主要原料，掺加少量纤维增强材料和胶料，加水搅拌成石膏浆体，将浆体注入模具中，就得到了各种建筑装饰制品。如多孔板、花纹板、浮雕板等。

石膏在运输储存的过程中应注意防水、防潮。另外长期储存会使石膏的强度下降很多（一般储存 3 个月后，强度会下降 30%左右），因此建筑石膏不宜长期储存。一旦储存时间过长应重新检验确定等级。

● 知 识 链 接

纸面石膏板是以天然石膏和护面纸为主要原材料，掺加适量纤维、淀粉、促凝剂、发泡剂和水等制成的轻质建筑薄板。纸面石膏板作为一种新型建筑材料,在性能上有以下特点。

1. 生产能耗低,生产效率高:生产同等单位的纸面石膏板的能耗比水泥节省78%。且投资少生产能力大,工序简单,便于大规模生产。

2. 轻质,隔音性能好,保温隔热好:用纸面石膏板作隔墙,重量仅为同等厚度砖墙的1/15,砌块墙体的1/10,有利于结构抗震,并可有效减少基础及结构主体造价;采用单一轻质材料,如加气砼、膨胀珍珠岩板等构成的单层墙体其厚度很大时才能满足隔声的要求,而纸面石膏板隔墙具有独特的空腔结构,具有很好的隔声性能;纸面石膏板板芯60%左右是微小气孔,因空气的导热系数很小,因此具有良好的轻质保温性能。

3. 防火性能好:由于石膏芯本身不燃,且遇火时在释放化合水的过程中会吸收大量的热,延迟周围环境温度的升高,因此,纸面石膏板具有良好的防火阻燃性能。经国家防火检测中心检测,纸面石膏板隔墙耐火极限可达4小时。

4. 装饰功能好:纸面石膏板表面平整,板与板之间通过接缝处理形成无缝表面,表面可直接进行装饰。

5. 加工方便,施工性好:纸面石膏板具有可钉、可刨、可锯、可粘的性能,用于室内装饰,可取得理想的装饰效果,仅需裁制刀便可随意对纸面石膏板进行裁切,施工非常方便,用它做装饰材料可极大的提高施工效率。

6. 舒适的居住功能:由于石膏板的孔隙率较大,并且孔结构分布适当,所以具有较高的透气性能。当室内湿度较高时,可吸湿,而当空气干燥时,又可放出一部分水分,因而对室内湿度起到一定的调节作用,国外将纸面石膏板的这种功能称为"呼吸"功能,正是由于石膏板具有这种独特的"呼吸"性能,可在一定范围内调节室内湿度,使居住条件更舒适。纸面石膏板采用天然石膏及纸面作为原材料,不含对人体有害的石棉(绝大多数的硅酸钙类板材及水泥纤维板均采用石棉作为板材的增强材料),所以是绿色环保的建材。采用纸面石膏板作墙体,墙体厚度最小可达74mm,且可保证墙体的隔音、防火性能,可节省空间。

由于纸面石膏板具有质轻、防火、隔音、保温、隔热、加工性强良好(可刨、可钉、可锯)、施工方便、可拆装性能好,增大使用面积等优点,因此广泛用于各种工业建筑、民用建筑,尤其是在高层建筑中可作为内墙材料和装饰装修材料。如:用于柜架结构中的非承重墙、室内贴面板、吊顶等。

# 任务1.3 水玻璃的选用

## 1.3.1 水玻璃的组成

水玻璃俗称泡花碱,是由碱金属氧化物和二氧化硅按不同比例化合而成的一种可溶于水的硅酸盐。常用的水玻璃有硅酸钠($Na_2O \cdot nSiO_2$)水溶液(钠水玻璃)和硅酸钾($K_2O \cdot nSiO_2$)水溶液(钾水玻璃)。水玻璃分子式中$SiO_2$与$Na_2O$(或$K_2O$)的分子数比值$n$叫作水玻璃的模数。水玻璃的模数越大,越难溶于水,越容易分解硬化,硬化后粘结力、强度、耐热性与耐酸性越高。

液体水玻璃因所含杂质不同，呈青灰色、绿色或黄色，无色透明的液体水玻璃最好，建筑上常用钠水玻璃的模数 $n$ 为 2.5～3.5，密度为 1.3～1.4g/cm$^3$。

### 1.3.2 水玻璃的硬化

水玻璃溶液在空气中吸收 $CO_2$ 气体，析出无定形二氧化硅凝胶（硅胶）并逐渐干燥硬化，反应式为

$$Na_2O \cdot nSiO_2 + CO_2 + mH_2O \rightarrow nSiO_2 \cdot mH_2O + Na_2CO_3$$

由于空气中 $CO_2$ 浓度较低，为加速水玻璃的硬化，可加入氟硅酸钠（$Na_2SiF_6$）作为促硬剂，以加速硅胶的析出，反应式为

$$2Na_2O \cdot nSiO_2 + Na_2SiF_6 + mH_2O \rightarrow (2n+1) SiO_2 \cdot mH_2O + 6NaF$$

氟硅酸钠的适宜加入量为水玻璃质量的 12%～15%，加入氟硅酸钠后，水玻璃的初凝时间可缩短到 30～50min，终凝时间可缩短到 240～360min，7d 基本达到最高强度；如其加入量超过 15%，则凝结硬化速度很快，造成施工困难。

**特 别 提 示**

值得注意的是，氟硅酸钠有毒，操作时应该注意安全。

### 1.3.3 水玻璃的性质

1）粘结力强，强度较高

水玻璃硬化具有良好的粘结能力和较高的强度，主要是在硬化过程中析出的硅酸凝胶具有很强的粘附性，因而水玻璃有良好的粘结能力，用水玻璃配制的是玻璃混凝土，抗压强度可达到 15～40MPa。

2）耐酸性好

硬化后水玻璃的主要成分是硅酸凝胶，而硅酸凝胶不与酸类物质反应，因而水玻璃具有很好的耐酸性。可抵抗除氢氟酸、过热磷酸以外的几乎所有的无机和有机酸。

3）耐热性好

硅酸凝胶具有高温干燥增加强度的特性，因而水玻璃具有很好的耐热性。水玻璃的耐热温度可达 1200℃。

### 1.3.4 水玻璃的应用

1）涂刷材料表面，提高材料的抗风化能力

硅酸凝胶可填充材料的孔隙，使材料致密，提高了材料的密实度、强度、抗渗性、抗冻性及耐水性等，从而提高了材料的抗风化能力。但不能用以涂刷或浸渍石膏制品，因二者会发生反应，在制品孔隙中生成硫酸钠结晶，体积膨胀，将制品胀裂。

**特 别 提 示**

以一定密度的水玻璃浸渍或涂刷粘土砖、水泥混凝土、石材等多孔材料，可提高材料的密实度、强度、抗渗性、抗冻性及耐水性。因为水玻璃与空气中的二氧化碳反应生成硅酸凝胶，同时水玻璃也与材料中的氢氧化钙反应生成硅酸钙凝胶，两者填充于材料的孔

隙，使材料趋于致密。

2）配制耐酸的混凝土、砂浆

水玻璃具有较高的耐酸性，用水玻璃和耐酸粉料，粗细集料配合，可制成防腐工程的耐酸胶泥、耐酸砂浆和耐酸混凝土等。

3）配制耐热的混凝土、砂浆

水玻璃硬化后形成 $SiO_2$ 非晶态空间网状结构，具有良好的耐火性，因此可与耐热集粒一起配制成耐热砂浆、耐热混凝土及耐热胶泥等。

4）配制速凝防水剂

水玻璃加两种、三种或四种矾，即可配制成二矾、三矾、四矾速凝防水剂，从而提高砂浆的防水性。其中四矾防水剂凝结迅速，一般不超过一分钟，适用于堵塞漏洞、缝隙等局部抢修工程。但由于凝结过快，不宜调配用作屋面或地面的刚性防水层的水泥防水砂浆。

5）加固土壤

将水玻璃与氯化钙溶液分别压入土壤中，两种溶液会发生反应生成硅酸凝胶，这些凝胶体包裹土壤颗粒，填充空隙、吸水膨胀，使土壤固结，提高地基的承载力，同时使其抗渗性也得到提高。

知 识 链 接

菱苦土是一种镁质胶凝材料，主要成分是 MgO，白色粉末，无味，是由菱镁矿在 $600\sim800℃$ 的温度下煅烧后磨细而成。菱苦土暴露在空气中，容易吸收水分和二氧化碳。菱苦土不能用水拌和，可用氯化镁、硫酸镁、氯化铁等盐类溶液作拌合剂。其中以氯化镁最好，拌和后凝结快，硬化后强度高。但该产品吸湿性大，抗水性差，吸湿后容易变形。为了提高其抗水性，可加入一定量的硫酸亚铁或磷酸、磷酸盐，或加入磨细的粘土砖粉、粉煤灰、沸石凝灰岩等。

菱苦土只能用于干燥环境中，不适合用于防潮、遇水和受酸类侵蚀的地方。菱苦土应保存在干燥场所，储运中都要避免受潮，也不可久存。

菱苦土碱性较弱，对有机物无腐蚀性。菱苦土制品在硬化过程中体积稍有膨胀而不产生收缩裂缝；配以竹筋、苇筋制成混凝土，有较好的抗裂性能；也可以胶结木屑、刨花等制成板材，代替木材制作家具、地板、墙体材料；加入泡沫剂或轻质骨料，可制保温材料。

# 任务 1.4　水泥的选用

应用案例 1-1

## 水泥的质量控制

【案例概况】

水泥是建筑工程中重要的建筑材料之一。随着我国现代化建设的高速发展，水泥的应用越来越广泛。不仅大量应用于工业与民用建筑，而且广泛应用于公路、铁路、水利电力、海港和

国防等工程中。

三峡永久船闸输水隧洞分别布置在船闸左、右两侧(各一条)及中隔墩。地下输水隧洞水泥回填、固结灌浆工程量大、工期紧、任务重,"千年大计,质量第一"质量控制特别重要,请问对水泥的质量该如何保证?

**【案例解析】**

水泥的质量取决于水泥生产过程中的质量管理和出厂后的质量管理。包括从原料、生料、熟料、成品、出厂水泥和出厂后的储存、运输、使用等整个过程的把关和质量控制。

● 知 识 链 接 ●

在现代工程建筑中,水泥是不可缺少的重要原料。现代意义上的水泥是 1824 年由英国建筑工人阿斯普丁发明,通过煅烧石灰石与粘土的混合料得出一种胶凝材料,它制成砖块很像由波特兰半岛采下来的波特兰石,由此将这种胶凝材料命名"波特兰水泥"。自波特兰水泥问世以来,水泥和水泥基材料已成为当今世界最大宗的人造材料。

水泥是一种粉状矿物胶凝材料,它与水混合后形成浆体,经过一系列物理化学变化,由可塑性浆体变成坚硬的石状体,并能将散粒材料胶结成为整体。水泥浆体不仅能在空气中凝结硬化,更能在水中凝结硬化,是一种水硬性胶凝材料。

水泥自问世以来,以其独有的特性被广泛地应用在建筑工程中,水泥用量大、应用范围广、品种繁多。土木工程中应用的水泥品种众多,按其化学组成可分为硅酸盐系水泥、铝酸盐系水泥、硫铝酸盐系水泥、铁铝酸盐系水泥、磷酸盐系水泥、氟铝酸盐系水泥等系列。

水泥按性能及用途可分为三大类,见表 1-5。

表 1-5  水泥按性能和用途的分类

| 水泥品种 | 性能与用途 | 主要品种 |
| --- | --- | --- |
| 通用水泥 | 指一般土木工程通常采用的水泥。此类水泥的用量大,适用范围广 | 硅酸盐水泥、普通硅酸盐水泥、矿渣硅酸盐水泥、火山灰质硅酸盐水泥、粉煤灰硅酸盐水泥和复合硅酸盐水泥等 6 大硅酸盐系水泥 |
| 专用水泥 | 具有专门用途的水泥 | 道路水泥、砌筑水泥和油井水泥等 |
| 特性水泥 | 某种性能比较突出的水泥 | 快硬硅酸盐水泥、白色硅酸盐水泥、抗硫酸盐硅酸盐水泥、低热硅酸盐水泥和膨胀水泥 |

## 1.4.1  硅酸盐水泥

按国家标准《通用硅酸盐水泥》(GB 175—2007)规定,凡由硅酸盐水泥熟料、0%～5%石灰石或粒化高炉矿渣、适量石膏磨细制成的水硬性胶凝材料,称为硅酸盐水泥(国外通称波特兰水泥)。硅酸盐水泥分两类:不掺加混合材料的称I型硅酸盐水泥,代号 P·I;在水泥粉磨时掺入不超过水泥质量5%的石灰石或粒化高炉矿渣的称II型硅酸盐水泥,代号 P·II。

1. 硅酸盐水泥的原料及生产工艺

生产硅酸盐水泥的原料主要是石灰石、粘土和铁矿石粉,煅烧一般用煤作燃料。石灰石主要提供 CaO,粘土主要提供 $SiO_2$、$Al_2O_3$ 和 $Fe_2O_3$,此外还根据需要加入校正材料。硅酸盐水泥的生产工艺流程如图 1.2 所示。

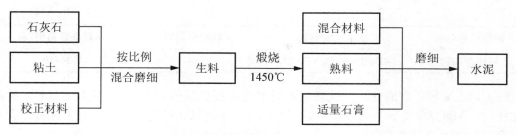

**图 1.2  硅酸盐水泥的生产工艺流程**

● 知 识 链 接 ●

　　水泥生产工艺按生料制备时加水制成料浆的称为湿法生产，干磨成粉料的称为干法生产；由于生料煅烧成熟料是水泥生产的关键环节，因此，水泥的生产工艺也常以煅烧窑的类型来划分。生料在煅烧过程中要经过干燥、预热、分解、烧成和冷却5个环节，通过一系列物理、化学变化，生成水泥矿物，形成水泥熟料，为使生料能充分反应，窑内烧成温度要达到1450℃。目前，我国水泥熟料的煅烧主要有以悬浮预热和窑外分解技术为核心的新型干法生产工艺、回转窑生产工艺和立窑生产工艺等几种。由于新型干法生产工艺具有规模大、质量好、消耗低、效率高的特点，已经成为发展方向和主流，而传统的回转窑和立窑生产工艺由于技术落后、消耗高、效率低正逐渐被淘汰。硅酸盐水泥生产中，需加入适量石膏和混合材料，加入石膏的作用是延缓水泥的凝结时间，以满足使用的要求；加入混合材料则是为了改善其品种和性能，扩大其使用范围。

　　硅酸盐水泥的生产也可以归纳为：生料制备、熟料煅烧和水泥粉磨。这3大环节的主要设备是生料粉磨机、水泥熟料煅烧窑和水泥粉磨机，其生产过程常形象地概括为"两磨一烧"。

　　在整个工艺流程中熟料煅烧是核心，所有的矿物都是在这一过程中形成的。在生料中主要有氧化物 $CaO$、$SiO_2$、$Al_2O_3$、$Fe_2O_3$，其含量见表1-6。

**表1-6  水泥生料化学成分的合适含量**

| 化学成分 | 含量范围/% | 化学成分 | 含量范围/% |
|---|---|---|---|
| $CaO$ | 62~67 | $Al_2O_3$ | 4~7 |
| $SiO_2$ | 20~24 | $Fe_2O_3$ | 2.5~6.0 |

**2. 硅酸盐水泥熟料的组成**

硅酸盐系列水泥熟料是在高温下形成的，其名称和含量范围见表1-7。

**表1-7  水泥熟料的主要矿物组成**

| 矿物成分名称 | 基本化学组成 | 矿物成分简写 | 一般含量范围/% |
|---|---|---|---|
| 硅酸三钙 | $3CaO \cdot SiO_2$ | $C_3S$ | 36~60 |
| 硅酸二钙 | $2CaO \cdot SiO_2$ | $C_2S$ | 15~37 |
| 铝酸三钙 | $3CaO \cdot Al_2O_3$ | $C_3A$ | 7~15 |

续表

| 矿物成分名称 | 基本化学组成 | 矿物成分简写 | 一般含量范围/% |
|---|---|---|---|
| 铁铝酸四钙 | $4CaO \cdot Al_2O_3 \cdot Fe_2O_3$ | $C_4AF$ | 10～18 |

除了以上4种矿物成分外,硅酸盐水泥中还含有少量的游离氧化钙($f-C_aO$)、游离氧化镁($f-MgO$)以及 $SO_3$ 等杂质。游离氧化钙、游离氧化镁是水泥中的有害成分,含量高时会引起水泥安定性不良。

水泥熟料矿物经过磨细后均能与水发生化学反应——水化反应,表现较强的水硬性。水泥熟料主要矿物组成及其特性见表1-8。

表1-8 水泥熟料主要矿物组成及其特性

| 矿物名称 / 项目 | | 硅酸三钙 | 硅酸二钙 | 铝酸三钙 | 铁铝酸四钙 |
|---|---|---|---|---|---|
| 化学式简写 | | $3CaO \cdot SiO_2$ $C_3S$ | $2CaO \cdot SiO_2$ $C_2S$ | $3CaO \cdot Al_2O_3$ $C_3A$ | $4CaO \cdot Al_2O_3 \cdot Fe_2O_3$ $C_4AF$ |
| 质量含量/% | | 50～60 | 15～37 | 7～15 | 10～18 |
| 凝结硬化速度 | | 快 | 慢 | 最快 | 快 |
| 水化时放热量 | | 多 | 少 | 最多 | 中 |
| 强度 | 高低 | 最大 | 大 | 小 | 小 |
| | 发展 | 快 | 慢 | 最快 | 较快 |
| 抗化学侵蚀性 | | 较小 | 最大 | 小 | 大 |
| 干燥收缩 | | 中 | 中 | 大 | 小 |

**知 识 链 接**

由表1-8可知,硅酸三钙的水化速度较快,水化热较大,且主要是早期放出,其强度最高,是决定水泥强度的主要矿物;硅酸钙二钙的水化速度最慢,水化热最小,且主要是后期放热,是保证水泥后期强度的主要矿物;铝酸三钙是凝结硬化速度最快、水化热最快的矿物,且硬化时体积收缩最大;铁铝酸四钙的水花速度也较快,仅次于铝酸三钙,其水化热性中等,有利于提高水泥的抗拉强度。水泥是几种熟料矿物的混合物,改变矿物成分间比例时,水泥性质发生相应的变化,可制成不同性能的水泥。如提高硅酸三钙含量,可制得快硬高强水泥;降低硅酸三钙、铝酸三钙的含量和提高硅酸三钙的含量可制得水化热低的低热水泥;提高铁铝酸四钙含量、降低铝酸三钙含量可制得道路水泥。不同熟料矿

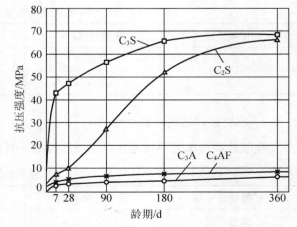

图1.3 水泥不同熟料矿物强度增长示意图

物的强度增长示意图如图 1.3 所示。

### 3. 硅酸盐水泥的水化与凝结硬化

水泥加水拌和而成的浆体，经过一系列物理、化学变化，浆体逐渐变稠失去塑性而成为水泥石的过程称为凝结，水泥石强度逐渐发展的过程称为硬化。水泥的凝结过程和硬化过程是连续进行的。凝结过程较短暂，一般几小时即可完成，硬化过程是一个长期的过程，在一定的温度和湿度条件下可持续几十年。

1）硅酸盐水泥熟料矿物的水化

水泥与水拌和均匀后，颗粒表面的熟料矿物开始溶解并与水发生化学反应，形成新的水化产物，放出一定的热量，固相体积逐渐增加。

各种水泥熟料矿物的水化反应为

$$2(3CaO \cdot SiO_2) + 6H_2O = 3CaO \cdot 2SiO_2 \cdot 3H_2O + 3Ca(OH)_2$$
$$2(CaO \cdot SiO_2) + 4H_2O = 3CaO \cdot 2SiO_2 \cdot 3H_2O + Ca(OH)_2$$
$$3CaO \cdot Al_2O_3 + 6H_2O = 3CaO \cdot Al_2O_3 \cdot 6H_2O$$
$$4CaO \cdot Al_2O_3 \cdot Fe_2O_3 + 7H_2O = 3CaO \cdot Al_2O_3 \cdot 6H_2O + CaO \cdot Fe_2O_3 \cdot H_2O$$

水泥熟料中的铝酸三钙首先与水发生化学反应，水化反应迅速，有明显的发热现象，形成的水化铝酸钙很快析出，会使水泥产生瞬凝。为调节水泥的凝结时间，在生产水泥时掺入适量石膏（约占水泥质量的 5%～7% 的天然二水石膏）后，发生二次反应

$$3CaO \cdot Al_2O_3 \cdot 6H_2O + 3(CaSO_4 \cdot 2H_2O) + 19H_2O = 3CaO \cdot Al_2O_3 \cdot 3CaSO_4 \cdot 31H_2O$$

生成的高硫型水化硫铝酸钙为难溶于水的物质，从而延缓了水泥的凝结。

表 1-9 中列出了各种水泥的主要水化产物名称、代号及含量范围。

表 1-9 硅酸盐水泥的主要水化产物名称、代号及含量范围

| 水化产物分子式 | 名　　称 | 代　　号 | 所占比例/% |
|---|---|---|---|
| $3CaO \cdot 2SiO_2 \cdot 3H_2O$ | 水化硅酸钙 | $C_3S_2H_3$ 或 $C-S-H$ | 70 |
| $Ca(OH)_2$ | 氢氧化钙 | CH | 20 |
| $3CaO \cdot Al_2O_3 \cdot 6H_2O$ | 水化铝酸钙 | $C_3AH_6$ | 不定 |
| $CaO \cdot Fe_2O_3 \cdot H_2O$ | 水化铁酸一钙 | CFH | 不定 |
| $3CaO \cdot Al_2O_3 \cdot 3CaSO_4 \cdot 31H_2O$ | 高硫型水化硫铝酸钙（钙矾石） | $C_3AS_3H_{31}$（AFt） | 不定 |
| $3CaO \cdot Al_2O_3 \cdot CaSO4 \cdot 12H_2O$ | 低硫型水化硫铝酸钙 | $3C_3AS_3H_{12}$（AFm） | 不定 |

2）硅酸盐水泥的凝结与硬化

硅酸盐水泥加水拌和后，最初形成具有可塑性的浆体，然后逐渐变稠时去塑性，这一过程称为初凝；开始具有强度时称为终凝。由初凝到终凝的过程为凝结。之后水泥浆体开始产生强度，并逐渐发展成为坚硬的水泥石，这一过程称为"硬化"。水泥的水化与凝结硬化是一个连续的过程，水化是凝结硬化的前提，凝结硬化是水化的结果。凝结与硬化是同一过程的不同阶段，但凝结硬化的各阶段是交错进行的，不能截然分开。

知 识 链 接

关于水泥凝结硬化机理的研究，已经有 100 多年的历史，并有多种理论进行解释，随着现代测试技术的发展应用，其研究还在不断深入。一般认为水泥浆体凝结硬化过程可分为早、中、后三个时期，分别相当于一般水泥在 20℃温度环境中水化 3h、20h～30h 以及更长时间。水泥凝结硬化过程如图 1.4 所示。

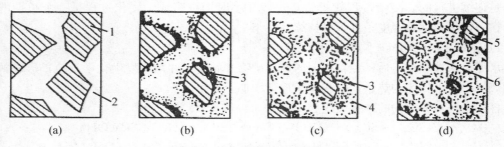

**图 1.4 水泥凝结硬化过程示意图**

(a)分散在水中的水泥颗粒；(b)在水泥颗粒表面；(c)膜层长大并互相；
(d)水泥产物进一步发展，形成水化物膜层连接(凝结)填充毛细孔(硬化)

1—水泥颗粒；2—水；3—凝胶；4—晶体；5—未水化水泥内核；6—毛细

水泥加水后，水泥颗粒迅速分散于水中如图 1.4(a)所示。在水化早期，大约是加水拌和到初凝时止，水泥颗粒表面迅速发生水化反应，几分钟内即在表面形成凝胶状膜层，并从中析出六方片状的氢氧化钙晶体，大约 1h 左右即在凝胶膜外及液相中形成粗短的棒状钙矾石晶体，如图 1.4(b)所示。这一阶段，由于晶体太小，不足以在颗粒间搭接使之连结成网状结构，水泥浆既有可塑性又有流动性。

在水化中期，约有 30%的水泥已经水化，以水化硅酸钙、氢氧化钙和钙矾石的快速形成为特征，由于颗粒间间隙较大，水化硅酸钙呈长纤维状。此时水泥颗粒被水化硅酸钙形成的一层包裹膜完全包住，并不断向外增厚，逐渐在膜内沉积。同时，膜的外侧生长出长针状钙矾石晶体，膜内侧则生成低硫型水化硫铝酸钙，氢氧化钙晶体在原先充水的空间形成。这期间膜层和长针状钙矾石晶体长大，将各颗粒连接起来，使水泥凝结。同时，大量形成的水化硅酸钙长纤维状晶体和钙矾石晶体一起，使水泥石网状结构不断致密，逐步发挥出强度。

水化后期大约是 1d 以后直到水化结束，水泥水化反应渐趋减缓，各种水化产物逐渐填满原来由水占据的空间，由于颗粒间间隙较小，水化硅酸钙呈短纤维状。水化产物不断填充水泥石网状结构，使之不断致密，渗透率降低、强度增加。随着水化的进行，凝胶体膜层越来越厚，水泥颗粒内部的水化越来越困难，经过几个月甚至若干年的长时间水化后，多数颗粒仍剩余未水化的内核。所以，硬化后的水泥浆体是由凝胶体、晶体、未水化的水泥颗粒内核、毛细孔及孔隙中的水与空气组成，是固-液-气三相多孔体系，具有一定的机械强度和孔隙率，外观和性能与天然石材相似，因而称之为水泥石。其在不同时期的相对数量变化，影响着水泥石性质的变化。水泥石中强度、孔隙、渗透性的发展情况如图 1.5所示。

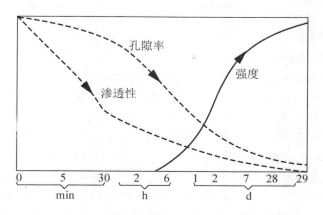

**图 1.5　水泥石强度、孔隙、渗透性发展示意图**

3）影响硅酸盐水泥凝结硬化的主要因素

（1）熟料的矿物组成。由于各矿物的组成比例不同、性质不同，对水泥性质的影响也不同。如硅酸钙占熟料的比例最大，它是水泥的主导矿物，其比例决定了水泥的基本性质；$C_3A$ 的水化和凝结硬化速率最快，是影响水泥凝结时间的主要因素，加入石膏可延缓水泥凝结，但石膏掺量不能过多，否则会引起安定性不良；当 $C_3S$ 和 $C_3A$ 含量较高时，水泥凝结硬化快、早期强度高、水化放热量大。熟料矿物对水泥性质的影响是各矿物的综合作用，不是简单叠加，其组成比例是影响水泥性质的根本因素，调整水泥熟料比例结构可以改善水泥性质和产品结构。

（2）细度。水泥的细度并不改变其根本性质，但却直接影响水泥的水化速率、凝结硬化、强度、干缩和水化放热等性质。因为，水泥的水化是从颗粒表面逐步向内部发展的，颗粒越细小，其表面积越大，与水的接触面积就越大，水化作用就越迅速越充分，使凝结硬化速率加快，早期强度越高。

⬤ 特 别 提 示

当水泥颗粒过细时，在磨细时消耗的能量和成本会显著提高且水泥易与空气中的水分和二氧化碳反应，使之不易久存；此外，过细的水泥，达到相同稠度时的用水量增加，硬化时会产生较大的体积收缩，同时水分蒸发产生较多的孔隙，会使水泥石强度下降。因此，水泥的细度要控制在一个合理的范围。

（3）水胶比。水泥加水拌和后成为水泥浆，水泥浆中水与水泥用量的比值称为水胶比（$W/B$）。

通常水泥水化时的理论需水量大约是水泥质量的 23%，但为了使水泥浆体具有一定的流动性和可塑性，实际的加水量远高于理论需水量，如配制混凝土时的水胶比（水与水泥重量之比）一般在 0.4～0.7 之间。不参加水化的"多余"水分，使水泥颗粒间距增大，会延缓水泥浆的凝结时间，并在硬化的水泥石中蒸发形成毛细孔，拌和用水量越多，水泥石中的毛细孔越多，孔隙率就越高，水泥的强度越低，硬化收缩越大，抗渗性、抗侵蚀性能就越差。因此，实际工程中，为提高水泥石的硬化速度和强度应尽可能降低水胶比。

（4）环境湿度、温度。温度高，水泥的水化速度加快，强度增长快，硬化速度也快；温度较低时，硬化速度慢，当温度降至0℃以下时，水结冰，硬化过程停止。而水是保证水泥凝结硬化的必需条件，因此砂浆及混凝土要在潮湿的环境下才能够充分地水化。所以，要想使水泥能够正常地水化、凝结及硬化，需保持环境适宜的温度、湿度。

硅酸盐水泥是水硬性胶凝材料，水化反应是水泥凝结硬化的前提。因此，水泥加水拌和后，必须保持湿润状态，以保证水化进行和获得强度增长。若水分不足，会使水化停止，同时导致较大的早期收缩，甚至使水泥石开裂。提高养护温度，可加速水化反应，提高水泥的早期强度，但后期强度可能会有所下降。原因是在较低温度（20℃以下）下，虽水化硬化较慢，但生成的水化产物更加致密，可获得更高的后期强度。当温度低于0℃时，由于水结冰而使水泥水化硬化停止，将影响其结构强度。一般水泥石结构的硬化温度不得低于−5℃。硅酸盐水泥的水化硬化较快，早期强度高，若采用较高温度养护，反而还会因水化产物生长过快，损坏其早期结构网络，造成强度下降。因此，硅酸盐水泥不宜采用蒸汽养护等湿热方法养护。

（5）龄期。水泥强度随龄期增长而不断增长。硅酸盐系列水泥，在3～7d龄期范围内，强度增长速度快；在7～28d龄期范围内强度增长速度较快；28d以后，强度增长速度逐渐下降，但强度增长会持续很长时间。

### 4. 硅酸盐水泥的技术性质

#### 1）密度与堆积密度

硅酸盐水泥的密度一般在$3.1～3.2\ g/cm^3$之间（实际进行混凝土配合比设计时通常取$3.1\ g/cm^3$），堆积密度一般在$1300～1600kg/cm^3$。

#### 2）细度（选择性指标）

细度是指水泥颗粒的粗细程度。

水泥细度不仅影响水泥的水化速度、强度，而且影响水泥的生产成本。通常情况下对强度起决定作用的是水泥颗粒尺寸大小，水泥颗粒太粗，强度低；水泥颗粒太细，磨耗增高，生产成本上升，且水泥硬化收缩也较大。水泥细度可用筛析法和比表面积法来检测。

筛析法是以方孔筛的筛余百分数来表示其细度；比表面积是以1kg水泥所具有的总表面积来表示，单位是$m^2/kg$，用透气法比表面积仪测定。硅酸盐水泥的细度用比表面积来衡量，要求比表面积大于$300m^2/kg$。

#### 3）标准稠度用水量

由于加水量的多少，对水泥的一些技术性质（如凝结时间、体积安定性等）的测定值影响很大，故测定这些性质时，必须在一个规定的稠度下进行。这个规定的稠度，称为标准稠度。水泥净浆达到标准稠度时所需的拌和用水量（用占水泥质量的百分比表示），称为标准稠度用水量（亦称需水量）。

### 特别提示

硅酸盐水泥的标准稠度用水量，一般在24%～30%之间。水泥熟料矿物成分不同时，其标注稠度用水量也有所差异。水泥磨的愈细，标准稠度用水量愈大。

一般来说，标准稠度用水量较大的水泥，拌制同样稠度的混凝土，加水量也较大，故硬化时收缩较大，硬化后的强度及密度也较差。因此，当其他条件相同时，水泥标准稠度用水量越小越好。

### 4）凝结时间

凝结时间是指水泥从加水拌和开始到失去流动性，即从可塑状态发展到固体状态所需要的时间。水泥的凝结时间又分为初凝时间和终凝时间。初凝时间是指自水泥加水时起至水泥浆开始失去可塑性所需的时间。终凝时间是指水泥自加水时起至水泥浆完全失去可塑性并开始产生强度所需的时间。水泥凝结时间的测定，是以标准稠度的水泥净浆，在规定的温度和湿度下，用凝结时间测定仪来测定的。我国标准规定：硅酸盐水泥初凝时间不得早于45min，终凝时间不得迟于6.5h。

**特别提示**

水泥的凝结时间在施工中有重要意义。初凝时间不宜过快，以便有足够的时间在初凝完成前，混凝土和砂浆有充分的时间进行搅拌、运输、浇捣和砌筑等各工序的施工操作；终凝也不宜过迟，以便使混凝土和砂浆在浇筑完毕后尽早完成凝结并硬化，具有一定的强度，以利于下一步施工工作的进行。

### 5）体积安定性

水泥的体积安定性是指水泥在凝结硬化过程中体积变化的均匀性。

**知识链接**

引起水泥安定性不良主要是由于水泥熟料中游离氧化钙、游离氧化镁过多或是石膏掺量过多等因素造成的三氧化硫过多造成的，其原因如下：水泥熟料中的氧化钙是在约900℃时石灰石分解产生，大部分结合成熟料矿物，未形成熟料矿物的游离部分成为过烧的CaO，在水泥凝结硬化后，会缓慢与水生成$Ca(OH)_2$。该反应体积膨胀可达1.5～2倍左右，使水泥石发生不均匀体积变化。游离氧化钙对安定性的影响不仅与其含量有关，还与水泥的煅烧温度有关，故难以定量。沸煮可加速氧化钙的水化，故需用沸煮法检验水泥的体积安定性。水泥中的氧化镁（MgO）呈过烧状态，结晶粗大，在水泥凝结硬化后，会与水生成$Mg(OH)_2$。该反应比过烧的氧化钙与水的反应更加缓慢，且体积膨胀，会在水泥硬化几个月后导致水泥石开裂。当石膏掺量过多或水泥中$SO_3$过多时，水泥硬化后，在有水存在的情况下，它还会继续与固态的水化铝酸钙反应生成高硫型水化硫铝酸钙（钙矾石），体积约增大1.5倍，引起水泥石开裂。MgO和$SO_3$已在国家标准中作了定量限制，硅酸盐水泥中$SO_3$的含量不得超过3.5%，游离氧化镁的含量不得超过5.0%，如果水泥经压蒸试验合格，则水泥中游离MgO的含量允许放宽到6.0%。以保证水泥安定性良好。

对于由游离氧化钙引起的安定性不良，可采用沸煮法检验，包括试饼法和雷氏夹法，有争议时以雷氏法为准（详见试验部分）。测试方法按国家标准《水泥标准稠度用水量、凝结时间、安定性检验方法》（GB/T 1346—2011）进行。

**特别提示**

当水泥浆体硬化过程发生不均匀的体积变化时，会导致水泥石膨胀开裂、翘曲，甚至

失去强度，这即是安定性不良。安定性不良的水泥会降低建筑物质量，甚至引起严重事故，任何工程中不得使用。

6) 强度及强度等级

水泥强度是水泥的主要技术性质，是评定其质量的主要指标。根据国家相关标准规定，采用《水泥胶砂强度检验方法（ISO 法）》(GB/T 17671—1999)测定水泥强度，该法是将水泥、标准砂和水按质量计以 1：3：0.5 混合，按规定方法制成 40mm×40mm×160mm 的标准试件，在标准条件下养护，分别测定其 3d 和 28d 的抗折强度和抗压强度。根据试验结果，硅酸盐水泥分为 42.5、42.5R、52.5、52.5R、62.5 和 62.5R 6 个等级，普通硅酸盐水泥分为 42.5、42.5R、52.5、52.5R 4 个强度等级，其他通用水泥的强度等级增加了 32.5 的等级，而减少了 62.5 的等级。此外，依据水泥 3d 的不同强度分为普通型和早强型两种类型，其中有代号 R 者为早强型水泥。通用硅酸盐水泥的各等级、各龄期强度不得低于表 1- 10 的规定数值。各龄期强度指标全部满足规定者为合格，否则为不合格。

表 1- 10　通用硅酸盐水泥的强度等级(GB 175—2007)(MPa)

| 品种 | 强度等级 | 抗压强度 | | 抗折强度 | |
|---|---|---|---|---|---|
| | | 3d | 28d | 3d | 28d |
| 硅酸盐水泥 | 42.5 | ≥17.0 | ≥42.5 | ≥3.5 | ≥6.5 |
| | 42.5R | ≥22.0 | | ≥4.0 | |
| | 52.5 | ≥23.0 | ≥52.5 | ≥4.0 | ≥7.0 |
| | 52.5R | ≥27.0 | | ≥5.0 | |
| | 62.5 | ≥28.0 | ≥62.5 | ≥5.0 | ≥8.0 |
| | 62.5R | ≥32.0 | | ≥5.5 | |
| 普通硅酸盐水泥 | 42.5 | ≥16.0 | ≥42.5 | ≥3.5 | ≥6.5 |
| | 42.5R | ≥21.0 | | ≥4.0 | |
| | 52.5 | ≥22.0 | ≥52.5 | ≥4.0 | ≥7.0 |
| | 52.5R | ≥26.0 | | ≥5.0 | |
| 矿渣硅酸盐水泥 火山灰硅酸盐水泥 粉煤灰硅酸盐水泥 复合硅酸盐水泥 | 32.5 | ≥10.0 | ≥32.5 | ≥2.5 | ≥5.5 |
| | 32.5R | ≥15.0 | | ≥3.5 | |
| | 42.5 | ≥15.0 | ≥42.5 | ≥3.5 | ≥6.5 |
| | 42.5R | ≥19.0 | | ≥4.0 | |
| | 52.5 | ≥21.0 | ≥52.5 | ≥4.0 | ≥7.0 |
| | 52.5R | ≥23.0 | | ≥4.5 | |

7) 水化热

水泥在水化规程中放出的热量，称为水泥的水化热(kJ/kg)。水泥水化热大部分是在水泥水化初期(7d 内)放出的，后期放热逐渐减少。水泥水化热的大小主要与水泥的细度及矿物组成有关。水泥颗粒愈细，水化热愈大；矿物中 $C_3S$、$C_3A$ 含量愈大，水化热愈高。

● 特 别 提 示

水化热在混凝土工程中既有有利的影响，也有不利的影响。高水化热的水泥在大体积混凝土工程中是不利的。这主要是由于水泥水化热放出的热量积聚在混凝土内部，散发非常缓慢，混凝土表面与内部因温差过大而导致温差应力，致使混凝土受拉而开裂破坏，因此在大体积混凝土工程中，应选择低热水泥。但在混凝土冬期施工时，水化热却有利于水泥的凝结、硬化和防止混凝土受冻。

8) 碱含量(选择性指标)

水泥中碱含量按 $Na_2O+0.658K_2O$ 计算值表示。若使用活性骨料，用户要求提供低碱水泥时，水泥中的碱含量应不大于 0.60% 或由买卖双方协商确定。

硅酸盐水泥中除主要矿物成分外，还含少量其他化学成分，如钠和钾的氧化物(碱性物质)。当水泥中的碱含量过高，骨料又有一些活性物质时，会在潮湿或有水的环境中发生有害的碱-骨料反映，同时也影响水泥与外加剂的适应性。

GB 175—2007 除对上述内容作了规定外，还对不溶物、烧失量、碱含量等提出了要求。通用硅酸盐水泥的化学指标应符合表 1-11 的规定。凡不溶物和烧失量任一项不符合标准规定的水泥均为不合格品水泥。

表 1-11　通用硅酸盐水泥的化学指标

| 品　　种 | 代　　号 | 不溶物/% | 烧失量/% | 三氧化硫/% | 氧化镁/% | 氯离子/% |
|---|---|---|---|---|---|---|
| 硅酸盐水泥 | P·Ⅰ | ≤0.75 | ≤3.0 | ≤3.5 | ≤5.0 | ≤0.06③ |
| | P·Ⅱ | ≤1.50 | ≤3.5 | | | |
| 普通硅酸盐水泥 | P·O | — | ≤5.0 | | | |
| 矿渣硅酸盐水泥 | P·S·A | — | — | ≤4.0 | ≤6.0① | |
| | P·S·B | — | — | | — | |
| 火山灰硅酸盐水泥 | P·P | — | — | ≤3.5 | ≤6.0② | |
| 粉煤灰硅酸盐水泥 | P·F | — | — | | | |
| 复合硅酸盐水泥 | P·C | — | — | | | |

① 如果水泥压蒸试验合格，则硅酸盐水泥中氧化镁的含量(质量分数)允许放宽至 6.0%。

② 如果水泥中氧化镁的含量(质量分数)大于 6.0% 时，须进行水泥压蒸安定性试验并合格。

③ 当有更低要求时，该指标由买卖双方确定

● 知 识 链 接

(1) 不溶物是指经盐酸处理后的不溶残渣，再以氢氧化钠溶液处理，经盐酸中和、过滤后所得的残渣，再经高温灼烧所剩的物质。不溶物含量高对水泥质量有不良影响。

(2) 氧化镁结晶粗大、水化缓慢，且水化生成的 $Mg(OH)_2$ 体积膨胀达 1.5 倍，过量会引起水泥安定性不良。需以压蒸的方法加快其水化，方可判断其安定性。

(3) 三氧化硫过量会与铝酸钙矿物生成较多的钙矾石，产生较大的体积膨胀，引起水泥安定性不良。

（4）当混凝土骨料中含有活性二氧化硅时，会与水泥中的碱相互作用形成碱的硅酸盐凝胶，由于后者体积膨胀可引起混凝土开裂，造成结构的破坏，这种现象称为"碱-骨料反应"。它是影响混凝土耐久性的一个重要因素。碱-骨料反应与混凝土中的总碱量、骨料及使用环境等有关。为防止碱-骨料反应，标准对碱含量做出了相应规定。

### 5. 硅酸盐水泥的腐蚀与防止

硬化水泥石在通常条件下具有较好的耐久性，但在某些含侵蚀性物的介质中，有害介质会侵入到水泥石内部，是以硬化的水泥石结构遭到破坏，强度降低，最终甚至造成建筑物的破坏，这种现象称为水泥石的腐蚀。它对水泥耐久性影响较大，必须采取有效措施予以防止。

#### 1）水泥石的主要腐蚀类型

（1）软水腐蚀（溶出性腐蚀）。$Ca(OH)_2$晶体是水泥的主要水化产物之一，如果水泥结构所处环境的溶液（如软水）中，$Ca(OH)_2$的浓度低于其饱和浓度时，则其中的$Ca(OH)_2$被溶解或分解，从而造成水泥石的破坏。所以软水腐蚀是一种溶出性的腐蚀。

雨水、雪水、蒸馏水、冷凝水、含碳酸盐较少的河水和湖水等都是软水，当水泥石长期与这些水接触时，$Ca(OH)_2$会被溶出。在静水无压或水量不多情况下，由于$Ca(OH)_2$的溶解度较小，溶液易达到饱和，故溶出作用仅限于表面，并很快停止，其影响不大。但在流水、压力水或大量水的情况下，$Ca(OH)_2$会不断地被溶解流失。一方面，使水泥石孔隙率增大，密实度和强度下降，水更易向内部渗透；另一方面，水泥石的碱度不断降低，引起水化产物分解，最终变成胶结能力很差的产物，使水泥石结构受到破坏。软水腐蚀的程度与水的暂时硬度（水中重碳酸盐即碳酸氢钙和碳酸氢镁的含量）有关，碳酸氢钙和碳酸氢镁能与水泥石中的$Ca(OH)_2$反应生成不溶于水的碳酸钙，其反应式如下：

$$Ca(OH)_2 + Ca(HCO_3)_2 = 2CaCO_3 + 2H_2O$$

● 特 别 提 示

反应生成的碳酸钙沉淀在水泥石的孔隙内而提高其密实度，并在水泥石表面形成紧密不透水层，从而可以阻止外界水的侵入和内部$Ca(OH)_2$的扩散析出。所以，水的暂时硬度越高，腐蚀作用越小。应用这一性质，对需与软水接触的混凝土制品或构件，可先在空气中硬化，再进行表面碳化，形成碳酸钙外壳，可起到一定的保护作用。

溶出性侵蚀的强弱程度，与水泥的硬度有关。当环境水的水质较硬，即水重碳酸盐含量较高时，$Ca(OH)_2$的溶解度较小，侵蚀性较弱；反之，水质越软，侵蚀性越强。

（2）盐类腐蚀。

① 硫酸盐腐蚀（膨胀腐蚀）。在海水、湖水、盐沼水、地下水、某些工业污水、流经高炉矿渣或煤渣的水中，常含钾、钠和氨等的硫酸盐。它们与水泥石中的$Ca(OH)_2$发生置换反应，生成硫酸钙。硫酸钙与水泥石中的水化铝酸钙作用会生成高硫型水化硫铝酸钙（钙矾石），其反应式为

$$Ca(OH)_2 + Na_2SO_4 + 2H_2O = CaSO_4 \cdot 2H_2O + 2NaOH$$
$$3CaO \cdot Al_2O_3 \cdot 6H_2O + 3(CaSO_4 \cdot 2H_2O) + 19H_2O = 3CaO \cdot Al_2O_3 \cdot 3CaSO_4 \cdot 31H_2O$$

⬤ 特 别 提 示

生成的高硫型水化硫铝酸钙晶体比原有水化铝酸钙体积增大 1~1.5 倍，硫酸盐浓度高时还会在孔隙中直接结晶成二水石膏，比 $Ca(OH)_2$ 的体积增大 1.2 倍以上。由此引起水泥石内部膨胀，致使结构胀裂、强度下降而遭到破坏。因为，生成的高硫型水化硫铝酸钙晶体呈针状，又形象地称为"水泥杆菌"。

② 镁盐腐蚀。在海水及地下水中，常含有大量的镁盐，主要是硫酸镁和氯化镁，它们可与水泥石中的 $Ca(OH)_2$ 发生如下反应。

$$MgSO_4 + Ca(OH)_2 + 2H_2O = CaSO_4 \cdot 2H_2O + Mg(OH)_2$$
$$MgCl_2 + Ca(OH)_2 = CaCl_2 + Mg(OH)_2$$

⬤ 特 别 提 示

所生成的 $Mg(OH)_2$ 松软而无胶凝性，$CaCl_2$ 易溶于水，会引起溶出性腐蚀，二水石膏又会引起膨胀腐蚀。所以硫酸镁对水泥起硫酸盐和镁盐的双重腐蚀作用，危害更严重。

（3）酸类腐蚀。

① 碳酸腐蚀。在工业污水、地下水中常溶解有二氧化碳，二氧化碳与水泥石中的 $Ca(OH)_2$ 反应，生成碳酸钙。

$$Ca(OH)_2 + CO_2 + H_2O = CaCO_3 + 2H_2O$$

当水中的 $CO_2$ 含量较低时，由于 $CaCO_3$ 沉淀到水泥石表面的孔隙中而使腐蚀停止；当水中的 $CO_2$ 含量较高时，上述反应还会继续进行。碳酸钙与 $CO_2$ 反应生成 $Ca(HCO_3)_2$，反应如下：

$$CaCO_3 + CO_2 + H_2O = Ca(HCO_3)_2$$

⬤ 特 别 提 示

重碳酸钙易溶于水，若被流动的水带走，化学平衡遭到破坏，反应不断向右边进行，则水泥石中的石灰浓度不断降低，水泥石结构逐渐破坏。

② 一般酸的腐蚀。水泥水化生成大量 $Ca(OH)_2$，因而呈碱性，一般酸都会对它有不同的腐蚀作用。主要原因是一般酸都会与 $Ca(OH)_2$ 发生中和反应，其反应的产物或者易溶于水，或者体积膨胀，使水泥石性能下降，甚至导致破坏；无机强酸还会与水泥石中的水化硅酸钙、水化铝酸钙等水化产物反应，使之分解，而导致腐蚀破坏。一般来说，有机酸的腐蚀作用较无机酸弱；酸的浓度越大，腐蚀作用越强。

$$Ca(OH)_2 + 2HCl = CaCl_2 + 2H_2O$$
$$Ca(OH)_2 + H_2SO_4 = CaSO_4 \cdot 2H_2O$$

上述反应中，$CaCl_2$ 为易溶于水的盐，而 $CaSO_4 \cdot 2H_2O$ 则结晶膨胀，都对水泥的结构有破坏作用。

（4）强碱的腐蚀。浓度不高的碱类溶液，一般对水泥石无害。但若长期处于较高浓度（大于 10%）的含碱溶液中也能发生缓慢腐蚀，主要是化学腐蚀和结晶腐蚀。

化学腐蚀：如氢氧化钠与水化产物反应，生成胶结力不强、易溶析的产物。

$$3CaO \cdot Al_2O_3 \cdot 6H_2O + 2NaOH = 3Ca(OH)_2 + Na_2O \cdot Al_2O_3 + 4H_2O$$

结晶腐蚀：如氢氧化钠渗入水泥石后，与空气中的二氧化碳反应生成含结晶水的碳酸钠，碳酸钠在毛细孔中结晶体积膨胀，而使水泥石开裂破坏。

（5）其他腐蚀。除了上述 4 种主要的腐蚀类型外，一些其他物质也对水泥石有腐蚀作用，如糖、氨盐、酒精、动物脂肪、含环烷酸的石油产品及碱-骨料反应等。它们或是影响水泥的水化，或是影响水泥的凝结，或是体积变化引起开裂，或是影响水泥的强度，从不同的方面造成水泥石的性能下降甚至破坏。

**特 别 提 示**

实际工程中水泥石的腐蚀是一个复杂的物理化学作用过程，腐蚀的作用往往不是单一的，而是几种同时存在、相互影响的。

2）腐蚀的防止

水泥石腐蚀的产生原因：一是水泥石中存在易被腐蚀的组分，主要是 $Ca(OH)_2$ 和水化铝酸钙；二是有能产生腐蚀的介质和环境条件；三是水泥石本身不密实。防止水泥石的腐蚀，一般可采取以下措施。

（1）根据环境介质的侵蚀特性，合理选用水泥品种。

水泥品种不同，其矿物组成也不同，对腐蚀的抵抗能力不同。水泥生产时，调整矿物的组成，掺加相应耐腐蚀性强的混合材料，就可制成具有相应耐腐蚀性能的特性水泥。水泥使用时必须根据腐蚀环境的特点，合理地选择品种。

（2）提高水泥石的密实度。

通过合理的材料配合比设计降低水胶比、掺加某些可堵塞空隙的物质、改善施工方法、加强震捣，均可以获得均匀密实的水泥石结构，避免或减缓水泥石侵蚀。

（3）设置保护层。

当腐蚀作用较强时，应在水泥石表面加做不透水的保护层，隔断腐蚀介质的接触，保护层材料选用耐腐蚀性强的石料、陶瓷、玻璃、塑料、沥青和涂料等。也可用化学方法进行表面处理，形成保护层，如表面碳化形成致密的碳酸钙、表面涂刷草酸形成不溶的草酸钙等。对于特殊抗腐蚀的要求，则可采用抗蚀性强的聚合物混凝土。

6. 硅酸盐水泥的特性及应用

1）凝结硬化快、强度高

由于硅酸盐水泥中的 $C_3S$ 和 $C_3A$ 较高，使硅酸盐水泥水化凝结硬化速度加快，强度（主要是早期强度）发展也快。因此，适合于早期强度要求高的工程、高强混凝土结构和预应力混凝土结构。

2）水化热高

硅酸盐水泥中的 $C_3S$ 和 $C_3A$ 较高，其水泥早期放热大、放热速率快，其 3d 内的水化放热量约占其中放热量的 50%。这对于大体积混凝土工程施工不利，不适用于大坝等大体积混凝土工程。但这种现象对冬季施工较为有利。

3）抗冻性能好

硅酸盐水泥拌和物不易发生泌水现象，硬化后的水泥石较密实，所以抗冻性好，适用于高寒地区的混凝土工程。

4）抗碳化能力强

硅酸盐水泥硬化后水泥石呈碱性，而处于碱性环境中的钢筋可在其表面形成一层钝化膜保护钢筋不锈蚀。而空气中的 $CO_2$ 会与水化物中的 $Ca(OH)_2$ 发生反应，生成 $CaCO_3$ 从而消耗 $Ca(OH)_2$ 的量，最终使水化物内碱性变为中性，使钢筋没有碱性环境的保护而发生锈蚀，造成混凝土结构的破坏。硅酸盐水泥中由于 $Ca(OH)_2$ 的含量高所以抗碳化能力强。

5）耐腐蚀能力差

由于硅酸盐水泥中有大量的 $Ca(OH)_2$ 及水化氯酸三钙，容易受到软水、酸类和一些盐类的侵蚀，因此不适用于受流动水、压力水、酸类及硫酸盐侵蚀的混凝土工程。

6）耐热性差

硅酸盐水泥在温度为 250℃ 时水化物开始脱水，水泥石强度下降，当受热温度达到 700℃ 以上时会遭到破坏。因此硅酸盐水泥不宜单独用于耐热工程。

7）温热养护效果差

硅酸盐水泥在常规养护条件下硬化快、强度高。但经过蒸汽养护后，再经自然养护至 28d 测得的抗压强度常低于蒸汽养护的 28d 抗压强度。

### 1.4.2 掺有混合材料的硅酸盐水泥

凡在硅酸盐水泥熟料中掺入一定量的混合材料和适量石膏共同磨细制成的水硬性胶凝材料称为掺混合材料的硅酸盐水泥。在磨制水泥时加入的天然或人工矿物材料称为混合材料。

**1. 掺加混合材料的作用**

在硅酸盐水泥熟料中，掺加一定量的混合材料有以下 3 方面的好处。

1）改善水泥性能

如增加水泥的抗腐蚀性、降低水泥的水化热等。

2）增加水泥品种

由于混合材料的种类多，不同品种的混合材料，承建不同的性能，从而生产出不同品种的水泥，为适应不同的工程需求提供了方便。

3）降低水泥成本

由于混合材料大多数是工业副产品或天然矿物质，价格便宜，掺入硅酸盐水泥中可代替部分水泥，可增加水泥产量、降低成本。

**2. 混合材料的种类**

混合材料包括非活性混合材料、活性混合材料和窑灰，其中活性混合材料的应用量最大。

1）活性混合材料

在常温下，加水拌和后能与水泥、石灰或石膏发生化学反应，生成具有一定水硬性的胶凝产物的混合材料称为活性混合材料。因活性混合材料的掺加量较大，改善水泥性质的作用更加显著，而且当其活性激发后可使水泥后期强度大大提高，甚至赶上同等级的硅酸

盐水泥。常用的活性混合材料有粒化高炉矿渣、火山灰质材料和粉煤灰等。

(1) 粒化高炉矿渣。粒化高炉矿渣是高炉冶炼生铁时，将浮在铁水表面的熔融物经水淬等急冷处理而成的松散颗粒，又称为水淬矿渣。粒化高炉矿渣的主要化学成分是 CaO、$SiO_2$、$Al_2O_3$ 和少量 MgO、$Fe_2O_3$。急冷的矿渣结构为不稳定的玻璃体，具有较大的化学潜能，其主要活性成分是活性 $SiO_2$ 和活性 $Al_2O_3$。常温下能与 $Ca(OH)_2$ 反应，生成水化硅酸钙、水化铝酸钙等具有水硬性的产物，从而产生强度。在用石灰石做熔剂的矿渣中，含有少量 $C_2S$，本身就具有一定的水硬性，加入激发剂磨细就可制得无熟料水泥。

(2) 火山灰质混合材料。天然火山灰材料是火山喷发时形成的一系列矿物，如火山灰、凝灰岩、浮石、沸石和硅藻土等；人工火山灰是与天然火山灰成分和性质相似的人造矿物或工业废渣，如烧粘土、粉煤灰、煤矸石渣和煤渣等。火山灰的主要活性成分是活性 $SiO_2$ 和活性 $Al_2O_3$，在激发剂作用下，可发挥出水硬性。粉煤灰是火力发电厂以煤粉作燃料，燃烧后收集下来的极细的灰渣颗粒，为球状玻璃体结构，也是一种火山灰质材料。

2) 非活性混合材料

在常温下，加水拌和后不能与水泥、石灰或石膏发生化学反应的混合材料称为非活性混合材料，又称填充性混合材料。非活性混合材料加入水泥中的作用是提高水泥产量、降低生产成本、降低强度等级、减少水化热、改善耐腐蚀性和和易性等。这类材料有磨细的石灰石、石英砂、慢冷矿渣、粘土和各种符合要求的工业废渣等。由于加入非活性混合材料会降低水泥强度，所以其加入量一般较少。

3) 窑灰

窑灰是水泥回转窑窑尾废气中收集下的粉尘，活性较低，一般作为非活性混合材料加入，以减少污染、保护环境。

为确保工程质量，凡国家标准中没有规定的混合材料品种，严格禁止使用。

**3. 掺混合材料的硅酸盐水泥**

工程中常用的掺混合材料的水泥有：普通硅酸盐水泥、矿渣硅酸盐水泥、火山灰硅酸盐水泥、粉煤灰硅酸盐水泥及复合硅酸盐水泥等。

1) 普通硅酸盐水泥

普通硅酸盐水泥简称为普通水泥。根据国家标准《通用硅酸盐水泥》(GB 175—2007) 规定，普通硅酸盐水泥是指(熟料和石膏)组分≥80%且<95%，掺加>5%且≤20%的粉煤灰、粒化高炉矿渣或火山灰等活性混合材料，其中允许用不超过水泥质量8%的非活性混合材料或不超过水泥质量5%的窑灰来代替活性材料，共同磨细制成的水硬性胶凝材料，代号 P·O。

国标中对硅酸盐水泥的技术要求为以下几方面。

(1) 细度。用比表面积表示，根据规定应不小于 $300m^2/kg$。

(2) 凝结时间。初凝时间不小于 45min，终凝时间不大于 600min。

(3) 强度。普通硅酸盐水泥的强度等级分为 42.5、42.5R、52.5、52.5R 共 4 个强度等级。各强度等级、各龄期的强度不得低于表 1-10 的数值。

(4) 烧失量。普通水泥中的烧失量不得大于 5.0%。普通硅酸盐水泥的体积安定性及氧化镁、三氧化硫、碱含量、氯离子等技术要求与硅酸盐水泥相同，普通硅酸盐水泥的成分中绝大部分仍是硅酸盐水泥熟料，故其基本特征与硅酸盐水泥相近。但由于普通硅酸盐水泥中掺入了少量混合材料，故某些性能与硅酸盐水泥稍有差异。

普通硅酸盐水泥被广泛用于各种混凝土或钢筋混凝土工程，是我国目前主要的水泥品种之一。

2）矿渣硅酸盐水泥、火山灰之硅酸盐水泥、粉煤灰硅酸盐水泥、复合硅酸盐水泥

（1）组成。

通用硅酸盐水泥的组分应符合表1-12的规定。

表1-12　通用硅酸盐水泥组分表

| 品　　种 | 代号 | 组　　分 | | | | |
|---|---|---|---|---|---|---|
| | | 熟料+石膏 | 粒化高炉矿渣 | 火山灰质混合材料 | 粉煤灰 | 石灰石 |
| 硅酸盐水泥 | P·Ⅰ | 100 | — | — | — | — |
| | P·Ⅱ | ≥95 | ≤5 | | | |
| | | ≥95 | | | | ≤5 |
| 普通硅酸盐水泥 | P·O | ≥80且<95 | >5且≤20ᵃ | | | |
| 矿渣硅酸盐水泥 | P·S·A | ≥50且<80 | >20且≤50ᵇ | — | — | — |
| | P·S·B | ≥30且<50 | >50且≤70ᵇ | — | — | — |
| 火山灰质硅酸盐水泥 | P·P | ≥60且<80 | — | >20且≤40ᶜ | — | — |
| 粉煤灰硅酸盐水泥 | P·F | ≥60且<80 | — | — | >20且≤40ᵈ | — |
| 复合硅酸盐水泥 | P·C | ≥50且<80 | >20且≤50ᵉ | | | |

● 特 别 提 示 ●

a. 本组分材料为符合 GB/T 203、GB/T 18046、GB/T 1596、GB/T 2847 标准要求的粒化高炉矿渣、粒化高炉矿渣粉、粉煤灰、火山灰质混合材料。其中允许用不超过水泥质量8%且符合活性指标分别低于 GB/T 203、GB/T 18046、GB/T 1596、GB/T 2847 标准要求的粒化高炉矿渣、粒化高炉矿渣粉、粉煤灰、火山灰质混合材料；石灰石和砂岩，其中石灰石中的三氧化二铝含量应不大于2.5%的非活性混合材料或不超过水泥质量5%且符合 JC/T 742 规定的窑灰代替。

b. 组分材料为符合 GB/T 203 或 GB/T 18046 的活性混合材料，其中允许用不超过水泥质量8%且符合 GB/T 203、GB/T 18046、GB/T 1596、GB/T 2847 标准要求的粒化高炉矿渣、粒化高炉矿渣粉、粉煤灰、火山灰质混合材料。

c. 本组分材料为符合 GB/T 2847 的活性混合材料。

d. 本组分材料为符合 GB/T 1596 的活性混合材料。

e. 材料为由两种（含）以上符合 GB/T 203、GB/T 18046、GB/T 1596、GB/T 2847 标准要求的粒化高炉矿渣、粒化高炉矿渣粉、粉煤灰、火山灰质混合材料。活性指标分别低于 GB/T 203、GB/T 18046、GB/T 1596、GB/T 2847 标准要求的粒化高炉矿渣、粒化或和高炉矿渣粉、粉煤灰、火山灰质混合材料；石灰石和砂岩，其中石灰石中的三氧化二铝含量应不大于2.5%的非活性混合材料组成，其中允许用不超过水泥质量8%且符合 JC/T 742 规定的窑灰代替。掺矿渣时混合材料掺量不得与矿渣硅酸盐水泥重复。

（2）技术性质。

① 细度。矿渣硅酸盐水泥、火山灰质硅酸盐水泥、粉煤灰硅酸盐水泥和复合硅酸盐水泥的细度以筛余表示，其 $80\mu m$ 方孔筛筛余不大于 $10\%$ 或 $45\mu m$ 方孔筛筛余不大于 $30\%$。

② 凝结时间和体积安定性要求与普通硅酸盐水泥相同。

③ 氧化镁。熟料中氧化镁的含量不宜超过 $5.0\%$。如水泥经压蒸安定性试验合格，则熟料中氧化镁的含量允许放宽到 $6.0\%$。熟料中氧化镁的含量为 $5.0\%\sim6.0\%$ 时，如矿渣水泥中混合材料总掺量大于 $40\%$ 或火山灰水泥和粉煤灰水泥中混合材料掺加量大于 $30\%$，则制成的水泥可不做压蒸试验。

④ 三氧化硫。矿渣水泥中三氧化硫的含量不得超过 $4.0\%$；火山灰水泥和粉煤灰水泥中三氧化硫的含量不得超过 $3.5\%$。

⑤ 强度。水泥强度等级按规定龄期的抗压强度和抗折强度来划分，分为 32.5、32.5R、42.5、42.5R、52.5、52.5R。各强度等级水泥的各龄期强度不得低于表 1-10 的数值。

⑥ 碱。水泥中碱含量按 $Na_2O+0.658K_2O$ 计算值表示。若使用活性骨料，用户要求提供低碱水泥时，水泥中的碱含量应不大于 $0.60\%$ 或由买卖双方协商确定。

（3）特性与应用。

硅酸盐系水泥的主要性质相同或相似。掺混合材料的水泥与硅酸盐水泥相比，又有其自身的特点。

① 共性与应用。

a. 凝结硬化慢、早期强度低和后期强度增长快。

因为水泥中熟料比例较低，而混合材料的二次水化较慢，所以其早期强度低，后期二次水化的产物不断增多，水泥强度发展较快，达到甚至超过同等级的硅酸盐水泥。因此，这三种水泥不宜用于早期强度要求高的工程、冬季施工工程和预应力混凝土等工程，且应加强早期养护。

b. 温度敏感性高，适宜高温湿热养护。

这三种水泥在低温下水化速率和强度发展较慢，而在高温养护时水化速率大大提高，强度发展加快，可得到较高的早期强度和后期强度。因此，适合采用高温湿热养护，如蒸汽养护和蒸压养护。

c. 水化热低，适合大体积混凝土工程。

由于熟料用量少，水化放热量大的矿物 $C_3S$ 和 $C_3A$ 较少，水泥的水化热大大降低，适合用于大体积混凝土工程，如大型基础和水坝等。适当调整组成比例就可生产出大坝专用的低热水泥品种。

d. 耐腐蚀性能强。

由于熟料用量少，水化生成的 $Ca(OH)_2$ 少，且二次水化还要消耗大量 $Ca(OH)_2$，使水泥石中易腐蚀的成分减少，水泥石的耐软水腐蚀、耐硫酸盐腐蚀、耐酸性腐蚀等能力大大提高，可用于有耐腐蚀要求的工程中。但如果火山灰水泥掺加的是以 $Al_2O_3$ 为主要成分的烧粘土类混合材料时，因水化后生成水化铝酸钙较多，其耐硫酸盐腐蚀的能力较差，不宜用于有耐硫酸盐腐蚀要求的场合。

　　e. 抗冻性差，耐磨性差。

　　由于加入较多的混合材料，水泥的需水性增加，用水量较多，易形成较多的毛细孔或粗大孔隙，且水泥早期强度较低，使抗冻性和耐磨性下降。因此，不宜用于严寒地区水位升降范围内的混凝土工程和有耐磨性要求的工程。

　　f. 抗碳化能力差。

　　由于水化产物中 $Ca(OH)_2$ 少，水泥石的碱度较低，遇有碳化的环境时，表面碳化较快，碳化深度较深，对钢筋的保护不利。若碳化深度达到钢筋表面，会导致钢筋锈蚀，使钢筋混凝土产生顺筋裂缝，降低耐久性。不过，在一般环境中，这三种水泥对钢筋都具有良好的保护作用。

　　② 个性与应用。

　　a. 矿渣硅酸盐水泥。

　　由于矿渣是在高温下形成的材料，所以矿渣水泥具有较强的耐热性。可用于温度不高于200℃的混凝土工程，如轧钢、铸造、锻造、热处理等高温车间及热工窑炉的基础等；也可用于温度达300℃～400℃的热气体通道等耐热工程。

　　粒化高炉矿渣玻璃体对水的吸附力差，导致矿渣水泥的保水性差，易泌水产生较多的连通孔隙，水份的蒸发增加，使矿渣水泥的抗渗性差，干燥收缩较大，易在表面产生较多的细微裂缝，影响其强度和耐久性。

　　b. 火山灰质硅酸盐水泥。

　　火山灰水泥具有较好的抗渗性和耐水性。因为，火山灰质混合材料的颗粒有大量的细微孔隙，保水性良好，泌水性低，并且水化中形成的水化硅酸钙凝胶较多，水泥石结构比较致密，具有较好的抗渗性和抗淡水溶淅的能力，可优先用于有抗渗性要求的工程。

　　火山灰水泥的干燥收缩比矿渣水泥更加显著，在长期干燥的环境中，其水化反应会停止，已经形成的凝胶还会脱水收缩，形成细微裂缝，影响水泥石的强度和耐久性。因此，火山灰水泥施工时要加强养护，较长时间保持潮湿状态，且不宜用于干热环境中。

　　c. 粉煤灰水泥。

　　粉煤灰水泥的干缩性较小，甚至优于硅酸盐水泥和普通水泥，具有较好的抗裂性。因为，粉煤灰颗粒呈球形，较为致密，吸水性差，加水拌和时的内摩擦阻力小，需水性小，所以其干缩性小，抗裂性好，同时配制的混凝土、砂浆和易性好。由于粉煤灰吸水性差，水泥易泌水，形成较多连通孔隙，干燥时易产生细微裂缝，抗渗性较差，不宜用于干燥环境和抗渗要求高的工程。

　　d. 复合水泥。

　　复合水泥的早期强度接近于普通水泥，性能略优于其他掺混合材料的水泥，适用范围较广。它掺加了两种或两种以上的混合材料，有利于发挥各种材料的优点，为充分利用混合材料生产水泥、扩大水泥应用范围，提供了广阔的途径。

　　硅酸盐系列水泥的性能见表 1-13。

表 1-13　通用硅酸盐系列水泥的技术性质

| 项目 | 硅酸盐水泥 | | 普通水泥 | 矿渣水泥 | 火山灰水泥 | 粉煤灰水泥 | 复合水泥 |
|---|---|---|---|---|---|---|---|
| | P·Ⅰ | P·Ⅱ | P·O | P·S·A、P·S·B | P·P | P·F | P·C |
| 不溶物含量 | ≤0.75% | ≤1.50% | — | | | | |
| 烧失量 | ≤3.0% | ≤3.5% | ≤5.0% | — | | | |
| 细度 | 比表面积＞300m²/kg | | | 80μm 方孔筛的筛余量≤10% | | | |
| 初凝时间 | ≥45min | | | | | | |
| 终凝时间 | ≤390min | | | ≤10h | | | |
| MgO 含量 | 水泥中，≤5.0%，蒸压安定性试验合格≤6.0% | | | | | | |
| SO₃ 含量 | ≤3.5% | | | ≤4.0% | | ≤3.5% | |
| 安定性 | 沸煮法合格 | | | | | | |
| 强度 | 各强度等级水泥的各龄期强度不得低于各标准规定的数值 | | | | | | |
| 碱含量 | ≤0.60%或商定 | | | 商定 | | | |

| 组成 | 组成 | 熟料 0%～5% 混合材料石膏 | | 熟料 6%～15%混合材料石膏 | 熟料 20%～70%矿渣石膏 | 熟料 20%～50%火山灰石膏 | 熟料 20%～40%粉煤灰石膏 | 熟料 15%～50%混合材料石膏 |
|---|---|---|---|---|---|---|---|---|
| | 区别 | 无或很少混合材料 | | 少量混合材料 | 多量活性混合材料 | | | 多量混合材料 |
| | | | | | 矿渣 | 火山灰 | 粉煤灰 | 两种或两种以上 |
| 性能 | | 早期凝结硬化快、后期强度高、水化热大、放热快、抗冻性好、耐磨性好、抗碳化性好、干缩小、耐腐蚀性差、耐热性差 | | 基本同硅酸盐水泥。早期强度、水化热、抗冻性、耐磨性和抗碳化性略有降低，耐腐蚀性、耐热性略有提高 | 凝结硬化较慢，早期强度低，后期强度高 | | | 早期强度较高 |
| | | | | | 温度敏感性好、水化热低、耐腐蚀性好、抗冻性差、耐磨性差、抗碳化性差 | | | |
| | | | | | 耐热性好、泌水性大、抗渗性差、干缩较大 | 保水性好、抗渗性好、干缩大 | 干缩小、抗裂性好、泌水性大、抗渗性较好 | 与掺入种类比例有关 |

　　硅酸盐水泥、普通硅酸盐水泥、矿渣硅酸盐水泥、粉煤灰硅酸盐水泥、火山灰质硅酸盐水泥、复合硅酸盐水泥是我国广泛使用的 6 种水泥（常用水泥或通用水泥）。在混凝土结构工程中，这 6 种水泥的选用可参照表 1-14 选择。

表 1－14　硅酸盐系列常用水泥的选用

| 工程特点及所处环境条件 | | | 优先选用 | 可以选用 | 不宜选用 |
|---|---|---|---|---|---|
| 普通混凝土 | 1 | 一般气候环境 | 普通水泥 | 矿渣水泥、火山灰水泥、粉煤灰水泥、复合水泥 | |
| | 2 | 干燥环境 | 普通水泥 | 矿渣水泥 | 火山灰水泥、粉煤灰水泥 |
| | 3 | 高温或长期处于水中 | 矿渣水泥、火山灰水泥、粉煤灰水泥、复合水泥 | | |
| | 4 | 厚大体积 | | | 硅酸盐水泥、普通水泥 |
| 有特殊要求的混凝土 | 1 | 要求快硬、高强（＞C40）、预应力 | 硅酸盐水泥 | 普通水泥 | 矿渣水泥、火山灰水泥、粉煤灰水泥、复合水泥 |
| | 2 | 严寒地区冻融条件 | 硅酸盐水泥 | | |
| | 3 | 严寒地区水位升降范围 | 普通水泥强度等级＞42.5 | | |
| | 4 | 蒸汽养护 | 矿渣水泥、火山灰水泥、粉煤灰水泥、复合水泥 | | 硅酸盐水泥普通水泥 |
| | 5 | 有耐热要求 | 矿渣水泥 | | |
| | 6 | 有抗渗要求 | 火山灰水泥、普通水泥 | | 矿渣水泥 |
| | 7 | 受腐蚀作用 | 矿渣水泥、火山灰水泥、粉煤灰水泥、复合水泥 | | 硅酸盐水泥普通水泥 |

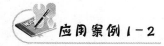 应用案例 1－2

## 水泥过期和受潮案例

【案例概况】

某车间于 1983 年 10 月开工，当年 12 月 7～9 日浇筑完大梁混凝土，12 月 26～29 日安装完屋盖预制板，接着进行屋面防水层施工；1984 年 1 月 3 日拆完大梁底模板和支撑，1 月 4 日下午房屋全部倒塌并发现大梁压区混凝土被压碎。

【案例解析】

钢筋混凝土大梁原设计为 C20 混凝土。施工时，使用的是进场已 3 个多月并存放在潮湿地方已有部分硬块的 32.5 级水泥。这种受潮水泥应通过试验按实际强度用于不重要的构件或砌筑砂浆，但施工单位却仍用于浇筑大梁，且采用人工搅拌和振捣，无严格配合比。致使大梁在混凝土浇筑 28d 后（倒塌后）用回弹仪测定的平均抗压强度只有 5MPa 左右；有些地方竟测不到回弹值。

### 1.4.3 其他品种水泥

通用硅酸盐系水泥品种不多，但用量却是最大的。除此之外水泥品种的大部分是特性水泥和专用水泥，又称为特种水泥，其用量虽然不大，但用途却很重要且很广泛。特种水泥中又以硅酸系水泥为主。我国特种水泥的品种情况见表 1-15。

表 1-15 我国主要特种水泥系列分类表

| 系列 类别 | 硅酸盐 | 铝酸盐 | 硫铝酸盐 | 氟铝酸盐 | 铁铝酸盐（高铁硫铝酸盐水泥） | 其他 |
|---|---|---|---|---|---|---|
| 快硬高强水泥 | — | 快硬铝酸盐水泥、快硬高强铝酸盐水泥、特快硬调凝铝酸盐水泥 | 快硬硫铝酸盐水泥 | 抢修水泥、快凝快硬氟铝酸盐水泥 | 快硬铁铝酸盐水泥 | — |
| 膨胀和自应力水泥 | 膨胀硅酸盐水泥、明矾石膨胀水泥、自应力硅酸盐水泥 | 膨胀铝酸盐水泥、自应力铝酸盐水泥 | 膨胀硫铝酸盐水泥、自应力硫铝酸盐水泥 | — | 膨胀铁铝酸盐水泥、自应力铁铝酸盐水泥 | |
| 水工（大坝）水泥 | 中热硅酸盐水泥、低热矿渣硅酸盐水泥、低热粉煤灰硅酸盐水泥、低热微膨胀硅酸盐水泥、抗硫酸盐硅酸盐水泥 | — | — | — | — | — |
| 油井水泥 | 普能（0）、中等抗硫酸盐型（MSR）、高抗硫酸盐型（HSR）特种油井水泥 | — | — | — | — | 无熟料油井水泥 |
| 装饰水泥 | 白色硅酸盐水泥彩色硅酸盐水泥 | — | 彩色硫铝酸盐水泥 | — | — | 无熟料装饰水泥 |
| 耐高温水泥 | — | 铝酸盐水泥 | — | — | — | 磷酸盐水泥 |
| 其他 | 道路硅酸盐水泥、砌筑水泥 | 含硼水泥 | 低碱水泥 | 锚固水泥 | — | 耐酸水泥、氯氧镁水泥 |

**1. 铝酸盐水泥**

依据国家标准《铝酸盐水泥》（GB 201—2000）的规定，凡以铝酸钙为主的铝酸盐水泥熟料，磨细制成的水硬性胶凝材料称为铝酸盐水泥（又称高铝水泥、矾土水泥），代号 CA。

铝酸盐水泥的主要原料是矾土(铝土矿)和石灰石,矾土提供 $Al_2O_3$,石灰石提供 CaO。

1)铝酸盐水泥的矿物组成与分类

我国铝酸盐水泥按 $Al_2O_3$ 含量分为 4 类,分类及化学成分范围见表 1-16。

表 1-16 铝酸盐水泥类型及化学成分范围

| 类型 | $Al_2O_3$ | $SiO_2$ | $Fe_2O_3$ | $R_2O$ | S[①] | Cl |
|---|---|---|---|---|---|---|
| CA-50 | ≥50,<60 | ≤8.0 | ≤2.5 | | | |
| CA-60 | ≥60,<68 | ≤2.0 | ≤2.0 | ≤0.4 | ≤0.1 | ≤0.1 |
| CA-70 | ≥68,<77 | ≤1.0 | ≤0.7 | | | |
| CA-80 | ≥77 | ≤0.5 | ≤0.5 | | | |

注:①当用户需要时,生产厂应提供结果和测定方法。

主要化学成分是 CaO、$Al_2O_3$、$SiO_2$;主要矿物成分是铝酸一钙(CaO·$Al_2O_3$ 简写为 CA)、二铝酸一钙(CaO·$2Al_2O_3$ 简写为 $C_2A$)、七铝酸十二钙($C_{12}A_7$),此外还有少量的其他铝酸盐和硅酸二钙。

铝酸一钙是铝酸盐水泥的最主要矿物,约占 40%~50%,具有很高的活性,其特点是凝结正常、硬化迅速,是铝酸盐水泥强度的主要来源。二铝酸一钙约占 20%~35%,凝结硬化慢、早期强度低,但后期强度较高。

● 知 识 链 接 ............................................................

铝酸盐水泥熟料的煅烧有熔融法和烧结法两种。熔融法采用电弧炉、高炉、化铁炉和反射炉等煅烧设备;烧结法采用通用水泥的煅烧设备。我国多采用回转窑烧结法生产,熟料具有正常的凝结时间,磨制水泥时不用掺加石膏等缓凝剂。

2)铝酸盐水泥的技术要求

铝酸盐水泥的密度为 3.0~3.2g/cm³,疏松状态的体积密度为 1.0~1.3 g/cm³,紧密状态的体积密度为 1.6~1.8 g/cm³。国家标准《铝酸盐水泥》(GB 201—2000)规定的细度、凝结时间和强度等级要求见表 1-17。

表 1-17 铝酸盐水泥的细度、凝结时间、强度要求

| 项 目 | | 水泥类型 | | | |
|---|---|---|---|---|---|
| | | CA-50 | CA-60 | CA-70 | CA-80 |
| 细度 | | 比表面积不小于 300m²g⁻¹ 或 0.045mm 筛筛余不得超过 20% | | | |
| 凝结时间 | 初凝,min,不早于 | 30 | 60 | 30 | 30 |
| | 终凝,h,不迟于 | 6 | 18 | 6 | 6 |
| 抗压强度/MPa | 6h | 20[①] | — | — | — |
| | 1d | 40 | 20 | 30 | 25 |
| | 3d | 50 | 45 | 40 | 30 |
| | 28d | — | 85 | | |

续表

| 项　目 | | 水泥类型 | | | |
|---|---|---|---|---|---|
| | | CA－50 | CA－60 | CA－70 | CA－80 |
| 抗折强度/MPa | 6h | 3.0① | — | — | — |
| | 1d | 5.5 | 2.5 | 5.0 | 4.0 |
| | 3d | 6.5 | 5.0 | 6.0 | 5.0 |
| | 28d | — | 10.0 | — | — |

注：①当用户需要时，生产厂应提供结果。

3）铝酸盐水泥的特性与应用

（1）凝结硬化快，早期强度高。铝酸盐水泥 1d 强度可达本等级强度的 80% 以上。适用于工期紧急的工程，如军事、桥梁、道路、机场跑道、码头和堤坝的紧急施工与抢修等。

（2）放热速率快，早期放热量大。铝酸盐水泥 1d 放热可达水化热总量的 70%～80%，在低温下也能很好地硬化。适用于冬季及低温环境下施工，不宜用于大体积混凝土工程。

（3）抗硫酸盐腐蚀性强。由于铝酸盐水泥的矿物主要是低钙铝酸盐，不含 $C_3A$，水化时不产生 $Ca(OH)_2$，所以具有强的抗硫酸盐性，甚至超过抗硫酸盐水泥。另外，铝酸盐水泥水化时产生铝胶（$AH_3$）使水泥石结构极为密实，并能形成保护性薄膜，对其他类腐蚀也有很好的抵抗性，耐磨性良好，适用于耐磨性要求较高的工程，受软水、海水、酸性水和受硫酸盐腐蚀的工程。

（4）耐热性好。在高温下，铝酸盐水泥会发生固相反应，烧结结合逐步代替水化结合，不会使强度过分降低。如采用耐火骨料时，可制成使用温度达 1300℃～1400℃ 的耐热混凝土。适用于制作各种锅炉、窑炉用的耐热和隔热混凝土和砂浆。

（5）抗碱性差。铝酸盐水泥是不耐碱的，在碱性溶液中水化铝酸钙会与碱金属的碳酸盐反应而分解，使水泥石会很快被破坏。所以，铝酸盐水泥不得用于与碱溶液相接触的工程，也不得与硅酸盐水泥、石灰等能析出 $Ca(OH)_2$ 的胶凝材料混合使用。

铝酸盐水泥与石膏等材料配合，可以制成膨胀水泥和自应力水泥，还可用于制作防中子辐射的特殊混凝土。由于铝酸盐水泥的后期强度倒缩，因而，不宜用于长期承重的结构及处于高温高湿环境的工程。

2. 白色硅酸盐水泥

白色硅酸盐水泥熟料是以适当成分的生料烧至部分熔融，所得以硅酸钙为主要成分、氧化铁含量少的熟料。由氧化铁含量少的硅酸盐水泥熟料、适量石膏及标准规定的混合材料，磨细制成的水硬性胶凝材料称为白色硅酸盐水泥，简称白水泥，代号 P·W。

1）白色硅酸盐水泥的技术要求

按照国家标准《白色硅酸盐水泥》（GB/T 2015—2005）的规定，白水泥的细度、安定性、凝结时间、强度、白度及等级等技术性质要求如下。

（1）水泥中 $SO_3$ 的含量应不超过 3.5%。

（2）细度。要求为 80μm 方孔筛筛余不得超过 10.0%。

（3）凝结时间。初凝不早于45min，终凝不迟于12h。

（4）体积安定性。用沸煮法检验必须合格。

（5）水泥白度。水泥白度值应不低于87。

（6）白水泥的强度。按规定的抗压强度和抗折强度来划分，各龄期的强度不得低于表1-18的规定。

表1-18　白水泥各龄期强度值

| 强度等级 | 抗压强度/MPa | | 抗折强度/MPa | |
|---|---|---|---|---|
| | 3d | 28d | 3d | 28d |
| 32.5 | 14.0 | 32.5 | 3.0 | 6.0 |
| 42.5 | 18.0 | 42.5 | 3.5 | 6.5 |
| 52.5 | 23.0 | 52.5 | 4.0 | 7.0 |

2）白色硅酸盐水泥的应用

（1）配制彩色水泥浆。白色硅酸盐水泥具有强度高，色泽洁白等特点，在建筑装饰工程中常用来配制彩色水泥浆。用于工业建筑和仿古建筑的饰面刷浆。另外还多用于室外墙面装饰，可以呈现各种色彩、线条和花样，具有特殊装饰效果。

（2）配制装饰混凝土。以白色水泥和彩色水泥为胶凝材料，加入适当品种的骨料配制的白色水泥或彩色水泥混凝土，既能克服普通混凝土颜色灰暗、单调的缺点，获得良好的装饰效果，又能满足结构的物理力学性能。

（3）配制各种彩色砂浆用于装饰抹灰。

（4）制造各种彩色水磨石、人造大理石、水刷石、斧剁石、拉毛、喷涂、干粘石等。

3. 道路硅酸盐水泥

依据国家标准《道路硅酸盐水泥》（GB 13693—2005）的规定，由道路硅酸盐水泥熟料、适量石膏、可加入标准规定的混合材料，磨细制成的水硬性胶凝材料，称为道路硅酸盐水泥（简称道路水泥），代号P·R。

对道路水泥的性能要求是耐磨性好、收缩小、抗冻性好、抗冲击性好，有高的抗折强度和良好的耐久性。道路水泥的上述特性，主要依靠改变水泥熟料的矿物组成、粉磨细度、石膏加入量及外加剂来达到。一般适当提高熟料中$C_3S$和$C_4AF$含量，限制$C_3A$和游离氧化钙的含量。$C_4AF$的脆性小，抗冲击性强、体积收缩最小，提高$C_4AF$的含量，可以提高水泥的抗折强度及耐磨性。水泥的粉磨细度增加，虽可提高强度，但随着水泥的细度增加，收缩增加很快，从而易产生微细裂缝，使道路易于破坏。研究表明，当细度从2720cm²/g增至3250cm²/g时，收缩增加不大，因此，生产道路水泥时，水泥的比表面积一般可控制在3000～3200cm²/g，0.08mm方孔筛筛余宜控制在5%～10%。适当提高水泥中的石膏加入量，可提高水泥的强度和降低收缩，对制造道路水泥是有利的。另外，为了提高道路混凝土的耐磨性，可加入5%以下的石英砂。

道路水泥的熟料矿物组成要求$C_3A<5\%$，$C_4AF>16\%$；$f-CaO$旋窑生产的不得大于1.0%，立窑生产的不得大于1.8%。道路水泥中氧化镁含量不得超过5.0%，三氧化硫不得超过3.5%，烧失量不得大于3.0%，碱含量不得大于0.6%或供需双方协商；比表面

积为 $300\sim450m^2/kg$，初凝不早于 1.5h，终凝不迟于 10h，沸煮法安定性必须合格，28d 干缩率不大于 0.10%，28d 磨耗量应不大于 $3.00kg/m^2$。道路水泥的各龄期强度不得低于表 1-19 的数值。

表 1-19  道路水泥各龄期强度表

| 强度等级 | 抗压强度/MPa | | 抗折强度/MPa | |
|---|---|---|---|---|
| | 3d | 28d | 3d | 28d |
| 32.5 | 16.0 | 32.5 | 3.5 | 6.5 |
| 42.5 | 21.0 | 42.5 | 4.0 | 7.0 |
| 52.5 | 26.0 | 52.5 | 5.0 | 7.5 |

**特 别 提 示**

道路水泥可以较好地承受高速车辆的车轮摩擦、循环负荷、冲击和震荡、货物起卸时的骤然负荷，较好的抵抗路面与路基的温差和干湿度差产生的膨胀应力，可以抵抗冬季的冻融循环。使用道路水泥铺筑路面，可减少路面裂缝和磨耗、减小维修量、延长使用寿命。

道路水泥主要用于道路路面、机场跑道路面和城市广场等工程。

**4. 膨胀硅酸盐水泥与自应力硅酸盐水泥**

膨胀水泥和自应力水泥都是硬化时具有一定体积膨胀的水泥品种。通用硅酸盐水泥在空气中硬化，一般都表现为体积收缩，平均收缩率为 0.02%～0.035%。混凝土成型后，7～60d 的收缩率较大，以后趋向缓慢。收缩使水泥石内部产生细微裂缝，导致其强度、抗渗性、抗冻性下降；用于装配式构件接头、建筑连接部位和堵漏补缝时，水泥收缩会使结合不牢，达不到预期效果。而使用膨胀水泥就能改善或克服上述的不足。另外，在钢筋混凝土中，利用混凝土与钢筋的握裹力，使钢筋在水泥硬化发生膨胀时被拉伸，而混凝土内侧产生压应力，钢筋混凝土内由组成材料（水泥）膨胀而产生的压应力称为自应力。自应力的存在使混凝土抗裂性提高。

膨胀水泥膨胀值较小，主要用于补偿收缩；自应力水泥膨胀值较大，用于产生预应力混凝土。使水泥产生膨胀主要有三种途径，即氧化钙水化生成 $Ca(OH)_2$，氧化镁水化生成 $Mg(OH)_2$，铝酸盐矿物生成钙矾石。因前两种反应不易控制，一般多采用以钙矾石为膨胀组分生产各种膨胀水泥。

自应力水泥的自应力值指水泥水化硬化后体积膨胀能使砂浆或混凝土在限制条件下产生可以应用的化学预应力，自应力值是通过测定水泥砂浆的限制膨胀率计算得到的。要求其 28d 自由膨胀率不得大于 3%，膨胀稳定期不得迟于 28d。

自应力硅酸盐水泥适用于制造自应力钢筋混凝土压力管及其配件，制造一般口径和压力的自应力水管和城市煤气管。

**5. 低水化热硅酸盐水泥**

低水化热硅酸盐水泥原称大坝水泥，是专门用于要求水化热较低的大坝和大体积工程的水泥品种。主要品种有三种，国家标准《中热硅酸盐水泥、低热硅酸盐水泥、低热矿渣硅酸盐水泥》（GB 200—2003）对这三种水泥做出了规定。

以适当成分的硅酸盐水泥熟料，加入适量石膏，磨细制成的具有中等水化热的水硬性胶凝材料，称为中热硅酸盐水泥(简称中热水泥)，代号 P·MH。

以适当成分的硅酸盐水泥熟料，加入适量石膏，磨细制成的具有低水化热的水硬性胶凝材料，称为低热硅酸盐水泥(简称低热水泥)，代号 P·LH。

以适当成分的硅酸盐水泥熟料，加入粒化高炉矿渣、适量石膏，磨细制成的具有低水化热的水硬性胶凝材料，称为低热矿渣硅酸盐水泥(简称低热矿渣水泥)，代号 P·SLH。

生产低水化热水泥，主要是降低水泥熟料中的高水化热组分 $C_2S$、$C_2A$ 和 $f-CaO$ 的含量。中热水泥熟料中 $C_2S$ 不超过 55%，$C_3A$ 不超过 6%，$f-CaO$ 不超过 1%；低热水泥熟料中 $C_2S$ 不低于 40%，$C_3A$ 不超过 6%，$f-CaO$ 不超过 1%；低热矿渣水泥熟料中 $C_2A$ 不超过 8%，$f-CaO$ 不超过 1.2%。低热矿渣水泥中矿渣掺量为 20%~60%，允许用不超过混合材料总量 50% 的粒化电炉磷渣或粉煤灰代替部分矿渣。各水泥的强度、水化热不得低于表 1-20 要求。

表 1-20 低水化热水泥各龄期强度、水化热

| 品种 | 强度等级 | 抗压强度/MPa | | | 抗折强度/MPa | | | 水化热(不高于)/(kJ/kg) | | |
|---|---|---|---|---|---|---|---|---|---|---|
| | | 3d | 7d | 28d | 3d | 7d | 28d | 3d | 7d | 28d |
| 中热水泥 | 42.5 | 12.0 | 22.0 | 42.5 | 3.0 | 4.5 | 6.5 | 251 | 293 | — |
| 低热水泥 | 42.5 | — | 13.0 | 42.5 | — | 3.5 | 6.5 | 230 | 260 | 310 |
| 低热矿渣水泥 | 32.5 | — | 12.0 | 32.5 | — | 3.0 | 5.5 | 197 | 230 | — |

中热水泥主要适用于大坝溢流面的面层和水位变动区等要求较高耐磨性和抗冻性的工程，低热水泥和低热矿渣水泥主要适用于大坝或大体积建筑物内部及水下工程。

**6. 抗硫酸盐硅酸盐水泥**

国家标准《抗硫酸盐硅酸盐水泥》(GB 748—2005)按抵抗硫酸盐腐蚀的程度分成中抗硫酸盐硅酸盐水泥和高抗硫酸盐硅酸盐水泥两大类。

以适当成分的硅酸盐水泥熟料，加入适量石膏，磨细制成的具有抵抗中等浓度硫酸根离子侵蚀的水硬性胶凝材料，称为中抗硫酸盐硅酸盐水泥，简称中抗硫水泥，代号 P·MSR。

具有抵抗较高浓度硫酸根离子侵蚀的，称为高抗硫酸盐硅酸盐水泥，简称高抗硫水泥，代号 P·HSR。

水泥石中的 $Ca(OH)_2$ 和水化铝酸钙是硫酸盐腐蚀的内在原因，水泥的抗硫酸盐性能就决定于水泥熟矿物中这些成分的相对含量。降低熟料中 $C_3S$ 和 $C_3A$ 的含量，相应增加耐蚀性较好的 $C_2S$ 替代 $C_3S$，增加 $C_4AF$ 替代 $C_3A$，是提高耐硫酸盐腐蚀的主要措施之一。

抗硫酸盐硅酸盐水泥的成分要求、抗硫酸盐性和强度等级见表 1-21。

表 1-21 抗硫酸盐硅酸盐水泥成分、抗硫酸盐性、强度等级表

| 名称 | $C_3S$ | $C_3A$ | 14d 线膨胀率 | 强度等级 | 中抗硫、高抗硫水泥 | | | |
|---|---|---|---|---|---|---|---|---|
| | | | | | 抗压强度/MPa | | 抗折强度/MPa | |
| | | | | | 3d | 28d | 3d | 28d |
| 中抗硫酸盐水泥 | ≤55.0 | ≤5.0 | ≤0.060% | 32.5 | 10.0 | 32.5 | 2.5 | 6.0 |
| 高抗硫酸盐水泥 | ≤50.0 | ≤3.0 | ≤0.040% | 42.5 | 15.0 | 42.5 | 3.0 | 6.5 |

特别提示

抗硫酸盐水泥除了具有较强的抗腐蚀能力外，还具有较高的抗冻性，主要适用于受硫酸盐腐蚀、冻融循环及干湿交替作用的海港、水利、地下、隧涵、道路和桥梁基础等工程。

### 7. 砌筑水泥

目前，我国建筑，尤其是住宅建筑中，砖混结构仍占很大比例，砌筑砂浆成为需要量很大的建筑材料。通常，在施工配制砌筑砂浆时，会采用最低强度即 32.5 级或 42.5 级的通用水泥，而常用砂浆的强度仅为 2.5MPa、5.0MPa，水泥强度与砂浆强度的比值大大超过了 4～5 倍的经济比例，为了满足砂浆和易性的要求，又需要用较多的水泥，造成砌筑砂浆强度等级超高，形成较大浪费。因此，生产专为砌筑用的低强度水泥非常必要。

《砌筑水泥》（GB/T 3183—2003）规定：凡由一种或一种以上的水泥混合材料，加入适量硅酸盐水泥熟料和石膏，经磨细制成的工作性能较好的水硬性胶凝材料，称为砌筑水泥，代号 M。

砌筑水泥用混合材料可采用矿渣、粉煤灰、煤矸石、沸腾炉渣和沸石等，掺加量应大于 50%，允许掺入适量石灰石或窑灰。凝结时间要求初凝不早于 60min，终凝不迟于 12h；按砂浆吸水后保留的水分计，保水率应不低于 80%。砌筑水泥的各龄期强度值应不低于表 1-22 的要求。

表 1-22　砌筑水泥的各龄期强度值

| 强度等级 | 抗压强度/MPa | | 抗折强度/MPa | |
|---|---|---|---|---|
| | 7d | 28d | 7d | 28d |
| 12.5 | 7.0 | 12.5 | 1.5 | 3.0 |
| 22.5 | 10.0 | 22.5 | 2.0 | 4.0 |

特别提示

砌筑水泥适用于砌筑砂浆、内墙抹面砂浆及基础垫层；允许用于生产砌块及瓦等制品。砌筑水泥一般不得用于配制混凝土，通过试验，允许用于低强度等级混凝土，但不得用于钢筋混凝土等承重结构。

## 1.4.4　水泥的验收、储存与运输

### 1. 水泥的验收

以抽取实物试样的检验结果为验收依据时，买卖双方应在发货前或交货地共同取样和签封。取样方法按 GB 12573—2008 水泥取样方法进行，取样数量为 20kg，缩分为二等份。一份由卖方保存 40d，一份由买方按本标准规定的项目和方法进行检验。

在 40d 以内，买方检验认为产品质量不符合本标准要求，而卖方又有异议时，则双方应将卖方保存的另一份试样送至省级或省级以上国家认可的水泥质量监督检验机构进行仲

裁检验。水泥安定性仲裁检验时，应在取样之日起 10d 以内完成。

●●● 知 识 链 接 ●●●●●●●●●●●●●●●●●●●●●●●●●●●●●●●●●●●●●●●●●●●●●●●●

以生产者同编号水泥的检验报告为验收依据时，在发货前或交货时买方在同编号水泥中取样，双方共同签封后由卖方保存 90d，或认可卖方自行取样、签封并保存 90d 的同编号水泥的封存样。在 90d 内，买方对水泥质量有疑问时，则买卖双方应将共同认可的试样送至省级或省级以上国家认可的水泥质量监督检验机构进行仲裁检验。

水泥可以散装或袋装，袋装水泥每袋净含量为 50kg，且应不少于标志质量的 99%；随机抽取 20 袋总质量(含包装袋)应不少于 1000kg。其他包装形式由供需双方协商确定，但有关袋装质量要求，应符合上述规定。水泥包装袋应符合 GB 9774 的规定。

水泥包装袋上应清楚标明：执行标准、水泥品种、代号、强度等级、生产者名称、生产许可证标志(QS)及编号、出厂编号、包装日期、净含量。包装袋两侧应根据水泥的品种采用不同的颜色印刷水泥名称和强度等级，硅酸盐水泥和普通硅酸盐水泥采用红色，矿渣硅酸盐水泥采用绿色，火山灰质硅酸盐水泥、粉煤灰硅酸盐水泥和复合硅酸盐水泥采用黑色或蓝色。散装发运时应提交与袋装标志相同内容的卡片。

### 2. 水泥的储存与运输

水泥应该储存在干燥的环境里。如果水泥受潮，其部分颗粒会因水化而结块，从而失去胶结能力，强度严重降低。即使是在良好的干燥条件下，也不宜储存过久。因为水泥会吸收空气中的水分和二氧化碳，发生缓慢水化和碳化现象，使强度下降。通常，储存 3 个月的水泥，强度约下降 10%～20%；储存 6 个月的水泥，强度下降约 15%～30%；储存一年后，强度下降约 25%～40%。所以，水泥的储存期一般规定不超过 3 个月。

水泥在储存和运输时主要是防止受潮，不同品种、强度等级和出厂日期的水泥应分别储运，不得混杂，避免错用并应考虑先存先用，不得储存过久。

## ▌情▌境▌小▌结▌

1. 本情境主要介绍了工程中常用的胶凝材料中气硬性胶凝材料和水硬性胶凝材料这两种类型。两者硬化条件不同，适用范围不同，在使用时应注意合理地选择。

2. 生石灰熟化时要放出大量的热量，且体积膨胀，故必须充分熟化后方可使用，否则会影响施工质量。石灰浆体具有良好的可塑性和保水性，硬化慢、强度低，硬化时收缩大，所以不宜单独使用。主要用于配制砂浆、拌制灰土和三合土及生产硅酸盐制品。石灰在储运过程中要注意防潮，且储存时间不宜过长。

3. 建筑石膏凝结硬化快，硬化体孔隙率大，属多孔结构材料。其成本低、质量轻，有良好的保温隔热、隔音吸声效果，有较好的防火性及一定范围内的温、湿度调节能力，是一种具有节能意义和发展前途的新型轻质墙体材料和室内装饰材料。

4. 水玻璃常用于加固地基、涂刷或浸渍制品；配制耐酸、耐热砂浆或混凝土；用于堵塞漏洞、填缝和局部抢修等。

5. 本情境重点介绍了硅酸盐水泥、水泥的水化与凝结硬化、水泥的技术性质、水泥

石的腐蚀与防止、混合材料、掺混合材料的硅酸盐水泥、其他品种水泥。重点学习硅酸盐类水泥，学习的基础是硅酸盐水泥，可按"原材料—熟料矿物及其特性—水化硬化—水化产物—水泥石结构—技术性质—水泥石腐蚀与防止"这一主线来学习。水泥是本课程的重点内容之一，它是水泥混凝土中最重要的组成材料。本情境主要讨论了通用硅酸盐的6种常用水泥，对特性水泥和专用水泥作了简单介绍。

6. 通用硅酸盐水泥的矿物成分有4种，矿物组成不同，水泥性质会有很大差异；硅酸盐水泥的技术性质包括密度与堆积密度、细度、标准稠度用水量、凝结时间、体积安定性、强度、水化热、不溶物和烧失量、碱含量等；硅酸盐水泥储存应分别存放，并注意防潮，不宜久存；硅酸盐水泥如使用不当，会受到腐蚀，腐蚀种类有软水腐蚀、盐类腐蚀、酸类腐蚀和强碱腐蚀等；防止水泥石腐蚀方法有3种：合理选用水泥品种、提高水泥石密实度、设置保护层。

7. 与硅酸盐水泥相比，掺混合材料的通用硅酸盐水泥具有早期强度低(但后期强度增长较快)、水化热小、抗腐蚀性强，对温、湿度比较敏感等特点。通用硅酸盐水泥性能特点各异，适用于不同要求的混凝土和钢筋混凝土工程。

8. 特性水泥和专用水泥适用环境与水泥特点密切相关。

## 习 题

一、填空题

1. 无机胶凝材料按其硬化条件分为_____和_____。

2. 生产石膏的原料为天然石膏，或称_____，其化学式为_____。

3. 建筑石膏从加水拌和一直到浆体刚开始失去可塑性，这段时间称为_____。从加水拌和直到浆体完全失去可塑性，这段时间称为_____。

4. 生产石灰的原料主要是以含_____为主的天然岩石。

5. 石膏是以_____为主要成分的气硬性胶凝材料。

6. 石灰浆体的硬化过程主要包括_____和_____两部分。

7. 生石灰熟化成熟石灰的过程中体积将_____；而硬化过程中体积将_____。

8. 石灰膏陈伏的主要目的是_____。

9. 石膏在凝结硬化过程中体积将略有_____。

10. 水玻璃 $Na_2O \cdot nSiO_2$ 中的 $n$ 称为_____；该值越大，水玻璃粘度_____，硬化越_____。

11. 生产硅酸盐水泥的主要原料是_____和_____，有时为调整化学成分还需加入少量_____。为调节凝结时间，熟料粉磨时还要掺入适量的_____。

12. 硅酸盐水泥的主要水化产物是_____、_____、_____、_____及_____；它们的结构相应为_____体、_____体、_____体、_____及_____体。

13. 硅酸盐水泥熟料矿物组成中，_____是决定水泥早期强度的组分，_____

_____是保证水泥后期强度的组分，_____，矿物凝结硬化速度最快。

14. 生产硅酸盐水泥时，必须掺入适量石膏，其目的是_____，当石膏掺量过多会造成_____，同时易导致_____。

15. 引起水泥体积安定性不良的原因，一般是熟料中所含的游离多，也可能是熟料中所含的游离_____过多或掺入的_____过多。体积安定性不合格的水泥属于_____，不得使用。

16. 硅酸盐水泥的水化热，主要由其_____和_____矿物产生，其中矿物_____的单位放热量最大。

17. 硅酸盐水泥根据其强度大小分为_____、_____、_____、_____、_____、_____6个强度等级。

18. 硅酸盐水泥的技术要求主要包括_____、_____、_____、_____、_____等。

19. 造成水泥石腐蚀的常见介质有_____、_____、_____、_____、_____等。

20. 水泥在储运过程中，会吸收空气中的_____和_____，逐渐出现_____现象，使水泥丧失_____，因此储运水泥时应注意_____。

二、判断题

1. 气硬性胶凝材料只能在空气中凝结硬化，而水硬性胶凝材料只能在水中硬化。（　　　）

2. 建筑石膏的分子式是 $CaSO_4 \cdot 2H_2O$。（　　　）

3. 因为普通建筑石膏的晶体较细，故其调成可塑性浆体时，需水量较大，硬化后强度较低。（　　　）

4. 石灰在水化过程中要吸收大量的热量，其体积也有较大收缩。（　　　）

5. 石灰硬化较慢，而建筑石膏则硬化较快。（　　　）

6. 石膏在硬化过程中体积略有膨胀。（　　　）

7. 水玻璃硬化后耐水性好，因此可以涂刷在石膏制品的表面以提高石膏的耐水性。（　　　）

8. 石灰硬化时的碳化反应是：$Ca(OH)_2 + CO_2 = CaCO_3 + H_2O$。（　　　）

9. 生石灰加水水化后立即用于配制砌筑砂浆用于砌墙。（　　　）

10. 在空气中储存过久的生石灰，可照常使用。（　　　）

11. 硅酸盐水泥中 $C_2S$ 早期强度低，后期强度高，而 $C_3S$ 正好相反。（　　　）

12. 硅酸盐水泥中游离氧化钙、游离氧化镁及石膏过多，都会造成水泥的体积安定性不良。（　　　）

13. 用沸煮法可以全面检验硅酸盐水泥的体积安定性是否良好。（　　　）

14. 按规定，硅酸盐水泥的初凝时间不迟于 45min。（　　　）

15. 因水泥是水硬性的胶凝材料，所以运输和储存中均不需防潮防水。（　　　）

16. 任何水泥在凝结硬化过程中都会发生体积收缩。（　　　）

17. 道路硅酸盐水泥不仅要有较高的强度，而且要有干缩值小、耐磨性好等性质。（　　　）

18. 高铝水泥具有快硬、早强的特点，但后期强度有可能降低。（　　　）

19. 硫铝酸盐系列水泥不能与其他品种水泥混合使用。（　　　）

20. 测定水泥的凝结时间和体积安定性时都必须采用标准稠度的浆体。（　　　）

三、单项选择题

1. 熟石灰粉的主要成分是_____。

A. CaO         B. Ca(OH)$_2$       C. CaCO$_3$       D. CaSO$_4$

2. 石灰膏应在储灰坑中存放_____d 以上才可使用。

A. 3          B. 7          C. 14          D. 28

3. 石灰熟化过程中的陈伏是为了_____。

A. 有利于硬化               B. 蒸发多余水分

C. 消除过火石灰的危害       D. 散发热量

4. 水玻璃中常掺入_____作为促硬剂。

A. NaOH       B. Na$_2$SO$_4$       C. NaHSO$_4$       D. Na$_2$SiF$_6$

5. 建筑石膏的分子式是_____。

A. CaSO$_2$・2H$_2$O    B. CaSO$_2$.1/2H$_2$O    C. CaSO$_4$       D. Ca(OH)$_2$

6. 普通建筑石膏的强度较低，这是因为其调制浆体时的需水量_____。

A. 大          B. 小          C. 中等         D. 可大可小

7. 硅酸盐水泥的细度用_____表示。

A. 颗粒粒径       B. 筛余率       C. 比表面积       D. 细度模数

8. 国家标准规定，水泥的强度等级是以水泥胶砂试件在_____龄期的强度来评定的。

A. 28d       B. 3d、7d 和 28d       C. 3d 和 28d       D. 7d 和 28d

9. 国家标准规定，水泥_____检验不合格时，需作废品处理。

A. 强度       B. 初凝时间       C. 终凝时间       D. 水化热

10. 引起水泥体积安定性不良的原因可能是_____。

A. 水泥的细度过大          B. 水泥的凝结时间过短

C. 水泥中游离氧化钙过多       D. 水泥中碱含量过高

11. 厚大体积混凝土不宜使用_____。

A. 硅酸盐水泥       B. 矿渣水泥       C. 粉煤灰水泥       D. 复合水泥

12. 硅酸盐水泥适用于_____的混凝土工程。

A. 早期强度要求高    B. 大体积       C. 有耐高温要求     D. 有抗渗要求

13. 在硅酸盐水泥中掺入适量石膏，其目的是对水泥起_____作用。

A. 促凝       B. 缓凝       C. 提高产量       D. 释放热量

14. 引起硅酸盐水泥体积安定性不良的原因之一是_____。

A. C$_a$O       B. $f$−C$_a$O       C. Ca(OH)$_2$       D. CaSO$_4$

15. 对硅酸盐水泥强度贡献最大的矿物是_____。

A. C$_3$S       B. C$_2$S       C. C$_4$AF       D. C$_3$A

16. 硅酸盐水泥熟料矿物中，_____的水化速度最快，且放热量最大。

A. C$_3$S       B. C$_2$S       C. C$_3$A       D. C$_4$AF

17. 为硅酸盐水泥提供氧化硅成分的原料是_____。

A. 石灰石       B. 白垩       C. 铁矿石       D. 粘土

18. 硅酸盐水泥在最初四周内的强度实际上是由_____决定的。

A. C$_3$S       B. C$_2$S       C. C$_3$A       D. C$_4$AF

19. 生产硅酸盐水泥时加适量石膏主要起_____作用。

A. 促凝       B. 缓凝       C. 助磨       D. 膨胀

20. 水泥的体积安定性即指水泥浆在硬化时_____的性质。
A. 体积不变化　　　B. 体积均匀变化　　　C. 不变形　　　　　　D. 不收缩

21. 属于活性混合材料的是_____。
A. 粒化高炉矿渣　　B. 慢冷矿渣　　　　　C. 磨细石英砂　　　　D. 石灰石粉

22. 在硅酸盐水泥熟料中，_____矿物含量最高。
A. $C_3S$　　　　　　B. $C_2S$　　　　　　C. $C_3A$　　　　　　D. $C_4AF$

23. 用沸煮法检验水泥体积安定性，只能检查出_____的影响。
A. 游离氧化钙　　　B. 游离氧化镁　　　　C. 石膏　　　　　　　D. 氢氧化钙

24. 对干燥环境中的工程，应选用_____。
A. 火山灰水泥　　　B. 普通水泥　　　　　C. 粉煤灰水泥　　　　D. 硅酸盐水泥

25. 大体积混凝土工程应选用_____。
A. 硅酸盐水泥　　　B. 高铝水泥　　　　　C. 矿渣水泥　　　　　D. 普通水泥

四、多项选择题

1. 硅酸盐水泥熟料中含有_____矿物成分。
A. $C_3S$　　　　　　B. $C_2S$　　　　　　C. CA　　　　　　　　D. $C_3A$

2. 下列水泥中，属于通用水泥的有_____。
A. 硅酸盐水泥　　　B. 高铝水泥　　　　　C. 膨胀水泥　　　　　D. 矿渣水泥

3. 硅酸盐水泥的特性有_____。
A. 强度高　　　　　B. 抗冻性能好　　　　C. 耐腐蚀性好　　　　D. 耐热性好

4. 下列材料中属于活性混合材料的是_____。
A. 烧粘土　　　　　B. 粉煤灰　　　　　　C. 硅藻土　　　　　　D. 石英砂

5. 高铝水泥具有的特点有_____。
A. 水化热低　　　　B. 早期强度增长快　　C. 耐高温　　　　　　D. 不耐碱

6. 对于高温车间工程用水泥，可以选用_____。
A. 普通水泥　　　　B. 矿渣水泥　　　　　C. 高铝水泥　　　　　D. 硅酸盐水泥

7. 大体积混凝土施工应选用_____。
A. 矿渣水泥　　　　B. 硅酸盐水泥　　　　C. 粉煤灰水泥　　　　D. 火山灰水泥

8. 紧急抢修工程以选用_____。
A. 硅酸盐水泥　　　B. 矿渣水泥　　　　　C. 粉煤灰水泥　　　　D. 火山灰水泥

9. 有硫酸盐腐蚀的环境中，宜选用_____。
A. 硅酸盐水泥　　　B. 矿渣水泥　　　　　C. 粉煤灰水泥　　　　D. 火山灰水泥

10. 有抗冻要求的混凝土工程，应选用_____。
A. 矿渣水泥　　　　B. 硅酸盐水泥　　　　C. 普通水泥　　　　　D. 火山灰水泥

11. 下列材料中属于气硬性胶凝材料的是_____。
A. 水泥　　　　　　B. 石灰　　　　　　　C. 石膏　　　　　　　D. 混凝土

12. 石灰的硬化过程包含_____过程。
A. 水化　　　　　　B. 干燥　　　　　　　C. 结晶　　　　　　　D. 碳化

13. 天然二水石膏在不同条件下可制得_____产品。
A. $CaSO_4$　　　　　　　　　　　　　　B. $\beta$ 型 $CaSO_4 \cdot 1/2H_2O$
C. $CaSO_4 \cdot 2H_2O$　　　　　　　　　D. $\alpha$ 型 $CaSO_4 \cdot 1/2H_2O$

14. 建筑石膏依据_____等性质分为 3 个质量等级。
A. 凝结时间　　　　B. 细度　　　　　　　C. 抗折强度　　　　　D. 抗压强度

15. 下列材料中属于胶凝材料的是_____。

A. 水泥              B. 石灰              C. 石膏              D. 混凝土

五、问答题

1. 气硬性胶凝材料和水硬性胶凝材料的区别是什么？

2. 石灰的熟化有什么特点？

3. 欠火石灰和过火石灰有何危害？如何消除？

4. 石灰和石膏作为气硬性胶凝材料二者技术性质有何区别，有什么共同点？

5. 石灰硬化后不耐水，为什么制成灰土、三合土可以用于路基、地基等潮湿的部位？

6. 建筑石膏的技术性质有哪些？

7. 为什么说石膏是一种较好的室内装饰材料？为什么石膏不适用于室外？

8. 我国有哪些主要水泥系列，各有哪些主要品种？

9. 硅酸盐水泥熟料的主要矿物是什么，各有什么水化硬化特性？

10. 什么是非活性混合材料和活性混合材料？它们掺入水泥中各起什么作用？

11. 硅酸盐水泥中加入石膏的作用是什么？膨胀水泥中加石膏的作用是什么？

12. 通用水泥有哪些品种，各有什么性质和特点？

13. 什么是水泥的体积安定性？如何检验水泥的安定性？安定性不良的主要原因是什么，为什么？

14. 简述硅酸盐水泥凝结硬化的机理。影响水泥凝结硬化的主要因素是什么？

15. 硅酸盐水泥的强度如何测定，其强度等级如何评定？

16. 什么样的水泥产品是合格品、不合格品、废品？

17. 硅酸盐水泥的腐蚀有哪些类型，如何防止水泥石的腐蚀？

18. 白色硅酸盐水泥与普通硅酸盐水泥在组成成分、生产方法上有什么差异？

19. 如何提高硅酸盐水泥的快硬早强性质？

20. 道路水泥的组成有何特点，应用性质如何？

21. 膨胀水泥膨胀原理是什么？什么是自应力水泥？

22. 降低水泥水化热的方法有哪些？低热水泥适用于什么用途？

23. 砌筑水泥的特点是什么，有什么技术经济意义？

24. 铝酸盐水泥和硫铝酸盐水泥的组成有什么区别？

25. 下列混凝土工程中宜选用哪种水泥，不宜使用哪种水泥，为什么？

(1) 高强度混凝土工程。

(2) 预应力混凝土工程。

(3) 采用湿热养护的混凝土制品。

(4) 处于干燥环境中的混凝土工程。

(5) 厚大体积基础工程，水坝混凝土工程。

(6) 水下混凝土工程。

(7) 高温设备或窑炉的基础。

(8) 严寒地区受冻融的混凝土工程。

(9) 有抗渗要求的混凝土工程。

(10) 混凝土地面或道路工程。

(11) 海港工程。

(12) 有耐磨性要求的混凝土工程。

(13) 与流动水接触的工程。

## 六、计算题

实验测得某硅酸盐水泥各龄期的破坏荷载见表 1-25，请确定该水泥的强度等级。

**表 1-25　某硅酸盐水泥各龄期破坏荷载**

| 破坏类型 | 抗折荷载/N | | 抗压荷载/kN | |
|---|---|---|---|---|
| 龄期 | 3d | 28d | 3d | 28d |
| 试验结果 | 1750 | 3100 | 61 | 125 |
| | | | 70 | 120 |
| | 1800 | 3300 | 62 | 126 |
| | | | 59 | 138 |
| | 1760 | 3200 | 60 | 125 |
| | | | 58 | 130 |

## 七、案例题

1. 某住宅楼的内墙使用石灰砂浆抹面，交付使用后在墙面个别部位发现了鼓包等缺陷。试分析上述现象产生的原因，如何防治？

2. 某住户喜爱石膏制品，用普通石膏浮雕板作室内装饰，使用一段时间后，客厅、卧室效果相当好，但厨房、厕所、浴室的石膏制品出现发霉变形。请分析原因，提出改善措施。

3. 某工人用建筑石膏粉拌水为一桶石膏浆，用以在光滑的天花板上直接粘贴，石膏饰条前后半小时完工。几天后最后粘贴的两条石膏饰条突然坠落，请分析原因，提出改善措施。

4. 某大厦工程，地下一层，地上 20 层，为现浇钢筋混凝土剪力墙结构，总建筑面积 21000m²，混凝土设计强度等级为 C30。工程于 2 月 1 日开工，同年 10 月 28 日在建设单位召开的协调会上，施工单位提出，为加快施工速度，建议改用硅酸盐水泥，得到了建设单位、监理单位的认可。施工单位因此在 11 月 5 日未经监理工程师许可即进场第一批水泥，并使用在工程上。后经法定检测发现该批水泥安定性不合格，属废品水泥。市质量监测站因此要求这段时间施工的主体结构应拆除后重建，造成直接经济损失 123 万元。

(1) 硅酸盐水泥的代号是_____。

A. 代号 P·Ⅰ或 P·Ⅱ　　　　　　　　B. P·C

C. P·O　　　　　　　　　　　　　　D. P·S

(2) 硅酸盐水泥的强度等级有_____。

A. 32.5　　　　　B. 42.5　　　　　C. 52.5

D. 62.5　　　　　E. 72.5

(3) 水泥的安定性一般是指水泥在凝结硬化过程中_____变化的均匀性。

A. 强度　　　　　B. 体积　　　　　C. 温度　　　　　D. 矿物组成

(4) 水泥体积安定性不合格，应_____。

A. 按废品处理　　　　　　　　　　B. 用于次要工程

C. 用于配置水泥砂浆　　　　　　　D. 用于基础垫层

# 学习情境 2

# 混凝土的选择与应用

## 学习目标

　　本情境是课程重点之一，主要讲述普通混凝土的组成、技术性质、配合比设计和质量控制，并简单介绍了轻骨料混凝土及其他品种的混凝土。通过本情境的学习，应达到以下目标：了解普通混凝土的组成及其原材料的质量控制；掌握普通混凝土的主要技术性质：和易性、强度、变形和耐久性；熟悉混凝土外加剂的性能特点及使用注意事项；掌握普通混凝土的配合比设计程序；了解普通混凝土的质量控制；了解其他品种混凝土的特点及应用。

## 学习要求

| 知识要点 | 能力要求 | 比重 |
|---|---|---|
| 普通混凝土的组成材料 | (1) 会测定砂、石含水率，堆积密度，表观密度，强度和坚固性<br>(2) 会做砂、石筛分试验，并根据试验数据，绘制筛分曲线，判定砂、石级配 | 15% |
| 普通混凝土的和易性、强度、变形和耐久性 | (1) 会测定混凝土拌合物和易性<br>(2) 会做混凝土标准试块，会测定混凝土强度，并根据混凝土抗压强度，判定混凝土强度等级 | 50% |
| 混凝土配合比设计、混凝土的质量控制 | (1) 会进行普通混凝土配合比设计、试配与调整<br>(2) 能在相关质量检验人员指导下，根据施工单位或预制厂给出的混凝土强度历史资料，对施工单位或预制厂混凝土质量进行合格性判断 | 25% |
| 特殊种类混凝土 | | 10% |

## 引 例 1

2010年1月12日16时53分(北京时间13日5时53分)海地发生里氏7.0级地震,首都太子港及全国大部分地区受灾情况严重,截至2010年1月26日,世界卫生组织确认,此次海地地震已造成11.3万人丧生,19.6万人受伤。而据法国一个建筑工程师组织表示,海地首都太子港在地震中遭遇如此大规模灾难的原因之一就是建筑质量不过关。海地地震发生之后,该建筑专家组经考察,发现当地大量建筑为"豆腐渣"工程,钢筋、混凝土的质量令人担忧。专家组在震后考察时认为,海地不仅建筑材料质量差,盖楼时也有偷工减料之嫌。"人们为省钱,使用劣质钢筋、不足量的水泥和混凝土,这些建筑使用的螺纹钢筋很软,甚至可以用手把它折弯。另外,它们表面过于光滑。而质量好的螺纹钢筋应相当坚硬。从混凝土角度来看,水泥调配比例不当,导致混凝土质量不过关"。这些专家所说的表明了一个观点,就是此次"天灾"所造成的很大一部分损失则是由"人祸"所为,而该"人祸"的起因就是因使用不合格的混凝土所建造的房屋建筑。如图2.1所示为海地地震中破裂的混凝土。

图2.1 海地地震中破裂的混凝土

## 引 例 2

某混凝土搅拌站使用原混凝土配方一直可生产出性能良好的泵送混凝土。后因供应的问题进了一批针片状多的碎石。当班技术人员未对其重视,仍按原配方配制混凝土,后发觉混凝土坍落度明显下降,难以泵送,临时现场加水泵送。

什么是混凝土的坍落度?坍落度的数值对混凝土的配制有什么重要意义?从工程看,出现坍落度下降的原因有哪些?如何改善呢?

### ● 知 识 链 接

## 混凝土的发展

混凝土可以追溯到古老的年代,其所用的胶凝材料为粘土、石灰、石膏、火山灰等。自19世纪20年代出现了波特兰水泥后,由于用它配制成的混凝土具有工程所需要的强度和耐久性,而且原料易得、造价较低,特别是能耗较低,因而用途极为广泛(见无机胶凝材料)。20世纪初,有人发表了水胶比等学说,初步奠定了混凝土强度的理论基础。以后,相继出现了轻集料混凝土、加气混凝土及其他混凝土,各种混凝土外加剂也开始使

用。20 世纪 60 年代以来，广泛应用减水剂，并出现了高效减水剂和相应的流态混凝土；高分子材料进入混凝土材料领域，出现了聚合物混凝土；多种纤维被用于分散配筋的纤维混凝土。现代测试技术也越来越多地应用于混凝土材料科学的研究。

从广义上讲，混凝土是由胶凝材料、水和粗细骨料，有时掺入外加剂和掺合料，按适当比例混合，经均匀拌和、密实成型及养护硬化而成的人造石材。

混凝土是现代土木工程中用量最大、用途最广的建筑材料之一。作为最大宗的人造石材，混凝土极大地改善了人类的居住环境、工作环境和出行环境，尤其是钢筋混凝土的诞生，使其应用技术不断进步，逐步成为工业与民用建筑、水利水电工程、道路桥梁、地下工程及国防工程的主导材料。目前全世界每年生产的混凝土材料超过 100 亿吨。因此，熟练掌握混凝土的性能和应用，是非常重要的。

# 任务 2.1　混凝土的分类及特点

## 2.1.1　混凝土的分类

### 1. 按干表观密度分类

1）重混凝土

干表观密度大于 2800kg/m³ 的混凝土，采用重晶石、铁矿石或钢屑等作骨料制成，对 X 射线、γ 射线有较高的屏蔽能力，又称防辐射混凝土，广泛用于核工业屏蔽结构。

2）普通混凝土

干表观密度为 2000～2800kg/m³ 的混凝土，以水泥为胶凝材料，天然的砂、石作粗细骨料配制而成的混凝土。普通混凝土是建筑工程中应用最广、用量最大的混凝土，主要用作各种建筑的承重结构材料。本学习情境主要讲述这类混凝土。

3）轻混凝土

干表观密度小于 1950kg/m³ 的混凝土。又可分为三类：轻骨料混凝土，采用浮石、陶粒、火山灰等多种轻骨料制成，干表观密度范围在 800～1950kg/m³；多孔混凝土，由水泥浆或水泥砂浆与稳定的泡沫制成，干表观密度范围在 300～1000kg/m³，如加气混凝土和泡沫混凝土；大孔混凝土，无细骨料而只由粗骨料和胶凝材料配制而成，干表观密度在 500～1500kg/m³。

### 2. 按胶凝材料分类

混凝土按所用胶凝材料可分为水泥混凝土、石膏混凝土、水玻璃混凝土、沥青混凝土、聚合物混凝土、树脂混凝土等。

### 3. 按用途分类

按用途可分为结构混凝土、大体积混凝土、防水混凝土、耐热混凝土、膨胀混凝土、防辐射混凝土、道路混凝土等。

### 4. 按生产工艺和施土方法分类

按照生产方式，混凝土可分为预拌混凝土和现场搅拌混凝土；按照施工方法可分为碾压混凝土(图 2.2)、喷射混凝土(图 2.3)、挤压混凝土(图 2.4)、离心混凝土(图 2.5)和泵送混凝土(图 2.6)等。

图 2.2　碾压混凝土

图 2.3　喷射混凝土

图 2.4　挤压混凝土

图 2.5　离心混凝土制作的排水管

图 2.6　泵送混凝土

混凝土的品种虽然繁多，但在实践工程中还是以普通的水泥混凝土应用最为广泛，如果没有特殊说明，狭义上通常称其为混凝土。

## 2.1.2　混凝土的特点

混凝土在工程中能够得到广泛的应用是因为它与其他材料相比具有一系列优点。

(1)原料丰富、价格低廉。混凝土中约 80% 以上用量的砂石骨料资源丰富，可以就地取材，取之方便、价格便宜。

(2)使用灵活、施工方便。混凝土拌合物有良好的可塑性，可根据工程需要浇注成各种形状尺寸的构件及构筑物。

(3)可调整性能。调整各组成材料的品种及数量，可获得不同性能(稠度、强度及耐久性)的混凝土来满足工程上的不同要求。

(4)强度高。混凝土具有较高的抗压强度，且可与钢筋有良好的配合组成钢筋混凝土，弥补混凝土抗拉、抗折强度低的缺点，使混凝土能够用于各种工程部位。

(5)耐久性好。性能良好的混凝土具有很高的抗冻性、抗渗性、耐腐蚀性等使得混凝土长期使用仍能保持原有性能。

混凝土的主要缺点主要表现在以下几个方面。

(1)自重大、比强度小。因此导致建筑物的抗震性能差，工程成本提高。

(2)抗拉强度小、呈脆性易开裂。混凝土的抗拉强度只是其抗压强度的 1/10 左右，导致受拉区混凝土过早开裂。

(3)体积不稳定。尤其是当水泥浆量过大时，这一缺陷表现得更加突出。随着温度、环境介质的变化，容易引发体积变化，产生裂纹等缺陷，直接影响着混凝土的耐久性。

（4）导热系数大、保温隔热性能差。

（5）硬化速度慢、生产周期长。

（6）混凝土的质量受施工环节的影响比较大，难以得到精确控制。

但随着混凝土技术的不断发展，混凝土的不足正在不断被克服，如在混凝土中掺入少量短碳纤维和掺合料，明显提高混凝土的强度和耐久性；加入早强剂，缩短混凝土的硬化周期；采用预拌混凝土，可减少现场称料、搅拌不当对混凝土质量的影响，而且使施工现场的环境得到进一步的改善。

# 任务 2.2  普通混凝土的组成材料

普通混凝土（以下简称混凝土）是指由水泥、水、细骨料（砂）、粗骨料（石）等作为基本材料（有时为了改善混凝土的某些性能加入适量的外加剂和外掺料）按适当比例配制，经搅拌均匀而成的浆体，成为混凝土拌合物，再经凝结硬化成为坚硬的人造石材，成为硬化混凝土。硬化后的混凝土结构如图 2.7 所示。

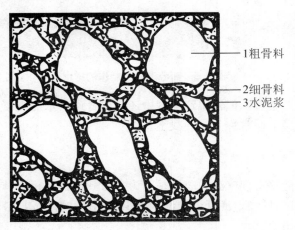

图 2.7　硬化后混凝土结构

在混凝土中，水泥与水形成水泥浆包裹砂、石颗粒表面，并填充砂石间的空隙，作为砂石之间的润滑材料，使混凝土拌合物具有流动性，并通过水泥浆的硬化将骨料胶结成整体。混凝土中的石子和砂起骨架作用，称为"骨料"或"集料"。石子为"粗骨料"、砂为"细骨料"。砂填充石子的空隙，砂石构成的坚硬骨架还可抑制由于水泥浆硬化和水泥石干燥而产生的收缩，减少水泥用量，提高混凝土的强度和耐久性。

混凝土的技术性质在很大程度上是由原材料性质及其相对含量决定的，同时与施工工艺（搅拌、振捣、养护等）有关。因此，首先必须了解混凝土组成材料的性质、作用及其质量要求，然后才能进一步了解混凝土的其他性能。

## 2.2.1  水泥

水泥是混凝土组成材料中最重要的材料，也是影响混凝土强度、耐久性、经济性的最重要的因素，应予以高度重视。配制混凝土所用的水泥应符合国家现行标准有关规定。除此之外，在配制时应合理地选择水泥品种和强度等级。

### 1. 水泥品种的选择

水泥品种应根据工程特点、所处的环境及设计、施工的要求进行选择。配制混凝土一般选择硅酸盐水泥、普通硅酸盐水泥、矿渣硅酸盐水泥、火山灰硅酸盐水泥和粉煤灰硅酸盐水泥、复合硅酸盐水泥等通用水泥，必要时也可选择专用水泥或特性水泥。硅酸盐水泥品种的选用原则见学习情境1表1-14。

### 2. 水泥强度等级的选择

水泥强度等级应与混凝土设计强度等级相一致。原则上，高强度等级的水泥配制高强度等级的混凝土，低强度等级的水泥配制低强度等级的混凝土。若用高强度等级的水泥配制低强度等级的混凝土，较少的水泥用量即可满足混凝土的强度要求，但水泥用量过少，严重影响混凝土拌合物的和易性和耐久性；若用低等级水泥配制高等级混凝土，势必增大水泥用量，减小水胶比，结果影响混凝土拌合物的流动性，并显著增加混凝土的水化热和混凝土的干缩、徐变，混凝土的强度也得不到保证。

通常中低强度等级的混凝土(C60以下)，水泥强度等级为混凝土强度等级的1.5～2.0倍；高强度等级(大于等于C60)的混凝土，水泥强度等级为混凝土强度等级的0.9～1.5倍。但是随着混凝土强度等级的不断提高、新工艺的不断出现及高效外加剂的应用，高强度、高性能混凝土的配比要求将不受此比例限制。

## 2.2.2 细骨料

混凝土用砂按《普通混凝土用砂、石质量及检验方法标准》(JGJ 52—2006)可分为天然砂、人工砂、混合砂。其种类及特性见表2-1。

表2-1 混凝土用砂的种类及特性

| 分　类 | 定　义 | 组　成 | 特　点 |
|---|---|---|---|
| 天然砂 | 由自然风化、水流搬运和分选堆积形成的公称粒径小于5.00mm的岩石颗粒 | 河砂、海砂、湖砂 | 长期受水流的冲刷作用，颗粒表面比较光滑，且产源较广，与水泥粘结性差，用它拌制的混凝土流动性好，但强度低。海砂中含有贝壳碎片及可溶性盐类等有害杂质，不利于混凝土结构 |
| | | 山砂 | 表面粗糙、棱角多，与水泥粘结性好，但含泥量和有机质含量多 |
| 人工砂 | 岩石经除土开采、机械破碎、筛分而成的公称粒径小于5.00mm的岩石颗粒 | 机制砂 | 颗粒富有棱角，比较洁净，但砂中片状颗粒及细粉含量较多，且成本较高 |
| | | 混合砂 | 有机制砂、天然砂混合制成的砂。当仅靠天然砂不能满足用量需求时，可采用混合砂 |

《普通混凝土用砂、石质量及检验方法》(JGJ 52—2006)对砂的质量要求主要有以下几个方面。

### 1. 颗粒级配及粗细程度

在混凝土拌合物中，水泥浆包裹骨料的表面，并填充骨料的空隙，为了节省水泥、降低成本，并使混凝土结构达到较高密实度，选择骨料时，应尽可能选用总表面积小、空隙率小的骨料，而砂子的总表面积与粗细程度有关，空隙率则与颗粒级配有关。

### 1) 颗粒级配

颗粒级配是指粒径大小不同的砂粒互相搭配的情况。同样粒径的砂空隙率最大，若大

颗粒间空隙由中颗粒填充，而中颗粒间空隙又由小颗粒填充，这样逐级填充使砂形成较密实的体积，空隙率达到最小（图2.8）。级配良好的砂，不仅可节省水泥用量而且混凝土结构密实，和易性、强度、耐久性得以加强，还可减少混凝土的干缩及徐变。

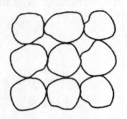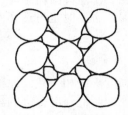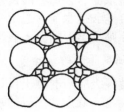

图2.8　砂颗粒级配示意图

2）粗细程度

粗细程度是指不同粒径砂粒混合在一起的总体粗细程度。在相同质量的条件下，粗砂的总表面积小，包裹砂表面所需的水泥浆就少；反之细砂总表面积大，包裹砂表面所需的水泥浆量就多。因此，在和易性要求一定的条件下，采用粗砂配制混凝土，可减少拌和用水量、节约水泥用量。但砂过粗，易使混凝土拌合物产生分层、离析和泌水等现象。一般采用中砂拌制混凝土较好。

在拌制混凝土时，砂的粗细程度和颗粒级配应同时考虑。当砂含有较多的粗颗粒，并以适当的中颗粒及少量的细颗粒填充其空隙，则既具有较小的空隙率又有较小的总表面积，不仅水泥用量少，而且还可以提高混凝土的密实性与强度。

3）砂的粗细程度与颗粒级配的评定

砂的粗细程度和颗粒级配用筛分析方法测定。用细度模数表示粗细程度，用级配区表示砂的级配。

根据《普通混凝土用砂、石质量及检验方法》（JGJ 52—2006），筛分析是用一套孔径为4.75mm、2.36mm、1.18mm、0.6mm，0.3mm，0.15mm的方孔标准筛（图2.9），将500g干砂由粗到细依次过筛（摇筛机如图2.10所示），称量各筛上的筛余量 $m_i$（g），计算各筛上的分计筛余率（各筛上的筛余量占砂样总重量的百分率），再计算累计筛余率 $\beta_i$（%）（各筛与比该筛粗的所有筛的分计筛余百分率之和）。分计筛余百分率和累计筛余百分率的计算关系见表2-2。

图2.9　方孔标准筛

图2.10　摇筛机

细度模数 $\mu_f$ 根据下式计算(精确至 0.01):

$$\mu_f = \frac{(\beta_2 + \beta_3 + \beta_4 + \beta_5 + \beta_6) - 5\beta_1}{100 - \beta_1} \qquad (2-1)$$

式中　$\mu_f$——细度模数;

　　$\beta_6 \sim \beta_1$——分别为 0.15mm、0.3mm、0.6mm、1.18mm、2.36mm、4.75mm 筛的累计筛余百分数值。

普通混凝土用砂的细度模数范围一般在 3.7~0.7 之间。

其中:3.7~3.1 为粗砂;3.0~2.3 为中砂;2.2~1.6 为细砂;1.5~0.7 为特细砂。

表 2-2　分计筛余与累计筛余百分率的计算关系

| 筛孔尺寸/mm | 筛余量/g | 分计筛余/% | 累计筛余/% |
|---|---|---|---|
| 4.75 | $m_1$ | $m_1/500$ | $\beta_1 = (m_1/500)$ |
| 2.36 | $m_2$ | $m_2/500$ | $\beta_2 = (m_1/500) + (m_2/500)$ |
| 1.18 | $m_3$ | $m_3/500$ | $\beta_3 = (m_1/500) + (m_2/500) + (m_3/500)$ |
| 0.6 | $m_4$ | $m_4/500$ | $\beta_4 = (m_1/500) + (m_2/500) + (m_3/500) + (m_4/500)$ |
| 0.3 | $m_5$ | $m_5/500$ | $\beta_5 = (m_1/500) + (m_2/500) + (m_3/500) + (m_4/500) + (m_5/500)$ |
| 0.15 | $m_6$ | $m_6/500$ | $\beta_6 = (m_1/500) + (m_2/500) + (m_3/500) + (m_4/500) + (m_5/500) + (m_6/500)$ |

对细度模数为 3.7~1.6 之间的普通混凝土用砂,砂的颗粒级配根据 0.6mm 筛孔对应的累计筛余百分率 $\beta_4$,分成Ⅰ区、Ⅱ区和Ⅲ区 3 个级配区,见表 2-3。一般处于Ⅰ区的砂较粗,其保水性较差,应适当提高砂率,并保证足够的水泥用量,以满足混凝土的和易性;Ⅲ区的砂细颗粒多,配制混凝土的粘聚性、保水性易满足,但混凝土干缩性大,容易产生微裂缝,宜适当降低砂率;Ⅱ区砂粗细适中,级配良好,拌制混凝土时宜优先选用。实际使用的砂颗粒级配可能不完全符合要求,除了 4.75mm 和 0.6mm 对应的累计筛余率外,其余各档允许有 5% 的超界,当某一筛档累计筛余率超界 5% 以上时,说明砂级配很差,视作不合格。

表 2-3　砂的颗粒级配(JGJ 52—2006)

| 筛孔尺寸/mm | 累计筛余/% | | |
|---|---|---|---|
| | Ⅰ 区 | Ⅱ 区 | Ⅲ 区 |
| 9.50 | 0 | 0 | 0 |
| 4.75 | 10~0 | 10~0 | 10~0 |
| 2.36 | 35~5 | 25~0 | 15~0 |
| 1.18 | 65~35 | 50~10 | 25~0 |
| 0.6 | 85~71 | 70~41 | 40~16 |
| 0.3 | 95~80 | 92~70 | 85~55 |
| 0.15 | 100~90 | 100~90 | 100~90 |

为了更直观地反映砂的颗粒级配,可以以累计筛余百分率为纵坐标,筛孔尺寸为横坐标,根据表 2-3 绘制Ⅰ、Ⅱ、Ⅲ级配区的筛分曲线,如图 2.11 所示。在筛分曲线上可以

直观地分析砂的颗粒级配优劣。如果筛分曲线偏向右下方，表示砂较粗；筛分曲线偏向左上方，表示砂较细。

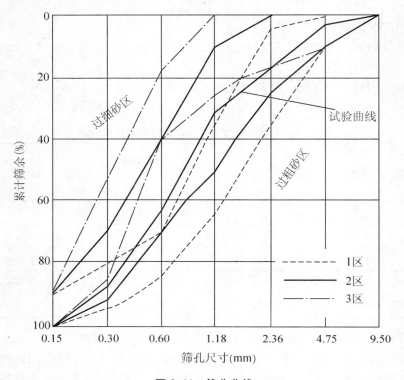

图 2.11　筛分曲线

如果砂的自然级配不符合要求，应采用人工级配的方法来改善。最简单的措施是将粗、细砂按适当比例进行掺配，或砂过筛后剔除过粗或过细的颗粒。

【例 2-1】某工程用砂，经烘干、称量、筛分析，测得各号筛上的筛余量列于表 2-4。试评定该砂的粗细程度（$\mu_f$）和级配情况。

表 2-4　筛分析试验结果

| 筛孔尺寸/mm | 4.75 | 2.36 | 1.18 | 0.6 | 0.3 | 0.15 | 底盘 | 合计 |
|---|---|---|---|---|---|---|---|---|
| 筛余量/g | 28.5 | 57.6 | 73.1 | 156.6 | 118.5 | 55.5 | 9.7 | 499.5 |

**解：**（1）分计筛余率和累计筛余率计算结果列于表 2-5。

表 2-5　分计筛余和累计筛余计算结果

| 筛孔尺寸/mm | 4.75 | 2.36 | 1.18 | 0.6 | 0.3 | 0.15 | 底盘 | 合计 |
|---|---|---|---|---|---|---|---|---|
| 筛余量/g | 28.5 | 57.6 | 73.1 | 156.6 | 118.5 | 55.5 | 9.7 | 499.5 |
| 分计筛余率/% | 5.71 | 11.53 | 14.63 | 31.35 | 23.72 | 11.11 | 1.94 | — |
| 累计筛余率/% | 5.71 | 17.24 | 31.87 | 63.22 | 86.94 | 98.05 | 99.99 | — |

（2）计算细度模数：

$$\mu_f = \frac{(\beta_2 + \beta_3 + \beta_4 + \beta_5 + \beta_6) - 5\beta_1}{100 - \beta_1}$$

$$=\frac{(17.24+31.87+63.22+86.94+98.05)-5\times5.71}{100-5.71}=2.85$$

（3）确定级配区、绘制级配曲线：该砂样在 0.60mm 筛上的累计筛余率 $\beta_4=63.22$ 落在 Ⅱ 级区，其他各筛上的累计筛余率也均落在 Ⅱ 级区规定的范围内，因此可以判定该砂为 Ⅱ 级区砂。级配曲线图如图 2.11 所示。

（4）结果评定：该砂的细度模数 $\mu_f=2.85$，属中砂；Ⅱ 级区砂，级配良好。可用于配制混凝土。

● 特 别 提 示

细度模数越大，表示砂越粗。普通混凝土用砂的细度模数范围一般为 1.6~3.7。

应当注意：砂的细度模数并不能反映其级配的优劣，细度模数相同的砂，级配可以很不相同。所以，配制混凝土时必须同时考虑砂的颗粒级配和细度模数。

● 知 识 链 接

## 砂的掺配使用

配制普通混凝土的砂宜为中砂（$\mu_f=2.3\sim3.0$），Ⅱ 级区。但实际工程中往往出现偏细或偏粗情况。通常有以下两种处理方法。

（1）当只有一种砂源时，对偏细砂适当减少砂用量，即降低砂率；对偏粗砂则适当增加砂用量，即增加砂率。

（2）当粗砂和细砂可同时提供时，宜将细砂和粗砂按一定比例掺配使用，这样既可调整 $\mu_f$，也可改善砂的级配，有利于节约水泥，提高混凝土性能。掺配比例可根据砂资源状况、粗细砂各自的细度模数及级配情况，通过试验和计算确定。

### 2. 含泥量、石粉含量和泥块含量

含泥量为天然砂中公称粒径小于 $80\mu m$ 的颗粒含量；泥块含量指砂中公称粒径大于 1.25mm，经水浸洗、手捏后小于 $630\mu m$ 的颗粒含量。

泥通常包裹在砂颗粒表面，妨碍了水泥浆与砂的粘结，使混凝土的强度降低，除此之外，泥的表面积较大，含量多会降低混凝土拌和物的流动性，或者在保持相同流动性的条件下，增加水和水泥用量，从而导致混凝土的强度、耐久性降低，干缩、徐变增大。

天然砂的含泥量和泥块含量应符合表 2-6 的规定。

表 2-6　天然砂的含泥量和泥块含量

| 项　　目 | 指　　标 | | |
| --- | --- | --- | --- |
| | Ⅰ类 | Ⅱ类 | Ⅲ类 |
| 含泥量（按质量计）/% | ≤2.0 | ≤3.0 | ≤5.0 |
| 泥块含量（按质量计）/% | ≤0.5 | ≤1.0 | ≤2.0 |

注：砂按技术要求分为Ⅰ类、Ⅱ类、Ⅲ类。Ⅰ类用于强度等级≥C60 的混凝土；Ⅱ类用于强度等级在 C30~C55 级；Ⅲ类宜用于强度等级≤C25 的混凝土和砂浆；对抗冻、抗渗或其他特殊要求的小于或等于 C25 的混凝土用砂，其含泥量不应大于 3.0%，泥块含量不应大于 1.0%。

石粉含量是人工砂中粒径小于 $80\mu m$ 的颗粒含量。其中既有粘土颗粒也有与被加工母岩化学成分相同的石粉，过多的石粉含量会妨碍水泥与骨料的粘结，对混凝土无益。但适量的石粉含量可弥补人工砂颗粒多棱角对混凝土带来的不利，反而对混凝土有益。

石粉的粒径小于 $80\mu m$，但真正的石粉与天然砂中的泥成分不同，粒径分布不同，在使用中所起作用也不同。天然砂中的泥对混凝土是有害的，必须严格控制；而人工砂适量的石粉存在对混凝土是有益的。人工砂由于机械破碎制成，其颗粒尖锐有棱角，这对骨料和水泥之间的结合是有利的，但对混凝土和砂浆的和易性是不利的，特别是强度等级低的混凝土和水泥砂浆的和易性很差，而适量石粉的存在，则弥补了这一缺陷。此外，石粉主要是由 $40\sim75\mu m$ 的微细粒组成，它的掺入对完善混凝土细骨料的级配、提高混凝土密实性都是有益的，进而提高混凝土的综合性能。因此人工砂石粉含量分别定为3%、5%、7%，比天然砂中泥含量放宽2%，为防止人工砂在开采、加工等中间环节掺入过量泥土，测石粉含量前必须先通过亚甲蓝试验检验。

亚甲蓝 MB 值的检验或快速检验是专门用于检测小于 $80\mu m$ 的物质是纯石粉还是泥土。亚甲蓝 MB 值检验合格的人工砂，石粉含量按5%、7%、10%控制使用；亚甲蓝 MB 值不合格的人工砂，石粉含量按2%、3%、5%控制使用，这就避免了因人工砂石粉中泥土含量过多而给混凝土带来的负面影响。

人工砂或混合砂中的石粉含量应符合表 2-7 的规定。

表 2-7　人工砂或混合砂中的石粉含量规定

| 项　　　目 | | | 指　　标 | | |
|---|---|---|---|---|---|
| | | | Ⅰ类 | Ⅱ类 | Ⅲ类 |
| 1 | 亚甲蓝试验 | MB 值<1.4 合格 石粉含量（按质量计）/% | ≤5.0 | ≤7.0 | ≤10.0 |
| 2 | | | | | |
| 3 | | MB 值≥1.4 不合格 石粉含量（按质量计）/% | ≤2.0 | ≤3.0 | ≤5.0 |
| 4 | | | | | |

**3. 有害物质含量**

普通混凝土用细骨料中要求清洁不含杂质以保证混凝土的质量。国标中规定砂中不应混有草根、树叶、树枝、塑料、炉渣、煤块等杂物。骨料中有机物易于腐烂，腐烂后析出的有机酸对水泥石有腐蚀作用；硫化物及硫酸盐对水泥石有腐蚀作用，从而影响混凝土的性能。因此对有害杂质含量必须加以限制。其含量要符合表 2-8 规定。除了上面两项外，还有云母、轻物质（指密度小于 $2000kg/m^3$）也须符合表 2-8 规定，它们粘附于砂表面或夹杂其中，严重降低水泥与砂的粘结强度，从而降低混凝土的强度、抗渗性和抗冻性，增大混凝土的收缩。

此外，由于氯离子对钢筋有严重的腐蚀作用，当采用海砂配制钢筋混凝土时，海砂中氯离子含量要求小于0.06%（以干砂重计）；对预应力混凝土不宜采用海砂，若必须使用海砂时，需经淡水冲洗至氯离子含量小于0.02%。用海砂配制素混凝土，氯离子含量不予限制。

表 2-8　有害物质含量

| 项　　　目 | 质量指标 |
|---|---|
| 云母含量（按质量计），% 　　≤ | 2.0 |

续表

| 项 目 | 质量指标 |
|---|---|
| 轻物质含量(按质量计),% ≤ | 1.0 |
| 有机物含量(用比色法试验) | 颜色不应深于标准色。当颜色深于标准色时,应按水泥胶砂强度试验方法进行强度对比试验,抗压强度比不应低于0.95 |
| 硫化物及硫酸盐含量(折算成$SO_3$质量计),% ≤ | 1.0 |

注:对于有抗冻、抗渗要求的混凝土用砂,其云母含量不应大于1.0%。当砂中含有颗粒状的硫酸盐或硫化物杂质时,应进行专门检验,确定能满足混凝土耐久性要求后,法可采用。

海砂中贝壳含量应符合表2-9的规定。

表2-9 海砂中贝壳含量

| 混凝土强度等级 | ≥C40 | C35~C30 | C25~C15 |
|---|---|---|---|
| 贝壳含量(按质量计,%) | ≤3 | ≤5 | ≤8 |

对比较特殊或重要的工程混凝土用砂还应进行碱-骨料反应试验,主要是检验硅质骨料与混凝土中水泥及外加剂中的碱发生潜在碱-骨料反应的危害性。

4. 坚固性

砂的坚固性是指砂在自然风化和其他外界物理、化学因素作用下,抵抗破坏的能力。

天然砂采用硫酸钠溶液法进行试验,将砂分成$300\sim600\mu m$、$0.6\sim1.18mm$、$1.18\sim2.36mm$、$2.36\sim4.75mm$这4个粒级备用,称取各粒级试样各100g,放入硫酸钠溶液中循环5次后,过规定的筛后,按式(2-2)计算出各粒级试样质量损失率,再按式(2-3)算出试样的总质量损失百分率。

各粒级试样质量损失百分率$P_i$:

$$P_i = \frac{G_1 - G_2}{G_1} \times 100\% \tag{2-2}$$

式中 $P_i$——各粒级试样质量损失百分率,%;

$G_1$——各粒级试样试验前的质量,g;

$G_2$——各粒级试样试验后的筛余量,g。

试样的总质量损失百分率$P$:

$$P = \frac{\partial_1 P_1 + \partial_2 P_2 + \partial_3 P_3 + \partial_4 P_4}{\partial_1 + \partial_2 + \partial_3 + \partial_4} \tag{2-3}$$

式中 $P$——试样的总质量损失率,%;

$P_1$、$P_2$、$P_3$、$P_4$——各粒级试样质量损失的百分率,%;

$\partial_1$、$\partial_2$、$\partial_3$、$\partial_4$——各粒级质量占试样总质量百分率,%。

天然砂不同类别的砂,其质量损失应符合表2-10的要求。

表2-10 坚固性指标

| 混凝土所处的环境条件及其性能要求 | 5次循环后的质量损失/%,≤ |
|---|---|
| 在严寒及寒冷地区室外使用并经常处于潮湿或干湿交替状态下的混凝土 | 8 |
| 对于有抗疲劳、耐磨、抗冲击要求的混凝土 | |
| 有腐蚀介质作用或经常处于水位区的地下结构混凝土 | |
| 其他条件下使用的混凝土 | 10 |

人工砂采用压碎指标值来判断砂的坚固性。称取 330g 单粒级试样倒入已组装的受压钢模内，以每秒钟 500N 的速度加荷，加荷至 25kN 时稳荷 5s 后，以同样速度卸荷。倒出压过的试样，然后用该粒级的下限筛(如粒级为 4.75～2.36mm 时，则其下限筛为孔径 2.36mm 的筛)进行筛分，称出试样的筛余量和通过量，第 $i$ 级砂样的压碎指标按式(2-4)计算：

$$Y_i = \frac{G_2}{G_1 + G_2} \times 100\%$$
(2-4)

式中　$Y_i$——第 $i$ 级单粒级压碎指标值，%；

$G_1$——试样的筛余量，g；

$G_2$——通过量，g。

取最大单粒级压碎指标值作为其压碎指标值，人工砂的总压碎指标值应小于 30%。压碎指标值越小，表示砂抵抗压碎破坏能力越强，砂子越坚固。

**5. 表观密度、堆积密度、空隙率**

砂表观密度、堆积密度、空隙率应符合如下规定：表观密度大于 2500kg/m³；松散堆积密度大于 1350kg/m³；空隙率小于 47%。

**6. 碱-骨料反应**

碱-骨料反应是指混凝土原材料水泥、外加剂、混合材料和水中的碱($Na_2O$ 或 $K_2O$)与骨料中的活性成分反应，在混凝土浇筑成形后若干年逐渐反应，反应生成物吸水膨胀使混凝土产生应力，膨胀开裂，导致混凝土失去设计功能。

对于长期处于潮湿环境的重要混凝土结构用砂，应采用砂浆棒(快速法)或砂浆长度法进行骨料的碱活性检验。经上述检验判断为有潜在危害时，应控制混凝土中的碱含量不超过 3kg/m³，或采用能抑制碱-骨料反应的有效措施。

### 2.2.3　粗骨料

公称粒径大于 5.00mm 的骨料称为粗骨料，俗称石。常用的有碎石及卵石两种，如图 2.12 所示。碎石是天然岩石或卵石经机械破碎、筛分制成的粒径大于 4.75 mm 的岩石颗粒；卵石是由经自然风化、水流搬运、堆积而成的粒径大于 4.75mm 的岩石颗粒。卵石按产源不同可分为河卵石、海卵石、山卵石等。碎石与卵石相比，表面比较粗糙多棱角，表面积大、空隙率大，与水泥的粘结强度较高。因此，在水胶比相同条件下，用碎石拌制的混凝土，流动性较小，但强度较高；而卵石则正好相反，即流动性较大，但强度较低。因此，在配制高强混凝土时，宜采用碎石。

**图 2.12　混凝土用粗骨料(碎石和卵石)**

《普通混凝土用砂、石质量及检验方法标准》(JGJ 52—2006)对粗骨料的技术要求如下。

### 1. 颗粒级配和最大粒径

粗骨料的颗粒级配对混凝土性能的影响与细骨料相同，且其影响程度更大。良好的粗骨料，对提高混凝土强度、耐久性，节约水泥用量是极为有利的。

粗骨料颗粒级配好坏的判定也是通过筛分法进行的。取一套孔径为 2.36mm、4.75mm、9.50mm、16.0mm、19.0mm、26.5mm、31.5mm、37.5mm、53.0mm、63.0mm、75.0mm 及 90mm 的标准方孔筛进行试验。按各筛上的累计筛余百分率划分级配。各级配的累计筛余百分率必须满足表 2-11 的规定。

表 2-11　粗骨料的颗粒级配

| 方孔筛/mm | | 2.36 | 4.75 | 9.50 | 16.0 | 19.0 | 26.5 | 31.5 | 37.5 | 53.0 | 63.0 | 75.0 | 90 |
|---|---|---|---|---|---|---|---|---|---|---|---|---|---|
| 连续粒级 | 5~10 | 95~100 | 80~100 | 0~15 | 0 | | | | | | | | |
| | 5~16 | 95~100 | 85~100 | 30~60 | 0~10 | 0 | | | | | | | |
| | 5~20 | 95~100 | 90~100 | 40~80 | — | 0~10 | 0 | | | | | | |
| | 5~25 | 95~100 | 90~100 | — | 30~70 | — | 0~5 | 0 | | | | | |
| | 5~31.5 | 95~100 | 90~100 | 70~90 | — | 15~45 | — | 0~5 | 0 | | | | |
| | 5~40 | | 95~100 | 70~90 | — | 30~65 | | | 0~5 | 0 | | | |
| 单粒级 | 10~20 | | 95~100 | 85~100 | | 0~15 | 0 | | | | | | |
| | 16~31.5 | | 95~100 | | 85~100 | | | 0~10 | | | | | |
| | 20~40 | | | 95~100 | | 80~100 | | | 0~10 | 0 | | | |
| | 31.5~63 | | | | 95~100 | | | 75~100 | 45~75 | | 0~10 | 0 | |
| | 40~80 | | | | | 95~100 | | | 70~100 | | 30~60 | 0~10 | 0 |

粗骨料的颗粒级配按供应情况分为连续粒级和单粒级。连续粒级是指颗粒由小到大连续分级，每一级粗骨料都占有一定的比例，且相邻两级粒径相差较小(比值＜2)，连续粒级的级配大小颗粒搭配合理，配制的混凝土拌合物和易性好，不易发生分层、离析现象，且水泥用量小，目前多采用连续粒级。单粒级是从 1/2 最大粒径至最大粒径，粒径大小差别小，单粒级一般不单独使用，主要用于组合成具有要求级配的连续粒级，或与连续粒级混合使用，用以改善级配或配成较大粒度的连续粒级，这种专门组配的骨料级配易于保证混凝土质量，便于大型搅拌站使用。

最大粒径是用来表示粗骨料粗细程度的。公称粒级的上限称为该骨料的最大粒径。

当骨料粒径增大时，其总表面积减小，因此包裹它表面所需的水泥浆数量相应减少，可节约水泥，所以在条件许可的情况下，对中低强度的混凝土，粗骨料最大粒径应尽量用得大些，但一般不易超过 40mm；配制高强混凝土时最大粒径不宜大于 20mm，因为减少用水量获得的强度提高，被大粒径骨料造成的粘结面减少和内部结构不均匀所抵消。

根据《混凝土结构工程施工及验收规范》的规定，混凝土粗骨料的最大粒径不得超过结构截面最小尺寸的 1/4，同时不得大于钢筋间最小净距的 3/4；对于混凝土实心板，骨料的最大粒径不宜超过板厚的 1/3，且不宜超过 40mm；对于泵送混凝土，骨料最大粒径与输送管内径之比，碎石不宜大于 1∶3，卵石不宜大于 1∶2.5。石子粒径过大，对运输

和搅拌都不方便。

2. 泥、泥块及有害物质的含量

粗骨料中泥、泥块及有害物质对混凝土性质的影响与细骨料相同，但由于粗骨料的粒径大，因而造成的缺陷或危害更大。粗骨料中含泥量是指公称粒径小于 $80\mu m$ 的颗粒含量；泥块含量指石中公称粒径大于 5.00mm，经水浸洗、手捏后小于 2.50mm 的颗粒含量。粗骨料中泥、泥块含量应符合表 2-12 规定。

表 2-12 粗骨料中泥、泥块的含量

| 项 目 | 指 标 | | |
|---|---|---|---|
| | Ⅰ类 | Ⅱ类 | Ⅲ类 |
| 含泥量（按质量计）/% | ≤0.5 | ≤1.0 | ≤2.0 |
| 泥块含量（按质量计），% | ≤0.2 | ≤0.5 | ≤0.7 |

注：（1）Ⅰ类宜用于强度等级≥C60 的混凝土；Ⅱ类宜用于强度等级 C30～C55 的混凝土；Ⅲ类宜用于强度等级≤C25 混凝土。
（2）对于有抗冻、抗渗或其他特殊要求的混凝土，其所用碎石或卵石中含泥量不应大于1.0%。当碎石或卵石的含泥量是非粘土质的石粉时，其含泥量可分别提高到 1.0%、1.5%、3.0%。
（3）对于有抗冻、抗渗或其他特殊要求的强度等级小于 C30 的混凝土，其所用碎石或卵石中泥块含量不应大于0.5%

碎石或卵石中的硫化物和硫酸盐含量及卵石中有机物等有害物质含量，应符合表2-13 的规定。

表 2-13 碎石或卵石中的有害物质含量

| 项 目 | 质 量 要 求 |
|---|---|
| 硫化物及硫酸盐含量（折算成 $SO_3$，按质量计）/% | ≤1.0 |
| 卵石中有机物含量（用比色法试验）/% | 颜色不深于标准色。当颜色深于标准色时，应配制混凝土进行强度对比试验，抗压强度比应不低于 0.95MPa |

3. 针片状颗粒含量

卵石和碎石颗粒的长度大于该颗粒所属相应粒级的平均粒径 2.4 倍者为针状颗粒；厚度小于平均粒径 0.4 倍者为片状颗粒（平均粒径指粒级上下限粒级的平均值）。针片状颗粒易折断，且会增大骨料的空隙率和总表面积，使混凝土拌合物的和易性、强度、耐久性降低。因此应限制其在粗骨料中的含量，针片状颗粒含量可采用针状和片状规准仪测得，其含量规定见表 2-14。

表 2-14 针片状颗粒含量

| 项 目 | 指 标 | | |
|---|---|---|---|
| | Ⅰ类 | Ⅱ类 | Ⅲ类 |
| 针状、片状颗粒（按质量计）/%，≤ | 8 | 15 | 25 |

**4. 强度**

为保证混凝土的强度必须保证粗骨料具有足够的强度。粗骨料的强度指标有两个：岩石抗压强度和压碎指标值。

**1）岩石抗压强度**

岩石抗压强度是将母岩制成 50mm×50mm×50mm 的立方体试件或 $\phi50$mm×50mm 的圆柱体试件，在水中浸泡 48h 以后，取出擦干表面水分，测得其在饱和水状态下的抗压强度值。JGJ 52—2006 中规定岩石的抗压强度应比所配制的混凝土强度至少高 20%。当混凝土强度等级大于或等于 C60 时，应进行岩石抗压强度检验。

**2）压碎指标值**

压碎指标值是将 3000g 气干状态的 10.0～20.0mm 的颗粒装入压碎值测定仪内，放好压头置于压力机上，开动压力机，在 160～300s 内均匀地加荷到 200kN 并稳荷 5s。卸荷后，用孔径 2.36mm 的筛筛除被压碎的细粒，称出留在筛上的试样质量按式(2-5)计算压碎指标值。

$$Q_e = \frac{G_1 - G_2}{G_1} \times 100\% \tag{2-5}$$

式中　$Q_e$——压碎指标值，%；

　　　$G_1$——试样的质量，g；

　　　$G_2$——压碎试验后筛余的试样质量，g。

压碎指标值是测定碎石或卵石抵抗压碎的能力，可间接地推测其强度的高低，压碎指标值应小于表 2-15 和表 2-16 的规定。

表 2-15　碎石压碎指标值

| 岩石品种 | 混凝土强度等级 | 碎石压碎值指标/% |
|---|---|---|
| 沉积岩 | C60～C40 | ≤10 |
| | ≤C35 | ≤16 |
| 变质岩或深成的火成岩 | C60～C40 | ≤12 |
| | ≤C35 | ≤20 |
| 喷出的火成岩 | C60～C40 | ≤13 |
| | ≤C35 | ≤30 |

注：沉积岩包括石灰岩、砂岩等；变质岩包括片麻岩、石英岩等；深成的火成岩包括花岗岩、正长岩、闪长岩和橄榄岩等；喷出的火成岩包括玄武岩和辉绿岩等

表 2-16　卵石压碎指标值

| 混凝土强度等级 | C60～C40 | ≤C35 |
|---|---|---|
| 压碎值指标/% | ≤12 | ≤16 |

岩石立方体强度比较直观，但试件加工困难，其抗压强度反映不出石子在混凝土中的真实强度，所以对经常性的生产质量控制常用压碎指标值，而在选采石场或对粗骨料强度有严格要求，以及对其质量有争议时，宜采用岩石抗压强度做检验。

**5. 坚固性**

坚固性是指卵石、碎石在自然风化和其他外界物理化学因素作用下抵抗破裂的能力。对粗骨料坚固性要求及检验方法与细骨料基本相同，采用硫酸钠溶液法进行试验，碎石和卵石经 5 次循环后，其质量损失应符合表 2-17 的规定。

表 2-17　坚固性指标

| 混凝土所处的环境条件及其性能要求 | 5 次循环后的质量损失/% |
| --- | :---: |
| 在严寒及寒冷地区室外使用，并经常处于潮湿或干湿交替状态下的混凝土，有腐蚀性介质作用或经常处于水位变化区的地下结构或有抗疲劳、耐磨、抗冲击等要求的混凝土 | ≤8 |
| 在其他条件下使用的混凝土 | ≤12 |

**6. 碱-骨料反应**

对于长期处于潮湿环境的重要结构混凝土，其所使用的碎石或卵石应进行碱活性检验。

进行碱活性检验时，首先应采用岩相法检验碱活性骨料的品种、类型和数量。当检验出骨料中含有活性二氧化硅时，应采用快速砂浆棒法或砂浆长度法进行碱活性检验；当检验出骨料中含有活性碳酸盐时，应采用岩石柱法进行碱活性检验。

经上述检验，当判定骨料存在潜在碱-碳酸盐时，不宜用作混凝土骨料，否则应通过专门的混凝土试验，做最后评定。当判定骨料存在碱-硅反应危害时，应控制混凝土中的碱含量不超过 $3kg/m^3$，或采用能抑制碱的有效措施。

### 2.2.4　混凝土用水

混凝土用水按水源不同分为饮用水、地表水、地下水、海水及经适当处理过的工业废水。混凝土拌和及养护用水的质量要求如下。

（1）不影响混凝土的和易性及凝结。

（2）不会有损于混凝土强度发展。

（3）不降低混凝土的耐久性；不加快钢筋腐蚀及导致预应力钢筋脆断。

（4）不污染混凝土表面。

混凝土拌制和养护用水不得含有影响水泥正常凝结硬化的有害物质。凡是能引用的自来水及清洁的天然水都能用来拌制和养护混凝土。污水、pH 小于 4 的酸性水、含硫酸盐（按 $SO_2$ 计）超过 1% 的水均不能使用。当对水质有疑问时，可将该水与洁净水分别配制混凝土，做强度对比实验，如强度不低于用洁净水拌制的混凝土，则此水可以用。一般情况下不得用海水拌制混凝土，因海水中含有的硫酸盐、镁盐和氯化物会侵蚀水泥石和钢筋。

混凝土拌和用水的具体规定，应符合《混凝土用水标准》（JGJ 63—2006）。

（1）混凝土拌和用水水质要求应符合表 2-18 的规定。对于设计使用年限为 100 年的结构混凝土，氯离子含量不得超过 500mg/L；对使用钢丝或经热处理钢筋的预应力混凝土，氯离子含量不得超过 350mg/L。

表 2-18　混凝土拌和用水水质要求

| 项　目 | 预应力混凝土 | 钢筋混凝土 | 素混凝土 |
|---|---|---|---|
| pH | ≥5.0 | ≥4.5 | ≥4.5 |
| 不溶物含量/(mg/L) | ≤2000 | ≤2000 | ≤5000 |
| 可溶物含量/(mg/L) | ≤2000 | ≤5000 | ≤10000 |
| 氯化物含量(以 Cl⁻ 计)/(mg/L) | ≤500 | ≤1000 | ≤3500① |
| 硫酸盐含量(以 SO₄²⁻ 计)/(mg/L) | ≤600 | ≤2000 | ≤2700 |
| 碱含量/(mg/L) | ≤1500 | ≤1500 | ≤1500 |

注：碱含量按 $Na_2O+0.658K_2O$ 计算值来表示。采用非碱活性骨料时，可不检验碱含量

（2）地表水、地下水、再生水的放射性应符合现行国家标准《生活饮用水卫生标准》（GB 5749—2006）的规定。

（3）被检验水样应与饮用水样进行水泥凝结时间对比试验。对比试验的水泥初凝时间差及终凝时间差均不应大于 30min；同时，初凝时间和终凝时间应符合《〈通用硅酸盐水泥〉国家标准第 1 号修改单》（GB 175—2007/XG 1—2009）的规定。

（4）被检验水样应与饮用水样进行水泥胶砂强度对比试验，被检验水样配制的水泥胶砂 3d 和 28d 强度不应低于饮用水配制的水泥胶砂 3d 和 28 强度的 90%。

（5）混凝土拌和用水不应有漂浮明显的油脂和泡沫，不应有明显的颜色和异味。

（6）混凝土企业设备洗刷水不宜用于预应力混凝土、装饰混凝土、加气混凝土和暴露于腐蚀环境的混凝土；不得用于使用碱活性或潜在碱活性骨料的混凝土。

（7）未经处理的海水严禁用于钢筋混凝土和预应力混凝土。

（8）在无法获得水源的情况下，海水可用于素混凝土，但不宜用于装饰混凝土。

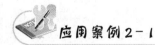

应用案例 2-1

## 含糖分水使混凝土两天仍未凝结

【案例概况】

某糖厂建宿舍，以自来水拌制混凝土，浇筑后用曾装食糖的麻袋覆盖于混凝土表面，再淋水养护。然后发现该水泥混凝土两天仍未凝结，而水泥经检验无质量问题，请分析此异常现象的原因。

【案例解析】

由于养护水淋于曾装食糖的麻袋，养护水已成糖水，而含糖分的水对水泥的凝结有抑制作用，故使混凝土凝结异常。

### 2.2.5　外加剂

混凝土外加剂是一种在混凝土搅拌之前或拌制过程中加入的、用以改善新拌混凝土和（或）硬化混凝土性能的材料。其掺量一般不超过水泥量的 5%。

外加剂的应用促进了混凝土技术的飞速进步，技术经济效益十分显著，使得高强高性能混凝土的生产和应用成为现实，并解决了许多工程技术难题。如远距离运输和高耸建筑物的泵送问题；紧急抢修工程的早强速凝问题；大体积混凝土工程的水化热问题；纵长结构的收缩补偿问题；地下建筑物的防渗漏问题等等。目前，外加剂已成为除水泥、水、砂、石子以外的第五组成材料。

**1. 外加剂的分类**

根据《混凝土外加剂分类、命名与定义》（GB 8075—2005），混凝土外加剂按其主要功能分为以下 4 类。

第一类：能显著改善混凝土拌和物流变性能的外加剂。主要有各种减水剂、引气剂和泵送剂等。

第二类：能调节混凝土凝结时间、硬化性能的外加剂。主要有缓凝剂、早强剂和速凝剂等。

第三类：能改善混凝土耐久性的外加剂。主要有引气剂、防水剂和阻锈剂等。

第四类：能改善混凝土其他性能的外加剂。主要有膨胀剂、防冻剂、防潮剂、减缩剂、着色剂等。

混凝土外加剂的品种很多。常用的外加剂有减水剂、早强剂、引气剂、缓凝剂和泵送剂等。

**2. 常用的外加剂的品种**

**1）减水剂**

减水剂也称塑化剂，它可以增大新拌水泥浆或混凝土拌和物的流动性，或者配制出用水量减小（水胶比降低）而流动性不变的混凝土，因此获得提高强度或节约水泥的效果。

（1）减水剂的作用机理：减水剂是一种表面活性剂，其分子由亲水基团和憎水基团两个部分组成（图 2.13）。减水剂溶于水中后，其分子中的亲水基团指向溶液，憎水基团指向空气、固体或非极性液体并作定向排列，形成定向吸附膜，降低水的表面张力和二相间的界面张力。水泥加水后，由于水泥颗粒间的分子凝聚力等因素，形成絮凝结构[图 2.14(a)]。当水泥浆体中加入减水剂后，其憎水基团定向吸附于水泥颗粒表面，亲水基团指向水溶液。即在水泥颗粒表面形成单分子或多分子吸附膜，并使之带有相同的电荷。在静电斥力作用下，使絮凝结构解体 [图 2.14(b)]。被束缚在絮凝结构中的游离水释放出来。由于减水剂分子产生的吸附、分散及溶剂化水膜的增厚润滑作用 [图 2.14(c)]，使水泥混凝土的流动性显著增加。

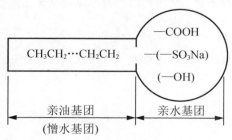

图 2.13　表面活性剂分子结构示意图

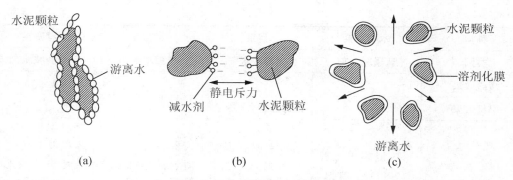

**图 2.14　减水剂作用机理示意图**

（2）减水剂的主要经济技术效果如下。

① 提高流动性。在用水量及水泥用量不变的条件下，混凝土拌合物的坍落度可增大 $100\sim200mm$，流动性明显提高，而且不影响混凝土的强度。泵送混凝土或其他大流动性混凝土均需掺入高效减水剂。

② 提高混凝土强度。在保持混凝土拌合物流动性不变的情况下，可减少用水量 $10\%\sim20\%$，若水泥用量也不变，则可降低水胶比，提高混凝土的强度，特别是可大大提高混凝土的早期强度。掺入高效减水剂是制备早强、高强、高性能混凝土的技术措施之一。

③ 节约水泥。在保持流动性及强度不变的情况下，可以在减少拌和用水量的同时，相应减少水泥用量，节约水泥用量 $5\%\sim20\%$，降低混凝土成本。

④ 改善混凝土的耐久性。由于减水剂的掺入，减少了拌合物的泌水、离析现象，还显著改善了混凝土的孔结构，使混凝土的密实度提高，透水性降低，从而可提高混凝土抗渗、抗冻、抗腐蚀等能力。

（3）减水剂的常用品种与效果：减水剂是使用最广泛、效果最显著的一种外加剂，按起作用效果有普通减水剂和高效减水剂两类；按凝结时间有标准型、缓凝型、早强型三种；按是否引气有引气性和非引气型两种；按其主要化学成分有木质素系、萘系、水溶树脂系、糖蜜系等，见表 2-19。

**表 2-19　常用减水剂**

| 种类 | 木质素系 | 萘系 | 树脂系 | 糖蜜系 |
|---|---|---|---|---|
| 类别 | 普通减水剂 | 高效减水剂 | 早强减水剂 | 缓凝减水剂 |
| 主要品种 | 木质素磺酸钙（木钙粉、M 型减水剂）、木钠、木镁等 | NNO、NF、建 1、FDN、UNF、JN、HN、MF 等 | SM | 长城牌、天山牌 |
| 适宜掺量（占水泥重%） | 0.2～0.3 | 0.2～1.2 | 0.5～2 | 0.1～3 |
| 减水量 | 10%～11% | 12%～25% | 20%～30% | 6%～10% |
| 早强效果 | — | 显著 | 显著（7d 可达 28d 强度） | — |

续表

| 种类 | 木质素系 | 萘系 | 树脂系 | 糖蜜系 |
|---|---|---|---|---|
| 类别 | 普通减水剂 | 高效减水剂 | 早强减水剂 | 缓凝减水剂 |
| 缓凝效果 | 1～3h | — | — | 3h以上 |
| 引气效果 | 1%～2% | 部分品种<2% | — | — |
| 适用范围 | 一般混凝土工程及大模板、滑模、泵送、大体积及夏季施工的混凝土工程 | 适用于所有混凝土工程，更适于配制高强混凝土及流态混凝土，泵送混凝土，冬季施工混凝土 | 因价格昂贵，宜用于特殊要求的混凝土工程，如高强混凝土、早强混凝土、流态混凝土等 | 一般混凝土，大体积混凝土浇筑及夏季混凝土施工（如滑模），多用于水工混凝土工程。一般工程应用时，可与早强剂复合使用 |

● 特 别 提 示 ......................................................

减水剂以溶液形式掺加时，溶液中的水量应从拌和水中扣除。

液体减水剂宜与拌和水同时加入搅拌机内，粉剂减水剂宜与胶凝材料同时加入搅拌机内，需二次添加外加剂时，应通过试验确定，混凝土搅拌均匀方可出料。掺普通减水剂、高效减水剂的混凝土采用自然养护时，应加强初期养护；采用蒸养时，混凝土应具有必要的结构强度才能升温，蒸养制度应通过试验确定。

2）早强剂

早强剂是指加速混凝土早期强度发展的外加剂。其质量应符合《混凝土外加剂》（GB 8076—2008）的规定。

从混凝土开始拌和到凝结硬化形成一定的强度需要一段较长的时间，为了缩短施工周期，例如，加速模板及台座的周转、缩短混凝土的养护时间、快速达到混凝土冬季施工的临界强度等，常需要掺入早强剂。目前，常用的早强剂有氯盐类、硫酸盐类、有机胺类和复合早强剂。

（1）氯盐类早强剂：主要有氯化钙、氯化钠、氯化钾、氯化铁、氯化铝等。其中氯化钙是国内外应用最为广泛的一种早强剂。

氯盐类早强剂均有良好的早强作用。原因是氯化钙与铝酸三钙作用生成不溶性的复盐，这些复盐的形成增加了水泥浆的固相比例，增长了强度，同时氢氧化钙的消耗也会促进 $C_2S$、$C_3S$ 的水化，从而提高混凝土的早期强度。

氯化钙的适宜掺量为1%～2%。由于 $Cl^-$ 对钢筋有腐蚀作用，故钢筋混凝土中掺量应控制在1%以内。$CaCl_2$ 早强剂能使混凝土3d强度提高50%～100%，7d强度提高20%～40%，但后期强度不一定提高，甚至可能低于基准混凝土。此外，氯盐类早强剂对混凝土耐久性有一定影响。此外，为消除 $CaCl_2$ 对钢筋的锈蚀作用，通常要求与阻锈剂亚硝酸钠复合使用。

（2）硫酸盐类早强剂：包括硫酸钠（$Na_2SO_4$）、硫代硫酸钠（$Na_2S_2O_3$）、硫酸钙

（CaSO$_4$）、硫酸钾（K$_2$SO$_4$）、硫酸铝 [Al$_2$(SO$_4$)$_3$]，其中硫酸钠（Na$_2$SO$_4$）应用最广。

在混凝土中掺入 Na$_2$SO$_4$ 后，Na$_2$SO$_4$ 与水泥水化产物 Ca(OH)$_2$ 迅速发生化学反应：

$$Ca(OH)_2 + Na_2SO_4 + 2H_2O \rightarrow CaSO_4 \cdot 2H_2O + 2NaOH$$

该反应生成高分散性的硫酸钙，分布均匀，极易与 C$_3$A 作用，能迅速生成水化硫铝酸钙，体积增大，有效地提高了混凝土早期结构密实程度，同时也加快了水泥的水化速度，强度得到提高。

硫酸钠掺量应有一个最佳控制量，一般在 1%～3% 之间，掺量低于 1% 时早强作用不明显，掺量太大则后期强度损失也大，另外还会引起硫酸盐腐蚀。掺量一般在 1.5% 左右。

（3）有机胺类（三乙醇胺、三异丙醇胺）：最常用的是三乙醇胺。三乙醇胺早强作用机理与前两种不同，它不参与水化反应，不改变水泥的水化产物。三乙醇胺是一种表面活性剂，能降低水溶液的表面张力，使水泥颗粒更宜于润湿，且可增加水泥的分散程度，因而加快了水泥的水化速度，对水泥的水化起到催化作用，水化产物增多，使水泥石的早期强度提高。

三乙醇胺的掺量为水泥质量的 0.02%～0.05%，可使 3d 强度提高 20%～40%，对后期强度影响较小，抗冻、抗渗等性能有所提高，对钢筋无锈蚀作用。三乙醇胺对水泥有一定的缓凝作用，应严格控制掺量，掺量过多时，会造成混凝土严重缓凝和混凝土强度下降。单独掺加三乙醇胺会增加混凝土的收缩，特别是早期收缩，使用时应予注意。

（4）复合早强剂：可以是无机材料与有机材料的复合，也可以是有机材料与有机材料的复合。以上三类早强剂在使用时，通常复合使用效果更佳。复合早强剂往往比单组分早强剂具有更优良的早强效果，掺量也可以比单组分早强剂有所降低。众多复合型早强剂中以三乙醇胺与无机盐类复合早强剂效果最好、应用最广。

◉ 知 识 链 接 ⋯⋯⋯⋯⋯⋯⋯⋯⋯⋯⋯⋯⋯⋯⋯⋯⋯⋯⋯⋯⋯⋯⋯⋯⋯⋯⋯⋯⋯⋯⋯⋯⋯⋯⋯⋯⋯⋯⋯⋯⋯⋯⋯⋯⋯

## 早强剂的适用范围

早强剂及早强减水剂适用于蒸养混凝土及常温、低温和最低温度不低于 −5℃ 环境中施工的有早强要求的混凝土工程。炎热环境条件下不宜使用早强剂、早强减水剂。

下列结构中严禁采用含有氯盐配制的早强剂及早强减水剂。

① 预应力混凝土结构。

② 相对湿度大于 80% 环境中使用的结构、处于水位变化部位的结构、露天结构及经常受水淋、受水流冲刷的结构。

③ 大体积混凝土。

④ 直接接触酸、碱或其他侵蚀性介质的结构。

⑤ 经常处于温度为 60℃ 以上的结构，需经蒸养的钢筋混凝土预制构件。

⑥ 有装饰要求的混凝土，特别是要求色彩一致的或是表面有金属装饰的混凝土。

⑦ 薄壁混凝土结构，中级和重级工作制吊车的梁、屋架、落锤及锻锤混凝土基础等结构。

⑧ 使用冷拉钢筋或冷拔低碳钢丝的结构。

⑨ 骨料具有碱活性的混凝土结构。

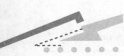

3）引气剂

引气剂是指在混凝土搅拌过程中能引入大量均匀分布、稳定而封闭的微小气泡，且能保留在硬化混凝土中以减少混凝土拌合物泌水、离析，改善和易性，并能显著提高硬化混凝土抗冻性、耐久性的外加剂。其质量应符合《混凝土外加剂》（GB 8076—2008）的规定。

（1）引气剂的作用机理：引气剂是表面活性物质，其界面活性作用与减水剂基本相同，区别在于减水剂界面活性作用主要发生在液-固界面上，而引气剂的界面活性主要发生在气-液界面上。当搅拌混凝土拌合物时，会混入一些气体，引气剂分子定向排列在气泡上，形成坚固不易破裂的液膜，故可在混凝土中形成稳固、封闭球形气泡，气泡大小均匀，在拌和物中均匀分散，可使混凝土的很多性能改善。

（2）引气剂的作用效果如下。

① 改善混凝土拌合物的和易性。气泡具有滚珠作用，能够减小拌合物的摩擦阻力从而提高流动性；同时气泡的存在组织固体颗粒的沉降和水分的上升，从而减少了拌合物的分层、离析和泌水，使混凝土的和易性得到明显改善。

② 显著提高混凝土的抗冻性和抗渗性。大量均匀分布的封闭气泡一方面阻塞了混凝土中毛细管渗水的通路，另一方面具有缓解水分结冰产生的膨胀压力的作用，从而提高了混凝土的抗渗性和抗冻性。

③ 降低弹性模量及强度。由于气泡的弹性变形，使混凝土弹性模量降低。另外，气泡的存在使混凝土强度降低，含气量每增加 1％，强度要损失 3％～5％，但是由于和易性的改善，可以通过保持流动性不变减少用水量，使强度不降低或部分得到补偿。

（3）引气剂主要有松香树脂类、烷基苯磺碱盐类、脂肪醇磺酸盐类等。最常用的为松香热聚树脂和松香皂两种。掺量一般为水泥质量的 0.005％～0.01％，含气量控制在 3％～6％为宜。严禁超量掺用，否则将严重降低混凝土强度。当采用高频振捣时，引气剂掺量可适当提高。

引气剂适用于配制抗冻混凝土、泵送混凝土、港口混凝土、防水混凝土一级骨料质量差、泌水严重的混凝土，不适宜配制蒸汽养护的混凝土。

特 别 提 示

混凝土工程中可采用由引气剂与减水剂复合而成的早强减水剂。

4）缓凝剂

缓凝剂是能延长混凝土凝结时间，而不影响混凝土后期强度的外加剂。

缓凝剂的种类很多，主要有羟基羧酸及其盐类、含糖碳水化合物类、无机盐类和木质素磺酸盐类等。常用的有木质素磺酸盐类缓凝剂、糖蜜缓凝剂和羟基羧酸及其盐类缓凝剂。

（1）木质素磺酸盐类缓凝剂：常用的是木钙，掺量一般为水泥质量的 0.2％～0.3％，混凝土凝结时间可延长 2～3h。

（2）糖蜜缓凝剂：主要成分为己糖钙、蔗糖钙等。掺量一般为水泥质量的 0.1％～0.3％，混凝土的凝结时间可延长 2～4h。

（3）羟基羧酸及其盐类缓凝剂：常用的是酒石酸、柠檬酸等。此类缓凝剂的掺量一般为水泥质量的 0.03％～0.10％，混凝土凝结时间可延长 4～10h。但是，这类缓凝剂会增加混凝土的泌水性，使用时应予注意。

缓凝剂能使混凝土拌合物在较长时间内保持塑性状态，以利于浇筑成型，提高施工质量，而且还可延缓水化放热时间，降低水化热，对大体积混凝土或分层浇筑的混凝土十分有利。

缓凝剂及缓凝减水剂可用于大体积混凝土、炎热气候条件下施工的混凝土以及需长时间停放或长距离运输的混凝土。缓凝剂及缓凝减水剂不宜用于日最低气温5℃以下施工的混凝土，也不宜单独用于有早强要求的混凝土及蒸养混凝土。柠檬酸、酒石酸钾钠等缓凝剂，不宜单独使用于水泥用量较低、水胶比较大的贫混凝土。在用硬石膏或工业废料石膏作调凝剂的水泥中掺用糖类缓凝剂时，应先做水泥适应性试验，合格后方可使用。

● 特 别 提 示

掺缓凝剂、缓凝减水剂及缓凝高效减水剂的混凝土浇筑、振捣后，应及时抹压并始终保持混凝土表面潮湿，终凝以后应浇水养护，当气温较低时，应加强保温保湿养护。

5）膨胀剂

膨胀剂是指使混凝土（砂浆）在水化过程中产生一定的体积膨胀，并在有约束条件下产生适宜自应力的外加剂。

目前应用较多的有以下几类。

（1）硫铝酸钙类：如明矾石膨胀剂、CSA膨胀剂等。

（2）氧化钙类：如石灰膨胀剂。

（3）氧化钙-硫铝酸钙类：如复合膨胀剂。

（4）氧化镁类膨胀剂：如氧化镁膨胀剂。

（5）金属类：如铁屑膨胀剂等。

膨胀剂的使用目的和适用范围，参见表2-20。

表2-20　膨胀剂的使用目的和适用范围

| 膨胀剂种类 | 膨胀混凝土（砂浆） | | |
| --- | --- | --- | --- |
| | 种类 | 适用范围 | |
| 硫铝酸钙类、氧化钙类、氧化钙-硫铝酸钙类、氧化镁类 | 补偿收缩混凝土 | 地下、水中、海水中、隧道等构筑物，大体积混凝土（除大坝外）、配筋路面和板、屋面与厕浴间防水、构件补强、渗漏修补、预应力混凝土、回填槽等 | |
| | 灌浆用膨胀砂浆 | 机械设备的底座灌浆、地脚螺栓的固定、梁柱接头、构件补强、加固等 | |
| | 填充用膨胀混凝土 | 结构后浇带、隧道堵头、铜管与隧道之间的填充等 | |
| | 自应力混凝土 | 仅用于常温下使用的自应力钢筋混凝土压力管 | |

6）防冻剂

防冻剂是指能使混凝土在负温下硬化，并在规定养护条件下达到预期性能的外加剂。其质量应符合《混凝土防冻剂》（JC 475—2004）的规定。

防冻剂能显著降低混凝土的冰点，使混凝土液相不冻结或仅部分冻结，以保证水泥的

水化作用，并在一定的时间内获得预期强度。

为提高防冻剂的防冻效果，目前，工程上适用的防冻剂都是复合外加剂，由防冻组分、早强组分、引气组分、减水组分复合而成。

常用防冻剂有：氯盐类，如氯化钙、氯化钠，或以氯盐为主的与其他早强剂、引气剂、减水剂复合的外加剂；氯盐阻锈类，氯盐与阻锈剂（亚硝酸钠）为主复合的外加剂；无氯盐类，以亚硝酸盐、硝酸盐、碳酸盐、乙酸钠或尿素为主复合的外加剂。

防冻剂可用于负温条件下施工的混凝土。

**特 别 提 示**

掺防冻剂混凝土的养护，应符合下列规定。

在负温条件下养护时，不得浇水，混凝土浇筑后，应立即用塑料薄膜及保温材料覆盖，严寒地区应加强保温措施。

初期养护温度不得低于规定温度。

当混凝土温度降到规定温度时，混凝土强度必须达到受冻临界强度；当最低气温不低于−10℃时，混凝土抗压强度不得小于 3.5MPa；当最低温度不低于−15℃，混凝土抗压强度不得小于 4.0MPa；当最低温度不低于−20℃时，混凝土抗压强度不得小于 5.0MPa。

拆模后混凝土的表面温度与环境温度之差大于20℃时，应采用保温材料覆盖养护。

**知 识 链 接**

有的施工单位在冬季混凝土施工过程中添加了尿素等氨类物质的防冻剂。这些氨类物质在使用过程中逐渐以氨气的形式释放出来。当室内氨气浓度达到一定量后，会对人体产生不良反应。因此，国家标准《混凝土外加剂中释放氨的限量》（GB 18588—2001）对氨的污染进行了控制。

含有六价铬盐、亚硝酸盐等有毒防冻剂，严禁用于饮水工程及与食品接触的部位。对桥梁及抗冻性有特殊要求的混凝土工程，选择抗冻剂品种及掺量时应通过试验确定。

防冻剂中防冻组分掺量，应符合表 2-21 的规定。

表 2-21　防冻组分掺量

| 防 冻 剂 | 防冻组分掺量 |
|---|---|
| 氯盐类 | 氯盐掺量不得大于拌和水重量的 7% |
| 氯盐阻锈类 | 总量不得大于拌和水重量的 15%<br>当氯盐掺量为水泥重量的 0.5%～1.5%时，亚硝酸钠与氯盐之比应大于 1<br>当氯盐掺量为水泥重量的 1.5%～3.0%时，亚硝酸钠与氯盐之比应大于 1.3 |
| 无氯盐类 | 总量不得大于拌和水重量的 20%，其中亚硝酸钠、亚硝酸钙、硝酸钠、硝酸钙均不得大于水泥重量的 8%，尿素不得小于水泥重量的 4%，碳酸钾不得大于水泥重量的 10% |

7）速凝剂

速凝剂是指能使混凝土迅速凝结硬化的外加剂。其质量应符合《喷射混凝土用速凝剂》（JC 477—2005）的规定。

速凝剂与水泥加水拌和后立即反应，使水泥中的石膏丧失缓凝作用，从而促使 $C_3A$ 迅速水化，产生快速凝结。

速凝剂适宜掺量为 2.5%～4.0%，能使混凝土在 5min 内初凝，10min 内终凝，1h 产生强度，但有时后期强度会降低。

速凝剂主要用于喷射混凝土、紧急抢修工程、军事工程、防洪堵水工程等。如矿井、隧道、引水涵洞、地下工程岩壁衬砌、边坡和基坑支护、堵漏等。

● 特 别 提 示

喷射混凝土施工时，应采用新鲜的硅酸盐水泥、普通硅酸盐水泥、矿渣硅酸盐水泥，不得使用过期或受潮结块的水泥。

3. 外加剂的选择与使用

工程中选用外加剂时，除应满足前面所述有关国家标准或行业标准外，还应符合《混凝土外加剂中释放氨的限量》（GB 18588—2001）的规定，混凝土外加剂中释放的氨量必须小于或等于 0.10%（质量分数）。该标准适用于各类具有室内使用功能的混凝土外加剂，而不适用于桥梁、公路及其他室外工程用混凝土外加剂。

混凝土中应用外加剂时，须满足《混凝土外加剂应用技术规范》（GB 50119—2003）的规定。另外，还应注意以下几点。

1）外加剂品种的选择

外加剂品种、品牌很多，效果各异，尤其是对不同水泥效果不同。选择外加剂时，应根据工程需要、现场的材料条件、产品说明书通过试验确定，参见表 2-22。

表 2-22　各种混凝土工程对外加剂的选择

| 序号 | 工程项目 | 选用目的 | 外加剂类型 |
| --- | --- | --- | --- |
| 1 | 自然条件下的混凝土工程和构件 | 改善工作性、提高早期强度、节约水泥 | 各种减水剂，常用木质素类 |
| 2 | 太阳直射下施工 | 缓凝 | 缓凝减水剂，常用糖蜜类 |
| 3 | 大体积混凝土 | 减少水化热 | 缓凝剂、缓凝减水剂 |
| 4 | 冬期施工 | 早强、防寒、抗冻 | 早强减水剂、早强剂、抗冻剂 |
| 5 | 流态混凝土 | 提高流动度 | 非引气型减水剂，常用 FDN、UNF |
| 6 | 泵送混凝土 | 减少坍落损失 | 泵送剂、引气剂、缓凝减水剂，常用 FDNP、UNF-5 |
| 7 | 高强混凝土 | C50 以上混凝土 | 高效减水剂、非引气减水剂、密实剂 |
| 8 | 灌浆、补强、填缝 | 防止混凝土收缩 | 膨胀剂 |

续表

| 序号 | 工程项目 | 选用目的 | 外加剂类型 |
|------|----------|----------|------------|
| 9 | 蒸养混凝土 | 缩短蒸养时间 | 非引气高效减水剂、早强减水剂 |
| 10 | 预制构件 | 缩短生产周期，提高模具周转率 | 高效减水剂、早强减水剂 |
| 11 | 滑模工程 | 夏季宜缓凝 | 普通减水剂木质素类或糖蜜类 |
| | | 冬季宜早强 | 普通减水剂或早强减水剂 |
| 12 | 钢筋密集的构造物 | 提高和易性，利于浇筑 | 普通减水剂、高效减水剂 |
| 13 | 大模板工程 | 提高和易性，1d 强度能拆模 | 高效减水剂或早强减水剂 |
| 14 | 耐冻融混凝土 | 提高耐久性 | 引气高效减水剂 |
| 15 | 灌注桩基础 | 改善和易性 | 普通减水剂、高效减水剂 |
| 16 | 商品混凝土 | 节约水泥，保证运输后的和易性 | 普通减水剂、缓凝型减水剂 |

2）外加剂掺量的确定

混凝土外加剂均有适宜掺量。掺量过小，往往达不到预期效果；掺量过大，则会影响混凝土质量，甚至造成质量事故。因此，必须通过试验试配，确定最佳掺量。

3）外加剂的掺加方法

外加剂的掺量很小，必须保证其均有分散，一般不能直接加入混凝土搅拌机内。对于可溶于水的外加剂，应先配成一定浓度的溶液，使用时连同拌和水一起加入搅拌机内。对于不溶于水的外加剂，应与适量水泥或砂混合均匀后，再加入搅拌机内。

外加剂的掺入时间，对其效果发挥也有很大影响，如减水剂有同掺法、后掺法、分掺法 3 种方法。同掺法是减水剂在混凝土搅拌时一起掺入；后掺法是搅好混凝土后间隔一定时间，然后再掺入；分掺法是一部分减水剂在混凝土搅拌时掺入，另一部分间隔一段时间后再掺入。实践证明，后掺法最好，能充分发挥减水剂的功能。

 **应用案例 2-2**

**【案例概况】**

北京某旅馆的一层钢筋混凝土工程在冬季施工，为使混凝土防冻，在浇筑混凝土时掺入水泥用量 3% 的氯盐。建成使用两年后，在 A 柱柱顶附近掉下一块约 40mm 直径的混凝土碎块。停业检查事故原因，发现除设计有失误外，其中一重要原因是在浇筑混凝土时掺加的氯盐防冻剂，它不仅对混凝土有影响，而且腐蚀钢筋，观察底层柱破坏处钢筋，纵向钢筋及箍筋均已生锈，原直径 $\phi$6mm 锈为 $\phi$5.2mm 左右。细及稀的箍筋难以承受柱端截面上纵向筋侧向压屈所产生的横拉力，使箍筋在最薄弱处断裂，断裂后的混凝土保护层易剥落，混凝土碎块下掉。

**【案例解析】**

施工时加氯盐防冻，应同时对钢筋采取相应的阻锈措施。该工程因混凝土碎块下掉，引起了使用者的高度重视，停业卸去活荷载，并对症下药地对已有柱外包钢筋混凝土的加固措施，使房屋倒塌事故得以避免。

### 2.2.6 掺合料

混凝土掺合料是指在混凝土搅拌前或搅拌过程中，为改善混凝土性能、调节混凝土强度、节约水泥，与混凝土其他组分一起，直接加入矿物材料或工业废料，掺量一般大于水泥质量的5%。

常用的矿物掺合料有粉煤灰、硅灰、粒化高炉矿渣粉、沸石粉、磨细自然煤矸石粉及其他工业废渣。粉煤灰是目前用量最大、使用范围最广的一种掺合料。

#### 1. 粉煤灰

煤粉在炉膛中呈悬浮状态燃烧，燃煤中的绝大部分可燃物都能在炉内烧尽，而煤粉中的不燃物（主要为灰分）大量混杂在高温烟气中。这些不燃物因受到高温作用而部分熔融，同时由于其表面张力的作用，形成了大量细小的球形颗粒，排出后则成为粉煤灰。它是一种火山灰质工业废料活性掺合料，是燃煤电厂的主要固体废物，其颗粒多数呈球形，表面比较光滑，密度为 $2.1\sim2.9g/cm^3$ 紧密堆积密度为 $1590\sim2400kg/m^3$，松散堆积密度为 $550\sim800kg/m^3$。

根据国家标准《用于水泥和混凝土中的粉煤灰》（GB/T 1596—2005）中的规定，按产生粉煤灰的煤种不同，可以分为 F 类粉煤灰和 C 类粉煤灰两种：由无烟煤或烟煤煅烧收集的粉煤灰称为 F 类粉煤灰，F 类粉煤灰是低钙；由褐煤或次烟煤煅烧收集的粉煤灰称为 C 类粉煤灰，C 类粉煤灰是高钙灰，其氧化钙含量一般大于10%。用于拌制混凝土和砂浆用粉煤灰，可分Ⅰ级、Ⅱ级、Ⅲ级三个等级，技术要求见表2-23。

表2-23 拌制混凝土和砂浆用粉煤灰的技术要求

| 项　　目 | 粉煤灰的种类 | 技术要求 | | |
|---|---|---|---|---|
| | | Ⅰ级 | Ⅱ级 | Ⅲ级 |
| 细度（0.045mm 方孔筛筛余），不大于/% | F 类粉煤灰 | 12.0 | 25.0 | 45.0 |
| | C 类粉煤灰 | | | |
| 需水量比，不大于/% | F 类粉煤灰 | 95 | 105 | 115 |
| | C 类粉煤灰 | | | |
| 烧失量，不大于/% | F 类粉煤灰 | 5.0 | 8.0 | 15.0 |
| | C 类粉煤灰 | | | |
| 含水量，不大于/% | F 类粉煤灰 | 1.0 | | |
| | C 类粉煤灰 | | | |
| 三氧化硫，不大于/% | F 类粉煤灰 | 3.0 | | |
| | C 类粉煤灰 | | | |
| 游离氧化钙，不大于/% | F 类粉煤灰 | 1.0/4.0 | | |
| | C 类粉煤灰 | | | |
| 安定性，雷氏夹沸煮后增加距离，不大于/mm | C 类粉煤灰 | 5.0 | | |

在混凝土中掺入一定量粉煤灰后，除了粉煤灰本身的火山灰活性作用，生成硅酸钙凝胶，作为胶凝材料一部分起增强作用外，在混凝土的用水量不变的情况下，可以起到显著改善混凝土拌合物和易性的效应，增加流动性和粘聚性，还可降低水化热。若保持混凝土拌合物原有的和易性不变，则可减少用水量，起到减水的效果，从而提高混凝土的密实度和强度，增强耐久性。

2. 硅粉

根据《砂浆和混凝土用硅灰》（GB/T 27690—2011）的规定，硅灰按其使用时的状态，可分为硅灰（代号 SF）和硅灰浆（代号 SF—S）。硅灰，在冶炼硅铁合金或工业硅时，通过烟道排出的粉末，经收集得到的以无定形二氧化硅为主要成分的粉状材料。硅灰浆，以水为载体的含有一定数量硅灰的均质浆材。硅灰是由非常细的玻璃质颗粒组成，其中 $SiO_2$ 含量高，其比表面积约为 $2000m^2/kg$。掺入少量硅粉，可使混凝土致密、耐磨，增强其耐久性。由于硅灰比表面积大，因而其需水量很大，将其作为混凝土掺合料，必须配以减水剂，方可保证混凝土的和易性。

3. 沸石粉

沸石粉是天然的沸石岩磨细而成的一种火山灰质铝硅酸矿物掺合料。含有一定量活性二氧化硅和三氧化铝，能与水泥生成的氢氧化钙反应，生成胶凝物质。沸石粉用作混凝土掺合料可改善混凝土和易性，提高混凝土强度、抗渗性和抗冻性，抑制碱-骨料反应。沸石粉主要用于配制高强混凝土、流态混凝土及泵送混凝土。

沸石粉具有很大的内表面积和开放性孔结构，还可用于配制湿混凝土等功能混凝土。

4. 粒化高炉矿渣粉

粒化高炉矿渣粉（简称矿渣粉）是指符合《用于水泥中和混凝土的粒化高炉矿渣》（GB/T 18046—2008）标准规定的粒化高炉矿渣经干燥、粉磨（或添加少量石膏一起粉磨）达到相当细度且符合相应活性指数的粉体，密度为 $2.8g/cm^3$。

应用案例 2-3

【案例概况】

某工程使用等量的 42.5 普通硅酸盐水泥粉煤灰配制 C25 混凝土，工地现场搅拌，为赶进度搅拌时间较短。拆模后检测，发觉所浇筑的混凝土强度波动大，部分低于所要求的混凝土强度指标，请分析原因。

【案例解析】

该混凝土强度等级较低，而选用的水泥强度等级较高，故使用了较多的粉煤灰作掺合剂。由于搅拌时间较短，粉煤灰与水泥搅拌不够均匀，导致混凝土强度波动大，以致部分混凝土强度未达要求。

# 任务 2.3　普通混凝土的技术性质

混凝土是由各组成材料按一定比例拌和成的，尚未凝结硬化的材料称为混凝土拌合物，硬化后的人造石材称为硬化混凝土。混凝土拌合物必须具有良好的和易性，以保证获得良好的浇灌质量。硬化混凝土的主要性质为强度、耐久性和变形性能。

## 2.3.1 混凝土拌合物的性质

### 1. 新拌混凝土的和易性

1）和易性的概念

和易性也称为工作性，是指新拌混凝土易于施工操作（搅拌、运输、浇筑、捣实等），并能获得质量均匀、成型密实的性能。对于非匀质材料的混凝土来讲，和易性是一项综合的技术性质，与其施工工艺要求密切相关。通常有流动性、粘聚性和保水性三个方面的含义。

流动性是指新拌混凝土在自重或机械振捣的作用下，能产生流动，并均匀密实地填满模板的性能。流动性的大小，反映拌合物的稀稠，它直接影响着浇筑施工的难易和混凝土的质量。若拌和物太干稠，混凝土难以捣实，易造成内部孔隙；若拌合物过稀，振捣后混凝土易出现水泥砂浆和水上浮而石子下沉的分层离析现象，影响混凝土的匀质性。

粘聚性是指混凝土拌合物在施工过程中其组成材料之间有一定的粘聚力，不致产生分层离析的现象。混凝土拌合物是由密度、粒径不同的固体材料及水组成，各组成材料本身存在有分层的趋向，如果混凝土拌合物中各种材料比例不当，粘聚性差，则在施工中易发生分层（拌合物中各组分出现层状分离现象）、离析（混凝土拌合物内某些组分的分离，析出现象）、泌水（指水从水泥浆中泌出的现象），尤其是对于大流动性的泵送混凝土来说更为重要。在混凝土的施工过程中泌水过多，会使混凝土丧失流动性，从而严重影响混凝土的可泵性和工作性，会给工程质量造成严重后果，致使混凝土硬化后产生"蜂窝"、"麻面"等缺陷，影响混凝土的强度和耐久性。

保水性是指拌合物保持水分不易析出的能力。混凝土拌合物中的水，一部分是保持水泥水化所需的水量；另一部分水是为保证混凝土具有足够的流动性便于浇捣所需的水量。前者以化合水的形式存在于混凝土中，水分不易析出；而后者，若保水性差则会发生泌水现象，泌水会在混凝土内部形成泌水通道，使混凝土密实性变差，降低混凝土的质量。

由上述内容可知，混凝土拌合物的流动性、黏聚性、保水性有其各自的内容。通常情况下，混凝土拌合物的流动性越大，则保水性和粘聚性越差，反之亦然，相互之间存在一定矛盾。因此，不能简单地将流动性大的混凝土称之为和易性好，或者流动性减小说成和易性变差。良好的和易性既是施工的要求也是获得质量均匀密实混凝土的基本保证。

2）和易性的评定

和易性的内涵比较复杂，到目前为止，还没有找到一个全面、准确的测试方法和定量指标。通常的方法是用定量方法来测定流动性的大小，再辅以直观经验来评定拌合物的粘黏聚性和保水性。根据《普通混凝土拌合物性能试验方法标准》（GB/T 50080—2002）规定，拌合物的流动性大小用坍落度与坍落度扩展度法和维勃稠度法测定。坍落度与坍落扩展度法适用于最大粒径不大于40mm、坍落度值不小于10mm的塑性和流动性混凝土拌合物；维勃稠度法适用于骨料最大粒径不大于40mm、维勃稠度值在5~30s之间的干硬性混凝土拌合物。

（1）坍落度和坍落扩展度的测定。该法是将新拌混凝土按规定方法装入标准无底的圆锥形坍落度筒内，装满刮平后，垂直提起坍落度筒，新拌混凝土因自重而向下坍落。坍落后的高度差称为坍落度(mm)，作为流动性指标。坍落度愈大表示流动性愈大。

粘聚性的评定，是用捣棒在已坍落的混凝土锥体侧面轻轻敲打，此时如果锥体保持整体均匀，逐渐下沉，则表示粘聚性良好，若锥体突然倒塌，部分崩裂或出现离析现象，则表示粘聚性不好。如图 2.15 所示，当坍落度筒一提起即出现图中(c)或(d)形状，表示粘

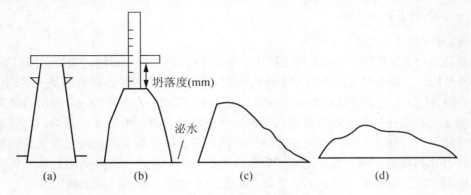

图 2.15　混凝土拌合物和易性的测定

(a)坍落度筒；(b)坍落度测试；(c)粘聚性欠佳；(d)粘聚性不良

聚性不良；敲击后出现(b)状，则粘聚性好；敲击后出现(c)状，则粘聚性欠佳；敲击后出现(d)状，则粘聚性不良。

保水性的评定，是以混凝土拌合物稀浆析出的程度来评定，坍落度筒提起后如有较多的稀浆从底部析出，锥体部分的混凝土也因失浆而骨料外露，则表明此拌合物保水性能不好；如坍落度筒提起后无稀浆或仅有少量稀浆自底部析出，则表示此混凝土拌合物保水性良好。

坍落度在 10～220mm 对混凝土拌合物的稠度具有良好的反映能力，但当坍落度大于 220mm 时，由于粗骨料的堆积的偶然性，坍落度不能准确地反映混凝土的稠度，这时测量混凝土扩展后最终的最大直径和最小直径。在最大直径和最小直径的差值小于 50mm 时，用平均直径作为流动性指标，即坍落扩展度，混凝土的坍落度与坍落扩展度试验的示意图如图 2.16 所示。

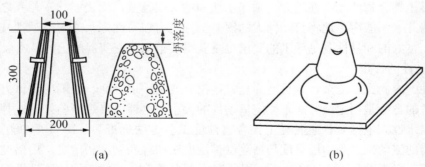

图 2.16　混凝土的坍落度和坍落扩展度试验

(a)坍落度；(b)坍落扩展度

对于混凝土坍落度大于 220mm 的混凝土，如免振捣自密实混凝土，抗离析性能的优劣至关重要，将直接影响硬化后混凝土的各种性能，包括混凝土的耐久性，应引起我们足

够重视。抗离析性能的优劣，从坍落扩展度的表现形状中就能观察出来。抗离析性能强的混凝土，在扩展过程中，始终保持其匀质性，不论是扩展的中心还是边缘，粗骨料的分布都是均匀的，也无浆体从边缘析出。如果粗骨料在中央集堆、水泥浆从边缘析出，这是混凝土在扩展的过程中产生离析而造成的，说明混凝土抗离析性能很差。

（2）维勃稠度的测定。对于坍落度小于 10mm 的干硬性混凝土，采用维勃稠度法测定。维勃稠度仪如图 2.17 所示。

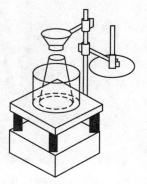

该法是在坍落度筒中按规定方法装满拌合物，提起坍落度筒，在拌合物试体顶面放一透明圆盘。开启振动台，同时用秒表计时，当透明圆盘的底面完全被水泥浆所布满时，停止计时，关闭振动台。此时所读秒数，称为维勃稠度。该法适用于维勃稠度在 5～30s 之间的新拌混凝土的测定。

图 2.17　维勃稠度仪

坍落度与坍落扩展度试验和维勃稠度只适用骨料最大粒径不大于 40 mm 的新拌混凝土。对于骨料最大粒径大于 40mm 的新拌混凝土，通常是筛除 40mm 以上颗粒后，采用以上方法测定。依据《普通混凝土配合比设计规程》（JGJ 55－2011），用维勃时间（S）可以合理表示坍落度很小甚至为零的混凝土拌合物稠度，维勃时间等级划分应符合表 2－24 的规定。用坍落度可以合理表示具有塑性或流动性混凝土拌合物稠度，坍落度等级划分等级应符合表 2－24 的规定。

表 2－24　混凝土拌合物流动性的级别

| 等级 | 维勃时间（S） | 等级 | 坍落度/mm |
| --- | --- | --- | --- |
| V0 | ≥31 | S1 | 10～40 |
| V1 | 30～21 | S2 | 50～90 |
| V2 | 20～11 | S3 | 100～150 |
| V3 | 10～6 | S4 | 160～210 |
| V4 | 5～3 | S5 | ≥220 |

（3）混凝土拌合物流动性的选择。流动性是保证新拌混凝土均匀密实的前提。流动性的选择，应根据施工工艺、结构类型、构件截面大小、钢筋疏密和捣实方法等确定。维勃稠度为 5～30s 的干硬性混凝土，主要用于振动捣实条件较好的预制构件的生产和路面及机场道面；坍落度大于 10mm 的塑性混凝土，主要用于现浇混凝土。

● 知 识 链 接 ⋯⋯⋯⋯⋯⋯⋯⋯⋯⋯⋯⋯⋯⋯⋯⋯⋯⋯⋯⋯⋯⋯⋯⋯⋯⋯⋯⋯⋯⋯⋯⋯

## 混凝土中的蜂窝

请观察图中混凝土楼面，其中有空洞(俗称蜂窝，如图 2.18 和图 2.19 所示)。该混凝土是采用人工振捣，其混凝土坍落度为 30mm。请分析混凝土不密实的原因。

图 2.18　空洞位置　　　　　　　　　　图 2.19　局部放大

　　该混凝土未采用振动器振捣，仅人工振捣，而混凝土的坍落度偏低、流动性较差，故易产生蜂窝，应增大混凝土的坍落度，具体按《混凝土结构工程施工质量验收规范》（GB 50204—2002）规定进行。实际施工时，混凝土拌合物的坍落度要根据构件截面尺寸大小、钢筋疏密和捣实方法来确定。当构件截面尺筋较密，或采用人工捣实时，坍落度可选择大一些。反之，若构件截面尺寸较大，或钢筋较疏，或采用机械振捣，则坍落度可选择小一些。表 2-25 列出了《混凝土结构工程施工质量验收规范》（GB 50204—2002）关于选用坍落度的规定。

表 2-25　混凝土浇筑时的坍落度

| 结构种类 | 坍落度/mm |
| --- | --- |
| 基础或地面等的垫层、无配筋的大体积结构（挡土墙、基础等）或配筋稀疏的结构 | 10～30 |
| 板、梁和大型及中型截面的柱子等 | 30～50 |
| 配筋密列的结构（薄壁、斗仓、筒仓、细柱等） | 50～70 |
| 配筋特密的结构 | 70～90 |

　　注：① 本表系采用机械振捣时的坍落度，当采用人工振捣时可适当增大。
　　　　② 轻骨料混凝土拌合物，坍落度宜较表中数值减少 10～20mm。
　　　　③ 当需要配置大坍落度混凝土时，应掺用外加剂。
　　　　④ 曲面或斜面结构混凝土的坍落度应根据实际需要另行选定。
　　　　⑤ 泵送混凝土的坍落度宜为 80～180mm。

　　3）影响混凝土拌合物和易性的因素
　　影响混凝土和易性的因素很多，主要有原材料的性质、原材料之间的相对含量（水泥浆量、水胶比、砂率）、环境因素及施工条件等。
　　（1）水泥浆的数量和稠度对新拌混凝土的和易性有显著影响。新拌混凝土中的水泥浆量增多时，流动性增大。但如果水泥浆量过多，将会出现流浆现象，容易发生离析。如果水泥浆量过少，则骨料间缺少粘结物质，粘聚性变差，易出现崩坍和溃散。
　　水泥浆的稠度与水胶比有关。混凝土中水与胶凝材料的质量比称为水胶比（$W/B$）。在水泥用量不变的情况下，水胶比越小，水泥浆就越稠，混凝土拌合物的流动性便越小。但水胶比过大，又会造成混凝土拌合物的粘聚性和保水性不良，易产生流浆、离析现象，并严重影响混凝土的强度和耐久性。所以，水胶比的大小，应根据混凝土强度和耐久性的要求合理确定。

事实上，对新拌混凝土流动性起决定作用的是用水量的多少。无论是提高水胶比或增加水泥浆量都表现为混凝土用水量的增加。大量试验表明，在混凝土的原材料确定时，当混凝土的用水量一定，胶凝材料用量增减不超过 $50 \sim 100 \text{kg/m}^3$ 时，新拌混凝土的坍落度大体保持不变，这一规律称为固定用水量法则。在拌制混凝土时，不能用单纯改变用水量的办法来调整新拌混凝土的流动性。单纯加大用水量会降低混凝土的强度和耐久性。因此，应该在保持水胶比不变的条件下，用调整水泥浆量的办法来调整新拌混凝土的和易性。

（2）砂率指混凝土中砂的质量占砂、石总质量的百分率，可用式（2-6）表示：

$$\beta_s = \frac{m_s}{m_s + m_g} \times 100\% \tag{2-6}$$

式中　$\beta_s$——砂率，%；

　　　$m_s$——砂的质量，kg；

　　　$m_g$——石子的质量，kg。

砂率的变动会使骨料的空隙率和骨料总表面积有显著的变化，因此对混凝土拌合物的和易性的影响非常显著。

① 对流动性的影响：在胶凝材料用量和水胶比一定的条件下，由于砂子与水泥浆组成的砂浆在粗骨料间起到润滑和滚珠作用，可以减小粗骨料间的摩擦力，所以在一定范围内，随砂率增大，混凝土流动性增大。另一方面，由于砂子的比表面积比粗骨料大，随着砂率增加，粗细骨料的总表面积增大，在水泥浆用量一定的条件下，骨料表面包裹的浆量减薄，润滑作用下降，使混凝土流动性降低。所以砂率超过一定范围，流动性随砂率增加而下降，如图 2.20(a)所示。

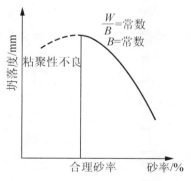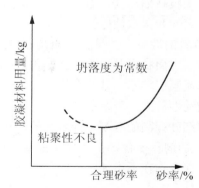

**图 2.20　砂率与混凝土流动性和水泥用量的关系**

(a)砂率与坍落度的关系；(b)砂率与水泥用量的关系

② 对粘聚性和保水性的影响：砂率减小，混凝土的粘聚性和保水性均下降，易产生泌水、离析和流浆现象。砂率增大，粘聚性和保水性增加。但砂率过大，当水泥浆不足以包裹骨料表面时，则粘聚性反而下降。

③ 合理砂率的确定：在进行混凝土配合比设计时，为保证和易性，应选择最佳砂率或合理砂率。合理砂率是指在水泥量、水量一定的条件下，能使混凝土拌合物获得最大的

流动性而且保持良好的粘聚性和保水性的砂率，或者是使混凝土拌合物获得所要求的和易性的前提下，胶凝材料用量最小的砂率，如图2.20(b)所示。

合理砂率的确定可根据上述两原则通过试验确定。在大型混凝土工程中经常采用。对普通混凝土工程可根据经验或根据《普通混凝土配合比设计规程》(JGJ 55—2011)中混凝土砂率选用的规定(见表2-26)选用。

表2-26　混凝土砂率选用表

| 水胶比(W/B) | 卵石最大公称粒径/mm | | | 碎石最大公称粒径/mm | | |
|---|---|---|---|---|---|---|
| | 10.0 | 20.0 | 40.0 | 16.0 | 20.0 | 40.0 |
| 0.40 | 26~32 | 25~31 | 24~30 | 30~35 | 29~34 | 27~32 |
| 0.50 | 30~35 | 29~34 | 28~33 | 33~38 | 32~37 | 30~35 |
| 0.60 | 33~38 | 32~37 | 31~36 | 36~41 | 35~40 | 33~38 |
| 0.70 | 36~41 | 35~40 | 34~39 | 39~44 | 38~43 | 36~41 |

注：① 表中数值系中砂的选用砂率。对细砂或粗砂，可相应地减少或增大砂率。

　　② 采用人工砂配制混凝土时，砂率可适当增大。

　　③ 只用一个单粒级粗骨料配制混凝土时，砂率值应适当增大。

(3) 组成材料性质的影响。

① 水泥品种及细度：不同的水泥品种，其标准稠度需水量不同，对混凝土的流动性有一定的影响。如火山灰水泥的需水量大于普通水泥的需水量，在用水量和水胶比相同的条件下，火山灰水泥的流动性相应减小。另外，不同的水泥品种，其特性上的差异也导致混凝土和易性的差异。例如，在相同的条件下，矿渣水泥的保水性较差，而火山灰水泥的保水性和粘聚性好，但流动性小。

水泥颗粒越细，其表面积越大，需水量越大，在相同的条件下，混凝土表现为流动性小，但粘聚性和保水性好。

② 骨料的性质：骨料的性质是指混凝土所用集料的品种、级配、粒形、粗细程度、杂质含量、表面状态等。级配良好的骨料空隙率小，在水泥浆量一定的情况下，包裹骨料表面的水泥浆层较厚，其拌合物流动性较大，粘聚性和保水性较好；表面光滑的骨料，其拌合物流动性较大。若杂质含量多，针片状颗粒含量多，则其流动性变差；细砂比表面积较大，用细砂拌制的混凝土拌合物的流动性较差，但粘聚性和保水性较好。

③ 外加剂和掺合料：在拌制混凝土时，加入某些外加剂，如引气剂、减水剂等，能使混凝土拌合物在不增加水量的条件下，增大流动性、改善粘聚性、降低泌水性，获得很好的和易性。

矿物掺合料加入混凝土拌合物中，可节约水泥用量，减少用水量，改善混凝土拌合物的和易性。

 引 例 点 评

引例2中，引起混凝土坍落度下降的原因是供应的碎石针片状骨料增多，使骨料表面积增大，在其他材料及配方不变的条件下，流动性变差，其坍落度必然下降。

（4）温度、时间和施工条件。

新拌混凝土的流动性随时间的延长而减小。其原因是水泥水化、骨料吸收水分、水分蒸发以及水泥浆凝聚结构的形成等。这些都使混凝土中起润滑作用的自由水减少，致使新拌混凝土的流动性变差。这种新拌混凝土流动性随时间的延长而减小的现象称为坍落度损失。

新拌混凝土流动性还受温度的影响。随着环境温度的升高，水分蒸发及水泥水化反应加快，新拌混凝土的初始流动性减小，坍落度损失会加快。实际工程中，为保证混凝土的施工和易性，必须根据环境温度的变化和新拌混凝土的坍落度损失情况采取相应的调节措施。夏季施工时，为了保持一定的流动性应当提高拌合物的用水量。

采用机械搅拌的混凝土拌合物和易性好于人工拌和的。

针对上述影响混凝土拌合物和易性的因素，在实际工作中，可采用以下措施来改善混凝土拌合物的和易性。

① 调节混凝土的组成材料。尽可能降低砂率，采用合理砂率，这样有利于提高混凝土的质量和节约水泥；选用质地优良、级配良好的粗、细骨料，尽量采用较粗的砂、石；当混凝土拌合物坍落度太小时，保持水胶比不变，适当增加水和水泥用量，或者加入外加剂；当拌合物坍落度太大，但粘聚性良好时，可保持砂率不变，适当增加砂、石。

② 改进混凝土拌合物的施工工艺。采用高效率的强制式搅拌机，可以提高混凝土的流动性，尤其是低水胶比混凝土拌合物的流动性。预拌混凝土在远距离运输时，为了减小坍落度损失，可以采用二次加水法，即在搅拌站只加入大部分水，剩余部分水在快到施工现场时再加入，然后迅速搅拌以获得较好的坍落度。

③ 掺外加剂和外掺料。使用外加剂是改善混凝土拌合物性能的重要手段。

4）新拌混凝土的凝结时间

新拌混凝土的凝结是由于水泥的水化反应所致，但新拌混凝土的凝结时间与配制混凝土所用水泥的凝结时间并不一致。因为水泥浆凝结时间是以标准稠度的水泥净浆测定的，而一般配制混凝土所用的水胶比与测定水泥凝结时间规定的水胶比是不同的，并且混凝土的凝结还要受到其他各种因素的影响，如环境温度的变化、混凝土中所掺入的外加剂种类等，因此这两者的凝结时间便有所不同。

● 引 例 点 评 ••••••••••••••••••••••••••••••••••••••••••••••••••••••••••••••••

引例2中，当坍落度下降难以泵送，简单地现场加水虽可解决泵送问题，但对混凝土的强度及耐久性都有不利影响，且还会引起泌水等问题。

•••••••••••••••••••••••••••••••••••••••••••••••••••••••••••••••••••••••••••••••••••

根据《普通混凝土拌合物性能试验方法标准》（GB/T 50080—2002）内容，混凝土拌合物的凝结时间是用贯入阻力法进行测定的。所用仪器为贯入阻力仪，先用5mm标准圆孔筛从拌合物中筛出砂浆，按标准方法装入规定的砂浆试样筒内，然后每隔一定时间测定砂浆贯入到一定深度时的贯入阻力，绘制贯入阻力与时间的关系曲线，以贯入阻力为3.5MPa和28MPa画两条平行于时间坐标的直线，直线与曲线交点的时间即分别为混凝土拌合物的初凝时间和终凝时间。初凝时间表示施工时间的极限，终凝时间表示混凝土强度的开始发展。

## 2.3.2 硬化混凝土的强度

混凝土的强度包括抗压强度、抗拉强度、抗折强度及钢筋与混凝土的粘结强度，其中混凝土的抗压强度最大,抗拉强度最小,约为抗压强度的 1/10~1/20。抗压强度与其他强度之间有一定的相关性,可根据抗压强度的大小来估计其他强度值,因此下面着重研究混凝土的抗压强度。

1. 抗压强度与强度等级

根据国家标准《普通混凝土力学性能试验方法标准》(GB/T 50081—2002)规定,将混凝土拌合物制作边长为 150mm 的立方体试件,成型后立即用不透水的薄膜覆盖表面,在温度为 20℃±5℃的环境中静置一昼夜至两昼夜,然后在标准条件(温度 20℃±2℃,相对湿度 95%以上或在温度为 20℃±2℃的不流动的 $Ca(OH)_2$ 饱和溶液中)下,养护到 28d 龄期,经标准方法测试,测得的抗压强度值为混凝土抗压强度,以 $f_{cu}$ 表示。

按照国家标准《混凝土结构设计规范》(GB 50010—2010),混凝土强度等级应按立方体抗压强度标准值确定。立方体抗压强度标准值系指按标准方法制作和养护的边长为 150mm 的立方体试件(混凝土立方体试模如图 2.21 所示),在 28d 龄期用标准试验方法测得的具有 95%保证率的抗压强度,以 $f_{cu,k}$ 表示。普通混凝土划分为 14 个强度等级:C15、C20、C25、C30、C35、C40、C45、C50、C55、C60、C65、C70、C75 和 C80。强度等级采用符号 C 与立方体抗压强度标准值表示。例如 C25 表示混凝土立方体抗压强度≥25MPa 且<30MPa 的保证率为 95%,即立方体抗压强度标准值为 25MPa。

混凝土强度等级是混凝土结构设计、施工质量控制和工程验收的重要依据。不同的建筑工程及建筑部位需采用不同强度等级的混凝土,一般有一定的选用范围。

图 2.21　混凝土立方体试模

● 特 别 提 示 ··········································

素混凝土结构的混凝土强度等级不应低于 C15;钢筋混凝土结构的混凝土强度等级不应低于 C20;采用强度等级 400MPa 及以上的钢筋时,混凝土强度等级不应低于 C25。预应力混凝土结构的混凝土强度等级不宜低于 C40,且不应低于 C30。承受重复荷载的钢筋混凝土构件,混凝土强度等级不应低于 C30。

2. 轴心抗压强度

在实际工程中,钢筋混凝土的结构形式极少是立方体的,大部分是棱柱体形式或圆柱体形式,为了使测得的混凝土强度接近于混凝土结构使用的实际情况,在钢筋混凝土结构计算中,计算轴心受压构件时,都是以混凝土的轴心抗压强度为设计取值,轴心抗压强度以 $f_{ck}$ 表示。

根据 GB/T 50081—2002 的规定,测轴心抗压强度采用 150mm×150mm×300mm 的棱柱体作为标准试件,也可选择 100mm×100mm×300mm 或 200mm×200mm×400mm

的非标准试件（在特殊情况下，可采用 $\Phi150mm\times300mm$ 的圆柱体标准试件或 $\Phi100mm\times200mm$ 和 $\Phi200mm\times400mm$ 的圆柱体非标准试件），其制作与养护同立方体试件。轴心抗压强度 $f_{ck}$ 比同截面的立方体抗压强度值小，棱柱体试件高宽比越大，轴心抗压强度越小。通过大量试验表明：在立方体抗压强度 $f_{cu}=10\sim55MPa$ 的范围内，轴心抗压强度 $f_{ck}$ 与立方体抗压强度 $f_{cu}$ 的关系为 $f_{ck}=(0.7\sim0.8)f_{cu}$。

### 3. 混凝土的抗拉强度

混凝土是一种典型的脆性材料，抗拉强度较低，只有抗压强度的 $1/10\sim1/20$，且随着混凝土强度等级的提高，比值有所降低，即抗拉强度的增加不及抗压强度增加得快。因此在钢筋混凝土结构中一般不依靠混凝土抵抗拉力，而是由其中的钢筋承受拉力。但抗拉强度对混凝土抵抗裂缝的产生有着重要的意义，作为确定抗裂程度的重要指标。

混凝土抗拉试验过去多用 8 字形试件或棱柱体试件直接测定轴向抗拉强度，但是这种方法由于夹具附近局部破坏很难避免，而且外力作用线与试件轴心方向不易调成一致，所以我国采用立方体或圆柱体试件的劈裂抗拉试验来测定混凝土的抗拉强度，成为劈裂抗拉强度 $f_{ts}$。

立方体混凝土劈裂抗拉强度是采用边长为 150mm 的立方体试件，在试件的两个相对的表面中线上，加上垫条施加均匀分布的压力，则在外力作用的竖向平面内，产生均匀分布的拉应力，如图 2.22 所示，该应力可以根据弹性理论计算得出。此方法不仅大大简化了抗拉试件的制作，并且能较正确地反映试件的抗拉强度。劈裂抗拉强度可按式（2-7）计算：

$$f_{ts}=\frac{2F}{\pi A}=0.637\frac{F}{A} \tag{2-7}$$

式中　$f_{ts}$——混凝土劈裂抗拉强度，MPa；

　　　$F$——破坏荷载，N；

　　　$A$——试件劈裂面面积，$mm^2$。

混凝土轴心抗拉强度 $f_t$ 可按劈裂抗拉强度 $f_{ts}$ 换算得到，换算系数可由试验确定。

### 4. 混凝土的抗折强度

根据 GB/T 50081—2002 规定，混凝土抗折强度试验采用边长为 150mm×150mm×600mm(或 550mm) 的棱柱体标准试件，按三分点加荷方式加载测得其抗折强度，如图 2.23所示，计算见式（2-8）：

$$f_f=\frac{FL}{bH^2} \tag{2-8}$$

式中　$f_f$——混凝土弯曲抗拉强度，MPa；

　　　$F$——破坏荷载，N；

　　　$L$——支座间距，mm；

　　　$b$——试件截面宽度，mm；

　　　$H$——试件截面高度，mm。

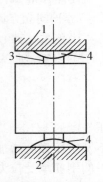

**图2.22　混凝土劈裂抗拉试验示意图**

1—上压板；2—下压板；

3—垫层；4—垫条

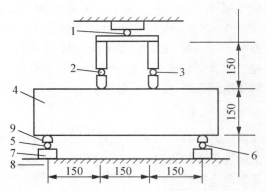

**图2.23　混凝土抗折试验装置图（单位：mm）**

1、2、6—一个钢球；3、5—二个钢球；4—试件；

7—活动支架；8—机台；9—活动船形垫块

当采用 100mm×100mm×400mm 非标准试件时，应乘以尺寸换算系数 0.85；当混凝土强度等级≥C60 时，宜采用标准试件。

5. 影响混凝土强度的因素

混凝土受力破坏后，其破坏形式一般有三种：一是骨料本身的破坏，这种破坏的可能性很小，因为通常情况下，骨料强度大于混凝土强度；二是水泥石的破坏，这种现象在水泥石强度较低时发生；三是骨料和水泥石分界面上的粘结面破坏，这是最常见的破坏形式，因为在水泥石与骨料的界面往往存在有孔隙、潜在微裂缝。所以混凝土的强度主要取决于水泥石的强度及其与骨料表面的粘结强度。而水泥石强度及其与骨料的粘结强度又与水泥强度等级、水胶比及骨料的性质有密切关系，此外混凝土的强度还受施工质量、养护条件及龄期的影响。

1）水泥强度等级和水胶比

水泥的强度和水胶比是决定混凝土强度的最主要因素。水泥是混凝土中的胶结组分，其强度的大小直接影响混凝土的强度。在配合比相同的条件下，水泥的强度越高，混凝土强度也越高。当用同一种水泥（品种及强度相同）时，混凝土的强度主要决定于水胶比。因为水泥水化时所需的结合水，一般只占水泥质量的 23% 左右，但在拌制混凝土拌合物时，为了获得必要的流动性，实验加水量约为水泥质量的 40%～70%，即采用较大的水胶比。当混凝土硬化后，多余的水分或残留在混凝土中形成水泡，或蒸发后形成气孔，使得混凝土内部形成各种不同尺寸的孔隙，这些孔隙削弱了混凝土抵抗外力的能力。因此，满足和易性要求的混凝土，在水泥强度等级相同的情况下，水胶比越小，水泥石的强度越高，与骨料粘结力也越大，混凝土的强度就越高。如果加水太少（水胶比太小），拌合物过于干硬，在一定的捣实成型条件下，无法保证浇灌质量，混凝土中将出现较多的蜂窝、孔洞，强度也将下降。

试验证明，混凝土强度随水胶比的增大而降低，呈曲线关系；随胶水比的增大而增加，呈直线关系，如图 2.24 所示。

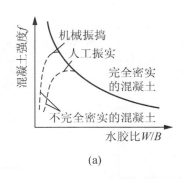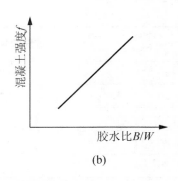

**图 2.24　混凝土强度与水胶比及胶水比的关系**

(a)强度与水胶比的关系；(b)强度与胶水比的关系

在原材料一定的情况下，混凝土 28d 龄期抗压强度与胶凝材料实际强度及水胶比之间的关系符合下述经验公式：

$$f_{cu,o} = \alpha_a f_b \left( \frac{B}{W} - \alpha_b \right) \tag{2-9}$$

式中　$f_{cu,o}$——混凝土 28d 龄期抗压强度（MPa）；

$B/W$——混凝土胶水比；

$\alpha_a$、$\alpha_b$——回归系数，通过试验建立的水胶比与混凝土强度关系式来确定；当不具备上述统计资料时，其回归系数可按表 2-27 选用。

式(2-9)称混凝土强度公式，又称保罗米公式。一般只适用于流动性混凝土和低流动性混凝土且强度等级在 C60 以下的混凝土。利用保罗米公式，可根据所用的水泥强度等级和水胶比来估计 28d 混凝土的强度；也可根据水泥强度等级和要求的混凝土强度等级来确定所采用的水胶比。

**表 2-27　经验系数 $\alpha_a$、$\alpha_b$ 选用表**

| 粗骨料品种<br>系数 | 碎　石 | 卵　石 |
|---|---|---|
| $\alpha_a$ | 0.53 | 0.49 |
| $\alpha_b$ | 0.20 | 0.13 |

$f_b$——胶凝材料（水泥与矿物掺合料按使用比例混合）28d 胶砂强度（MPa），试验方法应按现行国家标准《水泥胶砂强度检验方法（ISO 法）》（GB/T 17671—1999）执行；当无实测值时，可按 $f_b = \gamma_f \gamma_s f_{ce}$ 计算。$\gamma_f$、$\gamma_s$——粉煤灰影响系数和粒化高炉矿渣粉影响系数，可按表 2-28 选用。当水泥 28d 胶砂抗压强度（$f_{ce}$）无实测值时，可按式 $f_{ce} = \gamma_c f_{ce,g}$ 计算，$\gamma_c$ 强度等级值的富余系数，可按实际统计资料确定；当缺乏实际统计资料时，也可按表 2-29 选用，$f_{ce}$，g 水泥强度等级值（MPa）。

**表 2-28　粉煤灰影响系数($\gamma_f$)和粒化高炉矿渣粉影响系数($\gamma_s$)**

| 种类<br>掺量/% | 粉煤灰影响系数 $\gamma_f$ | 粒化高炉矿渣粉影响系数 $\gamma_s$ |
|---|---|---|
| 0 | 1.00 | 1.00 |

| 种类 掺量/% | 粉煤灰影响系数 $\gamma_f$ | 粒化高炉矿渣粉影响系数 $\gamma_s$ |
|---|---|---|
| 10 | 0.90～0.95 | 1.00 |
| 20 | 0.80～0.85 | 0.95～1.00 |
| 30 | 0.70～0.75 | 0.90～1.00 |
| 40 | 0.60～0.65 | 0.80～0.90 |
| 50 | — | 0.70～0.85+ |

注：①宜采用Ⅰ级、Ⅱ级粉煤灰宜取上限值；

②采用S75级粒化高炉矿渣粉宜取下限值，采用S95级粒化高炉矿渣粉宜取上限值，采用S105级粒化高炉矿渣粉宜取上限值加0.05。

③当超出表中的掺量时，粉煤灰和粒化高炉矿渣粉影响系数应经试验确定。

表 2-29  水泥强度等级值的富余系数（$\gamma_c$）

| 水泥强度等级值 | 32.5 | 42.5 | 52.5 |
|---|---|---|---|
| 富余系数 | 1.12 | 1.16 | 1.10 |

2）粗骨料的品种、规格及质量

水泥与骨料的粘结强度除与水泥石强度有关之外，还与骨料的品种、规格、质量有关。碎石表面比较粗糙，水泥石与其粘结比较牢固，卵石表面比较光滑，粘结性则差。试验证明当 $W/B$ 小于0.4时，用碎石配制的混凝土强度比卵石配制的高38%，但若保持流动性不变，碎石混凝土所需水胶比增大，两者的差别就不大了。骨料的级配良好，针、片状及有害杂质颗粒含量少，且砂率合理，可使骨料空隙率小，组成密实的骨架，有利于混凝土强度的提高。

骨料的最大粒径增大，可降低用水量及水胶比，提高混凝土的强度。但对于高强混凝土，较小粒径的粗骨料可明显改善粗骨料与水泥石界面的强度，反而可提高混凝土的强度。

3）养护条件

混凝土的养护条件是指混凝土成型后的养护温度和湿度。混凝土的发展过程即水泥的水化和凝结硬化过程，而水泥的水化和凝结硬化只有在一定的温度和湿度条件下才能进行。

养护温度对水泥的水化速度影响显著，养护温度高，水泥的初期水化速度快，混凝土早期强度高。但是，早期的快速水化会导致水化产物分布不均匀，在水泥石中形成密实度低的薄弱区，影响混凝土的后期强度。养护温度降低时，水泥的水化速度减慢，水化产物有充分时间扩散，从而在水泥石中分布均匀，有利于后期强度的发展，如图2.25所示。

如果温度降到冰点以下，混凝土中的水分大部分会结冰，使水泥的水化反应中止，混凝土的强度停止发展。而且孔隙内水分结冰引起的膨胀（水结冰体积可膨胀约9%）产生相当大的膨胀力，作用在孔隙、毛细管内壁，使混凝土的内部结构破坏，引起混凝土强度降低。混凝土早期强度较低，容易冻坏，所以，应当防止混凝土早期受冻。

湿度对水泥的水化能否正常进行有显著影响，湿度适当时，水泥水化进行顺利，混凝土的强度能充分发展。如果湿度不够，混凝土会失水干燥，影响水泥水化的正常进行。甚至使水化停止，严重降低混凝土的强度，如图 2.26 所示。而且，因水化未完成，混凝土的结构疏松、抗渗性较差，严重时还会形成干缩裂缝，影响混凝土的耐久性。

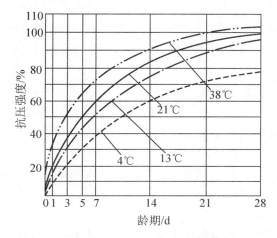

图 2.25　养护温度对混凝土强度的影响　　图 2.26　混凝土强度与保湿养护时间的关系

由上述可知，为加速混凝土强度的发展，提高混凝土早期强度，在工程中还可采用蒸汽养护和蒸压养护。

蒸汽养护是将混凝土放在低于 100℃常压蒸汽中进行养护。掺混合材料的矿渣水泥、火山灰水泥及粉煤灰水泥在蒸汽养护条件下，不但可以提高早期强度，其 28d 强度也会略有提高。

蒸压养护是将混凝土放在 175℃的温度及 8 个大气压的蒸压釜内进行养护，在高温高压下，加速了活性混合材料的化学反应，使混凝土的强度得以提高。

● 特 别 提 示

现浇混凝土在正常条件下通常采用自然养护。自然养护基本要求：在浇筑完成后，12h 内应进行养护；混凝土强度未达到 C12 以前，严禁任何人在上面行走、安装模板支架，更不得做冲击性或上面任何劈打的操作。

4）龄期

龄期指混凝土在正常养护条件下所经历的时间。混凝土的强度随着龄期增加而增大。最初的 7～14d 内，强度增长较快，28d 以后增长缓慢。在适宜的温度、湿度条件下其增长过程可达数十年之久。

试验证明，用中等等级的普通硅酸盐水泥（非 R 型）配制的混凝土，在标准养护条件下，混凝土强度的发展大致与龄期的对数成正比例关系，可按式（2-10）推算：

$$f_n = f_{28} \frac{\lg n}{\lg 28} \tag{2-10}$$

式中　$f_n$——$n$d 龄期时的混凝土抗压强度；$n \geqslant 3$。

　　　$f_{28}$——28d 龄期时的混凝土抗压强度，MPa。

上式可用于估计某龄期的强度，如已知 28d 龄期的混凝土强度，估算某一龄期的强

度；或已知某龄期的强度，推算 28d 的强度，可作为预测混凝土强度的一种方法。但由于影响混凝土强度的因素很多，故只能作参考。

5）施工条件

混凝土施工过程中，应搅拌均匀、振捣密实、养护良好才能使混凝土硬化后达到预期的强度。采用机械搅拌比人工拌和的拌合物更均匀。一般来说，水胶比愈小时，通过振动到时效果也越显著。当水胶比值逐渐增大时，振动捣实的优越性就逐渐降低下来，其强度提高一般不超过 10%。

另外，采用分次投料搅拌新工艺，也能提高混凝土强度。其原理是将骨料和水泥投入搅拌机后，先加少量水拌和，使骨料表面裹上一层水胶比很小的水泥浆，有效地改善骨料界面结构，从而提高混凝土的强度。这种混凝土称为"造壳混凝土"。

6）试验条件

试验过程中，试件的形状、尺寸、表面状态、含水程度及加荷速度都会对混凝土的强度值产生一定的影响。

（1）试件的尺寸：在测定混凝土立方体抗压强度时，当混凝土强度等级<C60 时，可根据粗骨料最大粒径选用非标准试块，但应将其抗压强度值按表 2-30 所给出系数换算成标准试块对应的抗压强度值；当混凝土强度等级≥C60 时，宜采用标准试件；使用非标准试件时，其强度的尺寸换算系数可通过试验确定。

表 2-30　混凝土立方体试件尺寸选用及换算系数

| 骨料最大粒径/mm | 试件尺寸/(mm×mm×mm) | 强度的尺寸换算系数 |
| --- | --- | --- |
| 31.5 | 100×100×100 | 0.95 |
| 40 | 150×150×150 | 1.00 |
| 63 | 200×200×200 | 1.05 |

（2）试件的形状：混凝土的抗压强度还与试件的形状有关，棱柱体试件比立方体试件测得的强度值低。棱柱体（或圆柱体）试件的强度与其高宽（径）比有关。高宽（径）比越大，抗压强度越小。这种现象是由于"环箍效应"的作用。混凝土立方体试件在压力机上受压时，在沿加荷方向发生纵向变形的同时，也按泊松比（亦称"侧膨胀系数"，指材料侧向应变和竖向应变的比值）产生横向变形，压力机上下两块钢压板的弹性模量比混凝土的弹性模量大 5～15 倍，而泊松比则不大于混凝土的两倍，所以在荷载作用下，钢压板的横向应变小于混凝土的横向应变，这样试件受压面与试验机压板之间的摩擦力对试件的横向膨胀起着约束作用，对强度产生提高作用。这种约束作用称为"环箍效应"。环箍效应随着与压板距离的加大而逐渐小时，其影响范围为试件边长的 $\sqrt{3}a/2$，环箍效应使破坏后的试件上下各呈一较完整的棱锥体，如图 2.27(a) 所示。棱柱体试件的高宽比大，中间区段受环箍效应的影响小，因此棱柱体抗压强度比立方体抗压强度值小。

不同尺寸的立方体试块其抗压强度值不同，也可通过"环箍效应"的现象来解释。压力机压板对混凝土试件的横向摩擦阻力是沿周界分布的，大试块尺寸周界与面积之比较小，环箍效应的相对作用小，测得的抗压强度值偏低。另一方面原因是大试块内孔隙、裂缝等缺陷机率大，这也是混凝土强度降低的原因。

综上所述，大试块的立方体抗压强度值偏小而小试块立方体抗压强度值偏大，因此非标准试块所测强度值应按表2-30折算成标准试块的立方体抗压强度。

（3）表面状态：当混凝土试件受压面上有油脂类润滑物质时，压板与试件间摩擦阻力减小，使"环箍效应"影响减弱，试件将出现垂直裂纹而破坏，如图2.27（b）所示。

（4）加荷速度：试验时加荷速度对强度值影响很大。试件破坏是当变形达到一定程度时才发生的，当加荷速度较快时，材料变形的增长落后于荷载的增加，故破坏时强度值偏高。

由上述内容可知，即使原材料、施工工艺及养护条件都相同，但试验条件的不同也会导致试验结果的不同。因此混凝土的抗压强度的测定必须严格遵守国家有关试验标准的规定。

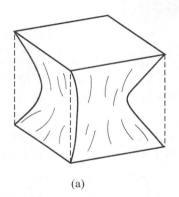 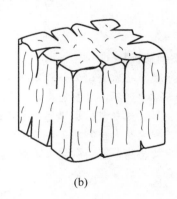

(a)                                        (b)

**图2.27    混凝土试件的破坏状态**
（a）为试块破坏后的棱锥体；（b）为不受压板约束时试块破坏情况

7）掺外加剂和掺合料

掺减水剂，特别是高效减水剂，可大幅度降低用水量和水胶比，使混凝土的强度显著提高，掺高效减水剂是配制高强度混凝土的主要措施，掺早强剂可显著提高混凝土的早期强度。

在混凝土中掺入高活性的掺合料（如优质粉煤灰、硅灰、磨细矿渣粉等），可以与水泥的水化产物进一步发生反应，产生大量的凝胶物质，使混凝土更趋于密实，强度也进一步得到提高。

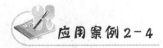 应用案例2-4

## 混凝土强度低屋面倒塌

【案例概况】

某县东园乡美利小学1988年建砖混结构校舍，11月中旬气温已达零下十几度，因人工搅拌振捣，故把混凝土拌得很稀，木模板缝隙又较大，漏浆严重，至12月9日，施工者准备内粉刷，拆去支柱，在屋面上用手推车推卸白灰炉渣以铺设保温层，大梁突然断裂（图2.28），屋面塌落，并砸死屋内两名取暖的女小学生。

图 2.28　大梁断裂

**【案例解析】**

由于混凝土水胶比大，混凝土离析严重。从大梁断裂截面可见，上部只剩下砂和少量水泥，下部全为卵石，且相当多水泥浆已流走。现场用回弹仪检测，混凝土强度仅达到设计强度等级的一半。这是屋面坍塌的技术原因。

该工程为私人挂靠施工，包工者从未进行过房屋建筑，无施工经验。在冬期施工而未采取任何相应的措施，不具备施工员的素质，且工程未办理任何基建手续。校方负责人自认甲方代表，不具备现场管理资格，由包工者随心所欲施工。这是施工与管理方面的原因。

### 2.3.3　硬化混凝土的耐久性

混凝土除应具有设计要求的强度外，还应在不同使用环境下，具有长期正常使用的性能。例如：承受压力水作用时，应具有一定的抗渗性能；遭受反复冻融作用时，应有一定的抗陈性能；遭受环境水侵蚀作用时，应具有与之相适应的抗侵蚀性能等。因此，把混凝土在使用条件下抵抗周围环境各种因素长期作用的能力称为耐久性。

耐久性是一项综合性质，混凝土所处环境条件不同，其耐久性的含义也不同，有时指某单一性质，有时指多个性质。混凝土的耐久性通常包含抗渗性、抗冻性、抗侵蚀性、抗碳化及抗碱-骨料反应等性能。

**1. 混凝土的抗渗性**

抗渗性是指混凝土抵抗水、油等液体的压力作用不渗透的性能。抗渗性是混凝土最重要的耐久性指标之一，它直接影响混凝土的抗冻性和抗侵蚀性。

图 2.29　混凝土抗渗仪

混凝土的抗渗性用抗渗等级 PN 表示。抗渗等级是以28d 龄期的标准试件，按标准试验方法进行试验（图 2.29），用每组 6 个试件中 4 个试件未出现渗水时的最大水压力来表示。混凝土的抗渗等级有 P4、P6、P8、P10、P12 等 5 个等级，相应表示混凝土能抵抗 0.4MPa、0.6MPa、0.8MPa、1.0MPa 及 1.2MPa 的静水压力而不渗水。

混凝土的抗渗性主要与其内部孔隙和微裂缝的大小、连通状况有关。混凝土内部的互相连通的孔隙和毛细管、骨料与水泥石界面的微裂缝以及混凝土因施工振捣不密实产生的蜂窝、孔洞等都会造成混凝土渗水。为了提高混凝土的抗渗性可采取掺加引气剂、减小水胶比、选用级配良好的骨料及合理砂率、精心施工、加强养护等措施，尤其是掺加引气剂，在混凝土内部产生不连通的气泡，改变了混凝土的孔隙特征，截断了渗水通道，可以显著提高混凝土的抗渗性。

### 2. 混凝土的抗冻性

混凝土的抗冻性是指混凝土在水饱和状态下，经受多次冻融循环而不破坏，同时也不严重降低强度的性能。

混凝土在冻融作用下，由于混凝土内部孔隙中的水结冰造成的体积膨胀，产生膨胀应力。当膨胀应力超过混凝土的抗拉强度时，混凝土就会产生微裂缝。反复的冻融循环会使这些微裂缝不断扩展直至结构破坏。

根据《普通混凝土长期性能和耐久性能试验方法标准》（GB/T 50082－2009）规定，混凝土抗冻试验方法有慢冻法、快冻法和单面冻融法（俗称盐冻法）。慢冻法适用于测定混凝土试件在气冻水溶条件下，以经受的冻融循环次数来表示的混凝土的抗冻性，用抗冻标号表示，抗冻标号分为：D25、D50、D100、D150、D200、D250、D300、D300 以上，抗冻标号以抗压强度损失率不超过 25％或者质量损失率不超过 5％时的最大冻融循环次数表示；快冻法适用于混凝土试件在水冻水溶条件下，以经受的快速冻融循环次数来表示的混凝土的抗冻性，用抗冻等级表示，混凝土抗冻等级应以相对动弹性模量下降至不低于 60％或者质量损失率不超过 5％时的最大冻融循环次数来确定，并用符号 F 表示；单面冻融法（俗称盐冻法）适用于测定混凝土试件在大气环境中与盐接触的条件下，以能够经受的冻融循环次数或者表面剥落质量或超声波对动弹性模量来表示的混凝土抗冻性能。

混凝土的抗冻性用抗冻等级 $F_n$ 表示。抗冻等级是以 28d 龄期的标准试件，在吸水饱和后承受反复冻融循环，以抗压强度下降不超过 25％、质量损失不超过 5％时所能承受的最大冻融循环次数来确定。混凝土抗冻等级分别为 F50、F100、F150、F200、F250 和 F300，例如，F50 表示混凝土能承受最大冻融循环次数为 50 次。

混凝土产生冻融破坏有两个必要条件，一是混凝土必须接触水或混凝土中有一定的游离水，二是建筑物所处的自然条件存在反复交替的正负温度。当混凝土处于冰点以下时，首先是靠近表面的孔隙中游离水开始冻结，产生 9％左右的体积膨胀，在混凝土内部产生冻胀应力，从而使未冻结的水分受压后向混凝土内部迁移。当迁移受到约束时就产生了静水压力，促使混凝土内部薄弱部分，特别是在受冻初期强度不高的部位产生微裂缝，当遭受反复冻融循环时，微裂缝会不断扩展，逐步造成混凝土剥蚀破坏。

混凝土的抗冻性主要取决于混凝土的构造特征和充水程度。具有较高密实度及含闭口孔的混凝土具有较高的抗冻性；混凝土中饱和水程度越高，产生的冰冻破坏越严重。

提高混凝土抗冻性的有效途径是提高混凝土的密实度和改善孔结构。具体来讲，通过减小水胶比、提高水泥的强度等级及掺入减水剂和引气剂等措施都可以提高混凝土的抗冻性。

### 3. 混凝土碳化

混凝土的碳化，是指空气中的 $CO_2$ 在适宜湿度的条件下与水泥水化产物 $Ca(OH)_2$ 发生反应，生成碳酸钙和水，使混凝土碱度降低的过程，碳化也称中性化。碳化对钢筋的保

护作用降低,使钢筋易锈蚀。

硬化后的混凝土内部呈一种碱性环境,混凝土构件中的钢筋在这种碱性环境中,表面形成一层钝化薄膜,钝化膜能保护钢筋免于生锈。但是当碳化深度穿透混凝土保护层达到钢筋表面时,钢筋表面的钝化膜被破坏,而开始生锈,生锈后的体积比原体积大得多,产生膨胀使混凝土保护层开裂,开裂的混凝土又加速了碳化的进行和钢筋的锈蚀,最后导致混凝土产生顺筋开裂而破坏。

碳化对混凝土也有有利的影响,碳化放出的水分有助于水泥的水化作用,而且碳酸钙可填充水泥石孔隙,提高混凝土的密实度。

碳化作用是一个由表及里、逐步扩散深入的过程。碳化的速度受许多因素的影响,主要有以下几种因素。

(1) 水泥的品种及掺合料的数量。硅酸盐水泥水化生成的氢氧化钙含量较掺混合材料硅酸盐水泥的数量多,因此碳化速度较掺混合材料的硅酸盐水泥慢;对于掺混合材料的水泥,混合材料数量越多,碳化速度越快。

(2) 水胶比。在一定条件下,水胶比越小的混凝土越密实,碳化速度越慢。

(3) 环境因素。环境因素主要指空气中 $CO_2$ 的浓度及空气的相对湿度,$CO_2$ 浓度增高,碳化速度加快,在相对湿度达到 50%~70% 的情况下,碳化速度最快,在相对湿度达到 100%,或相对湿度在 25% 以下时碳化将停止进行。

**4. 混凝土的碱-骨料反应**

混凝土的碱-骨料反应,是指混凝土中含有活性二氧化硅的骨料与所用水泥中的碱($Na_2O$ 和 $K_2O$)在有水的条件下发生反应,形成碱-硅酸凝胶,此凝胶具有吸水膨胀特性,会使包裹骨料的水泥石胀裂,这种现象称为碱-骨料反应。

碱-骨料反应必须具备以下条件,才会进行。

(1) 水泥中含有较高的碱量,水泥中的总碱量(按 $Na_2O + 0.658K_2O$ 计)>0.6% 时,才会与活性骨料发生碱-骨料反应。

(2) 骨料中含有活性 $SiO_2$ 并超过一定数量,它们常存在于流纹岩、安山岩、凝灰岩等天然岩石中。

(3) 存在水分,在干燥状态下不会造成碱-骨料反应的危害。

三者缺一均不会发生碱-骨料反应。但是,如果混凝土内部具备了碱-骨料反应因素,就很难控制其反应的发展。以碱-硅酸反应为例,其反应积累期为 10~20 年,即混凝土工程建成投产使用 10~20 年就发生膨胀开裂。当碱-骨料反应发展至膨胀开裂时,混凝土力学性能明显降低,其抗压强度降低 40%,弹性模量降低尤为显著。

抑制碱-骨料反应的主要措施有以下几种。

(1) 控制水泥总含碱量不超过 0.6%。

(2) 控制混凝土中碱含量,由于混凝土中碱的来源不仅是从水泥而且从混合材料、外加剂、水,甚至有时从骨料(如海砂)中来,因此控制混凝土各种原材料总碱量比单纯控制水泥含碱量更为科学。

(3) 选用非活性骨料。

(4) 在水泥中掺活性混合材料,吸收和消耗水泥中的碱,淡化碱-骨料反应带来的不利影响。

（5）在担心混凝土工程发生碱-骨料反应的部位有效地隔绝水和空气的来源，也可以取得缓和碱-骨料反应对工程损害的效果。

### 5. 混凝土的抗侵蚀性

环境介质对混凝土的化学侵蚀主要是对水泥石的侵蚀，通常有软水侵蚀、硫酸盐侵蚀、镁盐侵蚀、碳酸侵蚀、一般酸侵蚀与强碱侵蚀等，其侵蚀机理详见水泥章节。混凝土除受化学侵蚀作用外，还会受反复干湿作用、盐渍作用、冲磨作用等物理侵蚀。混凝土中的氯离子对钢筋具有锈蚀作用，会使混凝土遭受破坏。

混凝土的抗侵蚀性与所用水泥的品种、混凝土的密实程度和孔隙特征有关。密实和具有封闭孔隙的混凝土，环境水不易侵入，其抗侵蚀性较强。所以，提高温凝土抗侵蚀性的措施，主要是合理选择水泥品种、降低水胶比、提高混凝土的密实度和改善孔结构。

### 6. 提高混凝土耐久性的措施

从上述对混凝土耐久性的分析来看，耐久性的各个性能都与混凝土的组成材料、混凝土的孔隙率、孔隙构造密切相关，因此提高混凝土耐久性的措施主要有以下内容。

（1）根据混凝土工程所处的环境条件和工程特点选择合理的水泥品种。

（2）严格控制水胶比，保证足够的水泥用量。混凝土的最大水胶比应符合《混凝土结构设计规范》（GB50010—2010）的规定。混凝土结构的环境类别划分见表2-31。设计使用年限为50年的混凝土结构，其混凝土材料宜符合表2-32的规定。除配制C15及其以下强度等级的混凝土外，混凝土的最小胶凝材料用量应符合表2-33的规定。

表2-31　混凝土结构的环境类别

| 环境类别 | 条　　件 |
|---|---|
| 一 | 室内干燥环境；<br>无侵蚀性静水浸没环境 |
| 二 a | 室内潮湿环境；<br>非严寒和非寒冷地区的露天环境；<br>非严寒和非寒冷地区与无侵蚀性的水或土壤直接接触的环境；<br>严寒和寒冷地区的冰冻线以下与无侵蚀性的水或土壤直接接触的环境 |
| 二 b | 干湿交替环境；<br>水位频繁变动环境；<br>严寒和寒冷地区的露天环境；<br>严寒和寒冷地区冰冻线以上与无侵蚀性的水或土壤直接接触的环境 |
| 三 a | 严寒和寒冷地区冬季水位变动区的环境；<br>受除冰盐影响环境；<br>海风环境 |
| 三 b | 盐渍土环境；<br>受除冰盐作用环境；<br>海岸环境 |
| 四 | 海水环境 |
| 五 | 受人为或自然的侵蚀性物质影响的环境 |

注：1. 室内潮湿环境是指构件表面经常处于结露或湿润状态的环境；

2. 严寒和寒冷地区的划分应符合现行国家标准《民用建筑热工设计规范》（GB 50176—1993)的有关规定；

3. 海岸环境和海风环境宜根据当地情况，考虑主导风向及结构所处迎风、背风部位等因素的影响，有调查和工程经验确定；

4. 受除冰盐影响环境是指受到除冰盐盐雾影响的环境；受除冰盐作用环境是指被除冰盐溶液溅射的环境以及使用除冰盐地区的洗车房、停车楼等建筑。

5. 暴露的环境是指混凝土结构表面所处的环境。

表 2-32 结构混凝土材料的耐久性基本要求

| 环境等级 | 最大水胶比 | 最低强度等级 | 最大氯离子含量/% | 最大碱含量/(kg/m³) |
|---|---|---|---|---|
| 一 | 0.60 | C20 | 0.30 | 不限制 |
| 二 a | 0.55 | C25 | 0.20 | 3.0 |
| 二 b | 0.50(0.55) | C30(C25) | 0.15 | |
| 三 a | 0.45(0.50) | C35(C30) | 0.15 | |
| 三 b | 0.40 | C40 | 0.10 | |

注：1. 氯离子含量系指其占胶凝材料总量的百分比；

2. 预应力构件混凝土中的最大氯离子含量为 0.06%；其最低混凝土强度等级宜按表中的规定提高两个等级；

3. 素混凝土构件的水胶比及最低等级的要求可适当放松；

4. 有可靠工程经验时，二类环境中的最低混凝土强度等级可降低一个等级；

5. 处于严寒和寒冷地区二 b、三 a 类环境中的混凝土应使用引气剂，并可采用括号中的有关参数；

6. 当使用非碱活性骨料时，对混凝土中的碱含量可不作限制。

表 2-33 混凝土的最小胶凝材料用量

| 最大水胶比 | 最小胶凝材料用量/(kg/m³) | | |
|---|---|---|---|
| | 素混凝土 | 钢筋混凝土 | 预应力混凝土 |
| 0.60 | 250 | 280 | 300 |
| 0.55 | 280 | 300 | 300 |
| 0.50 | 320 | | |
| ≤0.45 | 330 | | |

知 识 链 接

一类环境中，设计使用年限为 100 年的混凝土结构应符合下列规定：

1. 钢筋混凝土结构的最低强度等级为 C30；预应力混凝土结构的最低强度等级为 C40；

2. 混凝土中的最大氯离子含量为 0.06%；

3. 宜使用非碱活性骨料，当使用碱活性骨料时，混凝土结构中的最大碱含量为 3.0kg/m³；

4. 混凝土保护层厚度应符合的规定；当采取有效的表面防护措施时，混凝土保护层厚度可适当减小。

二、三类环境中，设计使用年限100年的混凝土结构应采取专门的有效措施。

耐久性环境类别为四类和五类的混凝土结构，其耐久性应符合有关标准的规定。

（3）选用杂质少、级配良好的粗、细骨料，并尽量采用合理砂率。

（4）掺引气剂、减水剂等外加剂，可减少水胶比，改善混凝土内部的孔隙构造，提高混凝土耐久性。

（5）掺入高效活性矿物掺料。

（6）在混凝土施工中，应搅拌均匀、振捣密实、加强养护，增加混凝土密实度，提高混凝土质量。

 应用案例2-5

## 北京西直门旧立交桥混凝土开裂

【案例概况】

北京二环路西北角的西直门立交桥旧桥于1978年12月开工，1980年12月完工。建成使用一段时间后，桥使用混凝土的部位都有不同程度开裂。1999年3月因各种原因拆除部分旧桥改建。在改造过程中，有关科研部门对旧桥东南引桥桥面和桥基钻芯做 $K_2O$、$Na_2O$、$Cl^-$ 含量测试。其中 $Cl^-$ 浓度呈明显梯度分布，表面 $Cl^-$ 浓度为0.15%、0.094%和0.15%。距表面1cm处的 $Cl^-$ 浓度骤增，分别为0.30%、0.18%和0.78%。在1～2cm处 $Cl^-$ 浓度达到最高值，其后随着离开表面距离的增加，$Cl^-$ 浓度逐渐减至0.1%左右。

【案例解析】

北京市20世纪80年代每年化冰盐的撒散量为400～600t，主要用于长安街和城市立交桥。西直门立交旧桥混凝土中的 $Cl^-$ 主要来自化冰盐NaCl。混凝土表面 $Cl^-$ 含量低于距表面1～2cm处，是因其表面受雨水冲刷，部分 $Cl^-$ 溶解入雨水中流失。$Cl^-$ 超过最高极限值后，会破坏钢筋的钝化膜，锈蚀钢筋，锈蚀产物体积膨胀，导致钢筋开裂，保护膜脱落。

### 2.3.4　混凝土的变形性能

混凝土在硬化和使用过程中，受外界各种因素的影响会产生变形，变形是使混凝土产生裂缝的重要原因之一。实际使用中的混凝土结构一般会受到基础、钢筋及相邻部位的约束，混凝土的变形会由于约束作用在混凝土内部产生拉应力，当拉应力超过混凝土的抗拉强度时，就会引起混凝土开裂，进而影响混凝土的强度和耐久性。

混凝土的变形包括非荷载作用下的变形和荷载作用下的变形。非荷载作用下的变形包括混凝土的化学收缩、干湿变形及温度变形；荷载作用下的变形分为短期荷载作用下的变形、长期荷载作用下的变形——徐变。

1. 非荷载作用下的变形

1）化学收缩

混凝土在硬化过程中，水泥水化产物的体积小于水化前反应物体积，从而使混凝土产

生收缩，即为化学收缩。化学收缩是不可恢复的，其收缩量随混凝土硬化龄期的延长而增加。一般在混凝土成型后 40d 内增长较快，以后逐渐趋于稳定。化学收缩值很小，一般对混凝土结构没有破坏作用，但在混凝土内部可能产生微细裂缝。

2）干缩湿胀

混凝土的干缩湿胀是指由于外界湿度变化，致使其中水分变化而引起的体积变化。

混凝土在有水侵入的环境中，由于凝胶体中胶体粒子表面的水膜增厚，使胶体粒子间距离增大，混凝土表现出湿胀现象。混凝土在干燥过程中，毛细孔中的自由水分首先蒸发，使混凝土产生收缩，当毛细孔中的自由水分蒸发完后，凝胶吸附水开始蒸发，引起收缩。干缩后的混凝土再遇到水，部分收缩变形是可恢复的，但约 30%～50% 是不可恢复的，如图 2.30 所示。

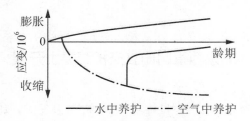

图 2.30　混凝土的干湿变形

混凝土的湿胀变形很小，一般无破坏作用，但混凝土过大的干缩变形会对混凝土产生较大的危害，使混凝土的表面产生较大的拉应力而引起开裂，严重影响混凝土的耐久性。

混凝土的干燥收缩是水泥石中的毛细孔和凝胶孔失水收缩所致。因此，混凝土的干缩与水泥品种、水胶比、骨料的用量和弹性模量及养护条件有关。一般而言，采用矿渣水泥的收缩比普通水泥大；水胶比大的混凝土，收缩量较大；水泥用量少、骨料用量多的混凝土，收缩量较小；骨料的弹性模量越高，混凝土的收缩越小；水中或潮湿养护可大大减少混凝土的收缩。蒸汽养护可进一步减少收缩，蒸压养护混凝土的收缩更小。

① 水泥用量、细度及品种：水泥用量越多，干燥收缩越大。水泥颗粒越细，需水量越多，则其干燥收缩越大。

② 水胶比：水胶比越大，硬化后水泥的孔隙越多，其干缩越大，混凝土单位用水量越大，干缩率越大。

③ 骨料种类：弹性模量大的骨料，干缩率小、吸水率大；含泥量大的骨料干缩率大。另外骨料级配良好、空隙率小、水泥浆量少，则干缩变形小。

④ 养护条件：潮湿养护试件长可推迟混凝土干缩的产生与发展，但对混凝土干缩率并无影响，采用湿热养护可降低混凝土的干缩率。

3）温度变形

混凝土与普通的固体材料一样呈现热胀冷缩现象，相应的变形为温度变形，混凝土的温度变形系数约为 $(1～1.5)×10^{-5}℃$，即温度升降 1℃，每米胀缩 0.01～0.015mm，温度变形对大体积混凝土或大面积混凝土以及纵向很长的混凝土极为不利，易使这些混凝土产生温度裂缝。

在混凝土硬化初期，水泥水化放热量较高，且混凝土又是热的不良导体，散热很慢，造成混凝土内外温差很大，有时可达50℃～70℃，这将使混凝土产生内胀外缩，在混凝土表面产生拉应力，拉应力超过混凝土的极限抗拉强度时，使混凝土产生微细裂缝。在实际施工中可采取低热水泥，减少水泥用量，采用人工降温和沿纵向较长的钢筋混凝土结构设置温度伸缩缝等措施。

2．荷载作用下的变形

1）短期荷载作用下的变形

（1）混凝土是一种非匀质的复合材料，属于弹塑性体。混凝土在短期单轴受压状态下的应力-应变关系可分为4个阶段，如图2.31所示。

第一阶段：荷载小于"比例极限"（约为极限荷载的30％），混凝土因泌水、收缩产生的原生界面裂缝基本保持稳定，没有扩展趋势。因此，混凝土的应力-应变关系呈直线形式，是弹性变形阶段。

第二阶段：荷载为极限荷载的30％～50％，这时，混凝土中界面过渡区内的微裂缝在长度、宽度和数量上均随荷载的提高而增加。应变的增大比应力的增长快，两者不再成直线关系。混凝土的应力-应变关系呈偏向应变轴的曲线形式，有明显的塑性变形产生，混凝土的变形进入弹塑性阶段。但是，在这一阶段，过渡区内的微裂缝仍处于稳定状态，水泥石中的开裂可以忽略。

第三阶段：荷载为极限荷载的50％～75％，在这一阶段，界面过渡区内的裂缝变得不稳定，水泥石中也形成裂缝并逐渐增生，产生不稳定扩展，应力-应变曲线趋向水平。当荷载达到极限荷载的75％左右时，混凝土内的裂缝体系变得不稳定。界面裂缝与基体裂缝开始连通，这时的应力水平称为临界应力。

第四阶段：荷载大于极限荷载的75％，随着荷载的增加，界面裂缝与基体裂缝不稳定扩展，并迅速形成连续的裂缝体系，混凝土产生很大的应变。应力-应变曲线明显弯曲，更趋水平，直到达到极限荷载。在重复荷载作用下的应力-应变曲线，因荷载的大小不同而有不同的形式。当荷载不大于极限荷载的30％～50％时，每次卸荷都残留一部分塑性变形，但随着重复次数的增加，塑性变形的增量逐渐减小，最后曲线稳定于 $A'C'$ 线。它与初始切线大致平行，如图2.32所示。若所加荷载在极限荷载的50％～75％以上重复时，随着重复次数的增加，塑性应变逐渐增加，最后导致混凝土疲劳破坏。

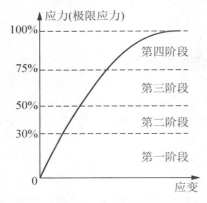

图2.31　混凝土受压应力-应变关系

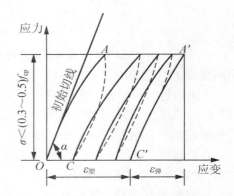

图2.32　低应力下重复荷载的应力-应变曲线

（2）混凝土的弹性模量：根据（GB/T 50081—2002）规定，采用 150mm×150mm×300mm 的棱柱体作为标准试件，使混凝土的应力在 0.5MPa 和 $1/3f_{cp}$ 之间经过至少两次预压，在最后一次预压完成后，应力与应变关系基本上成为直线关系，此时测得的变形模量值即为该混凝土弹性模量。

混凝土的弹性模量随骨料与水泥石的弹性模量而异。在材料质量不变的条件下，混凝土的骨料含量较多、水胶比较小、养护条件较好及龄期较长时，混凝土的弹性模量就较大。另外混凝土的弹性模量一般随强度提高而增大。通常当混凝土的强度等级由 C10 增加到 C60 时，其弹性模量为由 $1.75×10^4\,MPa$ 增加到 $3.60×10^4\,MPa$。

2）长期荷载作用下的变形——徐变

混凝土在长期不变荷载作用下，随时间增长的变形称为徐变。图 2.33 为混凝土在长期荷载作用下变形与荷载作用间的关系。混凝土在加荷的瞬间，产生瞬时变形，随着荷载持续时间的延长，逐渐产生徐变变形。混凝土徐变在加荷早期增长较快，然后逐渐减慢，一般要 2～3 年才趋于稳定。当混凝土卸荷后，一部分变形瞬间恢复，其值小于在加荷瞬间产生的瞬时变形，在卸荷后的一段时间内变形还会继续恢复，称为徐变恢复，最后残存的不能恢复的变形称为残余变形。

产生徐变的原因，一般认为是由于水泥石中凝胶体在长期荷载作用下的粘性流动，并向毛细孔内迁移的结果。早期加荷时，水泥尚未充分熟化，所含凝胶体较多且水泥石中毛细孔较多，凝胶体易流动，所以徐变发展较快，而在后期由于凝胶体的移动及水化的进行，毛细孔逐渐减少，且水化物结晶程度不断提高，因此粘性流动变难，徐变的发展减缓。

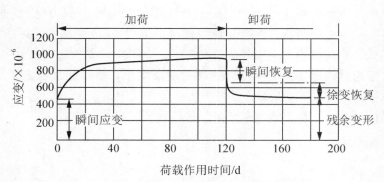

**图 2.33　混凝土的变形与荷载作用时间的关系曲线**

影响混凝土徐变的因素主要有以下几个。

（1）水泥用量与水胶比。水泥用量越多，水胶比越大，混凝土徐变越大。

（2）骨料的弹性模量与骨料的规格与质量。骨料的弹性模量越大，混凝土的徐变越小；骨料级配越好，杂质含量越少，则混凝土的徐变越小。

（3）养护龄期。混凝土加荷作用时间越早，徐变越大。

（4）养护湿度。养护湿度越高，混凝土的徐变越小。

徐变对钢筋混凝土及大体积混凝土有利，它可消除或减少钢筋混凝土内的应力集中，使应力重新分布，从而使局部应力集中得到缓解，并能消除或减少大体积混凝土由于温度变形所产生的破坏应力，但对预应力钢筋混凝土不利，它使钢筋的预应力值受到损失。

# 任务2.4　普通混凝土质量控制及配合比设计

## 2.4.1　混凝土质量波动的原因

在混凝土施工过程中，原材料、施工养护、试验条件、气候因素的变化，均可能造成混凝土质量的波动，影响到混凝土的和易性、强度及耐久性。由于强度是混凝土的主要技术指标，其他性能可从强度得到间接反映，故以强度为例分析波动的因素。

### 1. 原材料的质量波动

原材料的质量波动主要有：砂细度模数和级配的波动、粗骨料最大粒径和级配的波动、骨料含泥量的波动、骨料含水量的波动、水泥强度（不同批或不同厂家的实际强度可能不同）的波动、外加剂质量的波动（如液体材料的含固量、减水剂的减水率等）等。所有这些质量波动，均将影响混凝土的强度。在现场施工或预拌工厂生产混凝土时，必须对原材料的质量加以严格控制，及时检测并加以调整，尽可能减少原材料质量波动对混凝土质量的影响。

### 2. 施工养护引起的混凝土质量波动

混凝土的质量波动与施工养护有着十分紧密的关系。如混凝土搅拌时间长短；计量时未根据砂石含水量变动及时调整配合比；运输时间过长引起分层、离析；振捣时间过长或不足；浇水养护时间，或者未能根据气温和湿度变化及时调整保温、保湿措施等。

### 3. 试验条件变化引起的混凝土质量波动

试验条件的变化主要指取样代表性、成型质量（特别是不同人员操作时）、试件的养护条件变化、试验机自身误差以及试验人员操作的熟练程度等。

## 2.4.2　混凝土强度评定的数理统计方法

根据《混凝土强度检验评定标准》（GB/T 50107—2010）的规定，混凝土的强度评定方法如下。

### 1. 统计方法评定

1）方差已知（或统计方法1）

当连续生产的混凝土，生产条件在较长时间内保持一致，且同一品种、同一强度等级混凝土的强度变异性保持稳定时，应按下列规定进行评定。

$$m_{f_{cu}} \geqslant f_{cu,k} + 0.7\sigma_0 \qquad (2-11)$$

$$f_{cu,min} \geqslant f_{cu,k} - 0.7\sigma_0 \qquad (2-12)$$

验收批混凝土立方体抗压强度的标准差按式（2-13）计算。

$$\sigma_o = \sqrt{\frac{\sum_{i=1}^{n} f_{\mathrm{cu},i} - nm_{f_{\mathrm{cu}}}^2}{n-1}} \tag{2-13}$$

当混凝土强度等级不高于 C20 时，其强度最小值尚应满足下式要求。

$$f_{\mathrm{cu,min}} \geqslant 0.85 f_{\mathrm{cu,k}} \tag{2-14}$$

当混凝土强度等级高于 C20 时，其强度的最小值尚应满足下式要求。

$$f_{\mathrm{cu,min}} \geqslant 0.9 f_{\mathrm{cu,k}} \tag{2-15}$$

式中 $m_{f_{\mathrm{cu}}}$——同一验收批混凝土立方体抗压强度平均值（N/mm²），精确到 0.1（N/mm²）；

$f_{\mathrm{cu,k}}$——混凝土立方体抗压强度标准值（N/mm²），精确到 0.1（N/mm²）；

$\sigma_0$——验收批混凝土立方体抗压强度标准差（N/mm²），精确到 0.01（N/mm²），当检验批混凝土强度标准差计算值小于 2.5N/mm² 时，应取 2.5 N/mm²；

$n$——前一检验期内的样本容量，在该期间内样本容量不应少于 45；

$f_{\mathrm{cu,min}}$——同一验收批混凝土立方体抗压强度最小值（N/mm²），精确到 0.1（N/mm²）；

$f_{\mathrm{cu},i}$——前一检验期内同一品种、同一强度等级的 $i$ 组混凝土试件的立方体抗压强度代表值（N/mm²），精确到 0.1（N/mm²）；该检验期不应少于 60d，也不得大于 90d。

**【例 2-2】** 某混凝土构件厂生产的预应力空心板，设计强度等级 C30，某月强度数据 8 批见表 2-34，该厂前一检验期 16 批混凝土强度数据见表 2-34。

表 2-34 混凝土强度数据

| 检验批 | 1 | 2 | 3 | 4 | 5 | 6 | 7 | 8 |
|---|---|---|---|---|---|---|---|---|
| | 33.0 | 31.0 | 32.0 | 32.5 | 37.0 | 33.5 | 35.2 | 31.0 |
| 强度代表值 | 32.0 | 36.2 | 30.0 | 32.0 | 35.0 | 35.5 | 32.0 | 36.0 |
| | 35.0 | 34.0 | 36.0 | 33.0 | 33.0 | 31.0 | 34.0 | 32.0 |
| 检验批 | 9 | 10 | 11 | 12 | 13 | 14 | 15 | 16 |
| | 34.7 | 34.0 | 37.5 | 38.8 | 38.0 | 32.0 | 31.0 | 32.0 |
| 强度代表值 | 30.5 | 36.0 | 32.0 | 34.0 | 33.0 | 37.0 | 39.0 | 37.0 |
| | 33.0 | 30.0 | 33.0 | 35.0 | 34.0 | 34.0 | 34.0 | 30.0 |

**解：**（1）计算标准差：按式（2-13）计算

$$\sigma_o = \sqrt{\frac{\sum_{i=1}^{n} f_{\mathrm{cu},i}^2 - nm_{f_{\mathrm{cu}}}^2}{n-1}} = 2.36 \mathrm{MPa}$$

（2）计算验收界限：

$[m_{f_{\mathrm{cu}}}] = 30 + 0.7 \times 2.36 = 31.6 (\mathrm{MPa})$

$[f_{\mathrm{cu,min}}] = 30 + 0.7 \times 2.36 = 28.3 (\mathrm{MPa})$

（3）合格评定：

表2-35　预应力空心板某月强度数据8批评定结果

| 检验批 | 1 | 2 | 3 | 4 | 5 | 6 | 7 | 8 |
|---|---|---|---|---|---|---|---|---|
| | 34.1 | 29.5 * | 32.0 | 33.0 | 31.5 * | 34.5 | 37.0 | 34.5 |
| 强度代表值 | 32.0 | 31.0 | 37.0 | 32.0 * | 33.5 | 33.0 | 32.0 | 30.5 * |
| | 32.0 * | 33.0 | 30.0 * | 36.0 | 34.6 | 29.5 * | 31.0 * | 31.6 |
| 平均值 | 32.0 | 31.2 | 33.0 | 33.7 | 33.2 | 32.3 | 33.3 | 32.2 |
| 评定结果 | 合格 | 不合格 | 合格 | 合格 | 合格 | 合格 | 合格 | 合格 |

注："＊"表示该批最小数据。

2）方差未知（或统计方法2）

当样本容量不少于10组时，其强度应同时满足下列要求：

$$mf_{cu} \geq f_{cu,k} + \lambda_1 \cdot S_{f_{cu}} \tag{2-16}$$

$$f_{cu,min} \geq \lambda_2 \cdot f_{cu,k} \tag{2-17}$$

同一检验批混凝土立方体抗压强度的标准差应按式（2-18）计算：

$$S_{f_{cu}} = \sqrt{\frac{\sum_{i=1}^{n} f_{cu,i}^2 - nm_{f_{cu}}^2}{n-1}} \tag{2-18}$$

式中　$S_{f_{cu}}$——同一检验批混凝土立方体抗压强度的标准差（N/mm²），精确到0.01（N/mm²）；当检验批混凝土强度标准差计算值小于2.5N/mm²时，应取2.5 N/mm²。

　　$\lambda_1$、$\lambda_2$——合格判定系数，按表2-36取用；

　　$n$——本检验期内的样本容量。

表2-36　混凝土强度的合格评定系数

| 试件组数 | 10～14 | 15～19 | ≥20 |
|---|---|---|---|
| $\lambda_1$ | 1.15 | 1.05 | 0.95 |
| $\lambda_2$ | 0.90 | 0.85 | |

【例2-3】某混凝土搅拌站生产的C30混凝土，本批共留标养试件27组，强度数据见表2-37。评定此批混凝土是否合格。

表2-37　混凝土同批强度值（$f_{cu,i}$）（MPa）

| | | | | | | | | |
|---|---|---|---|---|---|---|---|---|
| 33.8 | 40.3 | 39.7 | 29.5 | 31.6 | 32.4 | 32.1 | 31.8 | 30.1 |
| 37.9 | 36.7 | 30.4 | 32.0 | 29.5 | 30.4 | 31.2 | 34.2 | 36.7 |
| 41.9 | 36.9 | 31.4 | 30.7 | 31.4 | 30.5 | 30.7 | 30.9 | 32.1 |

**解：**（1）计算批的平均值和标准差：$m_{f_{cu}} = 33.2$MPa

$$S_{f_{cu}} = \sqrt{\frac{\sum_{i=1}^{n} f_{cu,i}^2 - nm_{f_{cu}}^2}{n-1}} = 3.55\text{MPa}$$

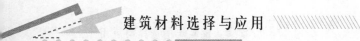

(2)找出最小值：$f_{cu,min}=29.5MPa$

(3)选定合格判断系数：$n>20$  $\lambda_1=0.95$  $\lambda_2=0.85$

(4)计算验收界限：$[m_{f_{cu}}]=30+0.95\times3.55=33.4MPa$

$$[f_{cu,min}]=0.85\times30=25.5$$

(5)结果评定：$m_{f_{cu}}=33.2MPa<[m_{f_{cu}}]=MPa$（平均值不合格）

$f_{cu,min}=29.5MPa>[f_{cu,min}]=25.5MPa$（最小值合格）

**【例2-4】** 某混凝土搅拌站生产的C60混凝土，本批共留标养试件10组，28天强度数据见表2-38。请评定此批混凝土是否合格。

表2-38  混凝土28d强度值  MPa

| 强度代表值 | 59.1 | 60.0 | 67.0 | 63.0 | 62.5 | 58.0 | 69.1 | 65.0 | 63.2 | 65.2 |
|---|---|---|---|---|---|---|---|---|---|---|

**解：** (1)计算批的平均值和标准差：$m_{f_{cu}}=63.2MPa$

$$S_{f_{cu}}=\sqrt{\frac{\sum_{i=4}^{n}f_{cu,i}^2-nm_{f_{cu}}^2}{n-1}}=3.51MPa$$

(2)找出最小值：$f_{cu,min}=58.0MPa$

(3)选定合格判断系数：$n=10\sim14$  $\lambda_1=1.15$  $\lambda_2=0.90$

(4)计算验收界限：

$[m_{f_{cu}}]=f_{cu,k}+\lambda_1\cdot S_{f_{cu}}=60+1.15\times3.51=64.0MPa$

$[f_{cu,min}]=54.0MPa$

(5)结果评定：$m_{f_{cu}}=63.2MPa<[m_{f_{cu}}]=64.0MPa$  （平均值不合格）

$f_{cu,min}=58.0MPa>[f_{cu,min}]=54.0MPa$  （最小值合格）

**2. 非统计方法评定**

当用于评定的样本容量小于10组时，应采用非统计方法评定混凝土强度。按非统计方法评定混凝土强度时，其强度应同时符合下列规定：

$$m_{f_{cu}}\geqslant\lambda_3\cdot f_{cu,k} \tag{2-19}$$

$$f_{cu,min}\geqslant\lambda_4\cdot f_{cu,k} \tag{2-20}$$

式中：$\lambda_3$、$\lambda_4$——合格评定系数，应按表2-39取用。

表2-39  混凝土强度的非统计法合格评定系数

| 混凝土强度等级 | <C60 | ≥C60 |
|---|---|---|
| $\lambda_3$ | 1.15 | 1.10 |
| $\lambda_4$ | 0.95 | |

特 别 提 示

根据混凝土强度质量控制的稳定性，将评定混凝土强度的统计方法分为两种：标准差已知方案和标准差未知方案。

标准差已知方案：指同一品种的混凝土生产，有可能在较长的时期内，通过质量管理，维持基本相同的生产条件，即维持原材料、设备、工艺以及人员配备的稳定性，即使有所变化，也能很快予以调整而恢复正常。由于这类生产状况。能使每批混凝土强度的变异性基本稳定，每批的强度标准差 可根据前一期生产累计的强度数据确定。符合以上情况时，采用标准差已知方案。一般来说，预制构件生产可以采用标准差已知方案。

标准差未知方案：指生产连续性较差，即在生产中无法维持基本相同的生产条件，或生产周期较短。无法积累强度数据以资计算可靠的标准差参数，此时检验评定只能直接根据每一检验批抽样的样本强度数据确定。为了提高检验的可靠性，要求每批样本组数不少于 10 组。

### 3. 混凝土强度的合格性判断

当检验结果能满足上述规定时，则该批混凝土强度判为合格；当不满足上述规定时，则该批混凝土强度判为不合格。

对评定为不合格批的混凝土，可按国家现行的有关标准进行处理。

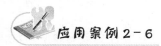

**应用案例 2-6**

## 藤县金鸡镇综合楼倒塌

### 【案例概况】

藤县金鸡镇综合楼为 7 层框架综合楼。1993 年 8 月开工至 1994 年 5 月下旬完成主体结构。6 月 28 日上午，现场施工人员发现底层柱出现裂缝(上午 10 时提出加固方案。用杉圆木支顶该柱交叉的主次梁。下午柱钢筋已外露，向柱边弯曲。此后再以槽钢为基础支顶到 2 层梁底。柱四周角钢封焊加固。至晚上 9 时，混凝土柱被压破坏)，除设计方面存在严重问题外，所用钢筋的钢种很混乱，在同一梁柱断面中有竹节钢、螺纹钢、圆钢三种混合使用，取样的钢筋试件大部分不合格。混凝土用质地较差的红色碎石作集料，砂细且含泥多，砂多，碎石与水泥砂浆无粘结痕迹，混凝土与钢筋无粘结力。

### 【案例解析】

从现象可见，其施工质量差，钢筋混乱使用，且大部分不合格；而混凝土的级配不当，混凝土强度太低。用钻芯法现场测试混凝土芯样抗压强度平均只有 10.2MPa，最低仅 6.1MPa，可见，其强度不仅远低于 C20 混凝土强度的要求，而且波动大、质量差。

## 2.4.3 混凝土配合比设计

普通混凝土配合比是指混凝土中胶凝材料(包括水泥和矿物掺合料)、粗细骨料和水等各项组成材料用量之间的比例关系。

配合比的表示方法有两种：一种是以每 1m³ 混凝土中各项材料的质量表示，例如，胶凝材料 420kg(水泥 300kg，矿物掺合料 120kg)，水 190kg，砂 700kg，石子 1200kg；另一种方法是以各项材料间的质量比来表示(以胶凝材料质量为 1)，将上述质量换算成质量比为：胶凝材料：砂：石子＝1：1.67：2.86，水胶比为 0.45。

1. 混凝土配合比设计的基本要求

(1) 满足混凝土配制强度。

(2) 满足设计拌合物性能。

(3) 满足力学性能。

(4) 满足耐久性能的设计要求。

2. 混凝土配合比设计的 3 个重要参数

砂率为了达到混凝土配合设计的四项基本要求，关键是要控制好水胶比($W/B$)、单位用量和砂率($\beta_s$)3 个基本参数。

这 3 个基本参数的确定原则如下：

(1) 水胶比。水胶比根据设计要求的混凝土强度和耐久性确定。确定原则为：在满足混凝土设计强度和耐久性的基础上，选用较大水胶比，以节约水泥，降低混凝土成本。

(2) 单位用水量。单位用水量主要根据坍落度要求和粗骨料品种、最大粒径确定。确定原则为：在满足施工和易性的基础上，尽量选用较小的单位用水量，以节约水泥。因为当 $W/B$ 一定时，用水量越大，所需水泥用量也越大。

(3) 砂率。合理砂率的确定原则为：砂子的用量填满石子的空隙略有富余。砂率对混凝土和易性、强度和耐久性影响很大，也直接影响水泥用量，故应尽可能选用最优砂率，并根据砂细度模数、坍落度要求等加以调整，有条件时宜通过试验确定。

混凝土配合比 3 个参数之间的关系见图 2.34。

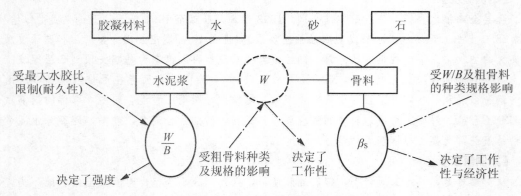

图 2.34  混凝土配合比 3 个参数之间的关系图

3. 配合比设计的基本资料

进行混凝土配合比设计之前，必须详细掌握下列基本资料。

(1) 工程要求和施工条件。掌握设计要求的强度等级、混凝土流动性要求、混凝土耐久性要求(抗渗、抗冻、抗侵蚀等)、工程特征(工程所处的环境、结构断面、钢筋最小净距)、施工采用的搅拌、振捣方法、施工质量水平等。

(2) 各种原材料的性能指标。水泥的品种、强度等级、密度及堆积密度；矿物掺合料的等级、种类、密度、堆积密度；砂、石骨料的品种、级配、表观密度、堆积密度、含水率、石子的最大粒径；混凝土拌合用水的水质及来源；外加剂的品种、性能、适宜掺量、与水泥的相容性及掺入方法等。

**4. 普通混凝土配合比设计的方法和步骤**

根据《普通混凝土配合比设计规程》(JGJ 55—2011)的规定，混凝土的配合比首先根据选定的原材料及配合比设计的基本要求，通过经验公式、经验数据进行初步设计，得出"初步配合比"；在初步配合比的基础上，经过试拌、检验、调整到和易性满足要求时，得出"试拌配合比"；在试验室进行混凝土强度检验、复核(如有其他性能要求，则做相应的检验项目，如抗冻性、抗渗性等)，得出"设计配合比(也叫试验室配合比)"；最后根据现场原材料情况(如砂、石含水情况等)修正设计配合比，得出"施工配合比"。

1) 初步配合比的确定

(1) 确定配制强度($f_{cu,o}$)。

当混凝土的设计强度等级小于 C60 时，混凝土的配制强度按式(2-21)确定：

$$f_{cu,o} = f_{cu,k} + 1.645\sigma \tag{2-21}$$

式中　$f_{cu,o}$——混凝土的配制强度，MPa；

　　$f_{cu,k}$——混凝土立方体抗压强度标准值，这里取设计混凝土强度等级值 (MPa)；

　　$\sigma$——混凝土强度标准差 (MPa)。

当设计强度等级大于或等于 C60 时，配制强度应按式(2-22)计算：

$$f_{cu,o} \geqslant 1.15 f_{cu,k} \tag{2-22}$$

混凝土强度标准差应按照下列规定确定：

当具有近 1 个月～3 个月的同一品种、同一强度等级混凝土的强度资料时，其混凝土强度标准差 $\sigma$ 应按下式计算：

$$\sigma = \sqrt{\frac{\sum_{i=1}^{n} f_{cu,i}^2 - n m_{f_{cu}}^2}{n-1}} \tag{2-23}$$

式中　$\sigma$——混凝土强度标准差；

　　$f_{cu,i}$——第 $i$ 组的试件强度(MPa)；

　　$m_{f_{cu}}$——$n$ 组试件的强度平均值(MPa)；

　　$n$——试件组数，$n$ 值应大于或者等于 30。

对于强度等级不大于 C30 的混凝土：当 $\sigma$ 计算值不小于 3.0MPa 时，应按式(2-23)计算结果取值；当 $\sigma$ 计算值小于 3.0MPa 时，$\sigma$ 应取 3.0MPa。对于强度等级大于 C30 且小于 C60 的混凝土：当 $\sigma$ 计算值不小于 4.0MPa 时，应按式(2-23)计算结果取值；当 $\sigma$ 计算值小于 4.0MPa 时，$\sigma$ 应取 4.0MPa。

当没有近期的同一品种、同一强度等级混凝土强度资料时，其强度标准差 $\sigma$ 可按表 2-40 取值。

表 2-40　标准差 σ 值 (MPa)

| 混凝土设计强度等级 | ≤C20 | C25～C35 | C35～C50 |
|---|---|---|---|
| σ | 4.0 | 5.0 | 6.0 |

（2）确定水胶比值（$W/B$）。

混凝土强度等级小于C60时，根据已测定的水泥强度$f_{ce}$、粗骨料种类及所确定的混凝土配制强度$f_{cu,o}$，按混凝土强度经验公式（2-22）计算水胶比。

则

$$\frac{W}{B} = \frac{\alpha_a f_b}{f_{cu,o} + \alpha_a \alpha_b \times f_b}$$
（2-24）

**知识链接**

矿物掺合料在混凝土中的掺量应通过试验确定。钢筋混凝土中矿物掺合料最大掺量宜符合表2-41规定；预应力钢筋混凝土中矿物掺合料最大掺量宜符合表2-42的规定。对基础大体积混凝土，粉煤灰、粒化高炉矿渣粉和复合掺合料的最大掺量可增加5%。采用掺量大于30%的C类粉煤灰的混凝土应以实际使用的水泥和粉煤灰掺量进行安定性检验。

表2-41　钢筋混凝土中矿物掺合料最大掺量

| 矿物掺合料种类 | 水胶比 | 最大掺量/% | |
|---|---|---|---|
| | | 硅酸盐水泥 | 普通硅酸盐水泥 |
| 粉煤灰 | ≤0.40 | ≤45 | ≤35 |
| | >0.40 | ≤40 | ≤30 |
| 粒化高炉矿渣粉 | ≤0.40 | ≤65 | ≤55 |
| | >0.40 | ≤55 | ≤45 |
| 钢渣粉 | — | ≤30 | ≤20 |
| 磷渣粉 | — | ≤30 | ≤20 |
| 硅灰 | — | ≤10 | ≤10 |
| 复合掺合料 | ≤0.40 | ≤60 | ≤50 |
| | >0.40 | ≤50 | ≤40 |

注：1. 采用其他通用硅酸盐水泥时，宜将水泥混合材掺量20%以上的混合材量计入矿物掺合料；

2. 复合掺合料各组分的掺量不宜超过单掺量的最大掺量；

3. 在混合使用两种或两种以上矿物掺合料时，矿物掺合料总产量应符合表中复合掺合料的规定。

表2-42　预应力钢筋混凝土中矿物掺合料最大掺量

| 矿物掺合料种类 | 水胶比 | 最大掺量/% | |
|---|---|---|---|
| | | 硅酸盐水泥 | 普通硅酸盐水泥 |
| 粉煤灰 | ≤0.40 | ≤35 | ≤30 |
| | >0.40 | ≤25 | ≤20 |
| 粒化高炉矿渣粉 | ≤0.40 | ≤55 | ≤45 |
| | >0.40 | ≤45 | ≤35 |
| 钢渣粉 | — | ≤20 | ≤10 |

续表

| 矿物掺合料种类 | 水胶比 | 最大掺量/% | |
|---|---|---|---|
| | | 硅酸盐水泥 | 普通硅酸盐水泥 |
| 磷渣粉 | — | ≤20 | ≤10 |
| 硅灰 | — | ≤10 | ≤10 |
| 复合掺合料 | ≤0.40 | ≤60 | ≤50 |
| | >0.40 | ≤50 | ≤40 |

注：1. 采用其他通用硅酸盐水泥时，宜将水泥混合材掺量20%以上的混合材量计入矿物掺合料；

2. 复合掺合料各组分的掺量不宜超过单掺量的最大掺量；

3. 在混合使用两种或两种以上矿物掺合料时，矿物掺合料总产量应符合表中复合掺合料的规定。

为满足混凝土耐久性要求，由式(2-24)计算出的水胶比不得高于表3-32的规定数值。

(3) 确定单位用水量($m_{wo}$)和外加剂用量。

① 干硬性或塑性混凝土的用水量应符合下列规定：

a. 水胶比在0.40～0.80范围时，根据粗骨料的品种、粒径及施工要求的混凝土拌合物稠度，其用水量可按表2-43和表2-44选取。

b. 混凝土水胶比小于0.40时，可通过试验确定。

表2-43  干硬性混凝土的用水量 (kg/m³)

| 拌合物稠度 | | 卵石最大粒径/mm | | | 碎石最大粒径/mm | | |
|---|---|---|---|---|---|---|---|
| 项目 | 指标 | 10 | 20 | 40 | 16 | 20 | 40 |
| 维勃稠度/s | 16～20 | 175 | 160 | 145 | 180 | 170 | 155 |
| | 11～15 | 180 | 165 | 150 | 185 | 175 | 160 |
| | 5～10 | 185 | 170 | 155 | 190 | 180 | 165 |

表2-44  塑性混凝土的用水量

| 拌合物稠度 | | 卵石最大粒径/mm | | | | 碎石最大粒径/mm | | | |
|---|---|---|---|---|---|---|---|---|---|
| 项目 | 指标 | 10 | 20 | 31.5 | 40 | 16 | 20 | 31.5 | 40 |
| 坍落度/mm | 10～30 | 190 | 170 | 160 | 150 | 200 | 185 | 175 | 165 |
| | 35～50 | 200 | 180 | 170 | 160 | 210 | 195 | 185 | 175 |
| | 55～70 | 210 | 190 | 180 | 170 | 220 | 205 | 195 | 185 |
| | 75～90 | 215 | 195 | 185 | 175 | 230 | 215 | 205 | 195 |

注：(1) 本表用水量系采用中砂时的平均取值。采用细砂时，每立方米混凝土用水量可增加5～10kg；采用粗砂时，则可减少5～10kg。

(2) 掺用各种外加剂或掺合料时，用水量应相应调整。

② 掺外加剂时，每立方米流动性或大流动性混凝土的用水量($m_{wo}$)可按下式计算：

$$m_{wo} = m_{wo}'(1-\beta) \tag{2-25}$$

式中　$m_{wo}$——满足实际坍落度要求的每立方米混凝土用水量(kg/m³)；

$m_{wo}'$——未掺外加剂时推定的满足实际坍落度要求的每立方米混凝土的用水量（kg/m³），以表（2-44）中 90mm 坍落度的用水量为基础，按每增大 20mm 坍落度相应增加 5kg/m³，当坍落度增大到 180mm 以上时，随坍落度相应增加的用水量可减少；

$\beta$——外加剂的减水率（%），应经混凝土试验确定。

③ 每立方米混凝土中外加剂用量（$m_{ao}$）应按式（2-26）计算：

$$m_{ao}=m_{bo}\beta_a \qquad (2-26)$$

式中　$m_{ao}$——每立方米混凝土中外加剂用量（kg/m³）；

　　　$m_{bo}$——计算配合比每立方米混凝土中胶凝材料用量（kg/m³）；

　　　$\beta_a$——外加剂掺量（%），应经混凝土试验确定。

（4）确定胶凝材料用量、矿物掺合料和水泥用量。

① 每立方米混凝土的胶凝材料用量（$m_{bo}$）应按式（2-27）计算：

$$m_{bo}=\frac{m_{wo}}{W/B} \qquad (2-27)$$

式中　$m_{bo}$——计算配合比每立方米混凝土中胶凝材料用量（kg/m³）；

　　　$m_{wo}$——计算配合比每立方米混凝土中用水量（kg/m³）；

　　　$W/B$——混凝土水胶比。

为保证混凝土的耐久性，由式（2-27）计算得出的胶凝材料用量应满足表 2-33 的规定。

② 每立方米混凝土的矿物掺合料用量（$m_{fo}$）应按式（2-28）计算：

$$m_{fo}=m_{bo}\beta_f \qquad (2-28)$$

式中　$m_{fo}$——计算配合比每立方米混凝土中矿物掺合料用量（kg/m³）；

　　　$\beta_f$——矿物掺合料掺量（%），可按表 2-41 选用和混凝土配合比设计中水胶比确定原则的规定确定。

③ 每立方米混凝土的水泥用量（$m_{co}$）应按式（2-29）计算：

$$m_{co}=m_{bo}-m_{fo} \qquad (2-29)$$

式中　$m_{co}$——计算配合比每立方米混凝土中水泥用量（kg/m³）。

（5）确定合理砂率（$\beta_s$）。

① 砂率（$\beta_s$）应根据骨料的技术指标、混凝土拌合物性能和施工要求，参考既有历史资料确定。

② 当缺乏砂率的历史资料时，混凝土砂率的确定应符合下列规定：

a. 坍落度小于 10mm 的混凝土，其砂率应经试验确定。

b. 坍落度为 10～60mm 的混凝土砂率，可根据粗骨料品种、最大公称粒径及水胶比按表 2-26 选取。

c. 坍落度大于 60mm 的混凝土砂率，可经试验确定，也可在表 2-26 的基础上，按坍落度每增大 20mm、砂率增大 1% 的幅度予以调整。

（6）确定 1m³ 混凝土的砂石用量（$m_{so}$、$m_{go}$）。

砂、石用量的确定可采用体积法或质量法求得。

① 采用质量法计算粗、细骨料用量时，应按式（2-30）计算：

$$\begin{cases} m_{fo}+m_{co}+m_{go}+m_{so}+m_{wo}=m_{cp} \\ \beta_s=\dfrac{m_{so}}{m_{go}+m_{so}}\times100\% \end{cases} \tag{2-30}$$

式中 $m_{go}$——每立方混凝土的粗骨料用量（kg/m³）；

$m_{so}$——每立方混凝土的细骨料用量（kg/m³）；

$m_{wo}$——每立方混凝土的粗骨料用量（kg/m³）；

$\beta_s$——砂率（%）；

$m_{cp}$——每立方混凝土拌合物假定的质量（kg/m³），可取 2350～2450 kg/m³。

② 当采用体积法计算混凝土配合比时，砂率应按公式（2-31）计算，粗、细骨料用量应按式（2-31）计算。

$$\begin{cases} \dfrac{m_{fo}}{\rho_f}+\dfrac{m_{co}}{\rho_c}+\dfrac{m_{go}}{\rho_g}+\dfrac{m_{so}}{\rho_s}+\dfrac{m_{wo}}{\rho_w}+0.01\alpha=1 \\ \beta_s=\dfrac{m_{so}}{m_{go}+m_{so}}\times100\% \end{cases} \tag{2-31}$$

式中 $\rho_c$——水泥密度（kg/m³），应按《水泥密度测定方法》（GB/T 208—1994）测定，也可取 2900kg/m³～3100kg/m³；

$\rho_f$——矿物掺合料密度（kg/m³），可按《水泥密度测定方法》（GB/T 208—1994）测定；

$\rho_g$——粗骨料的表观密度（kg/m³），应按现行行业标准《普通混凝土用砂、石质量及检验方法标准》（JGJ 52—2006）测定；

$\rho_s$——细骨料的表观密度（kg/m³），应按现行行业标准《普通混凝土用砂、石质量及检验方法标准》（JGJ 52—2006）测定；

$\rho_w$——水的密度（kg/m³），可取 1000 kg/m³；

$\alpha$——混凝土的含气量百分数，在不使用引气型外加剂时，$\alpha$ 可取为 1。

通过上述步骤便可将水、水泥、矿物掺合料、砂和石子用量全部求出，得到初步配合比。

2）试拌配合比的确定

初步配合比多是借助经验公式或经验资料差得的，因而不一定能满足实际工程的和易性要求。应进行试配与调整，直到混凝土拌合物的和易性满足要求为止，此时得出的配合比即混凝土的基准配合比，它可作为检验混凝土强度之用。

混凝土试配时，每盘混凝土试配的最小搅拌量应符合表 2-45 的规定，并不应小于搅拌机公称容量的 1/4 且不应大于搅拌机公称容量。

表 2-45　混凝土试配的最小搅拌量

| 粗骨料最大公称粒径/mm | 最小搅拌的拌合物量/L |
| --- | --- |
| ≤31.5 | 20 |
| 40.0 | 25 |

在计算配合比的基础上进行试拌。计算水胶比宜保持不变，并应通过调整配合比其他参数使混凝土拌合物性能符合设计和施工要求，然后修正计算配合比，得出试拌

配合比。

混凝土拌合物性能符合设计和施工要求后，测出该拌合物的实际表观密度（$\rho_{c,t}$），并计算出各组成材料的拌和用量：$m_{c1}$、$m_{f1}$、$m_{w1}$、$m_{s1}$、$m_{g1}$，则拌合物总量为 $Q_总 = m_{co拌} + m_{wo拌} + m_{so拌} + m_{go拌}$，由此可计算出 $1m^3$ 混凝土各组成材料用量，即试拌配合比，见式（2-32）。

$$\begin{cases} m_{c拌} = \dfrac{m_{c1}}{Q_总}\rho_{c,t} \\[2mm] m_{f拌} = \dfrac{m_{f1}}{Q_总}\rho_{c,t} \\[2mm] m_{w拌} = \dfrac{m_{w1}}{Q_总}\rho_{c,t} \\[2mm] m_{s拌} = \dfrac{m_{s1}}{Q_总}\rho_{c,t} \\[2mm] m_{g拌} = \dfrac{m_{g1}}{Q_总}\rho_{c,t} \end{cases} \qquad (2-32)$$

3）设计配合比的确定

经过上述的试拌和调整所得出的基准配合比仅仅满足混凝土和易性要求，其强度是否符合要求，还需进一步进行强度检验。

检验混凝土强度时，应至少采用三个不同的配合比。当采用三个不同的配合比时，其中一个应为试拌配合比，另外两个配合比的水胶比宜较试拌配合比分别增加和减少 0.05，用水量应与试拌配合比相同，砂率可分别增加和减少 1%（进行混凝土强度试验时，应继续保持拌合物性能符合设计和施工要求）。进行混凝土强度试验时，每个配合比至少应制作一组试件，标准养护到 28d 或设计规定龄期时试压。根据混凝土强度试验结果，宜绘制强度和胶水比的线性关系图或插值法确定略大于配制强度的强度对应的胶水比。并按下列原则确定每 $m^3$ 混凝土的材料用量。

（1）在试拌配合比的基础上，用水量（$m_w$）和外加剂用量（$m_a$）应根据确定的水胶比作调整。

（2）胶凝材料用量（$m_b$）应以用水量乘以确定的胶水比计算得出。

（3）粗骨料和细骨料用量（$m_g$ 和 $m_s$）应在用水量和胶凝材料用量进行调整。

（4）由强度复核之后的配合比，还应根据实测的混凝土拌合物的表观密度（$\rho_{c,t}$）和计算表观密度（$\rho_{c,c}$）进行校正。校正系数为

$$\delta = \frac{\rho_{c,t}}{\rho_{c,c}} = \frac{\rho_{c,t}}{m_c + m_f + m_s + m_g + m_w} \qquad (2-33)$$

式中　$\delta$——混凝土配合比校正系数

$\rho_{c,t}$——混凝土拌合物表观密度实测值（$kg/m^3$）；

$\rho_{c,c}$——混凝土拌合物表观密度计算值（$kg/m^3$）。

当混凝土拌合物表观密度实测值与计算值之差的绝对值不超过计算值的 2% 时，按以上定出的配合比即为确定的设计配合比；当两者之差超过计算值的 2% 时，应将配合比中的各项材料用量均乘以校正系数 $\delta$，即为混凝土的设计配合比。

配合比调整后，应测定拌合物水溶性氯离子含量，试验结果应符合表2-46的规定。

混凝土拌合物中水溶性氯离子含量应按照现行行业标准《水运工程混凝土试验规程》（JTJ 270—1998）中混凝土拌合物中氯离子含量的快速测定方法进行测定。

表2-46　混凝土拌合物中水溶性氯离子最大含量

| 环境条件 | 水溶性氯离子最大含量/%（水泥用量的质量百分比） | | |
|---|---|---|---|
| | 钢筋混凝土 | 预应力混凝土 | 素混凝土 |
| 干燥环境 | 0.30 | 0.06 | 1.00 |
| 潮湿但不含氯离子的环境 | 0.20 | | |
| 潮湿而含有氯离子的环境、盐渍土环境 | 0.10 | | |
| 除冰盐等侵蚀性物质的腐蚀环境 | 0.06 | | |

生产单位可根据常用材料设计出常用的混凝土配合比备用，并应在使用过程中予以验证或调整。遇有下列情况之一时，应重新进行配合比设计：

1. 对混凝土性能有特殊要求时；
2. 水泥外加剂或矿物掺合料品种质量有显著变化时。

### 知识链接

## 混凝土配合比的补充说明

1. 长期处于潮湿或水位变动的寒冷和严寒环境、以及盐冻环境的混凝土应掺用引气剂。引气剂掺量应根据混凝土含气量要求经试验确定；掺用引气剂的混凝土最小含气量应符合表2-47的规定，最大不宜超过7.0%。

表2-47　掺用引气剂的混凝土最小含气量

| 粗骨料最大公称粒径/mm | 混凝土最小含气量/% | |
|---|---|---|
| | 潮湿或水位变动的寒冷和严寒环境 | 盐冻环境 |
| 40.0 | 4.5 | 5.0 |
| 25.0 | 5.0 | 5.5 |
| 20.0 | 5.5 | 6.0 |

注：含气量为气体占混凝土体积的百分比。

2. 对于有预防混凝土碱骨料反应设计要求的工程，混凝土中最大碱含量不应大于3.0kg/m$^3$，并宜掺用适量粉煤灰等矿物掺合料；对于矿物掺合料碱含量，粉煤灰碱含量可取实测值的1/6，粒化高炉矿渣粉碱含量可取实测值的1/2。

4）施工配合比的确定

混凝土的设计配合比是以干燥状态骨料为准，而工地存放的砂、石材料都含有一定的水分，故现场材料的实际用量应按砂、石含水情况进行修正，修正后的配合比为施工配合比。

假设工地砂、石含水率分别为 $a\%$ 和 $b\%$，则施工配合比为

$$\begin{cases} m'_b = m_b \\ m'_s = m_s(1+a\%) \\ m'_g = m_g(1+b\%) \\ m'_w = m_w - m_s \cdot a\% - m_g \cdot b\% \end{cases} \tag{2-34}$$

**【例 2-5】** 某现浇钢筋混凝土梁，混凝土设计强度等级为 C30。施工要求坍落度为 35～50mm，使用环境为无冻害的室外使用。施工单位无该种混凝土的历史统计资料，该混凝土采用统计法评定。所用的原材料情况如下。

水泥：42.5 级普通水泥，实测 28d 抗压强度为 46.0MPa，密度 $\rho_c = 3100 kg/m^3$；

粉煤灰：I 级 C 类，密度 $\rho_f = 2500\ kg/m^3$，掺量为 20%；

砂：级配合格，$\mu_f = 2.7$ 的中砂，表观密度 $\rho_g = 2650 kg/m^3$；

石子：5～20mm 的碎石，表观密度 $\rho_g = 2720 kg/m^3$。

试求：1. 该混凝土的设计配合比；2. 施工现场砂的含水率为 3%，碎石的含水率为 1% 时的施工配合比。

**解：** 1. 混凝土初步配合比的确定。

(1) 配制强度（$f_{cu,o}$）的确定

$$f_{cu,o} = f_{cu,k} + 1.645\sigma$$

查表 2-40，当混凝土强度等级为 C30 时，取 $\sigma = 5.0MPa$，得：

$$f_{cu,o} = f_{cu,k} + 1.645\sigma = 30 + 1.645 \times 5.0 = 38.2MPa$$

(2) 计算水胶比（$W/B$）。

胶凝材料无 28d 胶砂强度实测值，故应用公式（$f_b = \gamma_f \gamma_s f_{ce}$）计算 $f_b$，查表 2-28，$\gamma_s = 1.00$，取 $\gamma_f = 0.80$，查表 2-27，$\alpha_a = 0.53$，$\alpha_b = 0.20$，$f_{ce} = 46.0MPa$，则

$$f_b = \gamma_f \gamma_s f_{ce} = 0.80 \times 1.00 \times 46.00 = 36.8\ MPa$$

$$\frac{W}{B} = \frac{\alpha_a f_b}{f_{cu,o} \times \alpha_a \alpha_b \times f_b} = \frac{0.53 \times 36.8}{38.2 + 0.53 \times 0.20 \times 36.8} = 0.46$$

由表 2-32 查得最大水胶比为 0.60，可取水胶比为 0.46。

(3) 确定单位用水量（$m_{wo}$）。

根据混凝土坍落度为 35～50mm，砂为中砂，石子为 5～20mm 的碎石，查表 2-44，可选取单位用水量 $m_{wo} = 195kg$。

(4) 计算胶凝材料用量（$m_{bo}$）

$$m_{bo} = \frac{m_{wo}}{W/B} = \frac{195}{0.46} = 424kg$$

矿物掺合料粉煤灰用量（$m_{fo}$）

$$m_{fo} = m_{bo}\beta_f = 424 \times 20\% = 85kg$$

水泥用量（$m_{co}$）

$$m_{co} = m_{bo} - m_{fo} = 424 - 85 = 339kg$$

查表 2-33，得最小胶凝材料用量为 320～330kg，取胶凝材料用量为 424kg。

(5) 选取确定砂率（$\beta_s$）。

查表 2-26，$W/B = 0.46$ 和碎石最大粒径为 20mm 时，可取 $\beta = 33\%$。

(6) 计算粗、细骨料用量（$m_{go}$，$m_{so}$）。

① 质量法。

假定：每立方米新拌混凝土的质量为 2400kg。则有：

$$\begin{cases} 339+85+m_{go}+m_{so}+195=2400(\text{kg}) \\ \dfrac{m_{so}}{m_{so}+m_{go}}\times100\%=33\% \end{cases}$$

解联立方程组得：$m_{so}=588\text{kg}$，$m_{go}=1192\text{kg}$。

因此，该混凝土的初步配合比为

1m³ 混凝土的各材料用量：水泥 339kg，粉煤灰 85kg，水 195kg，砂 588kg，碎石 1192kg。

各材料之间的比例：$m_{bo}:m_{wo}:m_{so}:m_{go}=1:0.46:1.39:2.81$

② 体积法。

取新拌混凝土的含气量 $\alpha=1$ 有：

$$\begin{cases} \dfrac{339}{3100}+\dfrac{85}{2500}+\dfrac{m_{so}}{2650}+\dfrac{m_{go}}{2720}+\dfrac{195}{1000}+0.01\times1=1(\text{m}^3) \\ \dfrac{m_{so}}{m_{go}+m_{so}}\times100\%=33\% \end{cases}$$

解联立方程组得：$m_{so}=578\text{kg}$，$m_{go}=1181\text{kg}$。

因此，该混凝土的初步配合比为

1m³ 混凝土的各材料用量：胶凝材料 424kg（水泥 339kg，粉煤灰 85kg），水 195kg，砂 578kg，碎石 1181kg。

各材料之间的比例：$m_{fo}:m_{wo}:m_{so}:m_{go}=1:0.46:1.36:2.79$

2. 配合比的试配、调整与确定（以体积法计算配合比为例）

（1）配合比的试配。

查表 2-47，计算配合比试拌 20L 混凝土，各材料用量为

| | | |
|---|---|---|
| 水泥 | $0.020(\text{m}^3)\times339(\text{kg/m}^3)=6.78(\text{kg})$ | |
| 粉煤灰 | $0.020(\text{m}^3)\times85(\text{kg/m}^3)=1.7(\text{kg})$ | |
| 水 | $0.020(\text{m}^3)\times195(\text{kg/m}^3)=3.9(\text{kg})$ | |
| 砂 | $0.020(\text{m}^3)\times578(\text{kg/m}^3)=11.56(\text{kg})$ | |
| 碎石 | $0.020(\text{m}^3)\times1181(\text{kg/m}^3)=23.62(\text{kg})$ | |

拌合均匀后，测得坍落度为 25mm，低于施工要求的坍落度（35～50mm），胶凝材料和水增加 5%，测得坍落度为 40mm，新拌混凝土的粘聚性和保水性良好。经调整后各项材料用量为胶凝材料 8.91kg（水泥 7.12kg，粉煤灰 1.79kg），水 4.10kg，砂 11.58kg，碎石 23.62kg，其总量为 48.21kg。因此，试拌配合比为 $m_{b1}:m_{w1}:m_{s1}:m_{g1}=8.91:4.10:11.56:23.62=1:0.46:1.30:2.65$。

以试拌配合比为基础，采用水胶比为 0.41，0.46 和 0.51 三个不同的配合比，用水量应与试拌配合比相同，砂率可分别增加和减少 1%。经检验，三组配合比均满足和易性需求，按照上述三组配合比分别将混凝土制成标准试件，养护 28d 测其抗压强度。

（2）设计配合比的调整与确定。

三种不同水胶比混凝土的配合比、实测坍落度、表观密度和 28d 强度见表 2-48 所列。

表 2 - 48　3 种不同水胶比混凝土的指标

| 编号 | 混凝土配合比 | | | | | 混凝土实测性能 | | |
|---|---|---|---|---|---|---|---|---|
| | 水胶比 | 水泥/kg | 水/kg | 砂/kg | 石/kg | 坍落度/mm | 表观密度/(kg/m³) | 28d 抗压强度/MPa |
| 1 | 0.41 | 500 | 205 | 531 | 1130 | 45 | 2395 | 47.8 |
| 2 | 0.46 | 446 | 205 | 571 | 1165 | 42 | 2388 | 40.2 |
| 3 | 0.51 | 402 | 205 | 614 | 1157 | 39 | 2383 | 34.0 |

由表 2 - 48 的结果并经计算可得 对应的 $W/B$ 为 0.48。因此，取水胶比为 0.48，用水量为 205kg，砂率保持不变。调整后的配合比为：胶凝材料 427kg（水泥 342kg，粉煤灰 85kg）；水 205kg；砂 579kg；石子 1175kg。由以上定出的配合比，还需根据混凝土的实测表观密度 $\rho_{c,t}$ 和计算表观密度 $\rho_{c,c}$ 进行校正。按调整后的配合比实测的表观密度为 2395kg，计算表观密度为 2386kg，校正系数 $\delta$ 为

$$\delta = \frac{\rho_{c,t}}{\rho_{c,c}} = \frac{2395}{2386} = 1.003$$

由于 $\rho_{c,t} - \rho_{c,c} = 2395 - 2386 = 9$kg，该差值小于 $\rho_{c,t}$ 的 2%，所以，不需要调整配合比，以上确定的配合比即为实验室设计配合比，即

1m³ 混凝土的各材料用量：胶凝材料胶凝材料 427kg（水泥 342kg，粉煤灰 85kg）；水 205kg；砂 579kg；石子 1175kg。或各材料之间的比例：$m_b : m_w : m_s : m_g = 1 : 0.48 : 1.6 : 2.75$。

**3. 现场施工配合比**

将设计配合比换算为现场施工配合比时，用水量应扣除砂、石所含水量，砂、石用量则应增加砂、石所含水量。因此，施工配合比为

$m'_b = m_b = 427$kg

$m'_s = m_s(1 + a\%) = 579 \times (1 + 0.03) = 596$kg

$m'_g = m_g(1 + b\%) = 1175 \times (1 + 0.01) = 1189$kg

$m'_w = m_w - m_s \cdot a\% - m_g \cdot b\% = 205 - 579 \times 0.03 - 1175 \times 0.01 = 176$kg

**【例 2 - 6】**掺外加剂普通水泥混凝土配合比设计。

按实例 2 - 5 资料，掺加高效减水剂 UNF - 5，掺加量 0.5%，减水率 $\beta = 10\%$。设计该混凝土配合比。

**解：**

（1）确定试配强度和水胶比。

由前述计算得：试配强度 $f_{cu,o} = 38.2$MPa，水胶比 $W/B = 0.46$。

（2）计算掺减水剂混凝土的单位用水量。

$$m_{w掺} = m_w(1 - \beta) = 195 \times (1 - 10\%) = 185$$kg

（3）计算掺减水剂混凝土的胶凝材料用量。

$$m_{b掺} = 185/0.46 = 402 \text{ kg}$$

查表 2 - 33，得最小胶凝材料用量为 250～330kg，故取胶凝材料用量 402kg。

粉煤灰用量 $m_{f掺} = m_{b掺} \times 20\% = 402 \times 20\% = 80$kg

水泥用量 $m_{s掺} = m_{b掺} - m_{f掺} = 402 - 80 = 322$kg

（4）计算单位粗、细集料用量。

砂率同前，$\beta_s = 33\%$

按质量法计算得 $m_{s掺} = 598kg$，$m_{g掺} = 1215kg$

（5）减水剂用量。

$$m_a = 402 \times 0.5\% = 2.0kg$$

（6）掺减水剂混凝土配合比。

$m_{b掺} : m_{s掺} : m_{g掺} = 402 : 598 : 1215 = 1 : 1.49 : 3.02$

（7）试拌调整。

# 任务2.5  特殊种类混凝土

## 2.5.1  轻混凝土

表观密度小于 $1950kg/m^3$ 的混凝土称为轻混凝土。轻混凝土根据原材料和生产方法的不同又分为轻骨料混凝土、多孔混凝土和大孔混凝土。

### 1. 轻骨料混凝土

凡是用轻粗骨料、轻细骨料（或普通砂）、水泥和水配制而成的轻混凝土称为轻骨料混凝土。其中粗、细骨料均为轻骨料者，称为全轻混凝土；细骨料全部或部分为普通砂者称为砂轻混凝土。

轻骨料混凝土常以轻粗骨料的名称来命名，如粉煤灰陶粒混凝土、浮石混凝土、陶粒珍珠岩混凝土等。轻骨料混凝土按用途分为保温轻骨料混凝土、结构保温轻骨料混凝土和结构轻骨料混凝土。

#### 1）轻骨料

轻骨料有天然轻骨料（天然形成的多孔岩石，经加工而成的轻骨料，如浮石、火山渣等）、工业废料轻骨料（以工业废料为原料经加工而成的轻骨料，如粉煤灰陶粒、膨胀矿渣珠、炉渣及轻砂）和人造轻骨料（以地方材料为原料，经加工而成的轻骨料，如粘土陶粒、膨胀珍珠岩等）。

轻骨料与普通砂石的区别在于骨料中存在大量孔隙，质轻、吸水率大、强度低、表面粗糙等，轻骨料的技术性质直接影响到所配制混凝土的性质。

轻骨料的技术性质主要包括堆积密度、粗细程度与颗粒级配、强度、吸水率等。

（1）堆积密度。轻骨料堆积密度的大小，将影响轻骨料混凝土的表观密度和性能。轻粗骨料按其堆积密度（$kg/m^3$）分为200、300、400、500、600、700、800、900、1000、1100、1200 共 11 个密度等级；轻细骨料分为 500、600、700、800、900、1000、1100、1200 共 8 个密度等级。

（2）粗细程度与颗粒级配。保温及结构保温轻骨料混凝土用的轻骨料，其最大粒径不宜大于 40mm；结构轻骨料混凝土的最大粒径不宜大于 20mm。对轻粗骨料的级配要求，其自然级配的空隙率不应大于 50%。轻砂的细度模数不宜大于 4.0；其大于 5mm 的累计筛余不宜大于 10%。

（3）强度。轻粗骨料的强度，通常采用"筒压法"来测定。筒压强度是间接反映轻骨

料颗粒强度的一项指标，对相同品种的轻骨料，筒压强度与堆积密度常呈线性关系。但筒压强度不能反映轻骨料在混凝土中的真实强度。因此，技术规程中还规定了采用强度等级来评定粗骨料的强度。"筒压法"和强度等级测试方法可参考《轻骨料混凝土技术规程》(JGJ 51)。

（4）吸水率。轻骨料的吸水率一般比普通砂石大，因此将导致施工中混凝土拌合物的坍落度损失较大，并且影响到混凝土的水胶比和强度发展。在设计轻骨料混凝土配合比时，如果采用干燥骨料，则必须根据骨料吸水率大小，再多加一部分被骨料吸收的附加水量。规程中规定，轻砂和天然轻粗骨料的吸水率不做规定；其他轻粗骨料的吸水率不应大于 22%。

2）轻骨料混凝土的技术性质

（1）和易性。轻骨料混凝土由于其轻骨料具有颗粒表观密度小、表面粗糙、总表面积大、易于吸水等特点，因此其和易性同普通混凝土相比有较大的不同。轻骨料混凝土拌合物的粘聚性和保水性好，但流动性差，过大的流动性会使轻骨料上浮、离析；过小的流动被骨料吸收，其数量相当于骨料 1h 的吸水量，称为附加用水量；另一部分为使拌合物获得要求流动性的用水量，称为净用水量。

（2）强度等级根据《轻骨料混凝土结构设计规程》(JGJ 12－2006)的规定。轻骨料混凝土的强度等级，按立方体抗压强度标准值，划分为 CL15、CL20、CL25、CL30、CL35、CL40、CL45、CL50、CL55、CL60 等十个等级。影响轻骨料混凝土强度大小的主要因素与普通混凝土基本相同，即水泥强度与水胶比（水胶比考虑净用水量）。但由于轻骨料强度较低，因而轻骨料强度的高低就成了决定轻骨料混凝土强度高低的主要因素，而且轻骨料用量越多，强度降低越大。另外，轻骨料的性质如堆积密度、颗粒形状、吸水性也是重要的影响因素。尤其当轻骨料混凝土的强度较高时，混凝土的破坏是由轻骨料本身先遭到破坏开始，再导致混凝土呈脆性破坏。这时，即使混凝土中水泥用量再增加，混凝土的强度也提高不多，甚至不会提高。

（3）表观密度。轻骨料混凝土按干表观密度分为 1200、1300、1400、1500、1600、1700、1800、1900 等 8 个等级。

根据《轻骨料混凝土结构设计规程》(JGJ 12－2006)规定，钢筋轻骨料混凝土结构的混凝土强度等级不应低于 LC15；采用 HRB335 级钢筋时，轻骨料混凝土强度等级不宜低于 LC20；当采用 HRB400、RRB400 级钢筋时，轻骨料混凝土强度等级不应低于 LC20。

预应力轻骨料混凝土结构的混凝土强度等级不应低于 LC30。轻骨料混凝土按其干表观密度分为八个等级。轻骨料混凝土及配筋轻骨料混凝土的密度标准值按表 2-49 采用。

表 2-49　轻骨料混凝土及配筋轻骨料混凝土的密度标准值

| 密度等级 | 轻骨料混凝土干表观密度的变化范围/(kg/m³) | 密度标准值/(kg/m³) | |
|---|---|---|---|
| | | 轻骨料混凝土 | 配筋轻骨料混凝土 |
| 1200 | 1160～1250 | 1250 | 1350 |
| 1300 | 1260～1350 | 1350 | 1450 |
| 1400 | 1360～1450 | 1450 | 1550 |
| 1500 | 1460～1550 | 1550 | 1650 |

续表

| 密度等级 | 轻骨料混凝土干表观密度的变化范围/(kg/m³) | 密度标准值/(kg/m³) | |
| --- | --- | --- | --- |
| | | 轻骨料混凝土 | 配筋轻骨料混凝土 |
| 1600 | 1560~1650 | 1650 | 1750 |
| 1700 | 1660~1750 | 1750 | 1850 |
| 1800 | 1760~1750 | 1850 | 1950 |
| 1900 | 1860~1950 | 1950 | 2050 |

注：1. 配筋轻骨料混凝土的密度标准值，也可根据实际配筋情况确定。

2. 对蒸养后即行起吊的预制构件，吊装验算时，其密度标准值应增加100kg/m³。

（4）弹性模量与变形。轻骨料混凝土的弹性模量小，一般为同强度等级普通混凝土的50%~70%，制成的构件受力后挠度大是其缺点。但因极限应变大，有利于改善建筑或构件的抗震性能或抵抗动荷载能力。轻骨料混凝土的收缩和徐变约比普通混凝土相应大20%~50%和30%~60%，热膨胀系数比普通混凝土小20%左右。

3）轻骨料混凝土的分类

轻骨料混凝土既具有一定的强度，又具有良好的保温隔热性能，按用途可分为保温轻骨料混凝土、结构保温轻骨料混凝土和结构轻骨料混凝土。

4）轻骨料混凝土施工

轻骨料混凝土的施工工艺，基本上与普通混凝土相同，但由于轻骨料的堆积密度小，呈多孔结构、吸水率较大，配制而成的轻骨料混凝土也具有其他特征。因此在施工过程中应充分注意，才能确保工程质量。在气温5℃以上的季节施工时，应对轻骨料进行欲湿处理，在正式拌制混凝土前，应对轻骨料的含水率进行测定，以及时调整拌和用水量；轻骨料混凝土的拌制，宜采用强制式搅拌机，拌合物的运输和停放试件不宜过长，否则，容易出现离析；浇灌后应及时注意养护。

5）轻骨料混凝土的应用

由于轻骨料混凝土具有质轻、比强度高、保温隔热性好、耐火性好、抗震性好等特点，因此与普通混凝土相比，更适合用于高层、大跨结构、耐火等级要求高的建筑和要求节能的建筑。

2. 多孔混凝土

多孔混凝土是内部均匀分布着大量微小气泡、不含骨料的的轻混凝土。多孔混凝土按其气孔形成的方式不同分为加气混凝土和泡沫混凝土。

1）加气混凝土

加气混凝土是因为发气剂（铝粉）在料浆中与氢氧化钙反应产生氢气而形成气泡，使料浆膨胀，硬化后形成多孔结构。加气混凝土的表观密度是300~1200kg/m³，导热系数为0.12W/(m·K)，抗压强度为2.5~3.5MPa。加气混凝土具有质轻、高强、耐久、保温隔热、抗震性好等优良性能，可以广泛用于各类建筑中。

加气混凝土可以用来做成砌块、条板和屋面板，可与普通混凝土制成复合外墙板，还可在高层框架轻板结构中做外墙板，做成各种保温制品。主要用于框架建筑、高层建筑、地震设防建筑、保温隔热要求高的建筑、软土地基地区的建筑。但不宜用于温度高于80℃

的环境、长期潮湿的环境、有酸碱侵蚀的环境和特别寒冷的环境。

2）泡沫混凝土

泡沫混凝土是将由水泥等拌制的料浆与由泡沫剂搅拌成的泡沫拌和后，经浇注、养护硬化而成的多孔混凝土。表观密度为 300～500 kg/m³，抗压强度为 0.5～0.7MPa，泡沫混凝土的性能和用途与加气混凝土基本相同，常用于制作各种保温材料。

**3. 大孔混凝土**

大孔混凝土，是以粗骨料、水泥和水配制而成的一种轻质混凝土，又称无砂混凝土。在这种混凝土中，水泥浆包裹粗骨料颗粒的表面，将粗骨料粘结在仪器，但水泥浆并不能填满粗骨料间空隙，因而形成大孔混凝土结构。

大孔混凝土按其粗骨料的种类，可分为普通无砂大孔混凝土和轻骨料大孔混凝土两类。普通大孔混凝土是用碎石、卵石、重矿渣等配制而成。轻骨料大孔混凝土则是用陶粒、浮石、碎砖、煤渣等配制而成。有时为了提高大孔混凝土的强度，也可掺入少量细骨料，这种混凝土称为少砂混凝土。

普通大孔混凝土的表观密度在 1500～1900kg/m³ 之间，抗压强度为 3.5～10MPa。轻骨料大孔混凝土的表现密度在 500～1500kg/m³ 之间，抗压强度为 1.5～7.5MPa。

大孔混凝土的导热系数小、保温性能好，收缩一般较普通混凝土小 30%～50%，抗冻性优良。大孔混凝土适用于制作墙体小型空心砌块、砖和各种板材，也可用于现浇墙体。普通大孔混凝土还可制成滤水管、滤水板等，广泛用于市政工程。

### 2.5.2 有特殊要求的普通混凝土

**1. 防水混凝土（抗渗混凝土）**

防水混凝土是通过各种方法提高混凝土的抗渗性能，其抗渗等级大于等于 P6 的混凝土，主要用于水工工程、地下基础工程、屋面防水工程等。混凝土抗渗等级的要求是根据其最大作用水头（水面至防水结构最低处的距离，m）与混凝土最小壁厚的比值来确定的，见表 2-50。

表 2-50　防水混凝土抗渗等级选择

| 最大作用水头与混凝土最小壁厚之比 | 设计抗渗等级 | 最大作用水头与混凝土最小壁厚之比 | 设计抗渗等级 |
|---|---|---|---|
| ＜5 | P4 | 11～15 | P8 |
| 5～10 | P6 | 16～20 | P10 |
| ＞20 | P12 | | |

防水混凝土一般是通过混凝土组成材料等质量改善，合理选择混凝土配合比和骨料级配，以及掺加适量外加剂，达到混凝土内部密实或使堵塞混凝土内部毛细管通路，使混凝土具有较高的抗渗性。目前，常用的抗渗混凝土有普通防水混凝土、外加剂防水混凝土和膨胀水泥防水混凝土。

1）普通防水混凝土

普通防水混凝土是通过调整配合比来提高混凝土的抗渗性。普通防水混凝土是根据工程所需抗渗要求配置的，其中石子的骨架作用减弱，水泥砂浆除满足填充与黏结作用外，还要求在粗骨料周围形成足够厚度的、质量良好的砂浆包裹层，避免粗骨料直接接触形成互相连通的渗水孔网，从而提高混凝土的抗渗性。

根据《普通混凝土配合比设计规程》(JGJ 55—2011)的规定，普通防水混凝土的配合比设计应符合以下要求。

（1）水泥宜采用普通硅酸盐水泥，$1m^3$ 混凝土中水泥与掺合料总量不宜小于 320kg。

（2）粗骨料最大公称粒径不宜大于 40mm，含泥量不得超过 1.0%，泥块含量不得超过 0.5%。细骨料宜采用中砂，含泥量不得大于 3.0%，泥块含量不得大于 1.0%。

（3）砂率不宜过小，宜为 35%～45%，坍落度 30～50mm。

（4）水胶比对混凝土的抗渗性有很大影响，除应满足强度要求外，还应符合表 2-51 的规定。

表 2-51　防水混凝土最大水胶比限值

| 抗渗等级 | 最大水胶比 | |
| --- | --- | --- |
| | C20～C30 混凝土 | C30 以上混凝土 |
| P6 | 0.60 | 0.55 |
| P8～P12 | 0.55 | 0.50 |
| ＞P12 | 0.50 | 0.45 |

2）外加剂防水混凝土

外加剂防水混凝土，是在混凝土中掺入适宜品种和数量的外加剂，改善混凝土内部结构，隔断或堵塞混凝土中的各种孔隙、裂缝及渗水通道，以达到改善抗渗性的一种混凝土。常用的外加剂有引气剂、防水剂、膨胀剂或引气减水剂等。

3）膨胀水泥防水混凝土

用膨胀水泥配制的防水混凝土，因膨胀水泥在水化过程中形成大量的钙矾石，而产生膨胀，在有约束的条件下，能改善混凝土的孔结构，使毛细孔减少、孔隙率降低，提高混凝土的密实度和抗渗性。

2. 抗冻混凝土

抗冻混凝土是指抗冻等级等于或大于 F50 级的混凝土。抗冻混凝土除了控制组成材料的质量外，主要靠掺入引气剂在混凝土中引入大量均匀分布、稳定而封闭的微小气泡，提高混凝土的抗冻性。

1）抗冻混凝土的原材料应符合的规定

（1）应采用硅酸盐水泥或普通硅酸盐水泥。

（2）宜采用连续级配的粗骨料，其含泥量不得大于 1.0%，泥块含量不得大于 0.5%。

（3）细骨料含泥量不得大于 3.0%，泥块含量不得大于 1.0%。

（4）粗细骨料的坚固性试验，并应符合现行行业标准《普通混凝土用砂、石质量检验方法标准》(JGJ 52—2006)的规定。

（5）抗冻等级不小于 F100 的抗冻混凝土宜掺用引气剂。

（6）在钢筋混凝土和预应力混凝土中不得掺用含有氯盐的防冻剂；在预应力混凝土中

不得掺用亚硝酸盐或碳酸盐的防冻剂。

2）抗冻混凝土配合比应符合的规定

（1）最大水胶比和最小胶凝材料用量应符合表 2-52 的规定。

（2）复合矿物掺合料应符合表 2-53 的规定；其矿物掺合料应符合表 2-41 的规定。

（3）掺用引气剂的混凝土最小含气量应符合表 2-29 的规定。

表 2-52　最大水胶比和最小胶凝材料用量

| 设计抗冻等级 | 最大水胶比 | | 最小胶凝材料用量 /(kg/m³) |
| --- | --- | --- | --- |
| | 无引气剂时 | 掺引气剂时 | |
| F50 | 0.55 | 0.60 | 300 |
| F100 | 0.50 | 0.55 | 320 |
| 不低于 F100 | — | 0.50 | 350 |

表 2-53　复合矿物掺合料最大掺量

| 水胶比 | 最大掺量 | |
| --- | --- | --- |
| ≤ | 60 | 50 |
| > | 50 | 40 |

注：① 采用其他通用硅酸盐水泥时，可将水泥混合材料掺量之 20% 的混合材计入矿物掺合料；

② 复合矿物掺合料中各矿物掺合料组分的掺量不宜超过表 2-41 的限量。

**3. 纤维混凝土**

纤维混凝土是指在混凝土中掺入纤维而形成的复合材料。它具有普通钢筋混凝土所没有的许多优良品质，在抗拉强度、抗弯强度、抗裂强度和冲击韧性等方面有明显的改善。

常用的纤维材料有钢纤维、玻璃纤维、石棉纤维、碳纤维和合成纤维等。所用的纤维必须具有耐碱、耐海水、耐气候变化的特性。国内外研究和应用钢纤维较多，因为钢纤维对抑制混凝土裂缝的形成、提高混凝土抗拉和抗弯、增加韧性效果最佳，但成本较高，因此，近年来合成纤维的应用技术研究较多，有可能成为纤维混凝土主要品种之一。

在纤维混凝土中，纤维的含量、纤维的几何形状以及纤维的分布情况，对其性质有重要影响。以钢纤维为例：为了便于搅拌，一般控制钢纤维的长径比为 60~100，掺量为 0.5%~1.3%（体积比），尽可能选用直径细、截面形状非圆形的钢纤维，钢纤维混凝土一般可提高抗拉强度 2 倍左右，抗冲击强度提高 5 倍以上。

纤维混凝土目前主要用于复杂应力结构构件、对抗冲击性要求高的工程，如飞机跑道、高速公路、桥面面层、管道等。随着纤维混凝土技术的提高、各类纤维性能的改善、成本的降低，纤维混凝土在建筑工程中的应用将会越来越广泛。

**4. 高强高性能混凝土**

根据《高强混凝土结构技术规程》（CECS 104：99），将强度等级大于等于 C50 的混凝土称为高强混凝土；将具有良好的施工和易性和优异耐久性，且均匀密实的混凝土称为高性能混凝土；同时具有上述各性能的混凝土称为高强高性能混凝土；而《普通混凝土配合比设计规范》（JGJ 55—2011）中则将强度等级大于等于 C60 的混凝土称为高强混凝土；《混凝土结构设计规范》（GB 50010—2010）则未明确区分普通混凝土或高强混凝土，只规定了钢筋混凝土结构的混凝土强度等级不应低于C15，混凝土强度范围为C15～C80。

综合国内外对高强混凝土的研究和应用实践，以及现代混凝土技术的发展，将由常规材料和常规工艺配制的强度等级大于等于C60的混凝土称为高强度混凝土是比较合理的。

1）获得高强高性能混凝土的最有效的途径

（1）改善原材料的性能。主要有掺高性能混凝土外加剂和活性掺合料，并同时采用高强度等级的水泥和优质骨料。对于具有特殊要求的混凝土，还可掺用纤维材料提高抗拉、抗弯性能和冲击韧性；也可掺用聚合物等提高密实度和耐磨性。常用的外加剂有高效减水剂、高效泵送剂、高性能引气剂、防水剂和其他特种外加剂。

（2）优化配合比。

普通混凝土配合比设计的强度-水胶比关系式在这里不再适用，必须通过试配优化后确定。高强混凝土配合比应经试验确定。在缺乏试验依据的情况下，高强混凝土配合比设计宜符合下列要求：

① 水胶比、胶凝材料用量和砂率可按表2-54选取，并应经试配确定；

② 外加剂和矿物掺合料的品种、掺量，应通过试配确定；矿物掺合料宜为25%～40%；硅灰掺量不宜大于10%；

③ 水泥用量不宜大于500kg/m³。

表2-54　高强混凝土水胶比、胶凝材料用量和砂率

| 强度等级 | 水胶比 | 胶凝材料用量/(kg/m³) | 砂率/% |
|---|---|---|---|
| >C60，<C80 | 0.28～0.33 | 480～560 | |
| ≥C80，<C100 | 0.26～0.28 | 520～580 | 35～42 |
| C100 | 0.24～0.6 | 550～600 | |

（3）加强生产管理，严格控制每个生产环节。

目前我国应用较广泛的是C60～C80高强混凝土，主要用于桥梁、轨枕、高层建筑的基础和柱、输水管、预应力管桩等。

2）高强混凝土的特点

（1）高强混凝土的早期强度高，但后期强度增长率一般不及普通混凝土。故不能用普通混凝土的龄期—强度关系式（或图表），由早期强度推算后期强度。如C60～C80混凝土，3d强度约为28d的60%～70%；7d强度约为28d的80%～90%。

（2）高强高性能混凝土由于非常致密，故抗渗、抗冻、抗碳化、抗腐蚀等耐久性指标均十分优异，可极大地提高混凝土结构物的使用年限。

（3）由于混凝土强度高，因此构件截面尺寸可大大减小，从而改变"肥梁胖柱"的现状，减轻建筑物自重，简化地基处理，并使高强钢筋的应用和效能得以充分利用。

（4）高强混凝土的弹性模量高、徐变小，可大大提高构筑物的结构刚度。特别是对预应力混凝土结构，可大大减小预应力损失。

（5）高强混凝土的抗拉强度增长幅度往往小于抗压强度，即拉压比相对较低，且随着强度等级提高，脆性增大、韧性下降。

（6）高强混凝土的水泥用量较大，故水化热大、自收缩大，干缩也较大，较易产生裂缝。

3）高强高性能混凝土的应用

高强高性能混凝土作为建设部推广应用的十大新技术之一，是建设工程发展的必然趋势。发达国家早在 20 世纪 50 年代即已开始研究应用。我国约在 20 世纪 80 年代初首先在轨枕和预应力桥梁中得到应用。高层建筑中应用则始于 20 世纪 80 年代末，进入 20 世纪 90 年代以来，研究和应用增加，北京、上海、广州、深圳等许多大中城市已建起了多幢高强高性能混凝土建筑。

随着国民经济的发展，高强高性能混凝土在建筑、道路、桥梁、港口、海洋、大跨度及预应力结构、高耸建筑物等工程中的应用将越来越广泛，强度等级也将不断提高，C50～C80 的混凝土将普遍得到使用，C80 以上的混凝土将在一定范围内得到应用。

5. 大体积混凝土

我国普通混凝土配合比设计规范规定：混凝土结构物中实体最小尺寸大于或等于 1m 的部位所用的混凝土即为大体积混凝土。日本 JASS5 规定：结构断面面积最小尺寸在 80cm 以上，水化热引起混凝土内的最高温度与外界气温之差预计超过 25℃的混凝土，称为大体积混凝土。而美国则定义为：任何现浇混凝土，只要有可能产生温度影响的混凝土均称为大体积混凝土。

大体积混凝土有如下特点。

（1）混凝土结构物体积较大，在一个块体中需要浇筑大量的混凝土。

（2）大体积混凝土常处于潮湿或与水接触的环境条件下。因此要求除一定的强度外，还必须具有良好的耐久性，有的要求具有抗冲击或振动作用等性能。

（3）大体积混凝土水泥水化热不容易很快散失，内部温升较高，在与外部环境温差较大时容易产生温度裂缝。对混凝土进行温度控制是大体积混凝土最突出的特点。

在工程实践中如大坝、大型基础、大型桥墩以及海洋平台等体积较大的混凝土均属大体积混凝土。实践经验证明，现有大体积混凝土结构的裂缝，绝大多数是由温度裂缝引起的。为了最大限度地降低温升、控制温度裂缝，在工程中常用的防止混凝土裂缝的措施主要有：采用中、低热的水泥品种；对混凝土结构进行合理分缝分块；在满足强度和其他性能要求的前提下，尽量降低水泥用量；掺加适宜的外加剂；选择适宜的骨料；控制混凝土的出机温度和浇筑温度；预埋水管、通水冷却，降低混凝土的内部温升；采取表面保护、保温隔热措施，降低内外温差等措施来降低或推迟热峰从而控制混凝土的温升。

6. 聚合物混凝土

聚合物混凝土是由有机聚合物、无机胶凝材料和骨料结合而成的新型混凝土，与普通混凝土相比，具有强度高，耐化学腐蚀性、耐磨性、耐水性、耐冻性好，易于黏结，电绝缘性好等优点。常用的有以下三类。

1）聚合物浸渍混凝土（PIC）

将已硬化的混凝土干燥后浸入有机单体中，用加热或辐射等方法使混凝土孔隙内的单体聚合，使混凝土与聚合物形成整体，称为聚合物浸渍混凝土。

由于聚合物填充了混凝土内部的孔隙和微裂缝，从而增加了混凝土的密实度，提高了水泥与骨料之间的粘结强度，减少了应力集中，因此具有高强、耐蚀、抗冲击等优良的物理力学性能。与基材（混凝土）相比，抗压强度可提高 2～4 倍，一般可达 150MPa。

聚合物浸渍混凝土适用于要求高强度、高耐久性的特殊构件，特别适用于输送液体的有筋管道、无筋管和坑道。

2）聚合物水泥混凝土（PCC）

聚合物水泥混凝土是用聚合物乳液拌和水泥，并掺入砂或其他骨料而制成。生产工艺与普通混凝土相似，便于现场施工。

聚合物可用天然聚合物（如天然橡胶）和各种合成聚合物（如聚醋酸乙烯、苯乙烯、聚氯乙烯等）代替普通混凝土中的部分水泥而引入混凝土，使密实度得以提高。矿物胶凝材料可用普通水泥和高铝水泥。

通常认为，在混凝土凝结硬化过程中，聚合物与水泥之间没有发生化学作用，只是水泥水化吸收乳液中水分，使乳液脱水而逐渐凝固，水泥水化产物与聚合物互相包裹填充形成致密的结构，从而改善了混凝土的物理力学性能，表现为粘结性能好、耐久性和耐磨性高、抗折强度明显提高，但不及聚合物浸渍混凝土显著，抗压强度有可能下降。

聚合物水泥混凝土多用于无缝地面，也常用于混凝土路面和机场跑道面层和构筑物的防水层。

3）聚合物胶结混凝土（REC）

聚合物胶结混凝土是一种以合成树脂为胶结材料，以砂、石及粉料为骨料的混凝土，又称树脂混凝土。它用聚合物有机胶凝材料完全取代水泥而引入混凝土。

树脂混凝土与普通混凝土相比，具有强度高和耐化学腐蚀性、耐磨性、耐水性、抗冻性好等优点。但由于成本高，所以应用不太广泛，仅限于要求高强、高耐蚀的特殊工程或修补工程用。另外，树脂混凝土外表美观，称为人造大理石，也被用于制成桌面、地面砖、浴缸等。

**7. 泵送混凝土**

泵送混凝土是适应于在混凝土泵的压力推动下，混凝土沿水平或垂直管道被输送到浇筑地点进行浇筑的混凝土。由于泵送混凝土这种特殊的施工方法要求，混凝土除满足一般的强度、耐久性等要求外，还必须要满足泵送工艺的要求。即要求混凝土有较好的可泵性，在泵送过程中具有良好的流动性、摩擦阻力小、不离析、不泌水、不堵塞管道等性能。为实现这些要求泵送混凝土在配制上有一些特殊要求。

根据以上的特点，在配制泵送混凝土时应注意以下几点。

（1）水泥用量不宜小于 300 kg/m³。

（2）石子要用连续级配，最大公称粒径与输送管径之比宜符合表 2-55 的规定。

表 2-55　粗骨料的最大公称粒径与输送管径之比

| 粗骨料品种 | 泵送高度/m | 粗骨料最大公称粒径与输送管径之比 |
| --- | --- | --- |
| 碎石 | ＜50 | ≤1∶3.0 |
| | 50～100 | ≤1∶4.0 |
| | ＞100 | ≤1∶5.0 |
| 卵石 | ＜50 | ≤1∶2.5 |
| | 50～100 | ≤1∶3.0 |
| | ＞100 | ≤1∶4.0 |

（3）砂率宜为 $35\%\sim45\%$。

（4）掺用混凝土泵送外加剂。

（5）掺用活性掺合料，如粉煤灰、矿渣微粉等，可改善级配、防止泌水，还可以替代部分水泥以降低水化热，推迟热峰时间。

总之，泵送混凝土是大流动度混凝土，容易浇筑和振捣，对配筋很密的工程填充性好，而且浇筑中的混凝土仍然处于流动及半流动状态。因此对模板的侧压力比普通混凝土大，支模时要加强支护，同时模板拼接要严密，防止漏浆。

**8. 粉煤灰混凝土**

粉煤灰混凝土是指掺入一定粉煤灰掺合料的混凝土。

粉煤灰是从燃煤粉电厂的锅炉烟尘中收集到的细粉末，其颗粒呈球形，表面光滑，色灰或暗灰。按氧化钙含量分为高钙灰（CaO 含量为 $15\%\sim35\%$，活性相对较高）和低钙灰（CaO 含量低于 $10\%$，活性较低），我国大多数电厂排放的粉煤灰为低钙灰。

在混凝土中掺入一定量的粉煤灰后，一方面由于粉煤灰本身具有良好的火山灰性和潜在水硬性，能同水泥一样，水化生成硅酸钙凝胶，起到增强作用；另一方面，粉煤灰中含有大量微珠，具有较小的表面积，因此在用水量不变的情况下，可以有效地改善拌合物的和易性；若保持拌合物流动性不变，可以减少用水量，从而提高混凝土强度和耐久性。

由于粉煤灰的活性发挥较慢，往往粉煤灰混凝土的早期强度低。因此，粉煤灰混凝土的强度等级龄期可适当延长。《粉煤灰混凝土应用技术规范》（GBJ 146—90）中规定，粉煤灰混凝土设计强度等级的龄期，地上工程宜为 28d，地面工程宜为 28d 或 60d，地下工程宜为 60d 或 90d，大体积混凝土工程宜为 90d 或 180d。

在混凝土中掺入粉煤灰后，虽然可以改善混凝土某些性能，但由于粉煤灰水化消耗了 $Ca(OH)_2$，降低了混凝土的碱度，因而影响了混凝土的抗碳化性能，减弱了混凝土对钢筋的防锈作用，为了保证混凝土结构的耐久性，（GBJ 146—90）中规定了粉煤灰取代水泥的最大限量。

综上所述，在混凝土中加入粉煤灰，可使混凝土的性能得到改善，提高工程质量；节约水泥、降低成本；利用工业废渣，节约资源。因此粉煤灰混凝土可广泛应用与大体积混凝土、抗渗混凝土、抗硫酸盐和抗软水侵蚀混凝土、轻骨料混凝土、地下工程混凝土等。

**9. 再生混凝土**

再生混凝土是将废弃混凝土经过清洗、破碎、分级，再按一定比例相互配合后得到的"再生骨料"作为部分或全部骨料配制的混凝土。

近年来，世界建筑业进入高速发展阶段，混凝土作为最大宗的人造材料对自然资源的占用及对环境造成的负面影响引发了可持续发展问题的讨论。全球因建（构）筑物拆除、战争、地震等原因，每年废弃混凝土约 500 亿～600 亿吨，如此巨量的废弃混凝土，除处理费用惊人外，还需占用大量的空地存放，污染环境、浪费耕地，称为城市的一大公害，因此引发的环境问题十分突出，如何处理废弃混凝土将成为一个新的课题。另外混凝土生产需要大量的砂石、骨料，随着对天然砂石的不断开采，天然骨料资源也趋于枯竭，生产再生混凝土，用到新建筑物上不仅能降低成本，节省天然骨料资源，缓解骨料供需矛盾，还能减轻废弃混凝土对城市环境的污染。

再生骨料含有30％左右的硬化水泥砂浆，这些水泥砂浆绝大多数独立成块，少量附着在天然骨料的表面，所以总体上说再生骨料表面粗糙，棱角较多。另外，混凝土块在解体、破碎过程中使再生骨料内部形成大量微裂纹，因此，再生骨料吸水率较大，同时密度小、强度低。

在相同配比条件下，再生混凝土比普通混凝土粘聚性和保水性好，但流动性差，常需配合减水剂进行施工。再生混凝土强度比普通混凝土强度降低约10％，导热系数小、抗裂性好，适合作墙体围护材料及路面工程。

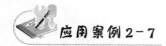 **应用案例 2-7**

## 树脂混凝土应用分析

**【案例概况】**

某有色冶金厂的铜电解槽，使用温度为65～70℃。槽内使用的主要介质为硫酸、铜离子、氯离子和其他金属阳离子。原使用传统的铅板作防腐衬里，易损坏，使用寿命较短。然后采用整体呋喃树脂混凝土作电解槽，耐腐蚀，不导电，不仅保证电解铜的生产质量，还大大提高了金银的回收率，且使用寿命延长两年以上。

**【案例解析】**

树脂混凝土除强度高、抗冻融性能好外，还具有一系列优良的性能。由于其致密、抗渗性好，耐化学腐蚀性能亦远优于普通混凝土。呋喃树脂混凝土耐酸、耐腐蚀；绝缘电阻亦相当高，对试块做测试可达 $7 \times 10^7 \Omega$。为此用作铜电解槽可有优异的性能。还需说明的是，树脂混凝土的耐化学腐蚀性能又因树脂品种不同而异，若采用不饱和聚酯树脂的混凝土，除耐一般酸腐蚀外，还可耐低浓度强化性酸的腐蚀。

 **知 识 链 接**

## 生态建筑与绿色材料

1. 生态建筑

指通过系统的组织（设计），使物质、能源在系统内有秩序循环转换，获得生态平衡的建筑环境，最高效率地利用能源，最低限度地影响环境，"人—建筑—自然"和谐统一的建筑体系。

2. 生态建筑的发展历程

20世纪60年代，Paola Soleri 将 Ecology 与 Architecture 组合为 Arology—生态建筑。20世纪70年代，提出了可持续发展的概念。20世纪80年代，节能建筑盛行。20世纪90年代，兴起生态建筑。生态建筑风靡国外，成为21世纪世界建筑发展趋势。

生态建筑的6大技术策略：选址规划；保护原生态系统；减少对周边环境的影响；高效合理地利用通风、日照和交通等自然资源；资源消耗、资源的高效循环使用；使用再生资源。

降低能耗：采用措施综合节能；采用太阳能、地热、风能、生物能等自然资源。

废物排放：采用各种生态技术；实现废水、废物的无害化和资源化；再生使用。

室内环境：控制化学污染物含量；保持良好的日照和自然通风；舒适；健康。

建筑功能：灵活性；适应性；易于维护。

3. 生态材料

指对地球环境负荷最小，对人类身体健康无害的材料。1988 年第一届国际材料科学研究会提出。具有环境协调性、先进性、舒适性 3 大特点。

4. 分类

生态材料可分为：环保功能材料（如绿色涂料）、环保结构材料（如绿色水泥、绿色混凝土）。

5. 生态材料技术

再生骨料技术、粉煤灰综合利用、城市固体废弃物资源再生、植物纤维利用等技术。

## 情境小结

1. 混凝土是现代土木工程中用量最大、用途最广的建筑材料之一。

2. 本学习情境是本课程的核心内容之一，以普通混凝土为学习的重点。混凝土是由胶凝材料、水和粗细骨料，有时掺入外加剂和掺合料，按适当比例混合，经均匀拌和、密实成型及养护硬化而成的人造石材。混凝土的组成材料的质量直接影响到所配置的混凝土的质量，应能表述普通混凝土组成材料的技术要求，会检测及选用方法。外加剂已成为改善混凝土性能的有效措施之一，被视为混凝土的第五组分，应能正确的选择外加剂的品种。

3. 混凝土拌合物和易性的检测及其影响因素，混凝土强度概念及分类、影响混凝土强度主要因素、提高混凝土强度措施。混凝土耐久性，提高混凝土耐久性措施。混凝土配合比设计的基本要求、三个参数及设计步骤。

4. 轻骨料定义、技术要求，轻骨料混凝土的技术性质及应用。防水混凝土、抗冻混凝土、高性能混凝土、商品混凝土、大体积混凝土、粉煤灰混凝土等定义、技术性质及应用。

## 习题

一、填空题

1. 混凝土配合比设计中 $W/B$ 由_____和_____确定。

2. 混凝土拌合物坍落度的选择原则是：在不妨碍_____，并能保证_____的条件下，尽可能采用较_____的坍落度。

3. 配制混凝土需用_____砂率，这样可以在水泥用量一定的情况下，获得最大的_____，或者在一定的情况下，_____最少。

4. 混凝土耐久性主要包括：_____、_____、_____和_____等。

5. 混凝土中水泥浆凝结硬化前起＿＿＿＿＿＿和＿＿＿＿＿＿作用，凝结硬化后起＿＿＿＿＿＿作用

6. 砂子的级配曲线表示＿＿＿＿＿＿，细度模数表示＿＿＿＿＿＿。配制混凝土用砂一定要考虑＿＿＿＿＿＿和＿＿＿＿＿＿都符合要求。

7. 骨料的最大粒径取决于混凝土构件的＿＿＿＿＿＿和＿＿＿＿＿＿。

8. 混凝土的碳化会导致钢筋＿＿＿＿＿＿，使混凝土的＿＿＿＿＿＿及＿＿降低。

9. 确定混凝土材料的强度等级，其标准试件尺寸为＿＿＿＿＿＿，其标准养护温度＿＿＿＿＿＿，湿度＿＿＿＿＿＿，养护＿＿＿＿＿＿d测定其强度值。

10. 在原材料性质一定的情况下，影响混凝土拌合物和易性的主要因素是＿＿＿＿＿＿、＿＿＿＿＿＿、＿＿＿＿＿＿和＿＿＿＿＿＿等。

11. 混凝土拌合物的和易性是一项综合的技术性质，它包括＿＿＿＿＿＿、＿＿＿＿＿＿、＿＿＿＿＿＿3方面的含义，其中＿＿＿＿＿＿通常采用坍落度和维勃稠度法两种方法来测定，＿＿＿＿＿＿和＿＿＿＿＿＿则凭经验确定。

12. 粒径大小不同的砂粒互相搭配的情况称为＿＿＿＿＿＿。

13. 普通混凝土的配合比是确定＿＿＿＿＿＿之间的比例关系。配合比常用的表示方法有两种：＿＿＿＿＿＿和＿＿＿＿＿＿。

14. 普通混凝土配合比设计的三个重要参数是＿＿＿＿＿＿、＿＿＿＿＿＿、＿＿＿＿＿＿。

15. 评定混凝土拌合物和易性的方法有＿＿＿＿＿＿法或＿＿＿＿＿＿法。

二、判断题

1. 当混凝土拌合物流动性过小时，可适当增加拌合物中水的用量。（　　）
2. 流动性大的混凝土比流动性小的混凝土强度低。（　　）
3. 混凝土的强度等级是根据标准条件下测得的立方体抗压强度值划分的。（　　）
4. 在水泥强度等级相同的情况下，水胶比越小，混凝土的强度及耐久性越好。（　　）
5. 相同配合比的混凝土，试件的尺寸越小，所测得的强度值越大。（　　）
6. 基准配合比是和易性满足要求的配合比，但强度不一定满足要求。（　　）
7. 混凝土现场配制时，若不考虑骨料的含水率，实际上会降低混凝土的强度。（　　）
8. 混凝土施工中，统计得出的混凝土强度标准差值越大，则表明混凝土生产质量越稳定，施工水平越高。（　　）
9. 混凝土中掺入引气剂，则混凝土密实度降低，因而使混凝土的抗冻性亦降低。（　　）
10. 泵送混凝土、滑模施工混凝土及远距离运输的商品混凝土常掺入缓凝剂。（　　）

三、单选题

1. 冬期施工的混凝土应优选＿＿＿＿＿＿水泥配制。
A. 矿渣　　　　　　B. 火山灰　　　　　　C. 粉煤灰　　　　　　D. 硅酸盐
2. 混凝土拌合物的坍落度试验只适用于粗骨料最大粒径＿＿＿＿＿＿mm者。
A. ≤80　　　　　　B. ≤60　　　　　　C. ≤40　　　　　　D. ≤20
3. 对混凝土拌合物流动性起决定作用的是＿＿＿＿＿＿。
A. 水泥用量　　　　B. 用水量　　　　　C. 水胶比　　　　　D. 水泥浆数量

4. 混凝土棱柱体强度 $f_{cp}$ 与混凝土的立方体强度 $f_{cu}$ 二者的关系_____。

A. $f_{cp} > f_{cu}$　　B. $f_{cp} = f_{cu}$　　C. $f_{cp} < f_{cu}$　　D. $f_{cp} \leqslant f_{cu}$

5. 颗粒级配影响砂、石的_____，粗细程度影响砂的总表面积。

A. 总表面积　　B. 配筋　　C. 用量　　D. 空隙率

6. 某混凝土构件的最小截面尺寸为 220mm，钢筋最小间距为 78mm，下列_____的石子可以用于该构件。

A. 5～50mm　　B. 5～15mm　　C. 10～20mm　　D. 5～80mm

7. 塑性混凝土流动性指标用_____表示，干硬性混凝土用维勃稠度表示。

A. 坍落度　　B. 沉入度　　C. 分层度　　D. 维勃稠度

8. 在试拌混凝土时，发现混凝土拌合物的流动性偏大，应采取_____。

A. 直接加水泥　　　　　　　　B. 保持砂率不变，增加砂石用量

C. 保持水胶比不变加水泥浆　　D. 加混合材料

9. 混凝土拌合物和易性的好坏，不仅直接影响浇筑混凝土的效率，而且会影响_____。

A. 混凝土硬化后的强度

B. 混凝土耐久性

C. 混凝土密实度

D. 混凝土密实度、强度及耐久性

10. 混凝土标准立方体试件为_____mm³，尺寸换算系数为 1.05。

A. 200×200×200　　　　　　B. 70.7×70.7×70.7

C. 100×100×100　　　　　　D. 150×150×150

11. 混凝土施工规范中规定了最大水胶比和最小水泥用量，是为了保证_____。

A. 强度　　　　　　　　　　B. 耐久性

C. 和易性　　　　　　　　　D. 混凝土与钢材的相近线膨胀系数

12. 两种砂，如果细度模数相同，则它们的级配_____。

A. 必然相同　　B. 必然不同　　C. 不一定相同　　D. 相同

13. 配制混凝土用砂的要求是尽量采用_____的砂。

A. 空隙率小、总表面积大　　B. 总表面积小、空隙率大

C. 总表面积大　　　　　　　D. 空隙率和总表面积均较小

14. 配制水泥混凝土宜优选_____。

A. I 区粗砂　　B. II 区中砂　　C. III 区细砂　　D. 细砂

15. 设计混凝土配合比时，选择水胶比的原则是_____。

A. 混凝土强度的要求　　　　B. 小于最大水胶比

C. 大于最大水胶比　　　　　D. 混凝土强度的要求与最大水胶比的规定

16. 抗冻标号 F50，其中 50 表示_____。

A. 冻结温度－50℃　　　　　B. 融化温度 50℃

C. 冻融循环次数 50 次　　　　D. 在－50℃冻结 50h

17. 掺引气剂后混凝土的_____显著提高。

A. 强度　　B. 抗冲击性　　C. 弹性模量　　D. 抗冻性

18. 防止混凝土中钢筋锈蚀的主要措施是_____。

A. 钢筋表面刷油漆　　　　　B. 钢筋表面用碱处理

C. 提高混凝土的密实度　　　　　　　D. 加入阻锈剂

19. 坍落度是表示塑性混凝土_____的指标。

A. 流动性　　　　B. 粘聚性　　　　C. 保水性　　　　D. 含砂情况

20. 混凝土的抗压强度等级是以具有95％保证率的_____的立方体抗压强度代表值来确定的。

A. 3　　　　　　B. 7　　　　　　C. 28　　　　　D. 3、7、28

21. 喷射混凝土必须加入的外加剂是_____。

A. 早强剂　　　　B. 减水剂　　　　C. 引气剂　　　　D. 速凝剂

22. 掺入引气剂后混凝土的_____显著提高。

A. 强度　　　　　B. 抗冲击性　　　C. 弹性模量　　　D. 抗冻性

23. 在试拌混凝土时，发现混凝土拌合物对流动性偏大，应采取_____。

A. 直接加水泥　　　　　　　　　　　B. 保持砂率不变，增加砂石用量

C. 保持$W/B$不变，加水泥浆　　　　　D. 加混合材料

24. 混凝土强度等级是按照_____来划分的。

A. 立方体抗压强度值　　　　　　　　B. 立方体抗压强度标准值

C. 立方体抗压强度平均值　　　　　　D. 棱柱体抗压强度值

25. 混凝土最常见的破坏型式是_____。

A. 骨料破坏　　　　　　　　　　　　B. 水泥石的破坏

C. 骨料与水泥石的粘结界面破坏

四、多项选择题

1. 在保证混凝土强度不变及水泥用量不增加的条件下，改善和易性最有效的方法是_____。

A. 掺加减水剂　　　B. 调整砂率　　　C. 直接加水

D. 增加石子用量　　E. 加入早强剂

2. 骨料中泥和泥块含量大，将严重降低混凝土的_____性质。

A. 变形性质　　　　B. 强度　　　　　C. 抗冻性

D. 泌水性　　　　　E. 抗渗性

3. 普通混凝土拌合物的和易性包括_____含义。

A. 流动性　　　　　B. 密实性　　　　C. 粘聚性

D. 保水性　　　　　E. 干硬性

4. 配制混凝土时，若水泥浆过少，则导致_____。

A. 粘聚性下降　　　B. 密实性差　　　C. 强度和耐久性下降

D. 保水性差、泌水性大　　　　　　　E. 流动性增大

5. 若发现混凝土拌合物粘聚性较差时，可采取_____措施来改善。

A. 增大水胶比　　　　　　　　　　　B. 保持水胶比不变，适当增加水泥浆

C. 适当增大砂率　　　　　　　　　　D. 加强振捣

E. 增大粗骨料最大粒径

6. 原材料一定的情况下，为了满足混凝土耐久性的要求，在混凝土配合比设计时要注意_____。

A. 保证足够的水泥用量  B. 严格控制水胶比
C. 选用合理砂率  D. 增加用水量
E. 加强施工养护

7. 混凝土发生碱-骨料反应的必备条件是_____。

A. 水泥中碱含量高  B. 骨料中有机杂质含量高
C. 骨料中夹杂有活性二氧化硅成分  D. 有水存在
E. 混凝土遭受酸雨侵蚀

五、名词解释

1. 颗粒级配
2. 引气剂
3. 累计筛余百分率
4. 坍落度
5. 水胶比
6. 最佳砂率
7. 混凝土的龄期
8. 碱-骨料反应
9. 混凝土的配制强度
10. 碾压混凝土

六、简答题

1. 水胶比影响混凝土的和易性以及强度吗？说明它是如何影响的。

2. 普通混凝土的强度等级是如何划分的？有哪几个强度等级？

3. 什么是合理砂率？试分析砂率是如何影响混凝土拌合物和易性的。

4. 试述温度变形对混凝土结构的危害。有哪些有效的防止措施？

5. 混凝土在下列情况下，均能导致其产生裂缝，试解释裂缝产生的原因，并指出主要防止措施。

6. 为什么要限制石子的最大粒径？怎样确定石子的最大粒径？

7. 在进行混凝土抗压试验时，下列情况下，强度试验值有无变化？如何变化？

（1）试件尺寸加大。

（2）试件高宽比加大。

（3）试件受压面加润滑剂。

（4）加荷速度加快。

8. 碳化对混凝土性能有什么影响？碳化带来的最大危害是什么？影响混凝土碳化速度的主要因素有哪些？

9. 常用的外加剂有哪些？各类外加剂在混凝土中的主要作用有哪些？

10. 轻骨料混凝土的物理力学性能与普通混凝土相比，有何特点？

七、案例题

1. 某工程从夏季开始施工，混凝土试件强度一直稳定合格。而进入秋冬季施工以来，混凝土强度却出现偏低现象。甚至有的试件不合格，采用非破损检测工程部位混凝土，强度却合格，试分析混凝土试件强度不合格的原因。

2. 某混凝土搅拌站原使用砂的细度模数为 2.5，后改用细度模数为 2.1 的砂。改用砂后原混凝土配比不变，发现混凝土坍落度明显变小。请分析原因。

八、计算题

1. 干砂 500g，其筛分结果见表 2-56，试评定此砂的颗粒级配和粗细程度。

表 2-56 筛分结果

| 筛孔尺寸/mm | 4.75 | 2.36 | 1.18 | 0.6 | 0.3 | 0.15 | <0.15 |
|---|---|---|---|---|---|---|---|
| 筛余量/g | 25 | 50 | 100 | 125 | 100 | 75 | 25 |

2. 采用矿渣水泥、卵石和天然砂配制混凝土，水胶比为 0.5，制作 10cm×10cm×10cm 试件三块，在标准养护条件下养护 7d 后测得破坏荷载分别为 140kN、135kN、142kN。试求：①估算该混凝土 28d 的标准立方体抗压强度。②该混凝土采用的矿渣水泥的强度等级。

3. 现浇框架结构梁，混凝土设计强度等级 C25，施工要求坍落度 30～50mm，施工单位无历史统计资料。采用原材料为：32.5 级普通水泥 $\rho_c = 3000$ kg/m³；中砂 $\rho_s = 2600$ kg/m³；碎石 $D_{max} = 20$mm；$\rho_g = 2650$kg/m³；自来水。试求初步计算配合比。

4. 某混凝土试拌调整后，各材料用量分别为水泥 3.1kg、水 1.86kg、砂 6.24kg、碎石 12.84kg，并测得拌合物表观密度为 2450kg/m³。试求 1m³ 混凝土的各材料实际用量。

5. 某工地拌和混凝土时，施工配合比为：42.5 强度等级水泥 308kg、水 127kg、砂 700kg、碎石 1260kg，经测定砂的含水率为 4.2%，石子的含水率为 1.6%，求该混凝土的设计配合比。

6. 某室内现浇混凝土梁，要求混凝土的强度等级为 C20，施工采用机械搅拌和机械振捣。施工时要求混凝土坍落度为 30～50 mm。施工单位无近期混凝土强度统计资料，所用材料如下。

32.5 级普通硅酸盐水泥，密度 $\rho_c = 3.1$g/cm³；实测强度为 36MPa。

中砂：级配合格，符合Ⅱ区级配，$\rho_s = 2.60$g/cm³。

石子：碎石，最大粒径为 40mm，级配合格，$\rho_g = 2.65$g/cm³。

水：自来水。

试确定初步配合比。

7. 某工程采用室内现浇混凝土梁，混凝土设计强度等级为 C25，施工时要求混凝土坍落度为 35～50 mm。采用机械搅拌，插入式振动棒浇捣，该施工单位无历史统计资料。所用材料如下。

42.5 级普通硅酸盐水泥，水泥强度等级值的富余系数为 1.13，密度 $\rho_c = 3.1$g/cm³。

Ⅰ级 C 类粉煤灰密度 $\rho_f = 2400$kg/m³，掺量为 15%。

中砂：级配合格，细度模数 2.7，表观密度 $\rho_{os} = 2\ 650$ kg/m³；堆积密度 $\rho'_{os} = 1450$kg/m³；

碎石：级配合格，最大粒径为 40mm，$\rho_{og} = 2700$kg/m³；堆积密度为 $\rho'_{og} = 1520$ kg/m³。

水：自来水。

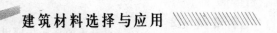
试求：

(1) 混凝土的初步配合比。

(2) 若调整试配时，加入 4‰水泥浆后满足和易性要求，并测得拌合物的表观密度为 2390 kg/m³，求混凝土的试拌配合比。

(3) 求混凝土的设计配合比。

(4) 若已知现场砂子含水率为 4%，石子含水率为 1%，求混凝土的施工配合比。

# 学习情境 3

# 建筑砂浆的选择与应用

## 学习目标

通过本情境的学习，掌握砌筑砂浆的材料组成和技术性质特点，了解砌筑砂浆的配合比设计过程，熟悉干混砂浆、特种砂浆和抹面砂浆的特点及应用。

## 学习要求

| 知识要点 | 能力要求 | 比重 |
|---|---|---|
| 砂浆的组成材料 | 会根据施工环境、各组成材料的技术要求恰当选择砂浆组成材料 | 30% |
| 砌筑砂浆的技术性质 | (1) 会测定砂浆的稠度、分层度<br>(2) 会正确制作砂浆标准试块，正确试压砂浆抗压强度 | 40% |
| 砌筑砂浆的配合比设计 | 能根据给定的条件，正确进行砌筑砂浆配合比设计 | 10% |
| 抹面砂浆 | 能根据施工部位，选用合适的抹面砂浆 | 20% |

**引 例**

2002年11月初，某住宅小区业主反映尚未入伙的住宅楼的外墙出现大面积裂纹，同时室内地面也有不少裂缝，见图3.1。

此后，该市质监总站专门召集施工、监理以及开发商就此事进行商讨，并责成当事方立即着手调查，并尽快找出裂纹原因及解决方案，送交质监总站审批。

许多业主非常担心裂纹会影响今后的生活，他们向开发商提出交涉：请说明该问题的出现原因，以及是否会对外墙留下质量隐患，比如外墙防水问题、涂料脱落问题等；同样的问题在其他部位是否还会出现？有何预防措施？开发商的答复是：这是正常现象，绝对不会影响主体结构，而且他们会进行修补。该市建设工程质量监督总站发布了《××工程质量投诉处理意见》。在《意见》中，给出了现场调查情况及处理意见：第一，外墙裂缝不是受力裂缝，主要为抹灰层收缩龟裂导致涂层裂缝，缝宽0.2毫米以下，裂缝长度最长近1米。第二，施工单位限期提出技术处理方案交设计单位审查，设计书面同意后，方可进行修补。处理外墙的颜色应均匀一致。第三，施工单位和监理单位全面检查水泥砂浆地面的空鼓、开裂情况，并写出相应的整改措施，交设计单位审查。第四，施工单位和监理单位应全面检查外墙裂缝，分析裂缝原因，总结经验。建设单位和监理单位做好业主的解释工作。

专业人士称，裂缝产生的根本问题不在主体结构墙体上。而是出现在出在水泥砂浆抹灰这个工序上。他们认为具体的原因如下。

（1）抹灰前有两道工序未做或未做到位：原主体结构墙面未清理干净、抹灰未甩毛，即未用掺107胶的素水泥浆甩到墙面。这将导致抹灰层空鼓（即抹灰层未能与主体结构墙体粘好），而出现裂缝。

**图 3.1 墙体裂缝**

（2）水泥砂浆配合比不准确：配合比过高、过低均会导致抹灰裂缝。配合比不准确会使水泥砂浆施工初期水泥与水发生化学反应而硬化时出现内部应力不均。

（3）抹灰后，天气炎热、干燥未洒水养护水泥砂浆层。

（4）承建商、监理工程师、开发商的管理人员均未认真履行"工序检查"就允许下道工序"刷涂料"施工。

## 知 识 链 接

### 干混砂浆的发展

　　干混砂浆是在传统搅拌砂浆的基础上发展起来的，起源于19世纪的奥地利，直到20世纪50年代以后，欧洲的干混砂浆才得到迅速发展，主要原因是第二次世界大战后欧洲需要大量建设，劳动力的短缺、工程质量的提高，以及环境保护要求，开始对建筑干混砂浆进行系统研究和应用。到20世纪60年代，欧洲各国政府出台了建筑施工环境行业投资优惠等方面的导向性政策来推动建筑砂浆的发展，随后建筑干混砂浆很快风靡西方发达国家。近年来，由于环境质量要求，更加提高了对建筑砂浆工业化生产的重视。

　　我国建筑砂浆完整经历了石灰砂浆、水泥砂浆、混合砂浆到干拌砂浆的发展历程，从20世纪80年代开始北京、上海等地开始引进研究干混砂浆技术，直到20世纪90年代末期，才开始出现具有一定规模的干拌砂浆生产厂家。

　　建筑砂浆是由胶凝材料、细骨料和水按一定比例配制而成的建筑材料。它与混凝土的主要区别是组成材料中没有粗骨料，因此建筑砂浆也称为细骨料混凝土。

　　建筑砂浆主要用于以下几个方面：在结构工程中，用于把单块砖、石、砌块等胶结成砌体，砖墙的勾缝、大中型墙板及各种构件的接缝；在装饰工程中用于墙面、地面及梁、柱等结构表面的抹灰，镶贴天然石材、人造石材、瓷砖、陶瓷锦砖、马赛克等。

　　根据所用胶凝材料的不同，建筑砂浆分为水泥砂浆、石灰砂浆和混合砂浆等；根据用途又分为砌筑砂浆、抹面砂浆、防水砂浆、装饰砂浆及特种砂浆等。

## 任务 3.1　砌筑砂浆的选用

　　将砖、石及砌块粘结成为砌体的砂浆称为砌筑砂浆。它起着粘结砖、石及砌块构成砌体，传递荷载，并使应力的分布较为均匀，协调变形的作用。因此，砌筑砂浆是砌体的重要组成部分。

### 3.1.1　砌筑砂浆的组成材料

#### 1. 胶凝材料

　　砌筑砂浆主要的胶凝材料是水泥，常用的有硅酸盐水泥或砌筑水泥，且应符合《〈通用硅酸盐水泥〉国家标准第1号修改单》（GB 175—2007/XG 1—2009）和《砌筑水泥》（GB/T 3183—2003)的规定砂浆品种及强度等级的要求进行选择。M15及以下强度等级的砌筑砂浆宜选用32.5级的通用硅酸盐水泥或砌筑水泥；M15以上强度等级的砌筑砂浆宜选用42.5级通用硅酸盐水泥。

　　石灰、石膏和粘土亦可作为砂浆的胶凝材料，也可与水泥混合使用配制混合砂浆，以节约水泥并能够改善砂浆的和易性。

**2. 砂(细骨料)**

砂浆用砂宜选用中砂，并应符合现行行业标准《普通混凝土用砂、石质量及检验标准》(JGJ 52—2006)的规定，且应全部通过 4.75mm 的筛孔。

特 别 提 示

砂浆用砂与混凝土用砂的不同之处：砂的最大粒径的限制和粘土含量限制。

**3. 水**

配制砂浆用水应符合现行行业标准《混凝土用水标准》(JGJ 63—2006)的规定。应选用不含有害杂质的洁净水来拌制砂浆。

**4. 掺加料及外加剂**

为了改善砂浆的和易性和节约水泥，可在砂浆中加入一些无机掺加料，如石灰膏、黏土膏、粉煤灰等。掺加料加入前都经过一定的加工处理或检验。

(1) 生石灰熟化成石灰膏时，应用孔径不大于 3mm×3mm 的网过滤，熟化时间不得少于 7d；磨细生石灰粉的熟化时间不得小于 2d。沉淀池中储存的石灰膏，应采取防止干燥、冻结和污染的措施。严禁使用脱水硬化的石灰膏。

(2) 采用粘土或亚粘土制备粘土膏时，宜用搅拌机加水搅拌，通过孔径不大于 3mm×3mm 的网过筛。用比色法鉴定粘土中的有机物含量时应浅于标准色。

(3) 制作电石膏的电石渣应用孔径不大于 3mm×3mm 的网过滤，检验时应加热至 70℃并保持 20min，没有乙炔气味后，方可使用。

(4) 消石灰粉不得直接用于砌筑砂浆中。

(5) 石灰膏、粘土膏和电石膏试配时的稠度，应为 120±5mm。

(6) 粉煤灰、粒化高炉矿渣、硅灰、天然沸石粉应分别符合国家现行标准《用于水泥和混凝土中的粉煤灰》(GB/T 1596—2005)、《用于水泥和混凝土中的粒化高炉矿渣粉》(GB/T 18046—2008)、《高强高性能混凝土用矿物外加剂》(GB/T 18736—2002)和《天然沸石粉在混凝土和砂浆中应用技术规程》(JGJ/T 112—1997)的规定。当采用其他品种矿物掺合料时，应有可靠的技术依据，并应在使用前进行试验验证。

(7)采用保水增稠材料时，应在使用前进行试验验证，并应有完整的形式检验报告。

(8)外加剂应符合国家现行有关标准的规定，引气型外加剂还应有完整的形式检验报告。

(9)拌制砂浆用水应符合现行行业标准《混凝土用水标准》(JGJ 63—2006)的规定。

### 3.1.2 砌筑砂浆的主要技术性质

**1. 新拌砂浆的密度**

水泥砂浆拌合物的密度不宜小于 1900kg/m³；水泥混合砂浆、预拌砌筑砂浆拌合物的密度不宜小于 1800kg/m³。

**2. 新拌砂浆的和易性**

砂浆拌合物的和易性是指砂浆易于施工并能保证质量的综合性质。和易性好的砂浆不仅在运输过程和施工过程中不易产生分层、离析、泌水，而且能在粗糙的砖面上铺成均匀的薄层，与底面保持良好的粘结，便于施工操作。

1）流动性

砂浆的流动性（又称稠度），是指砂浆在自重或外力作用下流动的性能。流动性的大小用"沉入度"表示，通常用砂浆稠度测定仪测定（图3.2）。沉入度越大，表示砂浆的流动性越好。

砂浆流动性的选择与砌体种类、施工方法及天气情况有关。流动性过大，说明砂浆太稀，过稀的砂浆不仅铺砌困难，而且硬化后强度降低；流动性过小，砂浆太稠，难于铺平。一般情况下多孔吸水的砌体材料或干热的天气，砂浆的流动性应大些；而密实不吸水的材料或湿冷的天气，其流动性应小些。砌筑砂浆施工时的流动性宜按表3-1选用，抹面砂浆的流动性可按表3-2选用。

图3.2　砂浆稠度仪

表3-1　砌筑砂浆的施工稠度（JGJ/T 98-2010）

| 砌体种类 | 施工稠度/mm |
| --- | --- |
| 烧结普通砖砌体、粉煤灰砖砌体 | 70～90 |
| 混凝土砌体、普通混凝土小型空心砌块砌体、灰砂砖砌体 | 50～70 |
| 烧结多孔砖砌体、烧结空心砖砌体、轻骨料混凝土小型空心砌块砌体、蒸压加气混凝土砌块砌体 | 60～80 |
| 石砌体 | 30～50 |

表3-2　抹面砂浆流动性要求《抹灰砂浆技术规程》（JGJ/T 220-2010）

| 抹灰层 | 施工稠度/mm |
| --- | --- |
| 底层 | 90～110 |
| 中层 | 70～90 |
| 面层 | 70～80 |

2）分层度

砂浆分层度是指砂浆在运输及停放时砂浆拌合物的稳定性。砂浆的分层度用砂浆分层度筒（图3.3）测定。保水性好的砂浆分层度以10～30mm为宜。分层度小于10mm的砂浆，虽砂浆拌合物稳定性良好，无分层现象，但往往由于胶凝材料用量过多，或砂过细，以至于过于粘稠不易施工或易发生干缩裂缝，尤其不易做抹面砂浆；分层度大于30mm的砂浆，砂浆拌合物稳定性差，易于离析，不易采用。

3）保水性

保水性是指砂浆保持水分的能力，即搅拌好的砂浆在运输、存放、使用的过程中，水与胶凝材料及骨料分离快慢的性质。砂浆的保水性用"保水率"表示，保水性良好的砂浆水分不易流失，易于摊铺成均匀密实的砂浆层；反之，保水性差的砂浆，在施工过程中容易泌水、分层离析，使流动性变差；同时由于水分被砌体吸收，影响胶凝材料的正常硬化，从而降低砂浆的粘结强度。

图 3.3 砂浆分层度筒　　　　　　　图 3.4 砂浆三联试模

**3. 砂浆的强度和强度等级**

根据《建筑砂浆基本性能试验方法标准》(JGJ/T 70—2009)的规定，水泥砂浆及预拌砌筑砂浆的强度是以 3 个 70.7mm×70.7mm×70.7mm 的立方体试块，在标准条件下养护 28d 后(也可根据相关标准要求增加 7d 或 14d)，用标准试验方法测得的抗压强度(MPa)平均值来确定的。砂浆的三联试模如图 3.4 所示。

根据《砌筑砂浆配合比设计规程》(JGJ/T 98—2010)的规定，水泥砂浆及预拌砌筑砂浆的强度等级划分为 M30、M25、M20、M15、M10、M7.5、M5 共 7 个等级；水泥混合砂浆的强度等级可分为 M5、M7、M10、M15 共 4 个等级。

砌筑砂浆的强度等级应根据工程类别及不同砌体部位选择。在一般建筑工程中，办公楼、教学楼及多层商店等工程宜用 M5～M10 的砂浆；检查井、雨水井、化粪池等可用 M5 砂浆。特别重要的砌体才使用 M10 以上的砂浆。

**特 别 提 示**

与影响混凝土强度因素的主要区别在于：无粗骨料；凝结硬化及强度增长过程受基层吸水情况的影响，即在不同的基层上砂浆的强度不同。

密实基层(不吸水基层，如石材)，与混凝土类似，强度主要取决于水泥强度及 $W/B$。

多孔基层(吸水基层，如砌块)，与混凝土不同，强度主要取决于水泥强度及水泥用量。

**4. 砂浆的粘结力**

砌筑砂浆应有足够的粘结力，以便将块状材料粘结成坚固的整体。一般来说，砂浆的抗压强度越高，其粘结力越强。砌筑前，保持基层材料一定的润湿程度也有利于提高砂浆的粘结力。此外，粘结力大小还与砖石表面状态、清洁程度及养护条件等因素有关，粗糙的、洁净的、润湿的表面粘结力较好。

**5. 砂浆的耐久性**

砂浆的耐久性指砂浆在使用条件下经久耐用的性质，包括抗冻性、抗渗性等。

抗冻性指砂浆抵抗冻融循环的能力。影响砂浆抗冻性的因素有砂浆的密实度、内部孔隙特征及水泥品种、水胶比等。

抗渗性指砂浆抵抗压力水渗透的能力。它主要与砂浆的密实度及内部孔隙的大小和构造有关。

## 常用的砌筑砂浆种类及适用范围

（1）水泥砂浆：由水泥、砂和水组成。水泥砂浆和易性较差，但强度较高，适用于潮湿环境、水中以及要求砂浆强度等级较高的工程。

（2）石灰砂浆：由石灰、砂和水组成。石灰砂浆和易性较好，但强度低。由于石灰是气硬性胶凝材料，故石灰砂浆一般用于地上部位、强度要求不高的低层建筑或临时性建筑，不适合用于潮湿环境或水中。

（3）水泥石灰混合砂浆：由水泥、石灰、砂和水组成，其强度、和易性、耐水性介于水泥砂浆和石灰砂浆之间，应用较广，常用于地面以上的工程。

### 3.1.3 砌筑砂浆的配合比设计

砌筑砂浆应根据工程类别及砌体部位的设计要求，选择砂浆的强度等级，再按所选强度等级确定其配合比。根据《砌筑砂浆配合比设计规程》（JGJ/T 98—2010）的规定，砌筑砂浆的配合比设计如下。

1. 现场配制水泥混合砂浆的试配

现场配制水泥混合砂浆的试配，配合比应按下列步骤进行计算。

（1）计算试配强度：

$$f_{m,o} = k f_2 \qquad\qquad (3-1)$$

式中  $f_{m,o}$——砂浆的试配强度，精确至 0.1MPa；

  $f_2$——砂浆抗压强度平均值，精确至 0.1MPa；

  $k$——系数，按表 3-3 取值。

表 3-3  砂浆强度标准差 $\sigma$ 及 $k$ 值

| 强度等级<br>施工水平 | 强度标准差 $\sigma$/MPa | | | | | | | $k$ |
|---|---|---|---|---|---|---|---|---|
| | M5 | M7.5 | M10 | M15 | M20 | M25 | M30 | |
| 优良 | 1.00 | 1.15 | 2.00 | 3.00 | 4.00 | 5.00 | 6.00 | 1.15 |
| 一般 | 1.25 | 1.88 | 2.50 | 3.75 | 5.00 | 6.25 | 7.50 | 1.20 |
| 较差 | 1.50 | 2.25 | 3.00 | 4.50 | 6.00 | 7.50 | 9.00 | 1.25 |

砂浆强度标准差的确定应符合下列规定。

① 当有近期统计资料时，应按式（3-2）计算：

$$\sigma = \sqrt{\frac{\sum_{i=1}^{n} f_{m,i}^2 - n\mu_{fm}^2}{n-1}} \tag{3-2}$$

式中　$f_{m,i}$——统计周期内同一品种砂浆第 $i$ 组时间的强度，MPa；

　　　$\mu_{fm}$——统计周期内同一品种砂浆 $n$ 组试件强度的平均值，MPa；

　　　$n$——统计周期内同一品种砂浆试件的总组数，$n \geqslant 25$。

②　当不具有近期统计资料时，砂浆现场强度标准差 $\sigma$ 可按表 3-3 取用。

（2）每立方米砂浆中的水泥用量，应按式（3-3）计算：

$$Q_c = \frac{1000(f_{m,o} - \beta)}{\alpha \cdot f_{ce}} \tag{3-3}$$

式中　　$Q_c$——每立方米砂浆的水泥用量，精确至 1kg；

　　　$f_{m,o}$——砂浆的试配强度，精确至 0.1MPa；

　　　$f_{ce}$——水泥的实测强度，精确至 0.1MPa；

　　　$\alpha$，$\beta$——砂浆的特征系数，其中：$\alpha = 3.03$，$\beta = -15.09$。

注：各地区也可用本地区试验资料确定 $\alpha$、$\beta$ 值，统计用的试验组数不得少于 30 组。

在无法取得水泥的实测强度值时，可按式（3-4）计算：

$$f_{ce} = \gamma_c \cdot f_{ce,k} \tag{3-4}$$

式中　$f_{ce,k}$——水泥强度等级对应的强度值，MPa；

　　　$\gamma_c$——水泥强度等级值的富余系数，该值应按实际统计资料确定，无统计资料时可取 1.0。

（3）石灰膏用量应按式（3-5）计算：

$$Q_D = Q_A - Q_C \tag{3-5}$$

式中　$Q_D$——每立方米砂浆的掺加料用量，精确至 1kg；石灰膏使用时的稠度为 120±5mm；当是石灰膏为其他稠度时，按表 3-4 进行换算。

　　　$Q_A$——每立方米砂浆中水泥和石灰膏的总量，精确至 1kg；可为 350kg；

　　　$Q_C$——每立方米砂浆的水泥用量，kg，精确至 1kg。

（4）每立方米砂浆中砂的用量，应按干燥状态（含水率小于 0.5%）的堆积密度值作为计算值（kg）。

（5）每立方砂浆中的用水量，根据砂浆稠度等要求选用 210～310kg。

表 3-4　石灰膏不同稠度时的换算系数

| 石灰膏稠度/mm | 120 | 110 | 100 | 90 | 80 | 70 | 60 | 50 | 40 | 30 |
|---|---|---|---|---|---|---|---|---|---|---|
| 换算系数 | 1.00 | 0.99 | 0.97 | 0.95 | 0.93 | 0.92 | 0.90 | 0.88 | 0.87 | 0.86 |

注：（1）混合砂浆中的用水量，不包括石灰膏中的水。

　　（2）当采用细砂或粗砂时，用水量分别取上限或下限。

　　（3）稠度小于 70mm 时，用水量可小于下限。

　　（4）施工现场气候炎热或干燥季节，可酌量增加用水量。

2. 现场配制水泥砂浆的试配应符合下列规定

（1）水泥砂浆材料用量可按表 3-5 选用。

表 3-5　每立方米水泥砂浆材料用量　　　　　　　　　　　kg/m³

| 强度等级 | 水泥 | 砂 | 用水量 |
|---|---|---|---|
| M5 | 200～230 | | |
| M7.5 | 230～260 | | |
| M10 | 260～290 | | |
| M15 | 290～330 | 砂的堆积密度值 | 270～330 |
| M20 | 340～400 | | |
| M25 | 360～410 | | |
| M30 | 430～480 | | |

注：(1) M15 及 M15 以下强度等级水泥砂浆，水泥强度等级为 32.5 级，M15 以上强度等级水泥砂浆，水泥强度等级为 42.5 级。

(2) 当采用细砂或粗砂时，用水量分别取上限或下限。

(3) 稠度小于 70mm 时，用水量可小于下限。

(4) 施工现场气候炎热或干燥季节，可酌量增加用水量。

(5) 试配强度应按式(3-1)计算。

(2) 水泥粉煤灰砂浆材料用量可按表 3-6 选用。

表 3-6　每立方米水泥粉煤灰砂浆材料用量　　　　　　　kg/m³

| 强度等级 | 水泥和粉煤灰总量 | 粉煤灰 | 砂 | 用水量 |
|---|---|---|---|---|
| M5 | 210～240 | | | |
| M7.5 | 240～270 | 粉煤灰掺量可占胶凝材料总量的 15%～25% | 砂的堆积密度值 | 270～330 |
| M10 | 270～300 | | | |
| M15 | 300～330 | | | |

注：(1) 表中水泥强度等级为 32.5 级。

(2) 当采用细砂或粗砂时，用水量分别取上限或下限。

(3) 稠度小于 70mm 时，用水量可小于下限。

(4) 施工现场气候炎热或干燥季节，可酌量增加用水量。

(5) 试配强度应按式(3-1)计算。

3. 预拌砌筑砂浆的试配要求

1) 预拌砌筑砂浆应符合下列规定

(1) 在确定湿拌砌筑砂浆稠度时应考虑砂浆在运输和储存过程中的稠度损失。

(2) 湿拌砌筑砂浆应根据凝结时间要求确定外加剂掺量。

(3) 干混砌筑砂浆应明确拌制时的加水量范围。

(4) 预拌砌筑砂浆的搅拌、运输、储存等应符合现行行业标准《预拌砂浆》(JG/T 230—2007)的规定。

(5) 预拌砌筑砂浆性能应符合现行行业标准《预拌砂浆》(JG/T 230—2007)的规定。

2) 预拌砌筑砂浆的试配应符合下列规定

(1) 预拌砌筑砂浆生产前应进行试配，配制强度应按式(3-1)计算确定，试配时稠度

取 70～80mm。

（2）预拌砌筑砂浆中可掺入保水增稠材料、外加剂等，掺量应经试配后确定。

**4. 砌筑砂浆配合比试配、调整与确定**

（1）砌筑砂浆适配时应考虑工程实际要求，搅拌应采用机械搅拌。搅拌时间应自开始加水算起，对水泥砂浆和水泥混合砂浆，搅拌时间不得少于120s。对预拌砌筑砂浆和掺粉煤灰、外加剂、保水增稠材料等的砂浆，搅拌时间不得少于180s。

（2）按计算或查表所得配合比进行试拌时，应按现行行业标准《建筑砂浆基本性能试验方法标准》（JGJ/T 70—2009）测定砌筑砂浆拌合物的稠度和保水率。当稠度和保水率不能满足要求时，应调整材料用量，直到符合要求为止，然后确定为试配时的砂浆基准配合比。

（3）试配时至少应采用三个不同的配合比，其中一个基准配合比，其他配合比的水泥用量应按基准配合比分别增加和减少10%。在保证稠度、保水率合格的条件下，可将用水量、石灰膏、保水增稠材料或粉煤灰等活性掺合料用量做相应调整。

（4）砌筑砂浆试配时稠度应满足施工要求并应按现行行业标准《建筑砂浆基本性能试验方法标准》（JGJ/T 70—2009）分别测定不同配合比的表观密度及强度；并应选用符合试配强度及和易性要求、水泥用量最低配合比作为砂浆的试配配合比。

（5）砌筑砂浆适配配合比应按下列步骤进行校正。

① 应根据上述第四条确定的砂浆配合比材料用量，按下式计算砂浆的理论表观密度值：

$$\rho_t = Q_c + Q_D + Q_s + Q_w \qquad (3-6)$$

式中 $\rho_t$——砂浆的理论表观密度值，$kg/m^3$，应精确至 $10kg/m^3$。

② 应按式（3-7）计算砂浆配合比校正系数 $\delta$：

$$\delta = \rho_c / \rho_t \qquad (3-7)$$

式中 $\rho_c$——砂浆的实测表观密度值，$kg/m^3$，应精确至 $10kg/m^3$。

③ 当砂浆的实测表观密度值与理论表观密度之差的绝对值不超过理论值的2%时，可按上述第四条得出的试配配合比确定为砂浆设计配合比；当超过2%时，应将试配配合比中每项材料用量均乘以校正系数（$\delta$）后，确定为砂浆设计配合比。

（6）预拌砌筑砂浆生产前应进行试配、调整与确定，并应符合现行行业标准《预拌砂浆》（JGJ/T 230—2007）的规定。

### 3.1.4 砌筑砂浆配合比设计实例

【例3-1】某砖墙用砌筑砂浆要求使用水泥石灰混合砂浆。砂浆强度等级为 M10，稠度 70～80mm。原材料性能如下：水泥为32.5级普通硅酸盐水泥；砂子为中砂，干砂的堆积密度为1480kg/cm³；砂的实际含水率为2%；石灰膏稠度为 100 mm；施工水平一般。

（1）计算试配强度 $f_{m,o}$。

**解：** 查表3-3，知 $k=1.20$，代入式（3-1）：

$$f_{m,o} = k f_2 = 1.20 \times 10 \text{MPa} = 12.0 \text{MPa}$$

（2）计算水泥用量 $Q_c$。

$$Q_c = \frac{1000(f_{m,o} - \beta)}{\alpha \cdot f_{ce}} = \frac{1000 \times (12.0 + 15.09)}{3.03 \times 32.5} = 275 \text{（kg）}$$

（3）计算石灰膏用量 $Q_D$（砂浆胶结材料总量 $Q_A$ 选取 350kg）。

$$Q_D = Q_A - Q_c = 350 - 275 = 75 \text{（kg）}$$

石灰膏稠度100mm换算成120mm，查表3-4得：
$$75 \times 0.97 = 73(kg)$$
（4）根据砂的堆积密度和含水率，计算用砂量$Q_s$。
$$Q_s = 1480 \times (1+2\%) = 1510(kg)$$
砂浆试配时各材料的用量比例为
水泥∶石灰膏∶砂＝275∶73∶1510＝1∶0.27∶5.49

# 任务3.2 抹面砂浆的选用

抹面砂浆也称抹灰砂浆，以薄层涂抹在建筑物内外表面。既可以保护墙体不受风雨、潮气等侵蚀，提高墙体的耐久性，同时也使建筑表面平整、光滑、清洁美观。与砌筑砂浆不同，对抹面砂浆的要求不是抗压强度，而是和易性以及与基底材料的粘结力。

抹面砂浆按其功能不同可分为普通抹面砂浆、装饰砂浆和防水砂浆等。

## 3.2.1 普通抹面砂浆

普通抹面砂浆的功能是保护结构主体、提高耐久性、改善外观。常用的普通抹面砂浆有石灰砂浆、水泥砂浆、水泥混合砂浆、麻刀石灰浆（简称麻刀灰）、纸筋石灰浆（简称纸筋灰）等。

为了提高抹面砂浆的粘结力，胶凝材料（包括掺合料）的用量较多，还常常加入适量的水溶性聚合物或聚合物乳液，如聚氧化乙烯或聚醋酸乙烯等。为了提高抗拉强度，防止抹面砂浆开裂，常加入麻刀、纸筋、聚合物纤维、玻璃纤维等纤维材料。

抹面砂浆一般分两层或三层施工，底层起粘结作用，中层起找平作用，面层起装饰作用。抹灰构造层次如图3.5所示。

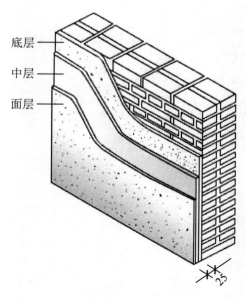

图3.5 抹灰构造层次

用于砖墙的底层抹灰，常为石灰砂浆，有防水、防潮要求时，用水泥砂浆。用于混凝

土基层的底层抹灰，常为水泥混合砂浆。中层抹灰常用水泥混合砂浆或石灰砂浆。面层抹灰常用水泥混合砂浆、麻刀灰或纸筋灰。

根据《抹灰砂浆技术规程》（JGJ/T 220－2010）的规定，抹灰砂浆的品种宜根据使用部位和基体种类按表3－7选用。各品种抹灰砂浆配合比的材料用量见表3－8。

表3－7　抹灰砂浆品种选用《抹灰砂浆技术规程》（JGJ/T 220－2010）

| 使用部位及基体种类 | 抹灰砂浆品种 |
|---|---|
| 内墙 | 水泥抹灰砂浆、水泥石灰抹灰砂浆、水泥粉煤灰抹灰砂浆、掺塑化剂水泥抹灰砂浆、聚合物水泥抹灰砂浆、石膏抹灰砂浆 |
| 外墙、门洞口外侧壁 | 水泥抹灰砂浆、水泥粉煤灰抹灰砂浆 |
| 温（湿）度较大的车间和房屋、地下室、屋檐、勒脚等 | 水泥抹灰砂浆、水泥粉煤灰抹灰砂浆 |
| 混凝土板和墙 | 水泥抹灰砂浆、水泥石灰抹灰砂浆、聚合物水泥抹灰砂浆、石膏抹灰砂浆 |
| 混凝土顶棚、条板 | 聚合物水泥抹灰砂浆、石膏抹灰砂浆 |
| 加气混凝土砌块（板） | 水泥石灰抹灰砂浆、水泥粉煤灰抹灰砂浆、掺塑化剂水泥抹灰砂浆、聚合物水泥抹灰砂浆、石膏抹灰砂浆 |

表3－8　抹灰砂浆配合比的材料用量

| 抹灰砂浆品种 | 抹灰砂浆配合比材料用量/(kg/m³) | | | | | | |
|---|---|---|---|---|---|---|---|
| | 强度等级 | 水泥 | 粉煤灰 | 石灰膏 | 石膏 | 砂 | 水 |
| 水泥抹灰砂浆 | M15 | 330～380 | — | — | — | 1m³砂的堆积密度值 | 250～300 |
| | M20 | 380～450 | | | | | |
| | M25 | 400～450 | | | | | |
| | M30 | 460～530 | | | | | |
| 水泥粉煤灰抹灰砂浆 | M5 | 250～290 | 内掺，等量取代水泥10%～30% | — | — | | 270～320 |
| | M10 | 320～350 | | | | | |
| | M15 | 350～400 | | | | | |
| 水泥石灰抹灰砂浆 | M2.5 | 200～230 | — | (350～400)－C | — | | 180～280 |
| | M5 | 230～280 | | | | | |
| | M7.5 | 280～330 | | | | | |
| | M10 | 330～380 | | | | | |
| 掺塑化剂水泥抹灰砂浆 | M5 | 260～300 | — | — | — | | 250～280 |
| | M10 | 330～360 | | | | | |
| | M15 | 360～410 | | | | | |
| 石膏抹灰砂浆 | 抗压强度4.0MPa | — | — | — | 450～650 | | 260～400 |

注：表中C为水泥用量

### 3.2.2　装饰抹面砂浆

涂抹在建筑物内外墙表面，以增加建筑物美观效果的砂浆称为装饰砂浆。装饰砂浆与抹面砂浆的主要区别在面层。装饰砂浆的面层应选用具有一定颜色的胶凝材料和集料并采用特殊的施工操作方法，以使表面呈现出各种不同的色彩线条和花纹等装饰效果。

装饰砂浆常用的胶凝材料有白水泥和彩色水泥，以及石灰、石膏等。集料常用大理石、花岗岩等带颜色的细石渣或玻璃、陶瓷碎粒等。几种常用装饰砂浆的工艺做法如下。

**1. 拉毛**

先用水泥砂浆或水泥混合砂浆做底层，再用水泥石灰砂浆或水泥纸筋灰浆做面层，在面层灰浆尚未凝结之前用铁抹子或木楔将表面轻压后顺势轻轻拉起，形成凹凸感较强的饰面层。要求表面拉毛花纹、斑点分布均匀，颜色一致，同一平面上不显接槎。

**2. 水刷石**

水刷石是将水泥和粒径为5mm左右的石渣按比例配制成砂浆，涂抹成型待水泥浆初凝后，以硬毛刷蘸水刷洗，或以清水冲洗，冲洗掉石渣表面的水泥浆，使石渣半露出来。水刷石饰面具有石料饰面的质感效果，如再结合适当的艺术处理，可使饰面获得自然美观、明快庄重、秀丽淡雅的艺术效果，且经久耐用，不需维护。

**3. 水磨石**

水磨石是用普通水泥、白水泥或彩色水泥和有色石渣或白色大理石碎粒做面层，硬化后用机械磨平抛光表面而成，不仅美观而且有较好的防水、耐磨性能。水磨石分预制和现制两种。现制多用于地面装饰；预制件多用作楼梯踏步、踢脚板、地面板、柱面、窗台板、台面等，多用于室内外地面的装饰。

**4. 斩假石**

又称剁斧石，是在水泥砂浆基层上涂抹水泥石粒浆，待硬化有一定强度时，用钝斧及各种凿子等工具，在表面剁斩出类似石材经雕琢的纹理效果。既具有真石的质感，又有精工细作的特点，给人以朴实、自然、素雅、庄重的感觉。

**5. 干粘石**

干粘石是在素水泥浆或聚合物水泥砂浆粘结层上，将粒径5mm以下的彩色石渣直接粘在砂浆层上，再拍平压实的一种装饰抹灰做法，分为人工甩粘和机械喷粘两种。要求石子粘结牢固、不脱落、不露浆，石粒的2/3应压入砂浆中。装饰效果与水刷石相同，而且避免了湿作业，提高了施工效率，又节约材料，应用广泛。

### 3.2.3　防水砂浆

用作防水层的砂浆称为防水砂浆。砂浆防水层又称刚性防水层，适用于不受振动和具有一定刚度的混凝土和砖石砌体的表面，应用于地下室、水塔、水池等防水工程。常用的防水砂浆主要有以下三种。

**1. 多层抹面的防水砂浆**

多层抹面防水砂浆是指通过人工多层抹压做法（即将砂浆分几层抹压），以减少内部连

通毛细空隙，增大密实度，以达到防水效果的砂浆。其水泥宜选用强度等级 32.5 级以上的普通硅酸盐水泥，砂子宜采用洁净的中砂或粗砂，水胶比控制在 0.40~0.50，体积配合比控制在 1：2~1：3（水泥：砂）。

**2. 掺加各种防水剂的防水砂浆**

常用的防水剂有氯化物金属盐类防水剂、水玻璃防水剂和金属皂类防水剂等。在水泥砂浆中掺入防水剂，可促使砂浆结构密实，填充和堵塞毛细管道和孔隙，提高砂浆的抗渗能力。配合比控制与上述相同。

**3. 膨胀水泥或无收缩水泥配制的防水砂浆**

这种砂浆的抗渗性主要是由于膨胀水泥或无收缩水泥具有微膨胀或补偿收缩性能，提高了砂浆的密实性，具有良好的防水效果。砂浆配合比为水泥：砂＝1：2.5（体积比），水胶比为 0.4~0.5，常温下配制的砂浆必须在 1h 内用完。

防水砂浆的施工操作要求较高，配制防水砂浆时现将水泥和砂干拌均匀，再把量好的防水剂溶于拌和水中与水泥、砂搅拌均匀后即可使用。涂抹时，每层厚度约 5mm 左右，共涂抹 4~5 层，约 20~30mm 厚。在涂抹前先在润湿清洁的底面上抹一层纯水泥浆，然后抹一层 5mm 厚的防水砂浆，在初凝前用木抹子压实一遍，第二、三、四层都是同样的操作方法，最后一层进行压光。抹完后要加强养护，保证砂浆的密实性，以获得理想的防水效果。

# 任务 3.3　新型砂浆的选用

**1. 绝热砂浆**

绝热砂浆是以水泥、石灰膏、石膏等胶凝材料与膨胀珍珠岩、膨胀蛭石、火山渣或浮石砂、膨胀矿渣、陶砂等轻质多孔骨料按一定比例配制成的砂浆。绝热砂浆具有质轻和良好的绝热性能，其导热系数为 0.07~0.10W/(m·k)。可用于屋面绝热层、绝热墙壁以及供热管道绝热层等处。

常用的隔热砂浆有水泥膨胀珍珠岩砂浆、水泥膨胀蛭石砂浆、水泥石灰膨胀蛭石砂浆等。

**2. 吸声砂浆**

与绝热砂浆类似，由轻质多孔骨料配制而成。有良好的吸声性能，用于室内墙壁和吊顶的吸声处理。也可采用水泥、石膏、砂、锯末（体积比约为 1：1：3：5）配制吸声砂浆，还可在石灰、石膏砂浆中掺入玻璃纤维、矿物棉等松软纤维材料配制吸声砂浆。

**3. 耐腐蚀砂浆**

1）耐碱砂浆

使用 42.5 级以上的普通硅酸盐水泥（水泥熟料中铝酸三钙含量应小于 9%），细骨料可采用耐碱、密实的石灰岩类（石灰岩、白云岩、大理岩等）、火成岩类（辉绿岩、花岗岩等）制成的砂和粉料，也可采用石英质的普通砂。耐碱砂浆可耐一定温度和浓度下的氢氧化钠和铝酸钠溶液的腐蚀，以及任何浓度的氨水、碳酸钠、碱性气体和粉尘等的腐蚀。

2）水玻璃类耐酸砂浆

在水玻璃和氟硅酸钠配制的耐酸胶结料中，掺入适量由石英岩、花岗岩、铸石等制成的粉及细骨料可拌制成耐酸砂浆。耐酸砂浆常用作内衬材料、耐酸地面和耐酸容器的内壁防护层。

3）硫磺砂浆

硫磺砂浆是以硫磺为胶结料，加入填料、增韧剂，经加热煞制而成。采用石英粉、辉绿岩粉、安山岩粉作为耐酸粉料和细骨料。硫磺砂浆具有良好的耐腐蚀性能，几乎能耐大部分有机酸、无机酸、中性和酸性盐的腐蚀，对乳酸亦有很强的耐腐蚀能力。

4. 防辐射砂浆

在水泥浆中加入重晶石粉、砂配制而成的具有防辐射能力的砂浆。按水泥∶重晶石粉∶重晶石砂＝1∶0.25∶4～5配制的砂浆具有防 X 射线辐射的能力。若在水泥砂中掺入硼砂、硼酸可配制具有防中子辐射能力的砂浆。这类砂浆用于射线防护工程中。

5. 聚合物砂浆

聚合物砂浆是在水泥砂浆中加入有机聚合物乳液配制而成，具有粘结力强、干缩率小、脆性低、耐蚀性好等特性，主要用于提高装饰砂浆的黏结力、填补钢筋混凝土构件的裂缝、制作耐磨及耐侵蚀的修补和防护工程。常用的聚合物乳液有氯丁胶乳液、丁苯橡胶乳液、丙烯酸树脂乳液等。

6. 干混砂浆

干混砂浆又称为干粉料、干混料或干粉砂浆。它是由胶凝材料、细骨料、外加剂（有时根据需要加入一定量的掺合料）等固体材料组成，经工厂准确配料和均匀混合而制成的砂浆半成品，不含拌和水。拌和水是在使用前在施工现场搅拌时加入。

干混砂浆分为普通干混砂浆和特种干混砂浆。普通干混砂浆又分为砌筑工程用的干混砌筑砂浆和抹灰工程用的干混砂浆两种。干混砌筑砂浆具有优异的粘结能力和保水性，使砂浆在施工中凝结的更为密实，在干燥砌块基面都能保证砂浆的有效粘结；具有干缩率低的特性，能够最大限度地保证墙体尺寸的稳定性；胶凝后具有刚中带韧的特性，提高建筑物的安全性能。

抹灰工程用的干混抹灰砂浆能承受一系列外部作用；具有足够的抗水冲能力，可用在浴室和其他潮湿的房间抹灰工程中；减少抹灰层数，提高工效；具有良好的和易性，使施工好的基面光滑平整、均匀；具有良好的抗流挂性能、对抹灰工具的低粘性、易施工性；更好的抗裂、抗渗性能。

特种干混砂浆指对性能有特殊要求的专用建筑、装饰类干混砂浆，如瓷砖粘结砂浆、聚苯板（EPS）粘结砂浆、外保温抹面砂浆等。

瓷砖粘结砂浆，节约材料用量，可实现薄层粘结；粘结力强，减少分层和剥落，避免空鼓、开裂；操作简单方便，施工质量和效率得到大幅提高。

聚苯板（EPS）粘结砂浆，对基地和聚苯乙烯有良好的粘结力；有足够的变性能力（柔性）和良好的抗冲击性；自身重量轻，对墙体要求低，能直接对混凝土和砖墙上使用；环保无毒，节约大量能源；有极佳的粘结力和表面强度；低收缩、不开裂、不起壳、长期的耐候性与稳定性；加水即用，避免现场搅拌砂浆的随意性，质量稳定，有良好的施工性

能，耐碱、耐水、抗冻融、快干、早强、施工效率高。

外保温抹面砂浆是指聚苯乙烯颗粒添加纤维素、胶粉、纤维等添加剂的具有保温隔热性能的砂浆产品。加水即可使用，施工方便；粘结强度高，不易空鼓、脱落；物理力学性能稳定、收缩量低、防止收缩开裂或龟裂；可在潮湿基面上施工；干燥硬化快，施工周期短；绿色环保，隔热效果卓越；密度小，减轻建筑自重，有利于结构设计。

干混砂浆的特点是集中生产，性能优良，质量稳定，品种多样，运输、储存和使用方便。储存期可达3个月至半年。

干混砂浆的使用，有利于提高砌筑、抹灰、装饰、修补工程的施工质量，改善砂浆现场施工条件。

知 识 链 接

## 传统砂浆与干混砂浆的区别

1. 传统砂浆

一般采用现场搅拌的方式，有以下弊端。

（1）质量难以保证：受设备、技术、管理条件的限制，容易造成计量不准确；砂石质量、级配、杂质含量、水份含量不稳定；搅拌不均匀；施工时间难以掌握。

（2）工作效率低：现场配制砂浆，需大量人力、时间去购买存放和计量原材料。

（3）耗料多：现场配制难以按配比执行，造成原材料不合理使用和浪费，现场搅拌约20％～30％的材料损失。

（4）污染环境：现场搅拌，粉尘量大，并占地多，污染环境，影响文明施工。

（5）难以满足特殊要求：随着新型墙体材料的发展，传统砂浆必能满足与之适应的要求。专用砂浆一般需加外加剂，而现场加外加剂很难保证产品的质量。这样不利于推广使用新型墙体材料，就不能达到保护资源、利废节能的目的。

2. 干混砂浆

在工厂将所有原材料按配比混合好作为商品出售的干混砂浆，在施工现场只需按比例加水拌和，这种方法生产的砂浆有以下特点。

（1）质量稳定：因有专门设备，技术人员控制管理，使其用量合理、配料准确、混合均匀，而使质量均匀可靠，提高建筑施工质量。

（2）工作效率高：可一次购买到符合要求的砂浆，随到随用，大大提高工作效率。加了外加剂的砂浆，由于砂浆性能的改善，更可提高施工工效。

（3）满足特殊要求：技术人员可按特殊需要的的性能，添加外加剂，对原材料进行适当调配，以达到目的，而在施工现场难以实现。

（4）保护环境：干混砂浆占地少、无粉尘、无噪声、减少环境污染、改善市容、文明生产。

（5）节省原料：因按配比生产，不会造成很大的原料浪费。

（6）利废环保：可利用粉煤灰、炉渣等废料。

（7）建筑干混砂浆属无机材料，无毒无味，利于健康居住，是真正的绿色材料。

（8）适用于机械化施工，比如建筑干混砂浆的仓储、气力输送、机器喷涂等，从而成倍地提高工作效率，降低建筑造价。

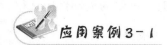

应用案例3-1

## 以硫铁矿渣代建筑砂配制砂浆的质量问题

**【案例概况】**

上海市某中学教学楼为五层内廊式砖混结构，工程交工验收时质量良好。但使用半年后，发现砖砌体裂缝，墙面抹起壳。继续观察一年后，建筑物裂缝严重，以致成为危房不能使用。该工程砂浆采用硫铁矿渣代替建筑砂。其含硫量较高，有的高达4.6％，请分析其原因。

**【案例解析】**

由于硫铁矿渣中的三氧化硫和硫酸根与水泥或石灰膏反应，生成硫铁酸钙或硫酸钙，产生体积膨胀。而其硫含量较多，在砂浆硬化后不断生成此类体积膨胀的水化产物，致使砌体产生裂缝，抹灰层起壳。

需说明的是，该段时间上海的硫铁矿渣含硫较高，不仅此项工程出问题，其他许多是硫铁矿渣的工程亦出现类似的质量问题，关键是硫含量高。

## 情境小结

1. 建筑砂浆是由砂、水泥、掺合料、水及外加剂组成，是建筑工程中不可缺少的重要材料之一，主要起胶结、衬垫和传递荷载的作用。

2. 建筑砂浆按功能和用途不同，分为砌筑砂浆、抹面砂浆和特种砂浆；按所用胶凝材料不同可分为水泥砂浆、石灰砂浆和混合砂浆。新拌砂浆要求具有良好的和易性。砂浆强度一般指立方体抗压强度。水泥砂浆及预拌砌筑砂浆的强度等级划分为7个等级；水泥混合砂浆的强度等级可分为4个等级。用于密实基层(不吸水基层，如石材)，与混凝土类似，强度主要取决于水泥强度及$W/B$；多孔基层(吸水基层，如砌块)，与混凝土不同，强度主要取决于水泥强度及水泥用量。

3. 砌筑砂浆应进行砂浆配合比设计来保证砂浆的强度，从而保证工程质量。

4. 干混砂浆是砂浆的发展方向，特点突出，有广泛的发展前景。特种砂浆应用范围广泛，注意掌握原材料的应用前景。

## 习题

**一、填空题**

1. 为了改善砂浆的和易性和节约水泥，常常在砂浆中掺入适量的_____、_____或_____制成混合砂浆。

2. 砂浆的和易性包括_____、_____和_____，分别用指标_____、_____和_____表示。

3. 测定砂浆强度的标准试件是_____mm的立方体试件，在_____条件下养护_____d，测定其_____强度，据此确定砂浆的_____。

4. 砂浆流动性的选择，是根据_____和_____等条件来决定。夏天砌

筑红砖墙体时，砂浆的流动性应选得_____些；砌筑毛石时，砂浆的流动性应选得_____些。

5. 混合砂浆的基本组成材料包括_____、_____、_____和_____。

6. 砂浆一般分底层、中层和面层三层进行施工，其中底层起着_____的作用，中层起着_____的作用，面层起着_____的作用。

7. 配制某强度等级的水泥砂浆，计算水泥用量为 65kg/m³，估计石膏用水量应为_____kg/m³。

8. 用于石砌体的砂浆强度主要决定于_____和_____。

二、判断题

1. 砂浆的和易性内容与混凝土的完全相同。（    ）

2. 混合砂浆的强度比水泥砂浆的强度大。（    ）

3. 砂浆的分层度越大，保水性越好。（    ）

4. 采用石灰混合砂浆是为了改善砂浆的保水性。（    ）

5. 砌筑砂浆的强度，无论其底面是否吸水，砂浆的强度主要取决于水泥强度及水胶比。（    ）

6. 建筑砂浆的组成材料与混凝土一样，都是由胶凝材料、骨料和水组成。（    ）

7. 配制砌筑砂浆，宜选用中砂。（    ）

8. 砂浆的和易性包括流动性、粘聚性、保水性三方面的含义。（    ）

9. 影响砌筑砂浆流动性的因素，主要是水泥的用量、砂的粗细程度、级配等，而与用水量无关。（    ）

10. 为便于铺筑和保证砌体的质量要求，新拌砂浆应具有一定的流动性和保水性。（    ）

三、单选题

1. 凡涂在建筑物或构件表面的砂浆，可统称为_____。

A. 砌筑砂浆　　　　B. 抹面砂浆　　　　C. 混合砂浆　　　　D. 防水砂浆

2. 用于吸水底面的水泥砂浆强度，主要取决于_____。

A. 水胶比及水泥强度　　　　　　　　B. 水泥用量及水泥强度

C. 水泥及砂用量　　　　　　　　　　D. 水泥及石灰用量

3. 在抹面砂浆中掺入纤维材料可以改变砂浆的_____。

A. 强度　　　　　　B. 抗拉强度　　　　C. 保水性　　　　D. 分层度

4. 砂浆抗压强度标准试件的尺寸为_____。

A. 100mm×100mm×100mm　　　　B. 150mm×150mm×150mm

C. 200mm×200mm×200mm　　　　D. 70.7mm×70.7mm×70.7mm

5. 当砂浆的强度等级在 M5 以下时，砂的含泥量应不大于_____，在 M5 以上时，砂的含泥量应不大于 5%。

A. 3%　　　　　　　B. 5%　　　　　　　C. 7%　　　　　　　D. 10%

6. 砂浆的流动性大小用_____表示。

A. 沉入度　　　　　B. 分层度　　　　　C. 标准稠度　　　　D. 坍落度

7. 砂浆的保水性用_____来表示。

A. 沉入度　　　　　B. 分层度　　　　　C. 标准稠度　　　　D. 坍落度

8. 砌筑砂浆用砂，优选用_____。

A. 粗砂　　　　　　B. 中砂　　　　　　C. 细砂　　　　　　D. 特细砂

9. 砂浆的稠度越大，说明_____。

A. 强度越小　　　　B. 流动性越大　　　C. 粘结力越强　　　D. 保水性越好

10. 建筑砂浆常以_____作为砂浆的最主要的技术性能指标。

A. 抗压强度　　　　B. 粘结强度　　　　C. 抗拉强度　　　　D. 耐久性

四、多项选择题

1. 砌筑砂浆的流动性指标不能用_____表示。

A. 坍落度　　　　　B. 维勃稠度　　　　C. 沉入度　　　　　D. 分层度

2. 砌筑砂浆的保水性指标不能用_____表示。

A. 坍落度　　　　　B. 维勃稠度　　　　C. 沉入度　　　　　D. 分层度

3. 砌筑砂浆的组成材料有_____。

A. 胶凝材料　　　　B. 砂　　　　　　　C. 水　　　　　　　D. 掺加料及外加剂

4. 新拌砂浆的和易性主要包括_____方面的性能。

A. 流动性　　　　　D. 粘聚性　　　　　C. 保水性　　　　　D. 粘结力

5. 砂浆的强度是以_____个 70.7mm×70.7mm×70.7mm 的立方体试块，在标准条件下养护_____天后，用标准试验方法测得的抗压强度(MPa)的抗压强度的平均值来评定。

A. 6、7　　　　　　B. 6、28　　　　　　C. 7、7　　　　　　D. 3、28

五、简答题

1. 砌筑砂浆的组成材料有哪些？对组成材料有何要求？

2. 新拌砂浆的和易性包括哪两方面的含义？如何测定？砂浆和易性不良对工程应用有何影响？

3. 常用的装饰抹面砂浆有哪些？各有什么特性？

4. 常用的防水砂浆有哪些？

5. 影响砂浆的抗压强度的主要因素有哪些？

6. 抹面砂浆的技术要求包括哪几个方面？它与砌筑砂浆的技术要求有何异同？

7. 硬化后的砂浆有哪些主要的技术性质？

8. 为什么地上砌筑工程一般多采用混合砂浆？

六、计算题

1. 要求设计用于砌筑砖墙的水泥混合砂浆配合比。设计强度等级为 M7.5，稠度为70～90mm。

原材料的主要参数：水泥 32.5 级矿渣水泥；中砂，堆积密度为 1450kg/m³，含水率2%；石灰膏，稠度 120mm；施工水平，一般。

2. 要求设计用于砌筑砖墙的水泥砂浆，设计强度为 M10，稠度 80～100mm。原材料的主要参数：水泥，32.5 级矿渣水泥；砂，中砂，堆积密度为 1380kg/m³；施工水平，一般。

七、案例题

某工地现配制 M10 砂浆砌筑砖墙，把水泥直接倒在砂堆上，再人工搅拌。该砌体灰缝饱满度及粘结性均差。请分析原因。

# 学习情境 4

## 建筑金属材料的选择与应用

### ⚙ 学习目标

本学习情境介绍了建筑钢材的分类、性质、技术标准及选用原则。通过学习应了解钢的冶炼和分类、钢材的加工性质、钢材防锈和防火的做法；掌握建筑钢材的主要力学性能和工艺性能、建筑用钢材的标准和应用；熟悉钢材验收和储运的基本要求。

### ⚙ 学习要求

| 知识要点 | 能力要求 | 比重 |
|---|---|---|
| 钢的冶炼和分类 | 会根据钢材的冶炼方法、化学成分的含量对钢材分类 | 10% |
| 建筑钢材的主要力学性能和工艺性能 | (1) 能区分钢材的力学性能、工艺性能<br>(2) 会测定、评价钢材的力学性能、工艺性能 | 30% |
| 钢材的冷加工、热处理 | 能说出钢材的加工方式及意义 | 10% |
| 钢结构和混凝土用钢材的标准和应用 | 会根据工程实际情况正确合理选择钢材 | 35% |
| 钢材防锈机理及做法、防火措施 | 能简单分析钢材锈蚀、不耐火的原因，并据此提出相应的措施 | 5% |
| 钢材验收要求、储运规定 | 能根据钢材的验收要求、储运规定，正确验收和储运钢材 | 10% |

## 引 例

某百货大楼一层橱窗上设置有挑出 1200mm 通长现浇钢筋混凝土雨篷，如图 4.1(a)所示。待到达混凝土设计强度拆模时，突然发生从雨篷根部折断的质量事故，呈门帘状如图 4.1(b)所示。发生事故后发现受力筋的位置，离模板只有 20mm，如图 4.1(c)所示。试分析原因。

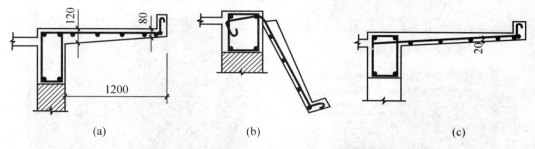

图 4.1　悬臂板受力筋错误位置及其造成破坏情况

## 钢结构的发展

钢结构工程是以钢材制作为主的结构，是主要的建筑结构类型之一。钢结构是现代建筑工程中较普通的结构形式之一。中国是最早用铁制造承重结构的国家，远在秦始皇时代（公元前 246—219 年），就已经用铁做简单的承重结构，而西方国家在 17 世纪才开始使用金属承重结构。公元 3—6 世纪，聪明勤劳的中国人民就用铁链修建铁索悬桥，著名的四川泸定大渡河铁索桥，云南的元江桥和贵州的盘江桥等都是中国早期铁体承重结构的例子。

中国虽然早期在铁结构方面有卓越的成就，但由于 2 千多年的封建制度的束缚，科学不发达，因此，长期停留于铁制建筑物的水平。直到 19 世纪末，我国才开始采用现代化钢结构。新中国成立后，钢结构的应用有了很大的发展，不论在数量上或质量上都远远超过了过去。在设计、制造和安装等技术方面都达到了较高的水平，掌握了各种复杂建筑物的设计和施工技术，在全国各地已经建造了许多规模巨大而且结构复杂的钢结构厂房、大跨度钢结构民用建筑及铁路桥梁等，我国的人民大会堂钢屋架，北京和上海等地的体育馆的钢网架，陕西秦始皇兵马俑陈列馆的三铰钢拱架和北京的鸟巢等。

建筑钢材是指用于工程建设的各种钢材，现代建筑工程中大量使用的钢材主要有两大类：一类是钢筋混凝土用钢材，与混凝土共同构成受力构件；另一类则为钢结构用钢材，充分利用其轻质高强的优点，用于建造大跨度、大空间或超高层建筑。此外，还包括用作门窗和建筑五金等钢材。

建筑钢材强度高、品质均匀，具有一定的弹性和塑性变形能力，能承受冲击振动荷载。钢材还具有很好的加工性能，可以铸造、锻压、焊接、铆接和切割，装配施工方便。建筑钢材广泛用于大跨度结构、多层及高层建筑、受动力荷载结构和重型工业厂房结构（图 4.2、图 4.3）、钢筋混凝土（图 4.4）之中，是最重要的建筑结构材料之一。但钢材也存在能耗大、成本高、容易生锈、维护费用大、耐火性差等缺点。

图 4.2　大跨度钢结构

图 4.3　钢结构厂房

图 4.4　钢筋混凝土结构

# 任务 4.1　钢材冶炼与分类

## 4.1.1　钢材的冶炼

钢和铁的主要成分都是铁和碳，用含碳量的多少加以区分，含碳量大于 2.06％的铁碳合金为生铁，小于 2.06％的铁碳合金为钢。钢是由生铁冶炼而成。生铁是由铁矿石、焦炭和少量石灰石等在高温的作用下进行还原反应和其他的化学反应，铁矿石中的氧化铁形成金属铁，然后再吸收碳而成生铁。生铁的主要成分是铁，但含有较多的碳以及硫、磷、硅、锰等杂质，杂质使得生铁的性质硬而脆、塑性很差、抗拉强度很低，使用受到很大限制。炼钢的目的就是通过冶炼将生铁中的含碳量降至 2.06％以下，其他杂质含量降至一定的范围内，以显著改善其技术性能，提高质量。

钢的冶炼方法主要有氧气转炉法、电炉法和平炉法 3 种，不同的冶炼方法对钢材的质量有着不同的影响，见表 4－1。目前，氧气转炉法已成为现代炼钢的主要方法，而平炉法则已基本被淘汰。

表 4－1　炼钢方法的特点和应用

| 炉种 | 原料 | 特　点 | 生产钢种 |
| --- | --- | --- | --- |
| 氧气转炉 | 铁水、废钢 | 冶炼速度快，生产效率高，钢质较好 | 碳素钢、低合金钢 |
| 电炉 | 废钢 | 容积小，耗电大，控制严格，钢质好，但成本高 | 合金钢、优质碳素钢 |
| 平炉 | 生铁、废钢 | 容量大，冶炼时间长，钢质较好且稳定，成本较高 | 碳素钢、低合金钢 |

## 4.1.2　钢的分类

钢的分类方法很多，基本分类方法见表 4-2。

表 4-2　钢的分类

| 分类方法 | 类别 | | 特性 | 应用 |
|---|---|---|---|---|
| 按化学成分分类 | 碳素钢 | 低碳钢 | 含碳量<0.25% | 在建筑工程中，主要用的是低碳钢和中碳钢 |
| | | 中碳钢 | 含碳量 0.25%~0.60% | |
| | | 高碳钢 | 含碳量>0.60% | |
| | 合金钢 | 低合金钢 | 合金元素总含量<5% | 建筑上常用低合金钢 |
| | | 中合金钢 | 合金元素总含量 5%~10% | |
| | | 高合金钢 | 合金元素总含量>10% | |
| 按脱氧程度分类 | 沸腾钢 | | 脱氧不完全，硫、磷等杂质偏析较严重，代号为"F" | 其生产成本低、产量高，可广泛用于一般的建筑工程 |
| | 镇静钢 | | 脱氧完全，同时去硫，代号为"Z" | 适用于承受冲击荷载、预应力混凝土等重要结构工程 |
| | 半镇静钢 | | 脱氧程度介于沸腾钢和镇静钢之间，代号为"b" | 为质量较好的钢 |
| | 特殊镇静钢 | | 比镇静钢脱氧程度还要充分彻底，代号为"TZ" | 适用于特别重要的结构工程 |
| 按质量分类 | 普通钢 | | 含硫量≤0.055%~0.065%，含磷量≤0.045~0.085% | 建筑中常用普通钢，有时也用优质钢 |
| | 优质钢 | | 含硫量≤0.03%~0.045%，含磷量≤0.035%~0.045% | |
| | 高级优质钢 | | 含硫量≤0.02%~0.03%，含磷量≤0.027~0.035% | |
| | 特级优质钢 | | 硫含量≤0.025%，磷含量≤0.015% | |
| 按用途分类 | 结构钢 | | 工程结构构件用钢、机械制造用钢 | 建筑上常用的是结构钢 |
| | 工具钢 | | 主要用作各种量具、刀具及模具的钢 | |
| | 特殊钢 | | 具有特殊物理、化学或机械性能的钢，如不锈钢、耐酸钢和耐热钢等。建筑上常用的是结构钢 | |

●特 别 提 示 ∙∙∙∙∙∙∙∙∙∙∙∙∙∙∙∙∙∙∙∙∙∙∙∙∙∙∙∙∙∙∙∙∙∙∙∙∙∙∙∙∙∙∙∙∙∙∙∙∙∙

（1）目前，在建筑工程中常用的钢种是普通碳素结构钢中的低碳钢和低合金钢中的高强度结构钢。

（2）沸腾钢的产量已逐渐下降并被镇静钢所取代。

知 识 链 接

（1）偏析。在铸锭冷却过程中，由于钢内某些元素在铁的液相中的溶解度大于固相，这些元素便向凝固较迟的钢锭中心集中，导致化学成分在钢锭中分布不均匀，这种现象称为化学偏析，其中以硫、磷偏析最为严重。偏析会严重降低钢材质量。

（2）脱氧。在冶炼钢的过程中，由于氧化作用使部分铁被氧化成 $FeO$，使钢的质量降低，因而在炼钢后期精炼时，需在炉内或钢包中加入锰铁、硅铁或铝锭等脱氧剂进行脱氧，脱氧剂与 $FeO$ 反应生成 $MnO_2$、$SiO_2$ 或 $Al_2O_3$ 等氧化物，它们成为钢渣而被除去。若脱氧不完全，钢水浇入锭模时，会有大量的 $CO$ 气体从钢水中逸出，引起钢水呈沸腾状，产生所谓沸腾钢。沸腾钢组织不够致密，成分不太均匀，硫、磷等杂质偏析较严重，故钢材的质量差。

# 任务 4.2　钢材的主要技术性能

钢材的性能主要包括力学性能、工艺性能和化学性能等。只有了解、掌握钢材的各种性能，才能做到正确、经济、合理的选择和使用钢材。

## 4.2.1　钢材的力学性能

### 1. 拉伸性能

拉伸是建筑钢材的主要受力形式，所以拉伸性能是表示钢材性能和选用钢材的重要指标。将低碳钢（软钢）制成一定规格的试件，放在材料试验机上进行拉伸试验，可以绘出图 4.5 所示的应力-应变关系曲线。从图中可以看出，低碳钢受拉至拉断，经历了 4 个阶段：弹性阶段（$O-A$）、屈服阶段（$A-B$）、强化阶段（$B-C$）和缩颈阶段（$C-D$）。

1）弹性阶段

曲线中 $OA$ 段是一条直线，应力与应变成正比。如卸去外力，试件能恢复原来的形状，这种性质即为弹性，此阶段的变形为弹性变形。与 $A$ 点对应的应力称为弹性极限。在弹性受力范围内，应力与应变的比值为常数，即弹性模量 $E=\sigma/\varepsilon$。$E$ 的单位为 MPa，例如，Q235 钢的 $E=0.21\times10^6$ MPa，25MnSi 钢的 $E=0.2\times10^6$ MPa。弹性模量反映钢材抵抗弹性变形的能力，是钢材在受力条件下计算结构变形的重要指标。

2）屈服阶段

应力超过 $A$ 点后，应力、应变不再成正比关系，开始出现塑性变形。应力的增长滞后于应变的增长，当应力达 $B$ 上点后（屈服上限），瞬时下降至 $B$ 下点（屈服下限），变形迅速增加，而此时外力则大致在恒定的位置上波动，直到 $B$ 点，这就是所谓的"屈服现象"，似乎钢材不能承受外力而屈服，所以 $AB$ 段称为屈服阶段。与 $B$ 下点（此点较稳定、易测定）对应的应力称为屈服点（屈服强度），用 $R_{el}$ 表示。常用碳素结构钢 Q235 的屈服极限 $R_{el}$ 不应低于 235MPa。

中碳钢与高碳钢（硬钢）的拉伸曲线与低碳钢不同，屈服现象不明显，难以测定屈服点，则规定产生残余变形为原标距长度的 0.2% 时所对应的应力值，作为硬钢的屈服强度，也称条件屈服强度，用 $R_{p0.2}$ 表示。

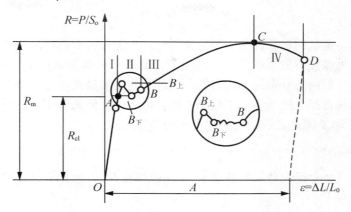

**图 4.5　低碳钢受拉的应力-应变图**

3）强化阶段

应力超过屈服点后，由于钢材内部组织中的晶格发生了畸变，阻止了晶格进一步滑移，钢材得到强化，所以钢材抵抗塑性变形的能力又重新提高，$B-C$ 段呈上升曲线，称为强化阶段。对应于最高点 $C$ 的应力值（$R_m$）称为极限抗拉强度，简称抗拉强度。显然，$R_m$ 是钢材受拉时所能承受的最大应力值，Q235 钢约为 380MPa。钢材受力大于屈服点后，会出现较大的塑性变形，已不能满足使用要求，因此屈服强度是设计上钢材强度取值的依据，是工程结构计算中非常重要的一个参数。屈服强度和抗拉强度之比（即屈强比＝$R_{el}$/$R_m$）能反映钢材的利用率和结构安全可靠程度。屈强比越小，其结构的安全可靠程度越高，但屈强比过小，又说明钢材强度的利用率偏低，造成钢材浪费。建筑结构钢合理的屈强比一般为 0.60～0.75。

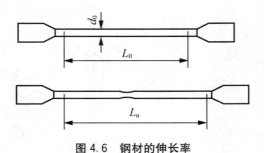

**图 4.6　钢材的伸长率**

4）缩颈阶段

试件受力达到最高点 $C$ 点后，其抵抗变形的能力明显降低，变形迅速发展，应力逐渐下降，试件被拉长，在有杂质或缺陷处，断面急剧缩小，直到断裂。故 $C-D$ 段称为缩颈阶段。

建筑钢材应具有很好的塑性。钢材的塑性通常用断后伸长率和断面收缩率表示。将拉断后的试件拼合起来，测定出标距范围内的长度 $L_u$（mm），其与试件原标距 $L_0$（mm）之差为塑性变形值，塑性变形值与 $L_0$ 之比称为断后伸长率（$A$），如图 4.6 所示。试件断面处面积收缩量与原面积之比，称断面收缩率（$Z$）。伸长率（$A$）、断面收缩率（$Z$）计算公式如下：

$$A = \frac{L_u - L_o}{L_o} \times 100\% \qquad\qquad (4-1)$$

$$Z = \frac{S_o - S_u}{S_o} \times 100\% \qquad\qquad (4-2)$$

断后伸长率是衡量钢材塑性的一个重要指标，$A$ 越大说明钢材的塑性越好。而一定的塑性变形能力，可保证应力重新分布，避免应力集中，从而钢材用于结构的安全性越大。塑性变形在试件标距内的分布是不均匀的，缩颈处的变形最大，离缩颈部位越远其变形越小。所以原标距与直径之比越小，则缩颈处伸长值在整个伸长值中的比重越大，计算出来的 $A$ 值就大。$A$ 和 $Z$ 都是表示钢材塑性大小的指标。

**特 别 提 示**

钢材在拉伸试验中得到的屈服强度 $R_{el}$、抗拉强度 $R_m$、伸长率 $A$ 是确定钢材牌号或等级的主要技术指标。

### 2. 冲击韧度

与抵抗冲击作用有关的钢材的性能是韧性。韧性是钢材断裂时吸收机械能能力的量度。吸收较多能量才断裂的钢材，是韧性好的钢材。在实际工作中，用冲击韧度衡量钢材抗脆断的性能，因为实际结构中脆性断裂并不发生在单向受拉的地方，而总是发生在有缺口高峰应力的地方，在缺口高峰应力的地方常呈三向受拉的应力状态。因此，最有代表性的是钢材的缺口冲击韧度，简称冲击韧度或冲击功。它是以试件冲断时缺口处单位面积上所消耗的功（$J/cm^2$）来表示，其符号为 $\alpha_k$。试验时将试件放置在固定支座上，然后以摆锤冲击试件刻槽的背面，使试件承受冲击弯曲而断裂，如图 4.7 所示。显然，$\alpha_k$ 值越大，钢材的冲击韧度越好。

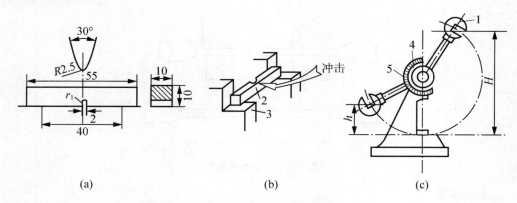

(a)　　　　　　　　　(b)　　　　　　　　(c)

**图 4.7　冲击韧性试验图**

(a)试件尺寸(mm)；(b)试验装置；(c)试验机

1—摆锤；2—试件；3—试验台；4—指针；5—刻度盘

注：$H$——摆锤扬起的高度；$h$——摆锤向后摆动高度

影响钢材冲击韧度的因素很多，如化学成分、冶炼质量、冷作及时效、环境温度等。当钢材内硫、磷的含量高，存在化学偏析，含有非金属夹杂物及焊接形成的微裂纹时，都会使冲击韧度显著降低。同时环境温度对钢材的冲击功影响也很大。试验表明，冲击韧度随温度的降低而下降，开始时下降缓和，当达到一定温度范围时，突然下降很多而呈脆性，这种性质称为钢材的冷脆性。这时的温度称为脆性临界温度。它的数值越低，钢材的低温冲击性能越好。

### 3. 耐疲劳性

受交变荷载反复作用，钢材在应力低于其屈服强度的情况下突然发生脆性断裂破坏的现象，称为疲劳破坏。钢材的疲劳破坏一般是由拉应力引起的，首先在局部开始形成细小断裂，随后由于微裂纹尖端的应力集中而使其逐渐扩大，直至突然发生瞬时疲劳断裂。疲劳破坏是在低应力状态下突然发生的，所以危害极大，往往造成灾难性的事故。

在一定条件下，钢材疲劳破坏的应力值随应力循环次数的增加而降低。钢材在无穷次交变荷载作用下而不至引起断裂的最大循环应力值，称为疲劳强度极限，实际测量时常以 $2 \times 10^6$ 次应力循环为基准。钢材的疲劳强度与很多因素有关，如组织结构、表面状态、合金成分、夹杂物和应力集中几种情况。一般来说，钢材的抗拉强度高，其疲劳极限也较高。

### 4. 硬度

钢材的硬度是指其表面抵抗硬物压入产生局部变形的能力。测定钢材硬度的方法有布氏法、洛氏法和维氏法等。建筑钢材常用布氏硬度表示，其代号为 HB。

布氏法的测定原理是利用直径为 $D(\text{mm})$ 的淬火钢球，以荷载 $P(\text{N})$ 将其压入试件表面，经规定的持续时间后卸去荷载，得直径为 $d(\text{mm})$ 的压痕，以压痕表面积 $A(\text{mm}^2)$ 除荷载 $P$，即得布氏硬度（HB）值，此值无量纲。布氏硬度测定如图 4.8 所示。

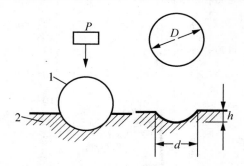

**图 4.8　布氏硬度测定示意图**

知识链接

材料的硬度是材料弹性、塑性、强度等性能的综合反映。实验证明，碳素钢的 HB 值与其抗拉强度 $R_m$ 之间存在较好的相关关系，当 HB<175 时，$R_m \approx 3.6\text{HB}$；当 HB>175 时，$R_m \approx 3.5\text{HB}$。根据这些关系，可以在钢结构原位上测出钢材的 HB 值，来估算钢材的抗拉强度。

## 4.2.2　钢材的工艺性能

### 1. 冷弯性能

冷弯性能是指钢材在常温下承受弯曲变形的能力。冷弯是通过检验试件经规定的弯曲

程度后，弯曲处外面及侧面有无裂纹、起层、鳞落和断裂等情况进行评定的，其测试方法如图 4.9 所示。一般用弯曲角度以及弯心直径与钢材的厚度或直径的比值来表示。弯曲角度 $\alpha$ 越大，而弯心直径 $d$ 与钢材的厚度或直径的比值越小，表明钢材的冷弯性能越好。

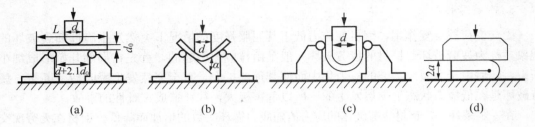

**图 4.9 钢材冷弯**

(a)试件安装；(b)弯曲 90°；(c)弯曲 180°；(d)弯曲至两面重合

冷弯也是检验钢材塑性的一种方法，并与断后伸长率存在有机的联系，断后伸长率大的钢材，其冷弯性能必然好，但冷弯检验对钢材塑性的评定比拉伸试验更严格、更敏感。钢材的冷弯不仅是评定塑性、加工性能的要求，而且也是评定焊接质量的重要指标之一。对于重要结构和弯曲成形的钢材，冷弯必须合格。

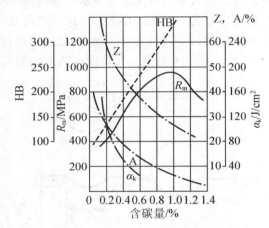

**图 4.10 含碳量对普通碳素钢性能的影响**

**2. 可焊性**

可焊性是指钢材是否适应通常的焊接方法与工艺的性能。在焊接过程中，由于高温作用，和焊接后的急剧冷却作用，会使焊缝及附近的过热区发生晶体组织及结构的变化，产生局部变形、内应力和局部硬脆，降低了焊接质量。可焊性好的钢材，易于用一般的焊接方法和工艺施焊，焊接时不易形成裂纹、气孔、夹渣等缺陷，焊接后，接头强度与母材相近。

钢的可焊性主要与钢的化学成分及其含量有关。当含碳量超过 0.3% 时，钢的可焊性变差，特别是硫含量过高，会使焊接处产生热裂纹并硬脆(热脆性)，其他杂质含量多也会降低钢材的可焊性。

采取焊前预热以及焊后热处理的方法，可使可焊性较差的钢材的焊接质量提高。施工中正确地选用焊条及正确的操作均能防止夹入焊渣、气孔、裂纹等缺陷，提高其焊接质量。

### 3. 钢材的化学成分对性能的影响

钢是含碳量小于 2% 的铁碳合金，碳大于 2% 时则为铸铁。碳素结构钢由纯铁、碳及杂质元素组成，其中纯铁约占 99%，碳及杂质元素约占 1%。低合金结构钢中，除上述元素外还加入合金元素，后者总量通常不超过 3%。除铁、碳外，钢材在冶炼过程中会从原料、燃料中引入一些其他元素。

钢材的成分对性能有重要影响，这些成分可分为两类：一类能改善优化钢材的性能称为合金元素，主要有 Si、Mn、Ti、V、Nb 等；另一类能劣化钢材的性能，属钢材的杂质，主要有氧、硫、氮、磷等。化学元素对钢材性能的影响，见表 4-3。碳对普通碳素钢性能的影响如图 4.10 所示。

**表 4-3　化学元素对钢材性能的影响**

| 化学元素 | 强度 | 硬度 | 塑性 | 韧性 | 可焊性 | 其他 |
|---|---|---|---|---|---|---|
| 碳(C)<1% ↑ | ↑ | ↑ | ↓ | ↓ | ↓ | 冷脆性↑ |
| 硅(Si)>1% ↑ | — | — | ↓ | ↓↓ | ↓ | 冷脆性↑ |
| 锰(Mn) ↑ | ↑ | ↑ | — | ↑ | — | 脱氧、硫剂 |
| 钛(Ti) ↑ | ↑↑ | — | ↓ | ↑ | — | 强脱氧剂 |
| 钒(V) ↑ | ↑ | — | — | — | — | 时效↓ |
| 磷(P) ↑ | ↑ | ↑ | ↓ | ↓ | ↓ | 偏析、冷脆↑↑ |
| 氮(N) ↑ | ↑ | — | ↓ | ↓↓ | ↓ | 冷脆性↑ |
| 硫(S) ↑ | ↓ | — | — | — | ↓ | 热脆性↑ |
| 氧(O) ↑ | ↓ | — | — | — | — | 热脆性↑ |

**特　别　提　示**

符号"↑"表示上升；"↓"表示下降。

**应用案例 4-1**

【案例概况】

英国皇家邮船泰坦尼克号是当时世界上最大的豪华客轮，被称为是"永不沉没的船"或是"梦幻之船"。1912 年 4 月 10 日，泰坦尼克号从英国南安普敦出发，开始了这艘"梦幻客轮"的处女航。4 月 14 日晚 11 点 40 分，泰坦尼克号在北大西洋撞上冰山，两小时四十分钟后，4 月 15 日凌晨 2 点 20 分沉没，由于缺少足够的救生艇，1500 人葬生海底，造成了当时在和平时期最严重的一次航海事故，也是迄今为止最著名的一次海难。为什么"永不沉没的船"在冰山面前如此脆弱？

【案例解析】

原因一，钢材在低温下会变脆，在极低温度下经不起冲击和振动。钢材的韧性也是随温度的降低而降低的。在某一个温度范围内，钢材会由塑性破坏很快变为脆性破坏。在这一温度范

围内，钢材对裂纹的存在很敏感，在受力不大的情况下，便会导致裂纹能迅速扩展造成断裂事故。原因二，钢材中所含的化学成分也是导致事故的因素。冰山从侧面撞击了船体，导致船底的铆钉承受不了撞击因而毁坏，当初制造时也有考虑铆钉的材质使用较脆弱，而在铆钉制造过程中加入了矿渣，但矿渣分布过密，因而使铆钉变得脆弱无法承受撞击。泰坦尼克号折开3截后沉没。当时的炼钢技术并不十分成熟，炼出的钢铁在现代的标准根本不能造船。泰坦尼克号上所使用的钢板含有许多化学杂质硫化锌，加上长时间浸泡在冰冷的海水中，使得钢板更加脆弱。

## 任务4.3　钢材的加工

### 4.3.1　钢材的冷加工

将钢材于常温下进行冷拉、冷拔、冷压、冷轧使其产生塑性变形，从而提高屈服强度，降低塑性和韧性，这个过程称为冷加工，即钢材的冷加工。

**1. 常见冷加工方法**

1）冷拉

将热轧钢筋用冷拉设备进行张拉，拉伸至产生一定的塑性变形后，卸去荷载。冷拉参数的控制直接关系到冷拉效果和钢材质量。一般钢筋冷拉仅控制冷拉率，称为单控，对用作预应力的钢筋，须采用双控，即既控制冷拉应力，又控制冷拉率。冷拉时当拉至控制应力时可以未达控制冷拉率，反之钢筋则应降级使用。钢筋冷拉后，屈服强度可提高20%～30%，可节约钢材10%～20%，钢材经冷拉后屈服阶段缩短，伸长率降低，材质变硬。

2）冷拔

将直径为6.5～8mm的碳素结构钢的Q235（或Q215）盘条，通过拔丝机中钨合金做成的比钢筋直径小0.5～1.0mm的冷拔模孔，冷拔成比原直径小的钢丝，称为冷拔低碳钢丝，如图4.11所示。如果经过多次冷拔，可得规格更小的钢丝。冷拔作用比纯拉伸的作用强烈，钢筋不仅受拉，而且同时受到挤压作用。经过一次或多次冷拔后得到的冷拔低碳钢丝，其屈服点可提高40%～60%，但失去软钢的塑性和韧性，而具有硬质钢材的特点。

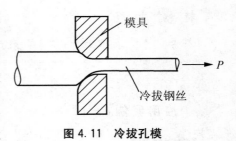

**图4.11　冷拔孔模**

3）冷轧

冷轧是将圆钢在轧钢机上轧成断面形状规则的钢筋，可以提高其强度及与混凝土的粘接力。钢筋在冷轧时，纵向与横向同时产生变形，因而能较好地保持其塑性和内部结构的均匀性。

建筑工程中大量使用的钢筋采用冷加工强化具有明显的经济效益。冷拔钢丝的屈服点可提高40%～60%，由此可适当减小钢筋混凝土结构设计截面，或减小混凝土中配筋数量，从而达到节约钢材的目的。

**2.冷加工时效**

将钢材于常温下进行冷拉、冷拔或冷轧，使之产生塑性变形，从而提高强度，但钢材的塑性和韧性会降低，这个过程称为冷加工强化处理。冷加工后的钢材，随着时间的延长，钢材的屈服强度、抗拉强度与硬度还会进一步提高，塑性、韧性继续降低的现象称为时效。时效是一个十分缓慢的过程，有些钢材即使未有经过冷加工，长期搁置后也会出现时效，但不如冷加工后表现明显。钢材冷加工后，由于产生塑性变形，使时效大大加快。

钢材冷加工的时效处理有两种方法。

1）自然时效

将经过冷拉的钢筋在常温下存放 15～20d，称为自然时效，它适用于强度较低的钢材。

2）人工时效

对强度较高的钢材，自然时效效果不明显，可将经冷加工的钢材加热到 100～200℃并保持 2～3h，则钢筋强度将进一步提高，这个过程称为人工时效。它适用于强度较高的钢筋。

钢材经时效处理后，其应力与应变关系如图 4.12 所示。

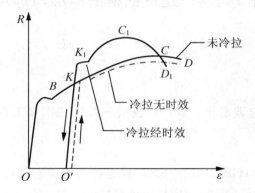

**图 4.12　钢筋经冷拉时效后应力－应变图的变化**

## 4.3.2　钢材的热处理

将钢材按一定规则加热、保温和冷却处理，以改变其组织，得到所需要的性能的一种工艺过程。钢材热处理的方法有以下几种。

**1.退火**

退火是将钢材加热到一定温度，保温后缓慢冷却（随炉冷却）的一种热处理工艺，有低温退火和完全退火之分。退火的目的是细化晶粒、改善组织、减少加工中产生的缺陷、减轻晶格畸变，消除内应力，防止变形、开裂。

**2.正火**

正火是退火的一种特例。正火在空气中冷却，两者仅冷却速度不同。与退火相比，正火后钢材的硬度、强度较高，而塑性减小。

### 3. 淬火

淬火是将钢材加热到基本组织转变温度以上（一般为 900℃以上），保温使组织完全转变，即放入水或油等冷却介质中快速冷却，使之转变为不稳定组织的一种热处理操作。其目的是得到高强度、高硬度的组织。淬火会使钢材的塑性和韧性显著降低。

### 4. 回火

回火是将钢材加热到基本组织转变温度以下（150～650℃内选定），保温后在空气中冷却的一种热处理工艺，通常和淬火是两道相连的热处理过程。其目的是促进不稳定组织转变为需要的组织，消除淬火产生的内应力，改善机械性能等。

**特 别 提 示**

建筑工程所用钢材一般在生产厂家进行热处理并以热处理状态供应。在施工现场，有时需对焊接件进行热处理。

## 任务 4.4  建筑钢材的标准与选用

### 4.4.1  建筑常用钢种

#### 1. 普通碳素结构钢

普通碳素结构钢简称碳素钢、碳钢，包括一般结构钢和工程用热轧用型钢、钢板、钢带。

1）牌号表示方法

根据《碳素结构钢》（GB/T 700—2006）标准，普通碳素结构钢的牌号由代表屈服点的字母（Q）、屈服强度数值（MPa）、质量等级符号（A、B、C、D）、脱氧方法符号（F、Z、TZ）4 个部分按顺序组成。

屈服强度用符号"Q"表示，有 195、215、235、275（MPa）共 4 种；质量等级是按钢中硫、磷含量由多至少划分的，有 A、B、C、D 4 个质量等级；按脱氧方法，当为镇静钢或特殊镇静钢时，则牌号表示符号 Z 与 TZ 可予以省略。按标准规定，我国碳素结构钢分4 个牌号，即 Q195、Q215、Q235 和 Q275。例如，Q235-A·F 表示：屈服点为 235N/mm² 的（平炉或氧气转炉冶炼的）A 级沸腾碳素结构钢。

**特 别 提 示**

普通碳素结构钢质量等级中，品质最佳是 D 级，最差是 A 级。

2）碳素结构钢的技术要求

碳素结构钢的技术要求包括化学成分、力学性能、冶炼方法、交货状态、表面质量等5 个方面。各牌号碳素结构钢的化学成分及力学性能应分别符合表 4-4、表 4-5 的要求，其冷弯性能指标见表 4-6。

表4-4　碳素结构钢的牌号、等级和化学成分(GB/T 700—2006)

| 牌号 | 统一数字代号[①] | 等级 | 厚度(或直径)/mm | 脱氧方法 | 化学成分(质量分数)/%，不大于 | | | | |
|---|---|---|---|---|---|---|---|---|---|
| | | | | | C | Si | Mn | P | S |
| Q195 | U11952 | — | | F、Z | 0.12 | 0.30 | 0.50 | 0.035 | 0.050 |
| Q215 | U12152 | A | — | F、Z | 0.15 | 0.35 | 1.20 | 0.045 | 0.050 |
| | U12155 | B | | | | | | | 0.045 |
| Q235 | U12352 | A | — | F、Z | 0.22 | 0.35 | 1.40 | 0.045 | 0.050 |
| | U11952 | B | | | 0.20[②] | | | | 0.045 |
| | U12358 | C | | Z | 0.17 | | | 0.040 | 0.040 |
| | U12359 | D | | TZ | | | | 0.035 | 0.035 |
| Q275 | U12752 | A | — | F、Z | 0.24 | 0.35 | 1.50 | 0.045 | 0.050 |
| | U12755 | B | ≤40 | Z | 0.21 | | | 0.045 | 0.045 |
| | | | >40 | | 0.22 | | | | |
| | U12758 | C | | Z | 0.20 | | | 0.040 | 0.040 |
| | U12759 | D | | TZ | | | | 0.035 | 0.035 |

注：① 表中为镇静钢、特殊镇静钢牌号的统一数字，沸腾钢牌号的统一数字代号如下：
Q195F — U11950；Q215AF — U12150，Q215BF — U12153；Q235AF — U12350，Q235BF — U12353；Q275AF — U12353。
② 经双方同意，Q235B的碳含量可不大于0.22%。

表4-5　碳素结构钢的拉伸和冲击力学性能(GB/T 700—2006)

| 牌号 | 等级 | 拉伸试验 | | | | | | | | | | | | 冲击试验(V形缺口) | |
|---|---|---|---|---|---|---|---|---|---|---|---|---|---|---|---|
| | | 屈服强度[①]$R_{el}$/(N/mm²)，不小于 | | | | | | 抗拉强度[②]$R_m$/(N/mm²) | 断后伸长率 A/% 不小于 | | | | | 温度/℃ | 冲击吸收功(纵向)/J，不小于 |
| | | 厚度(或直径)/mm | | | | | | | 厚度(直径)/mm | | | | | | |
| | | ≤16 | >16~40 | >40~60 | >60~100 | >100~150 | >150~200 | | ≤40 | >40~60 | >60~100 | >100~150 | >150~200 | | |
| Q195 | — | 195 | 185 | — | — | — | — | 315~430 | 33 | — | — | — | — | — | — |
| Q215 | A | 215 | 205 | 195 | 185 | 175 | 165 | 335~450 | 31 | 30 | 29 | 27 | 26 | — | — |
| | B | | | | | | | | | | | | | 20 | 27 |
| Q235 | A | 235 | 225 | 215 | 215 | 195 | 185 | 370~500 | 26 | 25 | 24 | 23 | 22 | — | — |
| | B | | | | | | | | | | | | | 20 | 27[③] |
| | C | | | | | | | | | | | | | 0 | |
| | D | | | | | | | | | | | | | —20 | |

续表

| 牌号 | 等级 | 拉伸试验 | | | | | | 抗拉强度②$R_m$/(N/mm²) | 断后伸长率 A/% 不小于 | | | | | 冲击试验（V形缺口） | |
|---|---|---|---|---|---|---|---|---|---|---|---|---|---|---|---|
| | | 屈服强度①$R_{el}$/(N/mm²)，不小于 | | | | | | | 厚度(直径)/mm | | | | | 温度/℃ | 冲击吸收功(纵向)/J，不小于 |
| | | 厚度(或直径)/mm | | | | | | | | | | | | | |
| | | ≤16 | >16~40 | >40~60 | >60~100 | >100~150 | >150~200 | | ≤40 | >40~60 | >60~100 | >100~150 | >150~200 | | |
| Q275 | A | 275 | 265 | 255 | 245 | 225 | 215 | 410~540 | 22 | 21 | 20 | 18 | 17 | — | — |
| | B | | | | | | | | | | | | | 20 | 27 |
| | C | | | | | | | | | | | | | 0 | |
| | D | | | | | | | | | | | | | −20 | |

注：① Q195 的屈服强度值仅供参考，不做交货条件。
② 厚度大于 100mm 的钢材，抗拉强度下限允许降低 20N/mm²。宽带钢（包括剪切钢板）抗拉强度上限不做交货条件。
③ 厚度小于 25mm 的 Q235B 级钢材，如供方能保证吸收功值合格，经需方同意，可不作检验。

表 4-6　碳素结构钢的冷弯性能指标(GB 700—2006)

| 牌号 | 试样方向 | 冷弯试验 180°，$B=2a$① | |
|---|---|---|---|
| | | 钢材厚度（或直径）/mm | |
| | | ≤60 | >60~100 |
| | | 弯心直径 d | |
| Q195 | 纵 | 0 | — |
| | 横 | 0.5a | |
| Q215 | 纵 | 0.5a | 1.5a |
| | 横 | a | 2a |
| Q235 | 纵 | a | 2a |
| | 横 | 1.5a | 2.5a |
| Q275 | 纵 | 1.5a | 2.5a |
| | 横 | 2a | 3a |

注：① B 为试样宽度，a 为钢材厚度（或直径）。
② 钢材厚度（或直径）大于 100mm 时，弯曲实验由双方协商确定。

3）普通碳素结构钢的性能和用途

碳素结构钢的牌号顺序随含碳量逐渐增加，屈服强度和抗拉强度也不断增加，伸长率和冷弯性能则不断下降。碳素结构钢的质量等级取决于钢内有害元素硫（S）和磷（P）的含量，硫、磷含量越低，钢的质量越好，其可焊性和低温抗冲击性能增强。碳素结构钢常用于建筑工程，其性能和用途见表 4-7。

表4-7 常用碳素钢的性能与用途

| 牌号 | 性 能 | 用 途 |
|------|-------|-------|
| Q195 | 强度低，塑性、韧性、加工性能与焊接性能较好 | 主要用于轧制薄板和盘条等 |
| Q215 | 强度高，塑性、韧性、加工性能与焊接性能较好 | 大量用作管坯、螺栓等 |
| Q235 | 强度适中，有良好的承载性，又具有较好的塑性和韧性，可焊性和可加工性也较好，是钢结构常用的牌号 | 一般用于只承受静荷载作用的钢结构<br>适合用于承受动荷载焊接的普通钢结构<br>适合用于承受动荷载焊接的重要钢结构<br>适合用于低温环境使用的承受动荷载焊接的重要钢结构 |
| Q275 | 强度高、塑性和韧性稍差，不易冷弯加工，可焊性较差，强度、硬度较高，耐磨性较好，但塑性、冲击韧度和可焊性差 | 主要用作铆接或栓接结构，以及钢筋混凝土的配筋。不宜在建筑结构中使用，主要用于制造轴类、农具、耐磨零件和垫板等 |

**2. 优质碳素结构钢**

按国家标准的规定，优质碳素结构钢根据锰含量的不同可分为：普通锰含量钢（锰含量<0.8%）和较高锰含量钢（锰含量在0.7%~1.2%）两组。优质碳素结构钢的钢材一般以热轧状态供应。硫、磷等杂质含量比普通碳素钢少，其含量均不得超过0.035%。其质量稳定、综合性能好，但成本较高。

优质碳素结构钢的牌号用两位数字表示，它表示钢中平均含碳量的万分数。如45号钢，表示钢中平均含碳量为0.45%。数字后若有"锰"字或"Mn"，则表示属较高锰含量的钢，否则为普通锰含量钢。如35Mn表示平均含碳量0.35%，含锰量为0.7%~1.0%。若是沸腾钢或半镇静钢，还应在牌号后面加"沸"（或F）或"半"（或b）。

优质碳素钢的性能主要取决于含碳量。含碳量高，则强度高，但塑性和韧性降低。在建筑工程中，30~45号钢主要用于重要结构的钢铸件和高强度螺栓等，45号钢用作预应力混凝土锚具，65~80号钢用于生产预应力混凝土用钢丝和钢绞线。

**3. 低合金高强度结构钢**

低合金高强度结构钢是一种在碳素钢的基础上添加总量小于5%合金元素的钢材，具有强度高、塑性和低温冲击韧度好、耐锈蚀等特点。

1）牌号表示方法

钢的牌号有代表屈服强度的汉语拼音字母、屈服强度数值、质量等级符号3部分组成。例如，Q345D。其中：Q——钢的屈服强度的"屈"字汉语拼音的首位字母；345——屈服强度数值，单位MPa；D——质量等级为D级。当需方要求钢板具有厚度方向性能时，则在上述规定的牌号后加上代表厚度方向（Z向）性能级别的符号，例如，Q345DZ15。

2）标准与选用

钢以屈服强度划分成8个等级：Q345、Q390、Q420、Q460、Q500、Q550、Q620、Q690，质量也分为5个等级：E、D、C、B、A。

《低合金高强度结构钢》（GB/T 1591—2008）规定了各牌号低合金高强度结构钢的化学成分见表4-8，力学性能见表4-9。

由于合金元素的强化作用，使低合金结构钢不但具有较高的强度，且具有较好的塑性、韧性和可焊性。低合金高强度结构钢广泛应用于钢结构和钢筋混凝土结构中，特别是大型结构、重型结构、大跨度结构、高层建筑、桥梁工程、承受动力荷载和冲击荷载的结构。

表 4-8　低合金高强度结构钢的牌号及化学成分(GB/T 1591—2008)

| 牌号 | 质量等级 | 化学成分[①],[②]/% | | | | | | | | | | | | | | |
| | | C | Si | Mn | P | S | Nb | V | Ti | Cr | Ni | Cu | N | Mo | B | Als |
| | | | | | 不大于 | | | | | | | | | | | 不小于 |
| Q345 | A | ≤0.20 | ≤0.50 | ≤1.70 | 0.035 | 0.035 | | | | | | | | | | — |
| | B | | | | 0.035 | 0.035 | | | | | | | | | | |
| | C | | | | 0.030 | 0.030 | 0.07 | 0.15 | 0.20 | 0.30 | 0.50 | 0.30 | 0.012 | 0.10 | — | |
| | D | ≤0.18 | | | 0.030 | 0.025 | | | | | | | | | | 0.015 |
| | E | | | | 0.025 | 0.020 | | | | | | | | | | |
| Q390 | A | ≤0.20 | ≤0.50 | ≤1.70 | 0.035 | 0.035 | | | | | | | | | | — |
| | B | | | | 0.035 | 0.035 | | | | | | | | | | |
| | C | | | | 0.030 | 0.030 | 0.07 | 0.20 | 0.20 | 0.30 | 0.50 | 0.30 | 0.015 | 0.10 | — | |
| | D | | | | 0.030 | 0.025 | | | | | | | | | | 0.015 |
| | E | | | | 0.025 | 0.020 | | | | | | | | | | |
| Q420 | A | ≤0.20 | ≤0.50 | ≤1.70 | 0.035 | 0.035 | | | | | | | | | | — |
| | B | | | | 0.035 | 0.035 | | | | | | | | | | |
| | C | | | | 0.030 | 0.030 | 0.07 | 0.20 | 0.20 | 0.30 | 0.80 | 0.30 | 0.015 | 0.20 | — | |
| | D | | | | 0.030 | 0.030 | | | | | | | | | | 0.015 |
| | E | | | | 0.025 | 0.020 | | | | | | | | | | |
| Q460 | C | ≤0.20 | ≤0.50 | ≤1.80 | 0.030 | 0.030 | 0.11 | 0.20 | 0.20 | 0.30 | 0.80 | 0.55 | 0.015 | 0.20 | 0.004 | 0.015 |
| | D | | | | 0.030 | 0.025 | | | | | | | | | | |
| | E | | | | 0.025 | 0.020 | | | | | | | | | | |
| Q500 | C | ≤0.18 | ≤0.60 | ≤1.80 | 0.030 | 0.030 | 0.11 | 0.12 | 0.20 | 0.60 | 0.80 | 0.55 | 0.015 | 0.20 | 0.004 | 0.015 |
| | D | | | | 0.030 | 0.025 | | | | | | | | | | |
| | E | | | | 0.025 | 0.020 | | | | | | | | | | |
| Q550 | C | ≤0.18 | ≤0.60 | ≤2.00 | 0.030 | 0.030 | 0.11 | 0.12 | 0.20 | 0.80 | 0.80 | 0.80 | 0.015 | 0.30 | 0.004 | 0.015 |
| | D | | | | 0.030 | 0.025 | | | | | | | | | | |
| | E | | | | 0.025 | 0.020 | | | | | | | | | | |
| Q620 | C | ≤0.18 | ≤0.60 | ≤2.00 | 0.030 | 0.030 | 0.11 | 0.12 | 0.20 | 1.00 | 0.80 | 0.80 | 0.015 | 0.30 | 0.004 | 0.015 |
| | D | | | | 0.030 | 0.025 | | | | | | | | | | |
| | E | | | | 0.025 | 0.020 | | | | | | | | | | |
| Q690 | C | ≤0.18 | ≤0.60 | ≤2.00 | 0.030 | 0.030 | 0.11 | 0.12 | 0.20 | 1.00 | 0.80 | 0.80 | 0.015 | 0.30 | 0.004 | 0.015 |
| | D | | | | 0.030 | 0.025 | | | | | | | | | | |
| | E | | | | 0.025 | 0.020 | | | | | | | | | | |

注：①——型材及棒材 P、S 含量可提高 0.0005%，其中 A 级钢上限可为 0.045%。

②——当细化晶粒元素组合加入时，20(Nb+V+Ti≤0.22%)，20(Mo+Cr)≤0.30%

表4-9 低合金高强度结构钢的拉伸性能

拉伸试验[1][2][3]

| 牌号 | 质量等级 | 下屈服强度(Rel)/MPa 以下公称厚度(直径,边长) | | | | | | | | | 抗拉强度(Rm)/MPa 以下公称厚度(直径,边长) | | | | | | | 断后伸长率(A)/% 公称厚度(直径,边长) | | | | | |
|---|---|---|---|---|---|---|---|---|---|---|---|---|---|---|---|---|---|---|---|---|---|---|---|
| | | ≤16mm | >16mm~40mm | >40mm~63mm | >63mm~80mm | >80mm~100mm | >100mm~150mm | >150mm~200mm | >200mm~250mm | >250mm~400mm | ≤40mm | >40mm~63mm | >63mm~80mm | >80mm~100mm | >100mm~150mm | >150mm~250mm | >250mm~400mm | ≤40mm | >40mm~63mm | >63mm~100mm | >100mm~150mm | >150mm~250mm | >250mm~400mm |
| Q345 | A | ≥345 | ≥335 | ≥325 | ≥315 | ≥305 | ≥285 | ≥275 | ≥265 | — | 470~630 | 470~630 | 470~630 | 470~630 | 450~600 | 450~600 | — | ≥20 | ≥19 | ≥19 | ≥18 | ≥18 | — |
| | B | ≥345 | ≥335 | ≥325 | ≥315 | ≥305 | ≥285 | ≥275 | ≥265 | — | 470~630 | 470~630 | 470~630 | 470~630 | 450~600 | 450~600 | — | ≥20 | ≥19 | ≥19 | ≥18 | ≥18 | — |
| | C | ≥345 | ≥335 | ≥325 | ≥315 | ≥305 | ≥285 | ≥275 | ≥265 | — | 470~630 | 470~630 | 470~630 | 470~630 | 450~600 | 450~600 | — | ≥20 | ≥19 | ≥19 | ≥18 | ≥18 | — |
| | D | ≥345 | ≥335 | ≥325 | ≥315 | ≥305 | ≥285 | ≥275 | ≥265 | ≥265 | 470~630 | 470~630 | 470~630 | 470~630 | 450~600 | 450~600 | 450~600 | ≥20 | ≥19 | ≥19 | ≥18 | ≥18 | ≥17 |
| | E | ≥345 | ≥335 | ≥325 | ≥315 | ≥305 | ≥285 | ≥275 | ≥265 | ≥265 | 470~630 | 470~630 | 470~630 | 470~630 | 450~600 | 450~600 | 450~600 | ≥20 | ≥19 | ≥19 | ≥18 | ≥18 | ≥17 |
| Q390 | A | ≥390 | ≥370 | ≥350 | ≥330 | ≥330 | ≥310 | — | — | — | 490~650 | 490~650 | 490~650 | 490~650 | 470~620 | — | — | ≥20 | ≥19 | ≥19 | ≥18 | ≥18 | — |
| | B | ≥390 | ≥370 | ≥350 | ≥330 | ≥330 | ≥310 | — | — | — | 490~650 | 490~650 | 490~650 | 490~650 | 470~620 | — | — | ≥20 | ≥19 | ≥19 | ≥18 | ≥18 | — |
| | C | ≥390 | ≥370 | ≥350 | ≥330 | ≥330 | ≥310 | — | — | — | 490~650 | 490~650 | 490~650 | 490~650 | 470~620 | — | — | ≥20 | ≥19 | ≥19 | ≥18 | ≥18 | — |
| | D | ≥390 | ≥370 | ≥350 | ≥330 | ≥330 | ≥310 | — | — | — | 490~650 | 490~650 | 490~650 | 490~650 | 470~620 | — | — | ≥20 | ≥19 | ≥19 | ≥18 | ≥18 | — |
| | E | ≥390 | ≥370 | ≥350 | ≥330 | ≥330 | ≥310 | — | — | — | 490~650 | 490~650 | 490~650 | 490~650 | 470~620 | — | — | ≥20 | ≥19 | ≥19 | ≥18 | ≥18 | — |
| Q420 | A | ≥420 | ≥400 | ≥380 | ≥360 | ≥360 | ≥340 | — | — | — | 520~680 | 520~680 | 520~680 | 520~680 | 500~650 | — | — | ≥19 | ≥18 | ≥18 | ≥18 | ≥18 | — |
| | B | ≥420 | ≥400 | ≥380 | ≥360 | ≥360 | ≥340 | — | — | — | 520~680 | 520~680 | 520~680 | 520~680 | 500~650 | — | — | ≥19 | ≥18 | ≥18 | ≥18 | ≥18 | — |
| | C | ≥420 | ≥400 | ≥380 | ≥360 | ≥360 | ≥340 | — | — | — | 520~680 | 520~680 | 520~680 | 520~680 | 500~650 | — | — | ≥19 | ≥18 | ≥18 | ≥18 | ≥18 | — |
| | D | ≥420 | ≥400 | ≥380 | ≥360 | ≥360 | ≥340 | — | — | — | 520~680 | 520~680 | 520~680 | 520~680 | 500~650 | — | — | ≥19 | ≥18 | ≥18 | ≥18 | ≥18 | — |
| | E | ≥420 | ≥400 | ≥380 | ≥360 | ≥360 | ≥340 | — | — | — | 520~680 | 520~680 | 520~680 | 520~680 | 500~650 | — | — | ≥19 | ≥18 | ≥18 | ≥18 | ≥18 | — |
| Q460 | C | ≥460 | ≥440 | ≥420 | ≥400 | ≥400 | ≥380 | — | — | — | 550~720 | 550~720 | 550~720 | 550~720 | 530~700 | — | — | ≥17 | ≥16 | ≥16 | ≥16 | ≥16 | — |
| | D | ≥460 | ≥440 | ≥420 | ≥400 | ≥400 | ≥380 | — | — | — | 550~720 | 550~720 | 550~720 | 550~720 | 530~700 | — | — | ≥17 | ≥16 | ≥16 | ≥16 | ≥16 | — |
| | E | ≥460 | ≥440 | ≥420 | ≥400 | ≥400 | ≥380 | — | — | — | 550~720 | 550~720 | 550~720 | 550~720 | 530~700 | — | — | ≥17 | ≥16 | ≥16 | ≥16 | ≥16 | — |

续表

| 牌号 | 质量等级 | 拉伸试验①②③ 以下公称厚度（直径，边长）下屈服强度($R_{el}$)/MPa | | | | | | | | | 以下公称厚度（直径，边长）抗拉强度($R_m$)/MPa | | | | | | | 断后伸长率($A$)/% 公称厚度（直径，边长） | | | | | |
|---|---|---|---|---|---|---|---|---|---|---|---|---|---|---|---|---|---|---|---|---|---|---|---|
| | | ≤16mm | >16mm~40mm | >40mm~63mm | >63mm~80mm | >80mm~100mm | >100mm~150mm | >150mm~200mm | >200mm~250mm | >250mm~400mm | ≤40mm | >40mm~63mm | >63mm~80mm | >80mm~100mm | >100mm~150mm | >150mm~250mm | >250mm~400mm | ≤40mm | >40mm~63mm | >63mm~100mm | >100mm~150mm | >150mm~250mm | >250mm~400mm |
| 500 | C | ≥500 | ≥480 | ≥470 | ≥450 | ≥440 | — | — | — | — | 610~770 | 600~760 | 590~750 | 540~730 | — | — | — | ≥17 | ≥17 | ≥17 | — | — | — |
| | D | | | | | | | | | | | | | | | | | | | | | | |
| | E | | | | | | | | | | | | | | | | | | | | | | |
| Q550 | C | ≥550 | ≥530 | ≥520 | ≥500 | ≥490 | — | — | — | — | 670~830 | 620~810 | 600~790 | 590~780 | — | — | — | ≥16 | ≥16 | ≥16 | — | — | — |
| | D | | | | | | | | | | | | | | | | | | | | | | |
| | E | | | | | | | | | | | | | | | | | | | | | | |
| Q620 | C | ≥620 | ≥600 | ≥590 | ≥570 | — | — | — | — | — | 710~880 | 690~880 | 670~860 | — | — | — | — | ≥15 | ≥15 | ≥15 | — | — | — |
| | D | | | | | | | | | | | | | | | | | | | | | | |
| | E | | | | | | | | | | | | | | | | | | | | | | |
| Q690 | C | ≥690 | ≥670 | ≥660 | ≥640 | — | — | — | — | — | 770~940 | 750~920 | 730~900 | — | — | — | — | ≥14 | ≥14 | ≥14 | — | — | — |
| | D | | | | | | | | | | | | | | | | | | | | | | |
| | E | | | | | | | | | | | | | | | | | | | | | | |

注：① 当屈服不明显时，可测量 $R_{p0.2}$ 代替下屈服强度。
② 宽度不小于600mm的扁平材，拉伸试验取横向试样；宽度小于600mm的扁平材、型材及棒材取纵向试样，断后伸长率最小值相应提高1%（绝对值）。
③ 厚度>250mm~400mm的数值适用于扁平材。

### 4.4.2 钢结构用钢

钢结构用钢主要是热轧成形的钢板和型钢等，薄壁轻型钢结构中主要采用薄壁型钢、圆钢和小角钢。钢材所用的母材主要是普通碳素结构钢及低合金高强度结构钢。

#### 1. 热轧型钢

钢结构常用的型钢有：工字钢、H形钢、T形钢、槽钢、等边角钢、不等边型钢等，如图 4.13 所示。型钢由于截面形式合理，材料在截面上分布对受力最为有利，且构件间连接方便，所以它是钢结构中采用的主要钢种。型钢的规格通常以反映其断面形状的主要轮廓尺寸来表示。

**1) 热轧普通工字钢**

工字钢是截面为工字型、腿部内侧有 1∶6 斜度的长条钢材。工字钢广泛应用于各种建筑结构和桥梁，主要用于承受横向弯曲（腹板平面内受弯）的杆件，但不宜单独用作轴心受压构件或双向弯曲的构件。

**2) 热轧 H 形钢和 T 形钢**

H 形钢由工字钢发展而来，优化了截面的分布。H 形钢截面形状经济合理，力学性能好，常用于要求承载力大、截面稳定性好的大型建筑（如高层建筑）。T 形钢是由 H 形钢对半剖分而成。

**3) 热轧普通槽钢**

槽钢是截面为凹槽形、腿部内侧有 1∶10 斜度的长条钢材。规格以"腰高度(mm)×腿宽度(mm)×腰厚度(mm)"或"腰高度♯"（cm）表示。槽钢的规格范围为 5♯～40♯。槽钢可用作承受轴向力的杆件、承受横向弯曲的梁以及联系杆件，主要用于建筑钢结构、车辆制造等。

**4) 热轧角钢**

角钢由两个互相垂直的肢组成，若两肢长度相等，称为等边角钢，若不等则为不等边角钢。角钢的代号为 L，其规格用代号和长肢宽度(mm)×短肢宽度(mm)×肢厚度(mm)表示。角钢的规格有 L20×20×3 ～L200×200×24，L25×16×3～L200×125×18 等。

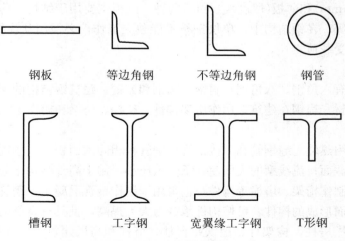

图 4.13　热轧型钢截面

### 2. 冷弯薄壁型钢

冷弯薄壁型钢由厚度为 1.5～6mm 的钢板或带钢，经冷加工（冷弯、冷压或冷拔）成型，同一截面部分的厚度都相同，截面各角顶处呈圆弧形，如图 4.14(a)～(i)所示。在工业民用和农业建筑中，可用薄壁型钢制作各种屋架、刚架、网架、檩条、墙梁、墙柱等结构和构件。

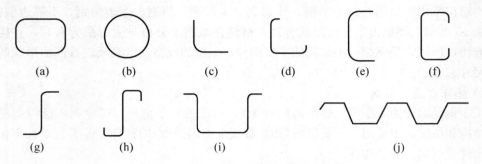

**图 4.14　冷弯薄壁型钢的截面形式**

（a）～(i)冷弯薄壁型钢；(j)压型钢板

压型钢板是冷弯薄壁型材的另一种形式［图 4.14(j)］，常用 0.4～2mm 厚的镀锌钢板和彩色涂塑镀锌钢板冷加工成型，可广泛用作屋面板、墙面板和隔墙，如图 4.15 所示。

**图 4.15　压型钢板**

### 3. 板材、棒材和钢管

#### 1）板材

钢板材包括钢板、花纹钢板、建筑用压型钢板和彩色涂层钢板等。钢板按轧制方式分为热轧钢板和冷轧钢板。钢板规格表示方法为宽度（mm）×厚度（mm）×长度（mm）。钢板分厚板（厚度＞4 mm）和薄板（厚度≤4 mm）两种。厚板主要用于结构，薄板主要用于屋面板、楼板和墙板等。在钢结构中，单块钢板不能独立工作，必须用几块板组合成工字形、箱形等结构来承受载荷。

#### 2）棒材

常用的棒材有六角钢、八角钢、扁钢、圆钢和方钢。建筑钢结构的螺栓常以热轧六角钢和八角钢为坯材。扁钢在建筑上用作房架构件、扶梯、桥梁和栅栏等。

#### 3）钢管

钢结构中常用热轧无缝钢管和焊接钢管。钢管在相同截面积下，刚度较大，因而是中心受压杆的理想截面；流线型的表面使其承受风压小，用于高耸结构十分有利。在建筑结构上钢管多用于制作桁架、塔桅等构件，也可用于制作钢管混凝土。钢管混凝土是指在钢管内浇筑混凝土而形成的构件，可使构件承载力大大提高，且具有良好的塑性和韧性。钢管混凝土可用于厂房柱、构架柱、地铁站台柱、塔柱和高层建筑等。各种型钢如图 4.16 所示。

图 4.16　型钢

知　识　链　接

　　北京奥运会主体育场——国家体育场"鸟巢"（图 4.17）是目前国内外体育场馆中用钢量最多、规模最大、施工难度特别大的工程之一。尤其是巢结构受力最大的柱脚部位，母材的质量、焊接质量的高低直接影响到整个工程的安全性。为了能够有效支撑整体结构，设计中采用了高强度的 Q460 钢材。但此种钢材此前一直依靠国外进口，国内在建筑领域从未使用过，可是如果依赖进口，不仅价格贵，而且进货周期长，无法保证工程的正常进行。于是，工程技术人员和河南舞阳特种钢厂的科研人员共同努力，最终用国产的 Q460撑起了"鸟巢"的铁骨钢筋。

　　整个体育场建筑呈椭圆的马鞍形，体育场内部为上、中、下 3 层碗状看台，观众坐席下有 5 至 7 层混凝土框架结构。如何将"鸟巢"按主次结构编制起来，在设计理论已是个突破。此外设计时，这个时代的各种计算软件都不能满足鸟巢这个工程的需要。因此，承建方甚至自己针对问题研制开发出一些软件，才满足了鸟巢的计算工作。作为北京奥运会的主体育场，"鸟巢"可容纳近 10 万人，如此大的容量自然也对其纵切面门架的跨度要求非常高，按照设计，"鸟巢"的钢结构屋盖呈双曲面马鞍形，是目前世界最大跨度钢结构工程。用一般的钢材很难完成，经过多方筛选后，Q460E 型钢材最终荣幸地承担起了搭建"鸟巢"的职责。Q460E 钢材是国内钢厂为了"鸟巢"专门研制的，在国家标准中，Q460系列的钢最大厚度只是 100mm，但根据实际情况所需，"鸟巢"使用的钢板厚度史无前例地达到 110mm。据施工方技术人员介绍，鸟巢肩部弯度建起来以后，受力是最复杂的部位，如果不用 Q460E 这种高强度、高性能的钢，而采用别的钢，可能会更浪费，甚至可能会引起其他方面的问题。作为世界最大的钢结构工程，"鸟巢"外部钢结构的钢材用量为 4.2 万吨，整个工程包括混凝土中的钢材、螺纹钢等，总用钢量达到了 11 万吨，全部为国产钢。

图 4.17　国家体育场

### 4.4.3　混凝土结构用钢

#### 1. 钢筋混凝土结构用普通钢筋

普通钢筋系指用于钢筋混凝土结构中的钢筋和预应力混凝土结构中的非预应力钢筋。

混凝土具有较高的抗压强度，但抗拉强度很低。用钢筋增强混凝土，可大大扩展混凝土的应用范围，而混凝土又对钢筋起保护作用。钢筋混凝土结构的钢筋，主要由碳素结构钢和低合金高强度结构钢加工而成。钢筋直径一般都相差 2mm 及 2mm 以上。一般把直径 3～5mm 的钢筋称为钢丝，直径 6～12mm 的钢筋称为细钢筋，直径大于 12mm 的钢筋称为粗钢筋。钢筋主要品种有热轧钢筋、热处理钢筋、冷拉钢筋、冷轧带肋钢筋、冷轧扭钢筋、冷拔低碳钢丝及钢铰线等。

1）热轧钢筋

热轧钢筋按轧制的外形分为热轧光圆钢筋和热轧带肋钢筋。

（1）热轧光圆钢筋。热轧光圆钢筋（图 4.18）是经热轧成型，横截面通常为圆形、表面光滑的成品钢筋。《钢筋混凝土用钢热轧光圆钢筋》（GB 1499.1—2008）规定，热轧光圆钢筋公称直径范围为 6～22mm，推荐钢筋直径为 6mm、8mm、10mm、12mm、16mm、20mm。热轧光圆钢筋按屈服强度特征值分为 235、300 级，钢筋牌号的构成及其含义见表4-10。

表 4-10　热轧光圆钢筋牌号的构成和含义

| 产品名称 | 牌号 | 牌号组成 | 英文字母含义 | 光圆钢筋的截面形状（$d$ 为钢筋直径） |
|---|---|---|---|---|
| 热轧光圆钢筋 | HPB235 | 由 HPB＋屈服强度特征值构成 | HPB — 热轧光圆钢筋的英文（Hot rolled Plain Bars）缩写 | |
| | HPB300 | | | |

热轧光圆钢筋化学成分（熔炼分析）、力学性能及工艺性能应符合表 4-11 的规定。

表4-11　热轧光圆钢筋的化学成分、力学性能及工艺性能(GB 1499.1—2008)

| 牌　号 | 化学成分(质量分数)/%，不小于 | | | | | $R_{el}$/MPa | $R_m$/MPa | A/% | $A_{gt}$/% | 冷弯实验 180°d 为弯芯直径，α 为钢筋公称直径 |
| | C | Si | Mn | P | S | 不小于 | | | | |
| HPB235 | 0.22 | 0.30 | 0.65 | 0.045 | 0.050 | 235 | 370 | 25.0 | 10.0 | $d=a$ |
| HPB300 | 0.25 | 0.55 | 1.50 | | | 300 | 420 | | | |

　　(2) 热轧带肋钢筋。根据《钢筋混凝土用钢——带肋钢筋》(GB 1499.2—2007)规定，热轧钢筋分普通热轧钢筋和热轧后带有控制冷却并自回火处理带肋钢筋(图4.19)。按屈服强度特征值分为335、400、500级。钢筋的牌号构成及含义见表4-12。热轧带肋钢筋的化学成分见表4-13。普通热轧带肋钢筋的相关力学指标要求见表4-14。按表4-15规定的弯芯直径弯曲180°后，钢筋受弯曲部位表面部位产生裂纹。

图4.18　光圆钢筋

图4.19　带肋钢筋

表4-12　热轧带肋钢筋牌号的构成以及含义(GB 1499.2—2007)

| 类　别 | 牌　号 | 牌号构成 | 英文字母含义 |
| --- | --- | --- | --- |
| 普通热轧钢筋 | HRB335 | 由 HRB＋屈服强度特征值构成 | HRB——热轧带肋钢筋的英文(Hot rolled Ribbed Bars)的缩写 |
| | HRB400 | | |
| | HRB500 | | |
| 细晶粒热轧钢筋 | HRBF335 | 由 HRBF＋屈服强度特征值构成 | HRBF——在热轧带肋钢筋的英文缩写后加"细"的英文(Fine)首位字母 |
| | HRBF400 | | |
| | HRBF500 | | |

表4-13　热轧带肋钢筋化学成分(GB 1499.2—2007)

| 牌　号 | 化学成分(质量分数)/%，不大于 | | | | | |
| | C | Si | Mn | P | S | Ceq |
| --- | --- | --- | --- | --- | --- | --- |
| HRB335 HRBF335 | 0.25 | 0.80 | 1.60 | 0.045 | 0.045 | 0.52 |
| HRB400 HRBF400 | | | | | | 0.54 |
| HRB500 HRBF500 | | | | | | 0.55 |

表 4-14　钢筋混凝土用热轧带肋钢筋的力学性能(GB 1499.2—2007)

| 牌　号 | $R_{eL}$/ MPa | $R_m$/MPa | $A$/% | $A_{gt}$/% |
|---|---|---|---|---|
| | 不小于 | | | |
| HRB335 | 335 | 455 | 17 | 7.5 |
| HRBF335 | 400 | 540 | | |
| HRB400 | 500 | 630 | 16 | |
| HRBF400 | 335 | 390 | | |
| HRB500 | 400 | 460 | 15 | |
| HRBF500 | 500 | 575 | | |

表 4-15　钢筋混凝土用热轧带肋钢筋的工艺性能(GB 1499.2—2007)

| 牌　号 | 公称直径 $d$ | 弯芯直径 |
|---|---|---|
| HRB335<br>HRBF335 | 6～25 | $3d$ |
| | 28～40 | $4d$ |
| | ＞40～50 | $5d$ |
| HRB400<br>HRBF400 | 6～25 | $4d$ |
| | 28～40 | $5d$ |
| | ＞40～50 | $6d$ |
| HRB500<br>HRBF500 | 6～25 | $6d$ |
| | 28～40 | $7d$ |
| | ＞40～50 | $8d$ |

● 知 识 链 接 ┈┈┈┈┈┈┈┈┈┈┈┈┈┈┈┈┈┈┈┈┈┈┈┈┈┈┈┈┈┈┈┈┈┈┈┈┈

　　表中，$R_{eL}$ 是钢筋的屈服强度特征值，$R_m$ 是钢筋的抗拉强度特征值，$A$ 是钢筋的伸长率，$A_{gt}$ 是钢筋的最大力下总伸长率。

　　按照《钢筋混凝土用钢第 2 部分：热轧带肋钢筋》(GB 1499.2—2007)规定，热轧带肋钢筋在进行交货检验时的检验项目包括以下几项。

　　① 尺寸、外形、重量及允许偏差检验。

　　② 表面质量检验。

　　③ 拉伸性能检验。

　　④ 冷弯性能检验。

　　⑤ 反复弯曲性能检验。

　　⑥ 化学成分检验。

　　⑦ 供需双方经协议，也可进行疲劳试验。

　　热轧带肋钢筋在进行进场检验时的常规检验项目主要包括以上前 4 项的检验内容。

　　热轧带肋抗震钢筋(标记符号为在热轧带肋牌号后加 E，如 HRB400E)力学指标除满足表 4-14 规定外，还应满足：实测抗拉强度与实测屈服强度之比应不小于 1.25；实测屈服强度与表 4-14 规定的屈服强度特征值之比不大于 1.3；钢筋最大力下总伸长率不小于 9%。

**特别提示**

根据 GB 1499.2—2007 规定，钢筋的标志，就是热轧带肋钢筋在生产时轧制的标志符号也发生了变化。钢筋牌号以阿拉伯数字加英文字母表示，HRB335、HRB400、HRB500分别以 3、4、5 表示，RRB335、RRB400、RRB500 分别以 C3、C4、C5 表示。厂名以汉语拼音字头表示，直径毫米数以阿拉伯数字表示。牌号 HRB335E，HRB400E 的抗震钢筋，应另在包装及质量证明书上明示。

2）冷轧带肋钢筋

冷轧带肋钢筋是热轧圆盘条经冷轧后，再其表面带有延长度方向均匀分布的三面或两面横肋的钢筋。国家标准《冷轧带肋钢筋》（GB 13788—2000)规定，冷轧带肋钢筋按抗拉强度分为 5 牌号，其代号为 CRB 和钢筋的抗拉强度的最小值构成。冷轧带肋钢筋的公称直径范围为 4～12mm。冷轧带肋钢筋的牌号、力学性能和工艺性能应符合表 4-16 的要求。

表 4-16　冷轧带肋钢筋牌号、力学性能和工艺性能(GB 13788—2000)

| 牌号 | $\sigma_b$/MPa 不小于 | 伸长率/%，不小于 | | 弯曲实验 (180°) | 反复弯曲次数 | 松弛率（初始应力）$\sigma_{con}=0.7\sigma_b$ | |
|---|---|---|---|---|---|---|---|
| | | $\delta_5$ | $\delta_{10}$ | | | (1000h, %) 不大于 | (10h, %) 不大于 |
| CRB550 | 550 | 8.0 | — | $d=3a$ | — | — | — |
| CRB650 | 650 | — | — | — | 3 | 8 | 5 |
| CRB800 | 800 | — | 4.0 | — | 3 | 8 | 5 |
| CRB970 | 970 | — | 4.0 | — | 3 | 8 | 5 |
| CRB1170 | 1170 | — | 4.0 | — | 3 | 8 | 5 |

冷轧带肋钢筋的公称直径范围为 4～12mm。与冷拔低碳钢丝相比，冷轧带肋钢筋具有强度高、塑性好、质量稳定、与混凝土黏结牢固等优点，是一种新型、高效节能的建筑用钢材。冷轧带肋钢筋广泛应用于多层和高层建筑的多空楼板、现浇楼板、高速公路、机场跑道、水泥电杆、输水管、桥梁、铁路轨枕、水电站坝基及各种建筑工程。CRB550 为钢筋混凝土用钢筋，其他牌号用于预应力混凝土中。

**2. 预应力钢筋**

预应力钢筋宜采用预应力钢绞线、钢丝、刻痕钢丝等。

钢筋的外形分为光圆钢筋、带肋钢筋（人字纹、螺旋纹、月牙纹）、刻痕钢筋，如图 4.20 所示。

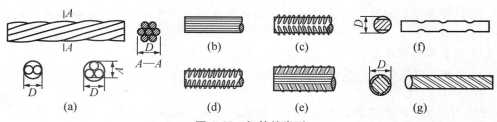

图 4.20　钢筋的类型

(a)钢绞线；(b)光面钢筋；(c)人字纹钢筋；(d)螺旋纹钢筋；(e)月牙纹钢筋；

(f)刻痕钢丝；(g)螺旋肋钢丝

1）预应力混凝土用螺纹钢筋

预应力混凝土用螺纹钢筋是一种热轧成带有不连续的外螺纹的直条钢筋，该钢筋在任意截面处，均可用带有匹配形状的内螺纹的连接器或锚具进行连接或锚固。

强度等级代号：预应力混凝土用螺纹钢筋以屈服强度划分级别，其代号为"PSB"加上规定屈服强度最小值表示（P，S，B 分别为 Prestressing，Screw，Bars 的英文首位字母）。例如，PSB830 表示屈服强度最小值为 830MPa 的钢筋。

钢筋的公称直径范围为 18～50mm，本标准推荐的钢筋公称直径为 25mm、32mm。可根据用户要求提供其他规格的钢筋。

钢筋外形采用螺纹状无纵肋且钢筋两侧螺纹在同一螺旋线上，其外形如图 4.21 所示。

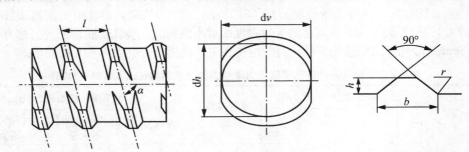

$dh$—基圆直径；$dv$—基圆直径；$h$—螺纹高；$b$—螺纹底宽；$l$—螺距；$r$—螺纹根弧；$\alpha$—导角

**图 4.21　钢筋表面及截面形状**

钢筋的熔炼分析中，硫、磷含量不大于 0.0035%。生产厂应进行化学成分和合金元素的选择，以保证经过不同方法加工的成品钢筋能满足表 4-17 规定的力学性能要求。

表 4-17　预应力混凝土用螺纹钢筋的力学性质（GB/T 20065—2006）

| 级别 | 屈服强度 $R_{eL}$/MPa | 抗拉强度 $R_m$/MPa | 断后伸长率 $A$/% | 最大力下总伸长率 $A_{gt}$/% | 应力松弛性能 | |
|------|------|------|------|------|------|------|
| | | | | | 初始应力 | 1000h 后应力松弛率 $V_r$/% |
| | 不小于 | | | | | |
| PSB785 | 785 | 980 | 7 | 3.5 | $0.8R_{eL}$ | ≤3 |
| PSB830 | 830 | 1030 | 6 | | | |
| PSB930 | 930 | 1080 | 6 | | | |
| PSB1085 | 1085 | 1230 | 6 | | | |

注：无明显屈服时，用规定非比例延伸强度（$R_{p0.2}$）代替

**知 识 链 接**

（1）供方在保证钢筋 1000 h 松弛性能合格的基础上，可进行 10h 松弛试验，初始应力为公称屈服强度的 80%，松弛率不大于 1.5%。

（2）伸长率类型通常选用 $A$，经供需双方协商，也可选用 $A_{gt}$。

（3）经供需双方协商，可进行疲劳试验。

预应力混凝土用螺纹钢筋主要应用于后张法预应力混凝土屋架、薄腹梁、框架梁和先张法框架梁等构件。

2）预应力混凝土用钢丝

预应力混凝土用钢丝是指冷拉或消除应力的光圆、螺旋肋和刻痕钢丝，如图 4.22 所示。

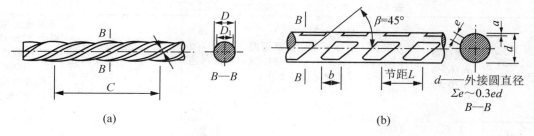

**图 4.22　预应力混凝土用钢丝外形示意图**

(a)螺旋肋钢丝；(b)三面刻痕钢丝

(1) 钢丝的分类。钢丝按加工状态分为冷拉钢丝和消除应力钢丝两类。消除应力钢丝按松弛性能又为低松弛级钢丝和普通松弛级钢丝，其代号为冷拉钢丝(WCD)、低松弛钢丝(WLR)、普通松弛钢丝(WNR)；钢丝按外形分为光圆(P)(图 4.23)、螺旋肋(H)、刻痕(I)3 种。

(2) 钢丝的标记。钢丝交货标记应包含：预应力钢丝、公称直径、抗拉强度等级、加工状态代号、外形代号、标准号等内容。示例 1：直径为 4.00mm，抗拉强度为 1670MPa 冷拉光圆钢丝，其标记为"预应力钢丝 4.00-1670-WCD-P-GB/T 5223—2002"；示例 2：直径为 7.00mm，抗拉强度为 1570MPa 低松弛的螺旋肋钢丝，其标记为"预应力钢丝 7.00-1570-WLR-H-GB/T 5223—2002"。

(3) 钢丝的力学性。消除应力光圆及螺旋钢丝应满足表 4-18 的要求，冷拉钢丝的力学性能应满足表 4-19 的要求，消除应力的刻痕钢丝的力学性能，满足表 4-20 的要求。

**表 4-18　消除应力光圆及螺旋钢丝的力学性能(GB/T 5223—2002)**

| 公称直径 $d_n$/mm | 抗拉强度 $\sigma_b$/MPa 不小于 | 规定非比例伸长应力 $\sigma_{p0.2}$/MPa 不小于 | | 最大力下总伸长率 ($L_0 = 200mm$) $\delta_{gt}$/% 不小于 | 反复弯曲次数 (次/180°) 不小于 | 弯曲半径 $R$/mm | 应力松弛性能 | | |
|---|---|---|---|---|---|---|---|---|---|
| | | WLR | WNR | | | | 初应力% | 1000 小时应力松弛率/%≤ | |
| | | | | | | | | WLR | WNR |
| 4.00 | 1470 | 1290 | 1250 | | 3 | 10 | | | |
| | 1570 | 138 | 1330 | | | | | | |
| 4.80 | 1670 | 1470 | 1410 | | 4 | 15 | | | |
| 5.00 | 1770 | 1560 | 1500 | | | | | | |
| | 1860 | 1640 | 1580 | | | | | | |
| 6.00 | 470 | 1290 | 1250 | 3.5 | 4 | 15 | 60 | 1.0 | 4.5 |
| 6.25 | 1570 | 1380 | 1330 | | | | | | |
| | 1670 | 1470 | 1410 | | 44 | 20 | | | |
| 7.00 | 1770 | 1560 | 1500 | | | | 70 | 2.0 | 8 |
| 8.00 | 1470 | 1290 | 1250 | | 4 | 20 | | | |
| 9.00 | 1570 | 1380 | 1330 | | | | 80 | 4.5 | 12 |
| 10.00 | 1470 | 1290 | 1250 | | 4 | 25 | | | |
| 12.00 | | | | | 4 | 30 | | | |

表4-19 冷拉钢丝的力学性能(GB/T 5223—2002)

| 公称直径 $d_n$/mm | 抗拉强度 $\sigma_b$/MPa 不小于 | 规定非比例伸长应力 $\sigma_{p0.2}$/MPa 不小于 | 最大力下总伸长率($L_0$=200mm) $\delta_{gt}$/% 不小于 | 反复弯曲次数(次/180°) 不小于 | 弯曲半径 $R$/mm | 断面收缩率 $\psi$/% 不小于 | 每210mm扭矩的扭转次数 $n$ 不小于 | 初始应力相当于70%公称抗拉强度时,1000h后反应力松弛率 $\gamma$/%,不小于 |
|---|---|---|---|---|---|---|---|---|
| 3.00 | 1470 | 1100 | | 4 | 7.5 | | — | |
| 4.00 | 1570 | 1180 | | 4 | 10 | | 8 | |
| | 1670 | 1250 | | | | 35 | | |
| 5.00 | 1770 | 1330 | 1.5 | 4 | 15 | | 8 | 8 |
| 6.00 | 1470 | 1100 | | 5 | 15 | | 7 | |
| 7.00 | 1570 | 1180 | | 5 | 20 | 30 | 6 | |
| | 1670 | 1250 | | | | | | |
| 8.00 | 1770 | 1330 | | 5 | 20 | | 5 | |

表4-20 消除应力的刻痕钢丝的力学性能(GB/T 5223—2002)

| 公称直径 $d_n$/mm | 抗拉强度 $\sigma_b$/MPa 不小于 | 规定非比例伸长应力 $\sigma_{p0.2}$/MPa 不小于 | | 最大力下总伸长率($L_0$=200mm) $\delta_{gt}$/% 不小于 | 弯曲次数(次/180°) 不小于 | 弯曲半径 $R$/mm | 初始应力相当于公称抗拉强度的/% | 1000h后反应力松弛率 $\gamma$/% 不小于 | |
|---|---|---|---|---|---|---|---|---|---|
| | | WLR | WNR | | | | | WLR | WNR |
| | | | | | | | | 对所有规格 | |
| ≤5.0 | 1470 | 1290 | 1250 | | | | 60 | 1.5 | 4.5 |
| | 1570 | 1380 | 1330 | | | | | | |
| | 1670 | 1470 | 1410 | | | 15 | | | |
| | 1770 | 1560 | 1500 | 3.5 | 3 | | | | |
| | 1860 | 1640 | 1580 | | | | 70 | 2.5 | 8 |
| >5.0 | 1470 | 1290 | 1250 | | | | 80 | 4.5 | 12 |
| | 1570 | 1380 | 1330 | | | 20 | | | |
| | 1670 | 1470 | 1410 | | | | | | |
| | 1770 | 1560 | 1500 | | | | | | |

● 知 识 链 接

　　冷拉钢丝是指用盘条通过拔丝模或轧辊经冷加工而成的产品,以盘卷供货的钢丝(图4.23)。

　　消除应力钢丝是按下述一次性连续处理方法之一生产的钢丝。

　　(1)钢丝在塑性变形下(轴应变)进行的短时处理,得到的应是低松弛钢丝。

　　(2)钢丝通过矫直工序后在适当温度下进行的短时热处理,得到的应是普通松弛钢丝。

　　松弛是指在长度下应力随时间而减小的现象。

　　螺旋肋钢丝是指钢丝表面沿着长度方向上具有规则间隔的肋条。

　　刻痕钢丝是指表面沿长度方向上具有规则间隔的压痕。

图4.23 钢丝

预应力钢丝强度高，并具有较好的柔韧性，质量稳定，施工简便，使用时可根据要求的长度切断，主要适用于大荷载、大跨度、曲线配筋的预应力钢筋混凝土结构。

3）预应力混凝土用钢绞线

（1）钢绞线分类及代号。钢绞线按结构分为5类。其代号为用2根钢丝捻制的钢绞线1×2，用3根钢丝捻制的钢绞线1×3，用3根刻痕钢丝捻制的钢绞线1×3I，用7根钢丝捻制的标准型钢绞线1×7，用7根钢丝捻制又经模拔的钢绞线(1×7)C。

（2）钢绞线的标记。按《预应力混凝土用钢绞线》（GB/T 5224—2003)标准交货的产品标记应包含预应力钢绞线、结构代号、公称直径、强度级别、标准号等内容。标记示例1：公称直径为15.20mm，强度级别为1860MPa的7根钢丝捻制的标准型钢绞线标记为预应力钢绞线1×7-15.20-1860-GB/T 5224—2003；示例2：公称直径为8.74mm，强度级别为1670MPa的3根刻痕钢丝捻制的钢绞线标记为：预应力钢绞线1×3I-8.74-1670-GB/T 5224—2003；示例3：公称直径为12.70mm，强度级别为1860MPa的7根钢丝捻制又经模拔的钢绞线标记为预应力钢绞线(1×7)C-12.70-1860-GB/T 5224—2003。

（3）钢绞线的力学性能。1×2结构钢绞线的力学性能应符合表4-21的规定。1×3结构钢绞线的力学性能应符合表4-22的规定。1×7结构钢绞线的力学性能应符合表4-23的规定。

表4-21 1×2结构钢绞线的力学性能(GB/T 5224—2003)

| 钢绞线结构 | 钢绞线公称直径 $D_n$/mm | 抗拉强度 $R_m$/MPa 不小于 | 整根钢绞线的最大力 $F_m$/kN 不小于 | 规定非比例延伸力 $F_{p0.2}$/kN 不小于 | 最大力总伸长率($L_0 \geqslant$ 400mm) $A_{gt}$/% 不小于 | 应力松弛性能 | |
|---|---|---|---|---|---|---|---|
| | | | | | | 初始负荷相当于工程最大力的百分数/% | 1000h后应力松弛率 $\gamma$/% 不小于 |
| 1×2 | 5.00 | 1570 | 15.4 | 13.9 | | | |
| | | 1720 | 16.9 | 15.2 | | | |
| | | 1860 | 18.3 | 16.5 | | | |
| | | 1960 | 19.2 | 17.3 | | | |
| | 5.80 | 1570 | 20.7 | 18.6 | | 60 | 1.0 |
| | | 1720 | 22.7 | 20.4 | | | |
| | | 1860 | 24.6 | 22.1 | | | |
| | | 1960 | 25.9 | 23.3 | | | |
| | 8.00 | 1470 | 36.9 | 33.2 | 3.5 | 70 | 2.5 |
| | | 1570 | 39.4 | 35.5 | | | |
| | | 1720 | 43.2 | 38.9 | | | |
| | | 1860 | 46.7 | 42.0 | | | |
| | | 1960 | 49.2 | 44.3 | | | |
| | 10.00 | 1470 | 57.8 | 52.0 | | 80 | 4.5 |
| | | 1570 | 61.7 | 55.5 | | | |
| | | 1720 | 67.6 | 60.8 | | | |
| | | 1860 | 73.1 | 65.8 | | | |
| | | 1960 | 77.0 | 69.3 | | | |
| | 12.00 | 1470 | 83.1 | 74.8 | | | |
| | | 1570 | 88.7 | 79.8 | | | |
| | | 1720 | 97.2 | 87.5 | | | |
| | | 1860 | 105 | 94.5 | | | |

注：规定非比例延伸力 $F_{p0.2}$ 值不小于整根钢绞线公称最大力 $F_m$ 的90%。

表 4-22　1×3 结构钢绞线的力学性能(GB/T 5224—2003)

| 钢绞线结构 | 钢绞线公称直径 $D_n$/mm | 抗拉强度 $R_m$/MPa, 不小于 | 整根钢绞线的最大力 $F_m$/kN, 不小于 | 规定非比例延伸力 $F_{p0.2}$/kN, 不小于 | 最大力总伸长率($L_0 \geq 400mm$) $A_{gt}$/%, 不小于 | 应力松弛性能 初始负荷相当于工程最大力的百分数/% | 应力松弛性能 1000h 后应力松弛率 $\gamma$/%, 不小于 |
|---|---|---|---|---|---|---|---|
| 1×3 | 6.20 | 1570 | 31.1 | 28.0 | 对所有规格 | 对所有规格 | 对所有规格 1.0 |
| | | 1720 | 34.1 | 30.7 | | | |
| | | 1860 | 36.8 | 33.1 | | | |
| | | 1960 | 38.8 | 34.9 | | | |
| | 6.50 | 1570 | 33.3 | 30.0 | | | |
| | | 1720 | 36.5 | 32.9 | | 60 | |
| | | 1860 | 39.4 | 35.5 | | | |
| | | 1960 | 41.6 | 37.4 | | | |
| | 8.60 | 1470 | 55.4 | 49.9 | | | 2.5 |
| | | 1570 | 59.2 | 53.3 | | | |
| | | 1720 | 64.8 | 58.3 | 3.5 | | |
| | | 1860 | 70.1 | 63.1 | | | |
| | | 1960 | 73.9 | 66.5 | | 70 | 4.5 |
| | 8.74 | 1570 | 60.6 | 54.5 | | | |
| | | 1670 | 64.5 | 58.1 | | | |
| | | 1860 | 71.8 | 64.6 | | | |
| | 10.80 | 1470 | 86.6 | 77.9 | | | |
| | | 1570 | 92.5 | 83.3 | | | |
| | | 1720 | 101 | 90.9 | | 80 | |
| | | 1860 | 110 | 99.0 | | | |
| | | 1960 | 115 | 104 | | | |
| | 12.90 | 1470 | 125 | 113 | | | |
| | | 1570 | 133 | 120 | | | |
| | | 1720 | 146 | 131 | | | |
| | | 1860 | 158 | 142 | | | |
| | | 1960 | 166 | 149 | | | |
| 1×3I | 8.74 | 1570 | 60.6 | 54.5 | | | |
| | | 1670 | 64.5 | 58.1 | | | |
| | | 1860 | 71.8 | 64.6 | | | |

注：规定非比例延伸力 $F_{p0.2}$ 值不小于整根钢绞线公称最大力 $F_m$ 的 90%。

表 4-23　1×7 结构钢绞线的力学性能(GB/T 5224—2003)

| 钢绞线结构 | 钢绞线公称直径 $D_n$/mm | 抗拉强度 $R_m$/MPa，不小于 | 整根钢绞线的最大力 $F_m$/KN，不小于 | 规定非比例延伸力 $F_{p0.2}$/KN，不小于 | 最大力总伸长率($L_0$≥400mm) $A_{gt}$/% 不小于 | 应力松弛性能 初始负荷相当于工程最大力的百分数/% | 1000h后应力松弛率 $\gamma$/% 不小于 |
|---|---|---|---|---|---|---|---|
| | 9.50 | 1720 | 94.3 | 84.9 | 对所有规格 | 对所有规格 | 对所有规格 |
| | | 1860 | 102 | 91.8 | | | |
| | | 1960 | 107 | 96.3 | | | |
| | 11.10 | 1720 | 128 | 115 | | | |
| | | 1860 | 138 | 124 | | | |
| | | 1960 | 145 | 131 | | | |
| 1×7 | 12.70 | 1720 | 170 | 153 | | 60 | 1.0 |
| | | 1860 | 184 | 166 | 3.5 | | |
| | | 1960 | 193 | 174 | | | |
| | 15.20 | 1470 | 206 | 185 | | | |
| | | 1570 | 220 | 198 | | 70 | 2.5 |
| | | 1670 | 234 | 211 | | | |
| | | 1720 | 241 | 217 | | | |
| | | 1860 | 260 | 234 | | | |
| | | 1960 | 274 | 247 | | | |
| | 15.70 | 1770 | 266 | 239 | | 80 | 4.5 |
| | | 1860 | 279 | 251 | | | |
| | 17.80 | 1720 | 327 | 294 | | | |
| | | 1860 | 353 | 318 | | | |
| (1×7)C | 12.70 | 1860 | 208 | 187 | | | |
| | 15.20 | 1820 | 300 | 270 | | | |
| | 18.00 | 1720 | 384 | 346 | | | |

注：规定非比例延伸力 $F_{p0.2}$ 值不小于整根钢绞线公称最大力 $F_m$ 的 90%。

预应力钢绞线(图 4.24)强度高，并具有较好的柔韧性，质量稳定，施工简便，使用时可根据要求的长度切断，主要适用于大荷载、大跨度、曲线配筋的预应力钢筋混凝土结构。

图 4.24　钢绞线

209

4）预应力混凝土用钢棒

（1）预应力混凝土用钢棒的分类。预应力混凝土用钢棒包括光圆、螺旋槽、螺旋肋、带肋钢棒，见表 4-24。

表 4-24　预应力混凝土用钢棒的分类(GB/T 5223. 3—2005)

| 钢棒的分类 | 表面特征 | 钢棒外形示意图 | 说明 |
|---|---|---|---|
| 光圆钢棒 | 横截面为圆形的钢棒 | | |
| 螺旋槽钢棒 | 沿着表面纵向，具有规则间隔的连续螺旋凹槽的钢棒 | | 3 条螺旋槽 |
| | | | 6 条螺旋槽 |
| 螺旋肋钢棒 | 沿着表面纵向，具有规则间隔的连续螺旋凸肋的钢棒 | | |
| 带肋钢棒 | 沿着表面纵向，具有规则间隔的横肋的钢棒 | | 有纵肋带肋 |
| | | | 无纵肋带肋 |

（2）预应力混凝土用钢棒的代号：预应力混凝土用钢棒（PCB）；光圆钢棒（P）；螺旋槽钢棒（HG）；螺旋肋钢棒（HR）；带肋钢棒（R）；普通松弛（N）；低松弛（L）。

（3）预应力混凝土用钢棒的标记。按《预应力混凝土用钢棒》（GB/T 5223.3—2005）交货的产品标记应包含的内容有：预应力钢棒、公称直径、公称抗拉强度、代号、延性级别（延性35或延性25）、松弛（N或L）、标准号。标记示例：公称直径为9mm，公称抗拉强度为1420MPa，35级延性，低松弛预应力混凝土用螺旋槽钢棒，其标记为"PCB9-1420-35-L-HG-GB/T 5223.3"。

（4）钢棒的技术要求。钢棒的公称直径、横截面积、重量应符合表4-25的规定。钢棒应进行拉伸试验，其抗拉强度、延伸强度应符合表4-26的规定。钢棒应进行弯曲试验（螺旋槽钢棒、带肋钢棒除外），其性能应符合表4-25的规定。钢棒的伸长性要求（包括延性级别和相应伸长率）应符合表4-26的规定。

表4-25　钢棒的公称直径、横截面积、重量及性能（GB/T 5223.3—2005）

| 表面形状类型 | 公称直径 $D_n$/mm | 公称横截面积 $S$/mm² | 横截面积 $S$/mm² | | 每米参考重量 /(g/m) | 抗拉强度 $R_m$ 不小于/MPa | 规定非比例延伸强度 $R_{p0.2}$ 不小于 MPa | 弯曲性能 | |
|---|---|---|---|---|---|---|---|---|---|
| | | | 最大 | 最小 | | | | 性能要求 | 弯曲半径 /mm |
| 光圆 | 6 | 28.3 | 26.8 | 29.0 | 222 | 对所有规格钢棒 1080 1230 1420 1570 | 对所有规格钢棒 930 1080 1280 1420 | 反复弯曲不小于4次/180℃ | 15 |
| | 7 | 38.5 | 36.3 | 39.5 | 302 | | | | 20 |
| | 8 | 50.3 | 47.5 | 51.5 | 394 | | | | 20 |
| | 10 | 78.5 | 74.1 | 80.4 | 616 | | | | 25 |
| | 11 | 95.0 | 93.1 | 97.4 | 746 | | | 弯曲160°～180°后弯曲处无裂纹 | 弯芯直径为钢棒公称直径的10倍 |
| | 12 | 113 | 106.8 | 115.8 | 887 | | | | |
| | 13 | 133 | 130.6 | 136.3 | 1044 | | | | |
| | 14 | 154 | 145.6 | 157.8 | 1209 | | | | |
| | 16 | 201 | 190.2 | 206.0 | 1578 | | | | |
| 螺旋槽 | 7.1 | 40 | 39.0 | 41.7 | 314 | | | | — |
| | 9 | 64 | 62.4 | 66.5 | 502 | | | | |
| | 10.7 | 90 | 87.5 | 93.6 | 707 | | | | |
| | 12.6 | 125 | 121.5 | 129.9 | 981 | | | | |
| 螺旋肋 | 6 | 28.3 | 26.8 | 29.0 | 222 | | | 反复弯曲不小于4次/180℃ | 15 |
| | 7 | 38.5 | 36.3 | 39.5 | 302 | | | | 20 |
| | 8 | 50.3 | 47.5 | 51.5 | 394 | | | | 20 |
| | 10 | 78.5 | 74.1 | 80.4 | 616 | | | | 25 |
| | 12 | 113 | 106.8 | 115.8 | 888 | | | 弯曲160°～180°后弯曲处无裂纹 | 弯芯直径为钢棒公称直径的10倍 |
| | 14 | 154 | 145.6 | 157.8 | 1209 | | | | |
| 带肋 | 6 | 28.3 | 26.8 | 29.0 | 222 | | | | — |
| | 8 | 50.3 | 47.5 | 51.5 | 394 | | | | |
| | 10 | 78.5 | 74.1 | 80.4 | 616 | | | | |
| | 12 | 113 | 105.8 | 115.8 | 887 | | | | |
| | 14 | 154 | 145.6 | 157.8 | 1209 | | | | |
| | 16 | 201 | 190.2 | 206.0 | 1578 | | | | |

表 4-26　预应力混凝土用钢棒伸长率要求(GB/T5223.3—2005)

| 延性级别 | 最大力总伸长率，$A_{gt}/\%$ | 断后伸长率($L_{o}=8d_{n}$)$A/\%$不小于 |
|---|---|---|
| 延性 35 | 3.5 | 7.0 |
| 延性 25 | 2.5 | 5.0 |

注：(1)日常检查可用断后伸长率，仲裁试验以最大力总伸长率为准。

(2)最大力伸长率标距 $L_{o}=200mm$。

(3)断后伸长率标距 $L_{o}$ 为钢棒公称直径的 8 倍。$L_{o}=8d_{n}$。

预应力混凝土用钢棒较钢丝、钢绞线直径大，伸直性更好，可以点焊，主要应用于水泥管桩、电杆、高速公路轨枕等。

3. 钢材的选用原则

钢材的选用一般遵循下列原则：

(1)荷载性质

对于经常承受动力和震动荷载的结构，容易产生应力集中，从而引起疲劳破坏，需要选用材质高的钢材。

(2)使用温度

对于经常处于低温状态的结构，钢材容易发生冷脆断裂，特别是焊接结构，冷脆倾向更加显著，因而要求钢材具有良好的塑形和低温冲击韧性。

(3)连接方式

焊接结构当温度变化和受力性质改变时，易导致焊缝附近的母材金属出现冷、热裂纹，促进结构早期破坏，所以，焊接结构对钢材的化学成分和机械性能要求更应严格。

(4)钢材厚度

钢材力学性能一般随厚度增大而降低，钢材经多次轧制后，钢内部结晶组织更为紧密，强度更高，质量更好。故一般结构的钢材厚度不宜超过 40mm。

(5)结构重要性

选择钢材要考虑结构使用的重要性，如大跨度和重要的建筑物，需相应选择质量更好的钢材。

# 任务 4.5　钢材的防锈与防火

## 4.5.1　建筑钢材的锈蚀与防护

1. 钢材锈蚀机理

钢材的锈蚀是指钢材表面与周围介质发生作用而引起破坏的现象。根据钢材与环境介质作用的机理，腐蚀可分为化学锈蚀和电化学锈蚀。

1)化学锈蚀

化学锈蚀是指钢材与周围介质(如氧气、二氧化碳、二氧化硫和水等)发生化学反应，生成疏松的氧化物而产生的锈蚀。一般情况下，是钢材表面 FeO 保护膜被氧化成黑色的 $Fe_3O_4$。在常温下，钢材表面能形成 FeO 保护膜，可以防止钢材进一步锈蚀。在干燥环境中化学锈蚀速度缓慢，但当温度和湿度较大时，这种锈蚀进展加快。

2）电化学锈蚀

电化学锈蚀是指钢材与电解溶液接触而产生电流，形成原电池而引起的锈蚀。电化学锈蚀是建筑钢材在存放和使用中发生锈蚀的主要形式。

**2. 钢筋混凝土中钢筋锈蚀**

普通混凝土为强碱性环境，使之对埋入其中的钢筋形成碱性保护。在碱性环境中，阴极过程难于进行。即使有原电池反应存在，生成的 $Fe(OH)_2$ 也能稳定存在，并成为钢筋的保护膜。所以，用普通混凝土制作的钢筋混凝土，只要混凝土表面没有缺陷，里面的钢筋是不会锈蚀的。但是，普通混凝土制作的钢筋混凝土有时也发生钢筋锈蚀现象。

**3. 钢材锈蚀的防止**

1）表面刷漆

表面刷漆是钢结构防止锈蚀的常用方法。刷漆通常有底漆、中间漆和面漆三道。底漆要求有较好的附着力和防锈能力，常用的有红丹、环氧富锌漆、云母氧化铁和铁红环氧底漆等。

2）表面镀金属

用耐腐蚀性好的金属，以电镀或喷镀的方法覆盖在钢材的表面，提高钢材的耐腐蚀能力。常用的方法有镀锌（如白铁皮）、镀锡（如马口铁）、镀铜和镀铬等。

3）采用耐候钢

耐候钢是在碳素钢和低合金钢中加入少量的铜、铬、镍、钼等合金元素而制成。耐候钢既有致密的表面防腐保护，又有良好的焊接性能，其强度级别与常用碳素钢和低合金钢一致，技术指标相近。

### 4.5.2　钢材的防火

钢是不燃性材料，但这并不表明钢材能够抵抗火灾。无保护层时钢柱和钢屋架的耐火极限只有15min，而裸露Q235钢梁的耐火极限仅为27min。温度在200℃以内，可以认为钢材的性能基本不变；当温度超过300℃以后，钢材的弹性模量、屈服点和极限强度均开始显著下降，而塑性伸长率急剧增大，钢材产生徐变；温度超过400℃时，强度和弹性模量都急剧降低；到达600℃时，弹性模量、屈服点和极限强度均接近于零，已失去承载能力。所以，没有防火保护层的钢结构是不耐火的。

钢结构防火保护的基本原理是采用绝热或吸热材料，阻隔火焰和热量，推迟钢结构的升温速率。防火方法以包覆法为主，即以防火涂料、不燃性板材或混凝土和砂浆将钢构件包裹起来。

**1. 防火涂料包裹法**

此方法是采用防火涂料，紧贴钢结构的外露表面，将钢构件包裹起来，是目前最为流行的做法。

**2. 不燃性板材包裹法**

常用的不燃性板材有防火板、石膏板、硅酸钙板、蛭石板、珍珠岩板和矿棉板等，可通过粘结剂或钢钉、钢箍等固定在钢构件上，将其包裹起来。

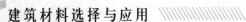

**3. 实心包裹法**

一般做法是将钢结构浇注在混凝土中。

 **应用案例 4-2**

**【案例概况】**

纽约世界贸易中心大楼位于曼哈顿闹市区南端，雄踞纽约海港旁，是美国纽约市最高、楼层最多的摩天大楼。大楼于 1966 年开工，历时 7 年，1973 年竣工以后，以 411 米的高度作为 110 层的摩天巨人而载入史册。它是由 5 幢建筑物组成的综合体。其主楼呈双塔形，塔柱边宽 63.5 米。大楼采用钢结构，用钢 7.8 万吨，楼的外围有密置的钢柱，墙面由铝板和玻璃窗组成，素有"世界之窗"之称。2001 年 9 月 11 日，"基地"恐怖分子劫持客机撞向美国世贸大楼，导致纽约标志性建筑世贸双塔轰然倒塌。

**【案例解析】**

英国科学家表示，世贸双塔之所以倒塌，主要是因为建塔的钢铁在高温燃烧下磁性发生了变化，进而软化发生倒塌。在室温下，铁原子之间的磁场仍然保持相对的稳定。但是，随着温度的升高，这些磁场不断发生不规则改变，原子之间的运动和碰撞加速。这种变化导致了钢的性能变化。千百年来铁匠一直在利用钢铁的这种性能来谋生。在比熔点低得多的温度下，钢铁开始变得柔软易折，铁匠可以将其打造成任何形状。从大约 500℃ 时钢铁就已经开始变软。而一般的建筑物大火则经常可以达到这种温度。在"9·11"恐怖袭击事件中，纽约世贸中心双子塔被劫持的飞机撞击后，其钢架构表面的保护层绝缘面板随之脱落。双塔的钢架构因此完全暴露于大火之中，当时大火的温度已接近 500℃ 的钢软化点。

# 任务 4.6　建筑钢材的验收与储运

## 4.6.1　钢材的验收

钢材的验收按批次检查验收。钢材的验收主要内容如下。

(1) 钢材的数量和品种是否与订货单符合。

(2) 钢材表面质量检验。钢材表面不允许有结疤、裂纹、折叠和分层、油污等缺陷。

(3) 钢材的质量保证书是否与钢材上打印的记号相符合。每批钢材必须具备生产厂家提供的材质证明书，写明钢材的炉号、钢号、化学成分和机械性能等，根据国家技术标准核对钢材的各项指标。

(4) 按国家标准按批次抽取试样检测钢材的力学性能。同一级别、种类，同一规格、批号、批次不大于 60t 为一检验批（不足 60t 也为一检验批），取样方法应符合国家标准规定。

## 4.6.2　钢材的储运

**1. 运输**

钢材在运输中要求不同钢号、炉号、规格的钢材分别装卸，以免混乱。装卸中钢材不许摔掷，以免破坏。在运输过程中，其一端不能悬空及伸出车身的外边。另外，装车时要注意荷重限制，不许超过规定，并需注意装载负荷的均衡。

2. 堆放

钢材的堆放要减少钢材的变形和锈蚀，节约用地，且便于提取钢材。

（1）钢材应按不同的钢号、炉号、规格、长度等分别堆放。

（2）堆放在有顶棚的仓库时，可直接堆放在草坪上（下垫楞木），对小钢材亦可放在架子上，堆与堆之间应留出走道；堆放时每隔5～6层放置楞木。其间距以不引起钢材明显的弯曲变形为宜。楞木要上下对齐，在同一垂直平面内。

（3）露天堆放时，应加上简易的篷盖，或选择较高的堆放场地，四周有排水沟。堆放时尽量使钢材截面的背面向上或向外，以免积雪、积水。

（4）为增加堆放钢材的稳定性，可使钢材互相勾连，或采用其他措施。标牌应标明钢材的规格、钢号、数量和材质验收证明书号。并在钢材端部根据其钢号涂以不同颜色的油漆。

（5）钢材的标牌应定期检查。选用钢材时，要按顺序寻找，不准乱翻。

（6）完整的钢材与已有锈蚀的钢材应分别堆放。凡是已经锈蚀者，应捡出另放，进行适当的处理。

# 任务 4.7　其他金属材料在建筑中的应用

## 4.7.1　铝材及铝合金

### 1. 铝的特性

铝为银白色轻金属，密度为 $2.78g/cm^3$，塑性好、导电、导热性能强，但是强度低。铝的化学性质很活泼，在空气中易和空气反应，生成一层氧化薄膜，覆盖在下层金属表面，阻止其继续氧化，从而起到保护作用，所以铝在大气中耐腐蚀性较好。铝具有良好的塑性，易加工成板、管、线等。纯铝可加工成铝粉，用于加气混凝土的发气，也可作为防腐涂料（又称银粉）用于铸铁、钢材等的防腐。

### 2. 铝合金

在纯铝中加入铜、镁、锰、锌、硅、镕等合金元素就成为铝合金。铝合金由于一般机械性能明显提高并仍然保持铝重量轻的固有特性，因此，使用价值也大为提高。

铝合金有防锈铝合金、硬铝合金、超硬铝合金、锻铝台金。铝合金，按应用可分为三类：一类结构，以强度为主要因素的受力构件，如屋架等。二类结构，以不承力构件或承力不大的构件，如建筑工程的门、窗、卫生间、管系、通风管、挡风板、支架、流线型罩壳、扶手等；三类结构，主要是各种装饰品和绝热材料。

铝合金由于延展性好、硬度低，可锯可刨，可通过热轧、冷轧、冲压、挤压、弯曲、卷边等加工，制成不同尺寸、不同形状和截面的板、管、棒及各种型材和铝箔。

常用的铝合金品种有以下几种。

1）铝合金门窗

在现代建筑中用铝合金门窗尽管造价比普通门窗高，但由于长期维修费用低、性能好，铝合金门窗与普通门窗相比具有如下特点。

（1）重量轻，铝合金门窗用材省，重量轻，每平方米耗用铝材重量平均只有 8～12kg，较钢木门窗轻 50％左右。

（2）性能好，铝合金门窗密封性能好，气密性、水密性、隔音性、隔热性都较普通门窗有显著提高。

（3）色调美观，铝合金门窗框料型材表面经过氧化着色处理，即可保持银白色也可以根据需要制成各种柔和的颜色或带色的花纹。

（4）耐腐蚀，铝合金门窗不需涂漆，不退色、不锈蚀、不脱落、表面不需要维修，因而简单方便。

（5）便于工业化生产，有利于实行设计标准化，生产工厂化，产品商品化。

2）铝合金装饰板及吊顶

（1）铝合金花纹板，是采用防锈铝合金材料，用特制花纹机辊轧面成，花纹美观大方、筋高适中、不易磨损、防滑性能好、防腐蚀性能强、也便于冲洗。通过表面处理可以得到不同美丽颜色，广泛用于现代建筑物的墙面装饰及楼梯踏板等处。

（2）铝质浅花纹板，铝合金浅质花纹板花纹精确别致，色泽美观大方，除具有普通纹板共有的优点以外，刚度提高 20％，抗污垢、抗划伤、接伤能力均有提高，尤其是增加了立体图案和美丽的色彩，更使建筑物生辉。

（3）铝合金波纹板，这种板材主要用于墙面装饰，也可用作屋面，有银白等多种颜色。既有一定装饰效果也有很强的反射阳光能力，并十分经久耐用，在大气中使用 20 年不需更换，搬迁拆卸下来的花纹板仍可使用，因而得到了广泛应用。

（4）铝合金压型板，具有重量轻、外观美观、耐久、耐腐蚀、易安装、施工进度快等优点。通过表面处理可得到各种色彩的压型板，适用于屋面和墙面。

（5）铝合金冲孔板，是采用各种铝合金平板经机械冲孔而成，具有良好的防腐蚀性能，光洁度高，有一定强度，易加工成各种形状、尺寸，有良好的防震、防水、防火性能和良好的消音效果。主要用于棉纺厂、各种控制室、电子计算机房的天棚及墙壁，也用于噪声大的车间厂房，也是电影院、剧场的理想消音材料。

（6）铝合金吊顶，其特点是重量轻、不燃烧、耐腐蚀、施工方便、装饰华丽等。

3. 铝箔

铝箔是指用纯铝或铝合金加工成薄片制品。铝箔按状态和材质可分为硬质箔、半硬质箔和软质箔。硬质箔是轧制后未经软化处理（迟火）的铝箔。软质箔是轧制后经过充分迟火而变软的铝箔。多用于包装、电工材料、复合材料中。半硬质箔的硬度介于硬、软箔之间，常用于成型加工。

铝箔还具有很好的防潮性能和绝热性能，并以全新多功能保温隔热材料和防潮材料广泛用于土木工程中。建筑上应用较多的是铝箔牛皮纸和铝箔布，前者用在空气间中作绝热材料，后者多用在寒冷地区作保温窗帘、炎热地区作隔热窗帘以及太阳房和农业温室中作活动阴热屏。板材型，如铝箔泡沫塑料板、铝箔波形板、微孔铝箔波形板、铝箔石棉纸夹心板等，他们强度较高、刚度较好，常用在室内或者设备内，选择适当色调和图案，可同时起到很好的装饰作用。微孔波形板还有很好的吸声作用。

在炎热地区，铝箔用在围护结构外表面，可以反射掉大部分太阳辐射热；在寒冷地区，可减少室内向室外散热损失，提高墙体保温能力。

我国目前铝的产量不多，但铝矿储量极为丰富，随着国民经济建设的迅速发展铝合金产量会大幅度提高，铝在土木工程中的应用也将越来越普及。

### 4.7.2 铸铁

含碳量大于2％的铁碳合金称为生铁。生铁除含碳量较高外尚含较多的硅、锰、磷、硫等元素。常用的是灰口生铁，其中碳全部或大部呈石墨形式存在，断口呈灰色故称灰铸铁或简称铸铁。铸铁具有良好的铸造性能，成本低，是工业上用途十分广泛的一种黑色金属材料。铸铁性脆，无塑性，抗压强度较高，但抗拉和抗弯强度不高，不宜用作结构材料。在建筑中大量采用铸铁水管，用作上下水道及其连接件，土木工程中也用作排水沟、地沟、等的盖板。在工业与民用建筑及建筑设备中广泛采用铸铁制作暖气片及各种零部件。铸铁也是一种常用的装饰材料，用于制作门、窗、栏杆、栅栏及其他建筑小品等。

### 4.7.3 铜

纯铜表面氧化生成氧化铜薄膜后呈紫红色，故称铜为紫红色金属，铜具有良好的延展性，但强度较低，易生锈。将纯铜压延成薄片（紫铜片）和线材，是良好的止水材料和电的传导材料。铜分为黄铜（铜锌合金）和青铜（铜锡合金），黄铜特点是强度较高、耐磨、耐腐蚀。黄铜呈黄色或金黄色，装饰性好，主要用于生产建筑上的门窗、门窗花格、栏杆、抛光板材、铜管等；黄铜也用于生产建筑五金、水暖器材等；用黄铜生产的铜粉（又称金粉），用作涂料起到装饰和防腐作用。青铜为青灰色或灰黄色，硬度大、强度较高、耐磨及抗腐蚀性好，主要用于生产板材、机械零件等。

### 4.7.4 铅

铅是一种柔软的低熔点金属，抗拉强度很低，延展加工性能极好。常用于钢铁管道接口的嵌缝密封材料。铅板和铅管是工业上常用的耐腐蚀材料，能经受浓度80％的热硫酸和浓度92％的冷硫酸的侵蚀。铅板还常用于医院实验室和工业建筑中的X射线操作室和屏蔽材料。

## 情 境 小 结

1. 钢材是在严格控制情况下冶炼出的一种铁碳合金。按组成分为碳素钢和合金钢两类，建筑上常用的是普通碳素钢和普通低合金钢。

2. 建筑钢材作为主要结构材料，应具有良好的力学性能。通过拉伸试验可测得钢材的一系列力学性能，包括钢材抵抗弹性变形能力（弹性模量），结构设计强度取值依据（屈服点），钢材抵抗破坏的最大能力（抗拉强度）以及反映钢材塑性能力的指标（伸长率及断面收缩率）。在低温及动荷载下工作的结构，还应检验钢材的冲击韧性。钢材的工艺性能，即可加工性，主要包括冷弯及可焊性，冷弯性能也反映钢的可塑性大小。

3. 钢材的化学成分是影响性能的内在因素，其中碳是影响钢性能的主要元素。硫、

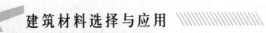

氧和磷、氮为钢中的有害元素，硫、氧会使钢具有热脆性，磷、氮使钢具有冷脆性，它们的存在会使钢的各项性能变坏。

4. 建筑钢材按用途分为钢结构用钢和钢筋混凝土用钢，它们主要是用碳素结构钢和低合金结构钢制成的。

5. 热轧钢筋是最常用的一种，它按机械性能划分为 4 个级别。在使用前常需进行冷加工及时效处理，以达到提高强度的目的。

6. 钢筋表面与周围介质发生化学反应而使钢筋锈蚀，包括化学锈蚀和电化学锈蚀两种。钢筋锈蚀对钢筋的危害很严重，应采取做保护层法和制成合金的方法以达到保护钢筋的目的。

7. 其他金属材料包括铝合金、铸铁、铜、铅等，他们在建筑工程中发挥着重要的作用，是建筑工程中必不可少的组成部分。

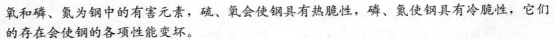

## 习 题

一、填空题

1. 低碳钢的受拉破坏过程，可分为_____、_____、_____和_____ 4 个阶段。

2. 建筑工程中常用的钢种是_____和_____。

3. 普通碳素钢分为_____个牌号，随着牌号的增大，其_____提高，_____和_____降低。

4. 建筑钢材按化学成分可分为_____和_____两大类。

5. 建筑钢材按质量不同可分为_____、_____和_____ 3 大类。

6. 建筑钢材按用途不同分为_____、_____和_____ 3 大类。

7. 钢材按炼钢过程中脱氧程度不同可分为_____、_____、_____和_____ 4 大类。

8. 钢材的主要性能包括_____性能和_____性能。钢材的工艺性能包括_____和_____。

9. 根据《碳素结构钢》(GB 700—2006)规定，钢的牌号由代表屈服强度字母_____、_____、_____和_____ 4 部分构成。

10. 热轧钢筋根据表面形状分为_____和_____。

二、判断题

1. 屈强比越大，钢材受力超过屈服点工作时的可靠性越大，结构的安全性越高。(　　)

2. 一般来说，钢材硬度越高，强度也越大。(　　)

3. Q235－B·F 中 "235" 的含义是：该钢材能承受的最大拉力为 235KN。(　　)

4. 钢含磷较多时呈热脆性，含硫较多时呈冷脆性。(　　)

5. 对钢材冷拉处理，是为提高其强度和塑性。(　　)

三、单项选择题

1. 下列碳素钢结构钢牌号中，代表镇静钢的是_____。

A. Q195－B·F　　　B. Q235－A·F　　　C. Q215－B·F　　　D. Q275－A

2. 钢材冷加工后，下列哪种性能降低_____。

A. 屈服强度　　　　B. 硬度　　　　C. 抗拉强度　　　D. 塑性

3. 结构设计时，碳素钢以_____作为设计计算取值的依据。

A. 弹性极限　　　　　　　　　　B. 屈服强度

C. 抗拉强度　　　　　　　　　　D. 屈服强度和抗拉强度

4. 钢筋冷拉后_____强度提高。

A. 塑性　　　　　　　　　　　　B. 屈服强度

C. 抗拉强度　　　　　　　　　　D. 屈服强度和抗拉强度

5. 钢材随着含碳量的增加，其_____降低。

A. 强度　　　　　　B. 硬度　　　　C. 塑性　　　　　D. 抗拉强度

6. 在钢结构中常用_____钢，轧制成钢板、钢管、型钢来建造桥梁、高层建筑及大跨度钢结构建筑。

A. 碳素钢　　　　B. 低合金钢　　　C. 热处理钢筋　　D. 钢丝

7. 钢材中_____的含量过高，将导致其热脆现象发生。

A. 碳　　　　　　B. 磷　　　　　　C. 硫　　　　　　D. 硅

8. 钢材中_____的含量过高，将导致其冷脆现象发生。

A. 碳　　　　　　B. 磷　　　　　　C. 硫　　　　　　D. 硅

9. 吊车梁和桥梁用钢，应注意选用_____较大，且时效敏感性小的钢材。

A. 塑性　　　　　B. 韧性　　　　　C. 脆性　　　　　D. 可焊性

10. 钢中碳的含量为_____。

A. 小于等于 2.06%　B. 小于 3.0%　　C. 大于 2.0%　　D. 小于 1.5%

四、多项选择题

1. 钢材的选用必须熟悉钢材的质量，注意结构的_____对钢材性能的不同要求。

A. 荷载类型　　　B. 质量　　　　　C. 连接方式

D. 环境温度　　　E. 结构重要性

2. 碳素结构钢的质量等级包括_____。

A. A 级　　　　　B. B 级　　　　　C. C 级

D. D 级　　　　　E. E 级

3. 预应力混凝土用钢绞线是以数根优质碳素结构钢钢丝经绞捻和消除内应力的热处理后制成。根据钢丝的股数，钢绞线分_____类型。

A. $1 \times 2$　　　　B. $1 \times 3$　　　　C. $1 \times 5$

D. $1 \times 7$　　　　E. $1 \times 9$

4. 经冷拉时效处理的钢材其特点是_____进一步提高，塑性和韧性进一步降低。

A. 塑性　　　　　B. 韧性　　　　　C. 屈服点

D. 抗拉强度　　　E. 伸长率

5. 钢材的腐蚀可分为_____。

A. 化学腐蚀　　　B. 物理腐蚀　　　C. 电化学腐蚀

D. 生物腐蚀　　　E. 力学腐蚀

五、问答题

1. 低碳钢拉伸试验分成哪几个阶段，每个阶段的性能表征指标是什么？

2. 何谓钢材的冷加工和时效，钢材经冷加工和时效处理后性能如何变化？

3. 说明下列钢材牌号的含义：Q215－B·F、Q235－B·F、Q275－A。

4. 什么是钢的冲击韧性？如何表示？什么是钢的低温冷脆性？

5. 什么是屈强比？其在工程中的实际意义是什么？

六．计算题

1. 某建筑工地有一批碳素结构钢材料，其标签上牌号字迹模糊。为了确定其牌号，截取了两根钢筋做拉伸试验，测得结果如下：屈服点荷载分别为 33.0kN、31.5kN；抗拉极限荷载分别为 61.0kN、60.3kN。钢筋实测直径为 12mm，标距为 60mm，拉断时长度分别为 74mm、75mm。计算该钢筋的屈服强度、抗拉强度及伸长率。并判断这批碳素结构钢的牌号。

2. 一钢材试件，直径为 25mm，原标距为 125mm，做拉伸试验，当屈服点荷载为 201.0kN，达到最大荷载为 250.3kN，拉断后测的标距长为 138mm，求该钢筋的屈服强度、抗拉强度及拉断后的伸长率。

3. 有一碳素钢试件的直径 $d_0 = 20$mm，拉伸前试件标距为 $5d_0$，拉断后试件的标距长度为 125mm，求该试件的伸长率。

# 学习情境 5

## 墙体及屋面材料的选择与应用

∞ 学习目标

通过本情境学习，应达到熟知建筑上常用的墙体材料的种类，运用其技术特点合理地选择应用范围。

∞ 学习要求

| 知识要点 | 能力要求 | 比重 |
|---|---|---|
| 墙体、屋面材料的种类 | (1) 懂墙体的种类<br>(2) 懂屋面材料的类型 | 10% |
| 砌墙砖的性能及应用特点；<br>混凝土砌块的性能及应用特点；墙体板材、屋面材料的技术特性和应用 | (1) 能根据烧结普通砖的技术性质，合理选择应用范围<br>(2) 会根据烧结空心砖、多孔砖、蒸压加气混凝土砌块、蒸养粉煤灰砌块、普通混凝土小型空心砌块和中型砌块、石膏板材蒸压加气混凝土板材的技术性质合理选用墙体材料<br>(3) 初步懂得屋面材料的种类和应用 | 70% |
| 选择墙体材料 | 运用知识分析案例，会合理选择不同的墙体材料 | 20% |

请观察图 5.1，分析烧结普通砖表面产生白霜的原因及其后果。

某工程用蒸压加气混凝土砌块砌筑外墙，该蒸压加气混凝土砌块出釜一周后即砌筑，工程完工一个月后墙体出现裂纹，如图 5.2 所示。试分析其原因及后果。

图 5.1 普通砖表面的白霜

图 5.2 墙体裂缝

# 任务 5.1 砌墙砖的选用

砌墙砖是指以粘土、工业废料及其他地方资源为主要材料，按不同的工艺制成的，在建筑上用来砌筑墙体的砖，可分为普通砖、空心砖两类，其中用于承重墙的空心砖又称为多孔砖。按制作工艺又可分为烧结砖和非烧结砖两类。

以粘土、页岩、煤矸石、粉煤灰等为主要原材料，经成型、焙烧而成的块状墙体材料称为烧结砖。烧结砖按其孔洞率(砖面上孔洞总面积占砖面积的百分率)的大小分为烧结普通砖(没有孔洞或孔洞率小于 25%的砖)、烧结多孔砖(孔洞率大于或等于 25%的砖，其中孔的尺寸小而数量多)和烧结空心砖(孔洞率大于或等于 40%的砖，其中孔的尺寸大而数量少)。

## 5.1.1 烧结普通砖

烧结普通砖是指以粘土、粉煤灰、页岩、煤矸石为主要原材料，经过成型、干燥、入窑焙烧、冷却而成的实心砖。

### 1. 分类

体积是材料占有的空间尺寸。由于材料具有不同的物理状态，因而表现出不同的体积。

烧结普通砖按主要原料分为粘土砖(N)、页岩砖(Y)、煤矸石砖(M)和粉煤灰砖(F)。

按焙烧时的火候(窑内温度分布)，烧结砖分为欠火砖、正火砖、过火砖。欠火砖色浅、敲击声闷哑、吸水率大、强度低、耐久性差。过火砖色深、敲击声音清脆、吸水率低、强度较高，但弯曲变形大。欠火砖和过火砖均属不合格产品。

按焙烧方法不同，烧结普通砖又可分为内燃砖和外燃砖。

2. 技术性质

1）规格尺寸

烧结普通砖的尺寸规格是 240mm×115mm×53mm。其中 240mm×115mm 面称为大面，240mm×53mm 面称为条面，115mm×53mm 面称为顶面，如图 5.3 所示。在砌筑时，4 块砖长、8 块砖宽、16 块砖厚，再分别加上砌筑灰缝（每个灰缝宽度为 8～12mm，平均取 10mm），其长度均为 1m。理论上，1m³ 砖砌体大约需用砖 512 块。

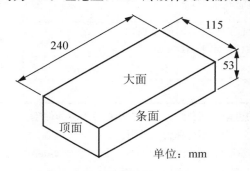

**图 5.3　烧结普通砖的规格**

尺寸偏差：烧结普通砖的尺寸允许偏差应符合相应规定。

2）强度等级

烧结普通砖按抗压强度分为 MU30、MU25、MU20、MU15 和 MU10 共 5 个强度等级。

3）抗风化性能

抗风化性能是指在干湿变化、温度变化、冻融变化等物理因素作用下，材料不破坏并长期保持原有性质的能力。它是材料耐久性的重要内容之一。烧结普通砖的抗风化性能是一项综合性指标，主要受砖的吸水率与地域位置的影响，因而用于东北、内蒙、新疆等严重风化区的烧结普通转，必须进行冻融试验。其他地区砖的抗风化性能符合国家标准 GB 5101－2003 中有关规定时可不做冻融试验，其他情况必须进行冻融试验。

4）泛霜和石灰爆裂

泛霜是指可溶性的盐在砖表面的盐析现象，一般呈白色粉末、絮团或絮片状，又称为起霜、盐析或盐霜。泛霜主要影响砖墙的表面美观。GB 5101—2003 规定：优等品砖无泛霜，一等品不允许出现中等泛霜，合格品不允许出现严重泛霜。

石灰爆裂是指烧结普通砖的原料或内燃物质中夹杂着石灰质，焙烧时被烧成生石灰，砖在使用吸水后，体积膨胀而发生的爆裂现象。石灰爆裂影响砖墙的平整度、灰缝的平直度，甚至使墙面产生裂纹，使墙体破坏。因此石灰爆裂应符合国家标准 GB 5101－2003 中的有关规定。

5）质量等级

尺寸偏差和抗风化性能合格的砖，根据外观质量、泛霜和石灰爆裂三项指标，分为优等品（A）、一等品（B）、合格品（C）三个等级。烧结普通砖的质量等级见表 5-1。

表 5-1　烧结普通砖的外观质量（GB 5101—2003 烧结普通砖）

mm

| 项　　目 | | 优等品 | 一等品 | 合格品 |
|---|---|---|---|---|
| 两条面高度差　　　　　　　　　　　≤ | | 2 | 3 | 4 |
| 弯曲　　　　　　　　　　　　　　　≤ | | 2 | 3 | 4 |
| 杂质凸出高度　　　　　　　　　　　≤ | | 2 | 3 | 4 |
| 缺棱掉角的 3 个破坏尺寸　　不得同时大于 | | 5 | 20 | 30 |
| 裂纹长度 ≤ | a. 大面上宽度方向及其延伸至条面的长度 | 30 | 60 | 80 |
| | b. 大面上长度方向及其延伸至顶面的长度或条顶面上水平裂纹的长度 | 50 | 80 | 100 |
| 完整面　　　　　　　　　　不得少于 | | 二条面和二顶面 | 一条面和一顶面 | — |
| 颜色 | | 基本一致 | — | — |

注：（1）为装饰而施加的色差、凹凸纹、拉毛、压花等不算作缺陷
　　（2）凡有下列缺陷之一者，不得称为完整面。
　　　　① 缺损在条面或顶面上造成的破坏尺寸同时大于 10mm×10mm。
　　　　② 条面或顶面上裂纹宽度大于 1mm，其长度超过 30mm。
　　　　③ 压陷、粘底、焦花在条面或顶面上的凹陷或凸出超过 2mm，区域尺寸同时大于 10mm×10mm。

3. 应用

烧结普通砖具有一定的强度、较好的耐久性、一定的保温隔热性能，在建筑工程中主要砌筑各种承重墙体和非承重墙体等围护结构。烧结普通砖可砌筑砖柱、拱、烟囱、筒拱式过梁和基础等，也可与轻混凝土、保温隔热材料等配合使用。在砖砌体中配置适当的钢筋或钢丝网，可作为薄壳结构、钢筋砖过梁等。碎砖可作为混凝土集料和碎砖三合土的原材料。

烧结粘土砖制砖取土，大量毁坏农田；烧结实心砖自重大，烧砖能耗高，成品尺寸小，施工效率低，抗震性能差等。因此我国正大力推广墙体材料改革，以空心砖、工业废渣砖及砌块、轻质板材来代替实心粘土砖。

4. 产品标记

砖的产品标记按产品名称、类别、强度等级、质量等级和标准编号顺序编写。

示例：烧结普通砖，强度等级 MU15，一等品的粘土砖，其标记为"烧结普通砖 N MU15 B　GB　5101"。

## 5.1.2　烧结空心砖与烧结多孔砖

墙体材料逐渐向轻质化、多功能方向发展。近年来逐渐推广和使用多孔砖和空心砖，一方面可减少粘土的消耗量大约 20%～30%，节约耕地；另一方面，墙体的自重至少减轻 30%～35%，降低造价近 20%，保温隔热性能和吸声性能也有较大提高。

烧结空心砖和多孔砖的特点、规格和等级分别见表 5-2。

表5-2  烧结空心砖和多孔砖的特点、规格和等级

| 项  目 | 烧结多孔砖 | 烧结空心砖 |
|---|---|---|
| 生  产 | 以粘土、页岩或煤矸石为主要原料，经焙烧而成 | |
| 特  点 | 孔洞率≥25%，孔为竖孔 | 孔洞率≥40%，孔为横孔 |
| 规  格 | 290mm、 240mm、 190mm、 180mm、175mm、140mm、115mm、90mm | 290mm×190(140)mm×90mm<br>240mm×180(175)mm×115mm |
| 强度等级 | 抗压强度分为 MU30、MU25、MU20、MU15、MU10 共5个强度等级 | 抗压强度分为 MU10.0、MU7.5、MU5.0、MU3.5、MU2.5 |
| 质量等级 | 强度、密度、抗风化性能和放射性物质合格的砖，根据尺寸偏差、外观质量、孔洞排列及其结构、泛霜、石灰爆裂、吸水率分为优等品(A)、一等品(B)和合格品(C)三个产品等级 | |

### 1. 技术性质

烧结多孔砖的空洞尺寸应符合：圆孔尺寸直径≤22mm，非圆孔内切圆直径≤15mm；手抓孔(30～40)mm×(75～85)mm，如图5.4所示。

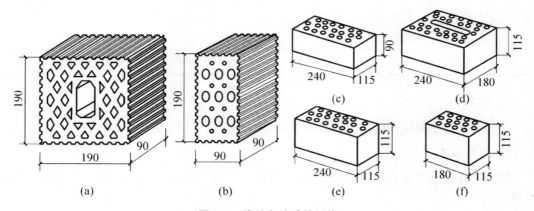

图5.4  烧结多孔砖的规格

烧结空心砖是指孔洞率不小于40%，孔的尺寸大而数量少的烧结砖。外形为直角六面体，在与砂浆的接合面上应设有增加结合力的深度为1mm以上的凹线槽。孔洞采用矩形条孔或其他孔形，平行于大面和条面，如图5.5所示。

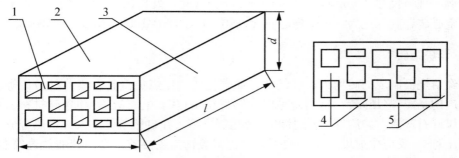

图5.5  烧结空心砖
1—顶面；2—大面；3—条面；4—肋；5—壁
$l$—长度；$b$—宽度；$d$—高度

1) 尺寸允许偏差

烧结多孔砖、烧结空心砖的尺寸偏差应分别符合 GB 13544—2000、GB 13545—2003 的有关规定。

2) 强度(见表5-2)

3) 外观质量和物理性能

强度和抗风化性能合格的多孔砖,根据外观质量、尺寸偏差、孔型及孔洞排列、泛霜、石灰爆裂分为优等品(A)、一等品(B)和合格品(C)三个质量等级

烧结空心砖按砖的体积密度不同分为 800、900、1000、1100 共 4 个密度等级,见表5-3。强度、密度、抗风化性能和放射性物质合格的砖,根据尺寸偏差、外观质量、孔洞排列及其结构、泛霜、石灰爆裂、吸水率分为优等品(A)、一等品(B)和合格品(C)三个质量等级。

表5-3 密度等级(GB 13545—2003 烧结空心砖)                                  kg/m³

| 密度等级 | 5 块密度平均值 |
| --- | --- |
| 800 | ≤800 |
| 900 | 801～900 |
| 1000 | 901～1000 |
| 1100 | 1001～1100 |

2. 应用

烧结多孔砖主要用于砌筑承重墙体,烧结空心砖主要用于砌筑非承重的墙体。

3. 产品标记

烧结多孔砖的产品标记按产品名称、品种、规格、强度等级、质量等级和标准顺序编写。

标记示例:规格尺寸 290mm×140mm×90mm、强度等级 MU 25、优等品的粘土砖,其标记为"烧结多孔砖 N 290×140×90 25A GB13544"。

烧结空心砖的标记按产品名称、类别、规格、密度等级、强度等级、质量等级和标准编号顺序编写。

示例:规格尺寸 290mm×190mm×90mm、密度等级 800、强度等级 MU7.5、优等品的页岩空心砖,其标记为"烧结空心砖 Y(290×190×90)1000 MU3.5 GB 13545"。

### 5.1.3 非烧结砖

不经焙烧而制成的砖均为非烧结砖,如碳化砖、免烧免蒸砖、蒸养(压)砖等。目前,应用较广的是蒸养(压)砖。这类砖是以含钙材料(石灰、电石渣等)和含硅材料(砂子、粉煤灰、煤矸石灰渣、炉渣等)与水拌和,经压制成型,在自然条件或人工水热合成条件(蒸养或蒸压)下,反应生成以水化硅酸钙、水化铝酸钙为主要胶结料的硅酸盐建筑制品。非烧结砖主要品种有灰砂砖、粉煤灰砖、炉渣砖等。

1. 灰砂砖

蒸压灰砂砖(LSB)是以石灰和砂为主要原料，允许掺入颜料和外加剂，经坯料制备、压制成型、蒸压养护而成的实心灰砂砖。

灰砂砖的尺寸规格与烧结普通砖相同，为 240mm×115mm×53mm。其体积密度为 1800～1900kg/m³，导热系数约为 0.61W/(m·K)。根据产品的尺寸偏差和外观质量分为优等品(A)、一等品(B)、合格品(C)三个等级。

灰砂砖按 GB 11945—99 的规定，根据砖浸水 24 小时后的抗压强度和抗折强度分为 MU25、MU20、MU15、MU10 四个强度等级。

灰砂砖有彩色(Co)和本色(N)两类。灰砂砖产品标记采用产品名称(LSB)、颜色、强度级别、产品等级、标准编号的顺序标记。如强度等级为 MU20，优等品的彩色灰砂砖，其产品标记为"LSB　Co　20　A　GB11945"。

MU15、MU20、MU25 的砖可用于基础及其他建筑；MU10 的砖仅可用于防潮层以上的建筑。灰砂砖不得用于长期受热(200℃以上)、受急冷急热和有酸性介质侵蚀的建筑部位。

 应用案例 5-1

【案例概况】

新疆某石油基地库房砌筑采用蒸压灰砂砖，由于工期紧，灰砂砖亦紧俏。出厂 4 天的灰砂砖即砌筑。8 月完工，后发现墙体有较多垂直裂缝，至 11 月底裂缝基本固定。

【案例解析】

(1) 首先是砖出厂到上墙时间太短，灰砂砖出釜后含水量随时间而减少，20 多天后才基本稳定。出釜时间太短必然导致灰砂砖干缩大。

(2) 气温影响。砌筑时气温很高，而几个月后气温明显下降，从而温差导致温度变形。灰砂砖表面光滑，砂浆与砖的粘结程度低。需要说明的是灰砂砖砌体的抗剪强度普遍低于普通粘土砖。

2. 粉煤灰砖

粉煤灰砖是利用电厂废料粉煤灰、石灰或水泥为主要原料，掺入适量石膏、外加剂、颜料和集料经坯料制备、成型、常压或高压蒸汽养护而制成的实心砖。其外形尺寸同普通砖，即长 240mm、宽 115mm、高 53mm，呈深灰色，体积密度约为 1500kg/m³。

根据《粉煤灰砖》(JC 239—2001)规定的抗压强度和抗折强度，分为 MU30、MU25、MU20、MU15、MU10 共 5 个强度等级。粉煤灰砖可用于工业与民用建筑的墙体和基础，但用于基础或易受冻融和干湿交替作用的建筑部位，必须使用一等品和优等品。粉煤灰砖不得用于长期受热(200℃以上)、受急冷急热和有酸性介质侵蚀的建筑部位。

3. 炉渣砖

炉渣砖是以炉渣为主要原料，加入适量(水泥、电石渣)石灰、石膏经混合、压制成型、蒸养或蒸压养护而制成的实心砖。其尺寸规格与普通砖相同，呈黑灰色，体积密度为 1500～2000kg/m³，吸水率为 6%～19%。按其抗压强度和抗折强度分为 MU25、MU20、

MU15 三个强度等级。该类砖主要用于一般建筑物的墙体和基础部位。

# 任务 5.2　墙用砌块的选用

砌块是砌筑用的人造块材，形体大于砌墙砖。砌块一般为直角六面体，也有各种异形的，砌块系列中主规格的长度、宽度或高度有一项或一项以上分别大于 365 mm、240mm 或 115mm，而且高度不大于长度或宽度的 6 倍，长度不超过高度的三倍。

砌块的分类方法很多，按用途可分为承重砌块和非承重砌块。按空心率（砌块上孔洞和槽的体积总和与按外阔尺寸算出的体积之比的百分率）可分为实心砌块（无孔洞或空心率小于 25%）和空心砌块（空心率等于或大于 25%）。按材质又可分为硅酸盐砌块、轻骨料混凝土砌块、普通混凝土砌块。按产品主规格的尺寸可分为大型砌块（高度大于 980mm）、中型砌块（高度为 380~980mm）和小型砌块（高度为 115~380mm）等。

## 5.2.1　蒸压加气混凝土砌块（ACB）

蒸压加气混凝土砌块是以钙质材料（水泥、石灰等）和硅质材料（砂、矿渣、粉煤灰等）以及加气剂（粉）等，经配料、搅拌、浇注、发气（由化学反应形成孔隙）、预养切割、蒸汽养护等工艺过程制成的多孔硅酸盐砌块。

按养护方法分为蒸养加气混凝土砌块和蒸压加气混凝土砌块两种。按原材料的种类，蒸压加气混凝土砌块主要有蒸压水泥—石灰—砂加气混凝土砌块、蒸压水泥—石灰—粉煤灰加气混凝土砌块等。

**1. 技术性质**

（1）尺寸规格见表 5-4。

（2）强度等级分别有 A1.0、A2.0、A2.5、A3.5、A5.0、A7.5、A10 共 7 个级别。

（3）体积密度等级按砌块的干体积密度划分为 B03、B04、B05、B06、B07、B08 共 6 个级别。

（4）质量等级砌块的按尺寸偏差与外观质量、干密度和抗压强度和抗冻性分为：优等品（A）、合格品（B）二个等级。各级相应的强度和干密度应符合表 5-5 和表 5-6 规定。

（5）蒸压加气混凝土砌块的抗冻性、收缩性和导热性应符合标准的规定。

表 5-4　砌块的尺寸规格（GB 11968—2006）　　　　　　　（mm）

| 长度 L | 宽度 B | | | 高度 H | | | |
|---|---|---|---|---|---|---|---|
| 600 | 100 | 120 | 125 | 200 | 240 | 250 | 300 |
| | 150 | 180 | 200 | | | | |
| | 240 | 250 | 300 | | | | |

注：如需其他规格，可由供需双方协商解决

表 5－5　砌块的抗压强度(GB 11968—2006)　　　　　(MPa)

| 强度级别 | 立方体抗压强度 | |
| --- | --- | --- |
| | 平均值不小于 | 单块最小值不小于 |
| A1.0 | 1.0 | 0.8 |
| A2.0 | 2.0 | 1.6 |
| A2.5 | 2.5 | 2.0 |
| A3.5 | 3.5 | 2.8 |
| A5.0 | 5.0 | 4.0 |
| A7.5 | 7.5 | 6.0 |
| A10.0 | 10.0 | 8.0 |

表 5－6　砌块的干密度(GB 11968—2006)　　　　　(kg/m³)

| 体积密度级别 | | B03 | B04 | B05 | B06 | B07 | B08 |
| --- | --- | --- | --- | --- | --- | --- | --- |
| 干密度 | 优等品(A)≤ | 300 | 400 | 500 | 600 | 700 | 800 |
| | 合格品(B)≤ | 325 | 425 | 525 | 625 | 725 | 825 |

**2.应用**

蒸压加气混凝土砌块具有自重小、绝热性能好、吸声、加工方便和施工效率高等优点,但强度不高,因此主要用于砌筑隔墙等非承重墙体以及作为保温隔热材料等。

在无可靠的防护措施时,该类砌块不得用在处于水中或高湿度和有侵蚀介质的环境中,也不得用于建筑物的基础和温度长期高于80℃的建筑部位。

**3.产品标记**

砌块产品标记按产品名称(代号 ACB)、强度等级、干密度级别、规格尺寸、产品等级和标准编号的顺序进行。

例如:强度级别为 A3.5、干密度级别为 B05、优等品、规格尺寸为600mm×200mm×250mm 的蒸压加气混凝土砌块,其标记为"ACB　A3.5　B05　600×200×250　A　GB 11968"。

 **应用案例 5－2**

【案例概况】

将粘土砖(图 5.6)与加气混凝土砌块(图 5.7)分别在水中浸泡 2min 后,再分别敲开,观察新断面中孔的大小、形状分布及水渗入的程度,请分析其吸水率不同的原因。

【案例解析】

从新断面可见,水已渗入实心粘土砖内部,而仅渗入加气混凝土砌块表面。之所以有这样的差异,是其孔结构不同造成的。加气混凝土砌块为多孔结构,其孔是封闭的、不连通的小孔,故水难以渗入到其内部。实心粘土砖虽也是多孔结构,但其孔径大,且有大量连通孔存在。封闭不连通的小孔可以有效地阻止水的渗透;孔径大且存在连通孔,则为水的渗透提供了条件。

图 5.6　粘土砖吸水

图 5.7　加气混凝土砌块吸水

### 5.2.2　蒸养粉煤灰混凝土砌块（FB）

粉煤灰砌块，是以粉煤灰、石灰、石膏和骨料等为原料，加水搅拌、振动成型、蒸汽养护而制成的密实砌块。其主规格尺寸有 880mm×380mm×240mm 和 880mm×430mm×240mm 两种。

**1. 技术性质**

砌块的强度等级按立方体试件的抗压强度分为 MU10 和 MU13 两个强度等级；按外观质量、尺寸偏差和干缩性能分为一等品（B）和合格品（C）两个质量等级。

**2. 应用**

蒸养粉煤灰砌块属硅酸盐类制品，其干缩值比水泥混凝土大，弹性模量低于同强度的水泥混凝土制品。以炉渣为骨料的粉煤灰砌块，其体积密度约为 1300～1550kg/m³，导热系数为 0.465～0.582W/（m·K）。粉煤灰砌块适用于一般工业与民用建筑的墙体和基础。但不宜用于长期受高温（如炼钢车间）和经常受潮湿的承重墙，也不宜用于有酸性介质侵蚀的建筑部位。

**3. 产品标记**

粉煤灰砌块按其产品名称（FB）、规格、强度等级、产品等级和标准编号顺序进行标记。

例如：砌块的规格尺寸为 880mm×380mm×240mm，强度等级为 MU10，产品等级为一等品（B）时，标记为"FB880×380×240-10-B-JC238"。

### 5.2.3　普通混凝土小型空心砌块（NHB）

普通混凝土小型空心砌块是以普通混凝土拌合物为原料，经成型、养护而成的空心块体墙材。有承重砌块和非承重砌块两类。为减轻自重，非承重砌块可用炉渣或其他轻质骨料配制。根据外观质量和尺寸偏差，分为优等品（A）、一等品（B）及合格品（C）三个质量等级。其强度等级分为：MU3.5、MU5.0、MU7.5、MU10.0、MU15.0、MU20.0。砌块的主规格尺寸为 390mm×190mm×190mm，其他规格尺寸可由供需双方协商。砌块的最小外壁厚应不小于 30mm，最小肋厚应不小于 25mm，空心率应不小于 25%。砌块各部位名称如图5.8所示。

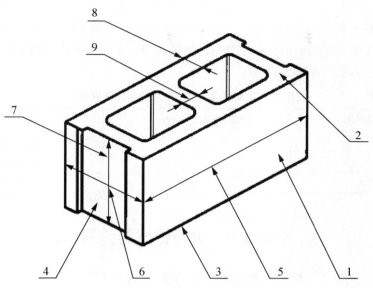

**图5.8 砌块各部位名称**
1—条面；2—坐浆面(肋厚较小的面)；3—铺浆面(肋厚较大的面)；
4—顶面；5—长度；6—宽度；7—高度；8—壁；9—肋

　　混凝土小型空心砌块作为烧结砖的替代材料，可用于承重结构和非承重结构。目前主要用于地震设计烈度为8度及8度以下地区的一般民用与工业建筑物，如果利用砌块的空心配置钢筋可建造高层砌块建筑。各强度等级的砌块中常用的是 MU3.5、MU5.0、MU7.5 和 MU10.0，主要用于非承重的填充墙和单、多层砌块建筑。而 MU15.0、MU20.0 多用于中高层承重砌块墙体。混凝土砌块的吸水率小(一般为 5%～8%)，吸水速度慢，砌筑前不允许浇水，以免发生"走浆"现象，影响砂浆饱满度和砌体的抗剪强度。砌块砌筑用砂浆的稠度以小于 50 mm 为宜。混凝土砌块的干缩值一般为 0.2～0.4 mm/m，与烧结砖砌体相比较易产生裂缝，应注意在构造上采取抗裂措施。另外还应注意防止外墙面渗漏，粉刷时做好填缝，并压实、抹平。

　　混凝土小型空心砌块应按规格、等级分批、分别堆放，不得混杂。堆放运输及砌筑时应有防雨措施。装卸时严禁碰撞、扔摔，应轻拿轻放，不许翻斗倾卸。

### 5.2.4　轻集料混凝土小型空心砌块 (LHB)

　　轻集料混凝土小型空心砌块是用轻集料混凝土制作的小型空心块材。轻集料混凝土用的粗集料必须是轻集料，常用的有浮石、煤矸石、煤渣、钢渣、陶粒、膨胀珍珠岩等，而细集料可以是轻砂，也可是普通砂，还可不用细集料生产的大孔混凝土。其主规格尺寸为 390mm×190mm×190mm，其他规格尺寸可由供需双方商定。

　　根据《轻集料混凝土小型空心砌块》(GB/T 15229—2002)的规定，按砌块内孔洞排数分为实心(0)、单排孔(1)、双排孔(2)、三排孔(3)和四排孔(4)共5类。砌块表观密度分为：500、600、700、800、900、1000、1200 及 1400 等8个等级，其中，用于围护结构或保温结构的实心砌块表观密度不应大于 800kg/m³。砌块抗压强度分为 10.0、7.5、5.0、

3.5、2.5、1.5 等 6 个强度等级。按砌块尺寸偏差及外观质量分为一等品(B)及合格品(C)两个质量等级。

与普通混凝土空心小砌块相比,这种砌块重量更轻、保温隔热性能更佳、抗冻性更好,主要用于非承重结构的围护和框架结构的填充墙,也可用于既承重又保温或专门保温的墙体。其合理的适用范围见表 5-7。

表 5-7　轻集料混凝土小砌块的合理使用范围

| 强度等级 MU | 密度等级/(kg·m⁻³) | 合理使用范围 |
| --- | --- | --- |
| 1.5～2.5 | ≤800 | 非承重或自承重保温墙 |
| 3.5～5.0 | ≤1200 | 承重保温墙 |
| 7.5～10.0 | ≤1400 | 承重外墙或内墙 |

# 任务 5.3　墙用板材的选用

墙用板材是一类新型墙体材料。它改变了墙体砌筑的传统工艺,采用通过粘结、组合等方法进行墙体施工,加快了建筑施工的速度。墙板除轻质外,还具有保温、隔热、隔声、防水及自承重的性能。有的轻型墙板还具有高强、绝热性能,从而为高层、大跨度建筑及建筑工业实现现代化提供了物质基础。

我国目前可用于墙体的板材品种很多,而且新型板材层出不穷,本节介绍几种有代表性的板材。

## 5.3.1　水泥类墙用板材

### 1. 蒸压加气混凝土板

蒸压加气混凝土板是由钙质材料(水泥+石灰或水泥+矿渣)、硅质材料(石英砂或粉煤灰)、石膏、铝粉、水和钢筋等制成的轻质材料。蒸压加气混凝土板分屋面板、楼板、外墙板和隔墙板等常用品种。规格尺寸见表 5-8;蒸压加气混凝土板按蒸压加气混凝土强度分为 A2.5、A3.5、A5.0、A7.5 共 4 个强度级别。蒸压加气混凝土板按蒸压加气混凝土干密度分为 B04、B05、B06、B07 共 4 个干密度级别。

加气混凝土条板具有密度小、防火性和保温性能好、可钉、可锯、容易加工等特点。加气混凝土条板主要用于工业与民用建筑的外墙和内隔墙。

表 5-8　蒸压加气混凝土板常用规格(蒸压加气混凝土板 GB 15762—2008)　　　(mm)

| 长度(L) | 宽度(B) | 厚度(D) |
| --- | --- | --- |
| 1800～6000(300 模数进位) | 600 | 75,100,125,150,175,200,250,300 |
| | | 120,180,240 |

注:其他非常用规格和单项工程的实际制作尺寸由供需双方协商确定。

### 2. 轻集料混凝土墙板

轻集料混凝土配筋墙板是以水泥为胶结材料,陶粒或天然浮石等为粗集料,膨胀珍珠岩、浮石等为细集料，经搅拌、成型、养护而制成的一种轻质墙板。品种有：浮石全轻混凝土墙板、粉煤灰陶粒珍珠岩砂混凝土墙板等。以上墙板规格(宽×高×厚)有：3300mm×2900mm×32mm 及 4480mm×2430mm×22mm 等。该种墙板生产工艺简单、墙厚较小、自重轻、强度高、绝热性能好、耐火、抗震性能优越、施工方便。浮石全轻混凝土墙板适用于装配式民用住宅大板建筑；粉煤灰陶粒珍珠岩混凝土墙板适用于整体预应力装配式板柱结构。

3. 玻璃纤维增强水泥板(GRC)

玻璃纤维增强水泥板是以耐碱玻璃纤维、低碱度水泥、轻集料与水为主要原料制成的，有 GRC 轻质多孔墙板和 GRC 平板，玻璃纤维增强水泥板(简称 GRC)示意图如图 5.9 所示。

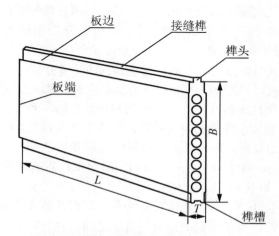

**图 5.9 玻璃纤维增强水泥板(简称 GRC)**

特 别 提 示

GRC 是 "Glass Fiber Reinforced Cement(玻璃纤维增强水泥)" 的缩写，它是一种新型墙体材料，近年来广泛应用于工业与民用建筑中，尤其是在高层建筑物中的内隔墙。该水泥板是用抗碱玻璃纤维作增强材料，以水泥砂浆为胶结材料，经成型、养护而成的一种复合材料。

GRC 轻质多孔墙板是我国近年来发展起来的轻质高强的新型建筑材料。GRC 轻质多孔墙板特点是重量轻、强度高、防潮、保温、不燃、隔声、厚度薄、可锯、可钻、可钉、可刨、加工性能良好、原材料来源广、成本低、节省资源。GRC 板价格适中，施工简便，安装施工速度快，比砌砖快了 3～5 倍。安装过程中避免了湿作业，改善了施工环境。它的重量约为粘土砖的 1/6～1/8，在高层建筑中应用能够大大减轻自重，缩小了基础及主体结构规模，降低了总造价。

GRC 平板又称玻璃纤维增强水泥条板。此水泥板具有强度高、韧性好、抗裂性优良等特点，主要用于非承重和半承重构件，可用来制造外墙板、复合外墙板、天花板、永久性模板等。

### 5.3.2 石膏板材

石膏板包括纸面石膏板、纤维石膏板及石膏空心条板3种。

**1. 纸面石膏板**

纸面石膏板是以建筑石膏为主要原料,并掺入某些纤维和外加剂所组成的芯材,与芯材牢固地结合在一起的护面纸所组成的建筑板材,主要包括普通纸面石膏板、耐水纸面石膏板、耐火纸面石膏板和耐水耐火纸面石膏板4个品种。

(1) 普通纸面石膏板(代号 P)以建筑石膏为主要原料,掺入适量纤维增强材料和外加剂等,在与水搅拌后,浇注于护面纸的面纸与背纸之间,并与护面纸牢固地粘结在一起的建筑板材。普通纸面石膏板,具有象牙白色板芯和灰色纸面,是最为经济与常见的品种。普通纸面石膏板适用于无特殊要求的使用场所,使用场所连续相对湿度不超过65%。因为价格的原因,很多人喜欢使用 9.5mm 厚的普通纸面石膏板来做吊顶或间墙,但是由于9.5mm 普通纸面石膏板比较薄、强度不高,在潮湿条件下容易发生变形,因此建议选用12mm 以上的石膏板。同时,使用较厚的板材也是预防接缝开裂的一个有效手段。

(2) 耐水纸面石膏板(代号 S)以建筑石膏为主要原料,掺入适量纤维增强材料和外加剂等,在与水搅拌后,浇注于耐水护面纸的面纸与背纸之间,并与护面纸牢固地粘结在一起的建筑板材,旨在改善防水性能的建筑板材。耐水纸面石膏板,其板芯和护面纸均经过了防水处理,根据国标的要求,耐水纸面石膏板的纸面和板芯都必须达到一定的防水要求(表面吸水量不大于 160g,吸水率不超过 10%)。耐水纸面石膏板适用于连续相对湿度不超过 95%的使用场所,如卫生间、浴室等。

(3) 耐火纸面石膏板(代号 H)以建筑石膏为主要原料,掺入无机纤维增强材料和外加剂等,在与水搅拌后,浇注于护面纸的面纸与背纸之间,并与护面纸牢固地粘结在一起的建筑板材,旨在提高防火性能的建筑板材。耐火纸面石膏板,其板芯内增加了耐火材料和大量玻璃纤维,如果切开石膏板,可以从断面处看见很多玻璃纤维。质量好的耐火纸面石膏板会选用耐火性能好的无碱玻纤,一般的产品都选用中碱或高碱玻纤。

(4) 耐水耐火纸面石膏板(代号 SH)以建筑石膏为主要原料,掺入耐水外加剂和无机耐火纤维增强材料等,在与水搅拌后,浇注于耐水护面纸的面纸与背纸之间,并与护面纸牢固地粘结在一起的建筑板材,旨在改善防水性能和提高防火性能的建筑板材。

纸面石膏板按棱边形状不同,纸面石膏板的板边有矩形(J)、倒角形(D)、楔形(C)、圆形(Y)等4种。

纸面石膏板的规格尺寸见表5-9。

表5-9 纸面石膏板规格尺寸( GB/T 9775—2008)

| 公称长度 | 1500mm,1800mm,2100mm,2400mm,2700mm,3000mm,3300mm,3600mm,3660mm |
|---|---|
| 公称宽度 | 600mm,900mm,1200mm,1220mm |
| 公称高度 | 9.5mm,12.0mm,15.0mm,18.0mm,21. mm,25.0mm |

纸面石膏板具有轻质、高强、绝热、防火、防水、吸声、可加工、施工方便等特点。

**2. 纤维石膏板**

纤维石膏板是以石膏为主要原料,加入适量有机或无机纤维和外加剂,经打浆、铺浆脱水、成型、干燥而成的一种板材。

纤维石膏板主要用于工业与民用建筑的非承重内墙、天棚吊顶及内墙贴面等。

### 3. 石膏空心条板

石膏空心条板是以建筑石膏为胶凝材料，适量加入各种轻质骨料（膨胀珍珠岩、蛭石等）、改性材料（粉煤灰、矿渣、石灰、外加剂等），经拌和、浇注、振捣成型、抽芯、脱模、干燥而成。石膏空心条板按原材料分为石膏珍珠岩空心条板、石膏粉煤灰硅酸盐空心条板和石膏空心条板；按防水性能分为普通空心条板和耐水空心条板，按强度分为普通型空心条板和增强型空心条板；按材料结构和用途分为素板、网板、钢埋件网板和木埋件网板。空心石膏条板的长度为 2100～3300mm、宽度为 250～600mm、厚度为 60～80mm。该板生产时不用纸、不用胶，安装时不用龙骨，适用于工业与民用建筑的非承重内隔墙。

### 5.3.3　复合墙板

单一材料制成的板材，常因材料本身的局限性而使其应用受到限制。如质量较轻、保温、隔声效果较好的石膏板、加气混凝土板、纸面草板、麦秸板等，因其耐水差或强度较低等原因，通常只能用于非承重内隔墙，而水泥类板材虽有足够的强度、耐久性，但自重大、隔声、保温性能较差。目前国内外尚没有单一材料既满足建筑节能要求又能满足防水、强度等技术要求。因此，墙体材料常用复合技术生产出各种复合板材，来满足墙体多功能的要求，并已取得良好的技术经济效果。常用的几种复合板材如下。

### 1. 钢筋混凝土夹芯板

钢筋混凝土夹芯板的内外表面用 20～30mm 厚的钢筋混凝土，中间填以矿渣棉、岩棉、泡沫土等保温材料，内外两层面板用钢筋联结，如图 5.10 所示。混凝土夹芯板可用于建筑物的内外墙，其夹层厚度应根据热工计算确定。

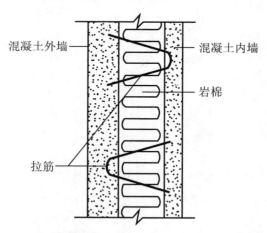

**图 5.10　混凝土夹芯板构造**

### 2. 钢丝网水泥夹心复合板

钢丝网水泥夹心复合板是以两片钢丝网将聚氨酯、聚苯乙烯、脲醛树脂等泡沫塑料、轻质岩棉或玻璃棉等芯材夹在中间，两片钢丝网间以斜穿过芯材的"之"字形钢丝相互连

接，形成稳定的三维桁架结构，然后再用水泥砂浆在两侧抹面，或进行其他饰面装饰。

钢丝网水泥夹芯复合板材充分利用了芯材的保温隔热和轻质的特点，两侧又具有混凝土的性能，因此在工程施工中具有木结构的灵活性和混凝土的表面质量，可用于建筑物的外围护墙和内隔墙等，包括以下两类：钢丝网架水泥泡沫塑料夹芯板和钢丝网架水泥岩棉夹芯板（GY 板）。

钢丝网架水泥泡沫塑料夹芯板：其中应用广泛的是聚苯乙烯塑料夹芯板，它又分钢丝网架聚苯乙烯芯板（GJ 板）和钢丝网架水泥聚苯乙烯夹芯板（GSJ 板）两种。

GJ 板：是由三维空间焊接钢丝网架和内填阻燃聚苯乙烯泡沫塑料板条（或整板）构成的网架芯板；

GSJ 板：则是在 GJ 板两面分别喷抹水泥砂浆后形成的构件，即板材外壁由壁厚$\not<$25mm 的三维空间焊接钢丝网架水泥砂浆作支撑体，内填氧指数$\not<$30 的聚苯乙烯泡沫塑料，周边有$\not<$25mm 厚的水泥砂浆包边的板材。

钢丝网水泥夹芯复合板按结构形式分为两种：①集合式：将两层钢丝网用 W 钢丝焊接成网架，然后在空隙中填入聚苯乙烯板条等保温材料，如泰柏板（TIP）；②整体式：先将聚苯乙烯板置于两层钢丝焊接网之间，后用联系筋将两层钢丝焊成网架，如舒乐舍板。

钢丝网架水泥岩棉夹芯板（GY 板）是由三维空间焊接钢丝网架和内填矿物棉构成的岩棉复合板。主要用于多层非承重内隔墙、围护外墙、保温复合外墙、底层的承重墙、楼地面和屋面板，建筑加层及旧房改造的内隔墙。

**应用案例 5-3**

【案例概况】

某钢丝网架水泥聚苯乙烯夹心板的宏观构造图如图 5.11 所示，请讨论各层材料的作用。

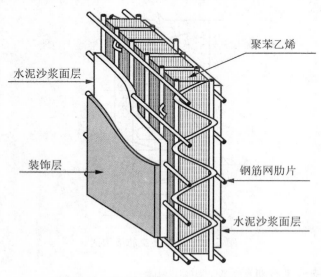

**图 5.11　钢丝网架水泥聚苯乙烯夹心板**

【案例解析】

从图 5.11 中可见，该墙板由 4 种不同的材料构成，分别是：装饰层、水泥砂浆面层、钢筋网肋片和聚苯乙烯。各层分别有不同的作用：装饰层起到美观的效果；水泥砂浆面层作为钢筋网肋片和装饰层之间的过渡，可抹平钢筋网肋片，使装饰层平整易施工；钢筋网肋片提供墙体所需要的强度；聚苯乙烯芯材由于轻质，可降低墙体重量，同时由于多孔，可起到保温的作用。各种材料的综合作用，是使墙体材料具备高性能。

### 2. 铝塑复合墙板

铝塑复合墙板简称铝塑板，是由经过表面处理并涂装烤漆的铝板作为表层，聚乙烯塑料板作为芯层，经过一系列工艺过程加工复合而成的新型材料。铝塑板是由性质不同的两种材料（金属与非金属）组成，它既保留了原组成材料（金属铝、非金属聚乙烯塑料）的主要特性，又克服了原组成材料的不足，进而获得了众多优异的材料性能。如豪华美观、艳丽多彩的装饰性；耐候、耐蚀、耐冲击、防火、防潮、隔热、隔声、抗震性，质轻、易加工成型、易搬运安装、可快速施工等特性。这些性能为铝塑板开辟了广阔的运用前景。

墙用板材除上述所列以外，还有植物纤维类墙用板材，如纸面草板、麦秸人造板、竹胶合板及水泥木屑板等，在此不一一叙述。

## 任务5.4    屋面材料的选用

### 1. 粘土瓦

粘土瓦是以粘土、页岩为主要原料，经成型、干燥、焙烧而成。其产品分类、规格型号和技术要求，国家标准规定如下。

（1）粘土瓦按生产工艺分为以下几种。

压制瓦：经过模压成型后焙烧而成的平瓦、脊瓦，称为压制平瓦、压制脊瓦。

挤出瓦：经过挤出成型后焙烧而成的平瓦、脊瓦，称为挤出平瓦、挤出脊瓦。

手工脊瓦：用手工方法成型后焙烧而成的脊瓦，称手工脊瓦。

（2）按用途分为以下几种。

粘土平瓦：用于屋面作为防水覆盖材料的瓦，包括压制平瓦和挤出平瓦（简称平瓦）。

粘土脊瓦：用于房屋屋脊作为防水覆盖材料的瓦，包括压制脊瓦、挤出脊瓦和手工脊瓦（简称脊瓦）。

作为防水、保温、隔热的屋面材料，粘土瓦是我国使用较多、历史较长的屋面材料之一。但粘土瓦同粘土砖一样，破坏耕地、浪费能源，因此，正在逐步地为大型水泥类瓦材和高分子复合类瓦材所取代。

### 2. 混凝土瓦

混凝土瓦是以水泥、砂或无机的硬质骨料为主要原料，经配料混合、加水搅拌、机械滚压或人工揉压成型养护而制成的，用于坡屋面的屋面及其配合使用的配件瓦。混凝土瓦可以是本色的、着色的或表面经过处理的。

根据用途不同可将混凝土瓦分为以下几种。

混凝土屋面瓦：由混凝土制成的，铺设于屋顶坡屋面完成瓦屋面功能的建筑构件。

有筋槽屋面瓦：瓦的正面和背面搭接的侧边带有嵌合边筋和凹槽；可以有，也可以没有顶部的嵌合搭接。

无筋槽屋面瓦：一般是平的、横的或纵向成拱形的屋面瓦，带有规则或不规则的前沿。

混凝土配件瓦：由混凝土制成的，铺设于屋顶特定部位，满足屋顶瓦特殊功能的，配合屋面瓦完成瓦屋面功能的建筑构件。包括脊瓦、封头瓦、排水沟瓦、檐口瓦和弯角瓦、三向脊顶瓦、四向脊顶瓦等。

### 3. 石棉水泥波瓦及脊瓦

石棉水泥波瓦及脊瓦是用温石棉和水泥为基本原料制成的屋面和墙面材料，包括覆盖屋面和装敷墙壁用的石棉水泥大、中、小波形瓦及覆盖屋脊的"人"字形脊瓦。石棉水泥瓦的特点是单张面积大、有效利用面积大，还具有防火、防潮、防腐、耐热、耐寒、质轻等特性，而且施工简便，造价低。适用于仓库、敞棚、厂房等跨度较大的建筑和临时设施的屋面，也可用于围护墙。

### 4. 钢丝网石棉水泥波瓦

钢丝网石棉水泥波瓦（简称加筋石棉瓦）是用短石棉纤维与水泥为原料，经制坯，在两层石棉水泥片中间嵌入一定规格的钢丝网片，再经加压成型。目前生产的有中波、小波两种瓦型。加筋石棉网瓦是高强轻质型的屋面及墙体材料，它具有抗断裂、抗冲击和耐热性能好的优点，承载能力高于普通石棉水泥波型，瓦受弯时呈现开裂到折断的二阶段破坏特征，不同于普通石棉水泥波形瓦那样骤然脆断，因此施工维修安全、简便、速度快、损耗小。可广泛应用于冶金、玻璃、造纸、纺织、矿山、电力、化工等行业以及有耐气体腐蚀和防爆等特殊要求的大中型工业建筑。还适用于火车月台和与钢架相配套的体育场的顶棚等民用公共建筑。

### 5. 玻璃纤维氯氧镁水泥波瓦及其脊瓦

玻璃纤维氯氧镁水泥波瓦及其脊瓦由菱苦土和氯化镁溶液制成氯氧镁水泥，加入玻璃纤维增强制成。可作一般厂房、仓库、礼堂和工棚等建筑设施的覆盖材料，不宜用于高温和长期有水汽与腐蚀性气体的场所。

### 6. 聚氯乙烯塑料波形瓦

聚氯乙烯塑料波形瓦（即塑料瓦楞板），是以聚氯乙烯树脂为主体，加入其他配合剂，经过塑化、挤出或压延，通过压波成型而得到的屋面建筑材料，具有质轻、防水、耐化学腐蚀、耐晒、强度高、透光率高、色彩鲜艳等特点。适用于凉棚、果棚、遮阳板以及简易建筑物等屋面。

### 7. 普通玻璃钢波形瓦

普通玻璃钢波形瓦是采用不饱和聚酯树脂和玻璃纤维为原料，用手糊法制成，具有重量轻、强度高、耐冲击、耐高温、耐腐蚀、介电性能好、不反射雷达波、透光率高、色彩鲜艳等特点，是简易性的良好建筑材料。适用于简易建筑的屋面、遮阳、工业厂房的采光带，以及凉棚等，但不能用于接触明火的场合。厚度在1mm以下的波形瓦只可用在凉棚遮阳等临时性建筑。

8. 油毡瓦

油毡瓦是以玻璃纤维为胎基，经浸涂石油沥青后，一面覆盖彩色矿物粒料，另一面撒以隔离材料所制成瓦状屋面防水片材。适用于坡屋面的多层防水层和单层防水层的面层。

9. 聚碳酸酯双层透明板

聚碳酸酯双层透明板是以合成高分子材料聚碳酸酯经挤出成型而成的双层中空板材。适用于火车站、飞机场、码头、公交车站的通道顶棚、农用温室、养鱼棚、厂房仓库的天棚等需要天然采光、隔绝风雨、保持室温的场所。它不需加热即可弯曲，可以适应曲面安装使用要求。

10. 彩色钢板和波形钢板

彩色钢板是以冷轧钢板、镀锌板涂以涂料而成，波形板则经冷轧成波而成。按表面状态分为涂层板（TC，代号，下同）、印花板（YH）两种；按涂料种类分为外用丙烯酸（WB）、内用丙烯酸（NB）、外用聚酯（WZ）、硅改性聚酯（GZ）、聚氯乙烯有机溶胶（YJ）、聚氯乙烯塑料溶胶（SJ）、内用聚酯（NZ）7种；按基材分为冷轧板（L）、电镀锌板（DX）、热镀锌小锌花光整板（XG）、热镀锌通常锌光整板（ZG）4种；按涂层结构分为上表面1次涂层和下表面不涂（D1）、上表面1次涂层和下表面下层涂漆（D2）、上表面1次涂层和下表面1次涂层（D3）、上表面2次涂层和下表面不涂（S1）、上表面2次涂层和下表面下层涂漆（S2）、上表面2次涂层和下表面1次涂层（S3）、上表面2次涂层和下表面2次涂层（S4）7种。可用作屋面、墙板、阳台、面板、百叶窗、汽车库门、屋顶构件、天沟等，也可用于电梯内墙板、通风道、门框、门、自动扶梯和屏风等。

## 情 境 小 结

1. 砌墙砖按照生产工艺分为烧结砖和非烧结砖，经焙烧制成的砖称为烧结砖，经蒸汽（压）养护等硬化而成的砖属于非烧结砖。本节烧结砖类主要掌握烧结砖、多孔砖和空心砖的技术性质，了解其应用。非烧结砖类主要掌握灰砂砖、粉煤灰砖和炉渣砖的技术性质和了解其应用。

2. 砌块是砌筑用的人造块材，形体大于砌墙砖。砌块的分类方法很多，按用途可分为承重砌块和非承重砌块。按空心率可分为实心砌块和空心砌块。按材质又可分为硅酸盐砌块、轻集料混凝土砌块、普通混凝土砌块。本节主要介绍了蒸压加气混凝土砌块、蒸养粉煤灰砌块、普通混凝土小型空心砌块，轻骨料小型空心砌块的技术性质、标记和应用。

3. 墙用板材是一类新型墙体材料。我国目前可用于墙体的板材品种很多，而且新型板材层出不穷，本节主要介绍了水泥类墙体板材、石膏类墙体板材和复合类墙体板材的技术性质和应用。

4. 屋面材料主要介绍了几种常用瓦：粘土瓦、混凝土瓦、石棉水泥波瓦及脊瓦、钢丝网石棉水泥波瓦、玻璃纤维氯氧镁水泥波瓦及其脊瓦、聚氯乙烯塑料波形瓦、普通玻璃钢波形瓦、油毡瓦、聚碳酸酯双层透明板、彩色钢板和波形钢板。

## 习 题

一、填空题

1. 烧结普通砖按抗压强度分为_____、_____、_____、_____、_____5个强度等级。

2. 烧结普通砖按照烧结工艺不同主要分为_____和_____。

3. 烧结普通砖的抗风化性通常以其_____、_____及_____等指标判别。

4. 砌块通常分为_____、_____和_____三种。

5. 水泥类墙用板材可分为_____、_____、和_____墙板。

二、判断题

1. 建筑工程中常用的非烧结砖有灰砂砖、粉煤灰砖、混凝土小型空心砌块等。（    ）

2. 制砖时把煤渣等可燃性工业废料掺入制坯原料中，这样烧成的砖叫内燃砖，这种砖的表观密度较小，强度较低。（    ）

3. 空心砖的孔为竖孔，隔热性好，强度高，用作承重墙。多孔砖则相反，用作非承重墙。（    ）

4. 红砖是在氧化气氛中烧得，青砖是在还原气氛中烧得。（    ）

5. 粘土质砂岩可用于水工建筑物中。（    ）

三、单选题

1. 烧结空心砖是指孔洞率≥_____％的砖。

A. 15　　　　　　　B. 35　　　　　　　C. 40　　　　　　　D. 25

2. 空心砌块是指空心率≥_____％的砌块。

A. 40　　　　　　　B. 15　　　　　　　C. 20　　　　　　　D. 25

3. 蒸压加气混凝土砌块常用_____粉作为发气剂。

A. 铝　　　　　　　B. 铜　　　　　　　C. 铁　　　　　　　D. 石灰

4. 烧结普通砖 1m³ 砖砌体大约需要砖_____块。

A. 480　　　　　　B. 500　　　　　　C. 520　　　　　　D. 512

5. 下面哪些不是加气混凝土砌块的特点_____。

A. 轻质　　　　　　B. 保温隔热　　　　C. 加工性能好　　　D. 韧性好

四、多选题

1. 用于砌体结构墙体的材料，主要有_____。

A. 砖　　　　　　　B. 砌块　　　　　　C. 木板

D. 墙板　　　　　　E. 钢板

2. 强度和抗风化性能合格的烧结多孔砖，根据_____等分为优等品（A）、一等品（B）和合格品（C）3个质量等级。

A. 尺寸偏差　　　　B. 外观质量　　　　C. 孔型及孔洞排列

D. 泛霜　　　　　　E. 石灰爆裂

3. 烧结多孔砖常用规格分为_____型和_____型两种。

A. M　　　　　　　B. N　　　　　　　C. O　　　　　　　D. P　　　　　E. Y

4. 蒸压灰砂砖是以_____、_____为主要原料，经配料、成型、蒸压养护而成。

A. 粉煤灰　　　　　B. 石灰　　　　　C. 砂　　　　　　D. 水泥　　　　E. 矿渣

5. 利用煤矸石和粉煤灰等工业废渣烧砖，可以_____。

A. 减少坏境污染　　　　　B. 节约粘土和保护大片良田

C. 节约大量燃料煤　　　　D. 大幅度提高产量　　　　E. 降低工程造价

## 五、简答题

1. 加气混凝土砌块砌筑的墙抹砂浆层，采用与砌筑烧结普通砖相同的办法往墙上浇水后即抹，一般的砂浆往往易被加气混凝土吸去水分而容易干裂或空鼓，请分析原因。

2. 未烧透的欠火砖为何不宜用于地下？

3. 烧结普通砖的种类、技术性质、强度等级主要有哪些？

4. 烧结多孔砖与烧结普通砖相比的主要优点有哪些？

5. 混凝土小型空心砌块的主要技术性质有哪些？

## 六、计算题

某烧结普通砖抽样 10 块做抗压强度试验（每块砖的受压面积以 120mm×115mm 计），结果见表 5-10 所示。试确定该砖的强度等级。

表 5-10　抗压强度试验结果

| 编　号 | 1 | 2 | 3 | 4 | 5 | 6 | 7 | 8 | 9 | 10 |
|---|---|---|---|---|---|---|---|---|---|---|
| 破坏荷载/kN | 266 | 235 | 221 | 183 | 238 | 259 | 225 | 280 | 220 | 250 |
| 抗压强度/MPa | | | | | | | | | | |

## 七、案例题

1. 广东某城镇住宅小区欲建一批 12 层的框架结构住宅，请对其墙体材料进行选择并说出原因。该地区能供应的墙体材料有以下几种。

A. 灰砂砖　　　　　　　　　　B. 烧结普通砖中的实心粘土砖

C. 加气混凝土砌块　　　　　　D. 轻集料小型空心砌块

E. 纸面石膏板

2. 墙体材料应优先选用哪种材料？外墙墙体应优先选用哪种材料？内墙墙体应优先选用哪种材料？

# 学习情境 6

## 建筑防水材料的选择与应用

### 📖 学习目标

　　了解石油沥青的化学组分与结构；了解煤沥青、改性沥青及合成高分子的概念；掌握石油沥青的主要技术性质、分类标准及其选用；熟悉沥青基、高聚物改性沥青、合成高分子三类防水卷材、防水涂料和密封材料的常用品种、特性及应用。

### ⚙️ 学习要求

| 知识要点 | 能力要求 | 比重 |
|---|---|---|
| 沥青的粘性、塑性、温度敏感性等 | (1) 能熟练掌握石油沥青的技术指标<br>(2) 会测定石油沥青的粘性、塑性、温度稳定性 | 40% |
| 改性石油沥青特点 | | 20% |
| SBS、APP、三元乙丙防水卷材等典型品种 | (1) 能说出常用防水卷材的品种<br>(2) 懂得各种防水材料的性能 | 20% |
| 常见防水涂料的名称和特点 | (3) 会防水材料的选用 | 20% |

### 引例 1

在我国北方地区每到冬季的时候，沥青路面总会出现一些裂缝（图6.1），裂缝大多是横向的，且几乎为等距离间距的，在冬天裂缝尤其明显，请分析原因。

图 6.1　沥青路面出现的裂缝

### 引例 2

某建筑住宅楼面于8月份施工，铺贴沥青防水卷材全是白天施工，后来发现卷材出现鼓化、渗漏，请分析原因。

防水材料是指在建筑物中能防止雨水、地下水及其他水分渗透作用的材料。按其构造做法可分为构件自防水和防水层防水两大类。防水层防水又可分为刚性防水和柔性防水。刚性防水是采用防水砂浆、抗渗混凝土、预应力混凝土等；柔性防水是采用铺设防水卷材、涂抹防水涂料。多数建筑物采用的是柔性防水。使用沥青为防水材料历史已久，直到现在，沥青基防水材料依然在使用。

近年来，传统的沥青基防水材料已逐渐向新型的高聚物改性沥青防水材料和合成高分子防水材料方向发展，防水材料已初步形成一个品种齐全、规格档次配套的工业生产体系，扩大了防水工程材料的选择范围，极大地促进了建筑防水新技术的开发与应用。

## 任务 6.1　石油沥青的基础知识

沥青是一种有机胶凝材料，它是复杂的大分子碳氢化合物及非金属（氧、硫、氮等）衍生物的混合物。在常温下为黑色或黑褐色液体、固体或半固体，具有明显的树脂特性，能溶于二硫化碳、四氯化碳、苯及其他有机溶剂。沥青与许多材料表面有良好的粘结力，它不仅能粘附于矿物材料表面上，而且能粘附在木材、钢铁等材料表面；沥青是一种憎水性材料，几乎不溶于水，而且构造密实，是建筑工程中应用最广泛的一种防水材料；沥青能抵抗一般酸、碱、盐等侵蚀性液体和气体的侵蚀，故广泛应用于防水、防潮、防腐材料。

### 6.1.1　沥青的分类

沥青的种类繁多，按产源分为地沥青和焦油沥青两大类，其分类见表6-1。

表 6-1　沥青的分类

| | | | |
|---|---|---|---|
| 沥青 | 地沥青 | 天然沥青 | 天然条件下，石油在长时间地球物理作用下所形成的产物 |
| | | 石油沥青 | 石油经炼制加工后所得到的产品 |
| | 焦油沥青 | 煤沥青 | 由煤干馏所得到的煤焦油再加工所得 |
| | | 页岩沥青 | 由页岩炼油所得的工业副产品 |

### 6.1.2　石油沥青的组分

石油沥青是由多种化合物组成，其化学组成甚为复杂。目前尚难将沥青分离为纯粹的化合物单体，为了研究石油沥青化学组成与使用性能之间的联系，常将其化学组成和物理力学性质比较接近的成分归类分析，从而划分为若干组，称为"组分"。石油沥青的主要组分有油分、树脂和地沥青质，它们的特性及其对沥青性质的影响见表 6-2。

沥青的油分中常含有一定的蜡成分，蜡对沥青的温度敏感性有较大的影响，故对于多蜡沥青，常用高温吹氧、溶剂脱蜡等方法进行处理，以改善多蜡石油沥青的性质。

表 6-2　沥青各组分的特性及其对沥青性质的影响

| 组分 | 含量/% | 分子量 | 密度 | 特征 | 在沥青中的主要作用 |
|---|---|---|---|---|---|
| 油分 | 45～60 | 100～500 | 6～10 | 无色至淡黄色粘性液体，可溶于大部分溶剂，不溶于酒精 | 赋予沥青以流动性，油分多，流动性大，而粘性小，温度敏感性大 |
| 树脂 | 15～30 | 600～1000 | 10～11 | 红褐色至黑褐色的粘稠半固体，多呈中性，少量酸性，熔点低于100℃ | 使沥青具有良好的塑性和粘性，含量增加，沥青塑性增大，温度敏感性增大 |
| 地沥青质 | 5～30 | 1000～600 | 11～15 | 黑褐色至黑色的硬脆固体微粒，加热后不溶解，而分解为坚硬的焦炭，使沥青带黑色 | 决定沥青粘性的组分。含量高，沥青粘性大、耐热性提高，温度敏感性小，但塑性降低，脆性增加 |

沥青中的油分和树脂能浸润地沥青质。沥青的结构是以地沥青质为核心，周围吸附部分树脂和油分，构成胶团，无数胶团分散在油分中形成胶体结构。

根据沥青中各组分含量的不同，沥青可以有三种胶体状态：溶胶结构（地沥青质含量较少，油分、树脂较多）、凝胶结构（地沥青质含量较多，油分、树脂较少）和溶凝胶结构（地沥青质、油分、树脂含量介于前两种之间）。溶胶结构的沥青具有粘滞性小、流动性大、塑性好，但温度稳定性较差的特点；凝胶结构的沥青具有弹性和粘性较高、温度敏感性较小、流动性和塑性较低的特点；溶凝胶结构沥青的性质介于上述两种之间。此外，石油沥青中往往还含有一定量的固体石蜡，是沥青中的有害物质，会使沥青的粘结性、塑性、耐热性和稳定性变坏。

石油沥青中的这几个组分的比例，并不是固定不变的，在热、阳光、空气和水等外界因素作用下，组分在不断改变，即由油分向树脂、树脂向地沥青质转变，油分、树脂逐渐减少，而地沥青质逐渐增多，使沥青流动性、塑性逐渐变小，脆性增加直至脆裂。这个现象称为沥青材料的老化。

### 6.1.3　石油沥青的主要技术性质

#### 1. 粘滞性

粘滞性是指石油沥青在外力作用下抵抗变形的性能。粘滞性的大小，反映了胶团之间吸引力的大小，即反映了胶体结构的致密程度。当地沥青含量较高，有适量树脂，但油分含量较少时，粘滞性较大。在一定温度范围内，当温度升高时，粘滞性随之降低，反之则增大。

表征沥青粘滞性的指标，对于液体沥青是粘滞度，如图6.2所示。表征半固体沥青、固体沥青粘滞性的指标是针入度，如图6.3所示。

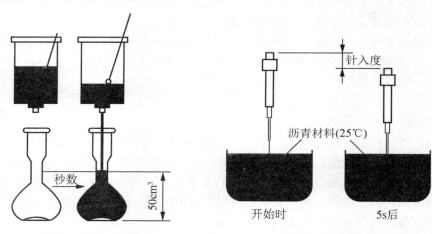

图6.2　粘滞度测量　　　　　图6.3　针入度测量

#### 2. 塑性

塑性是指石油沥青在外力作用时产生变形而不破坏的性能，沥青之所以能被制成性能良好的柔性防水材料，在很大程度上取决于这种性质。石油沥青中树脂含量大，其他组分含量适当，则塑性较高。温度及沥青膜层厚度也影响塑性。温度升高，则塑性增大；膜层增厚，则塑性也增大。在常温下，沥青的塑性较好，对振动和冲击作用有一定承受能力，因此常将沥青铺作路面。沥青的塑性用延度(延伸度)表示，如图6.4所示。

#### 3. 温度敏感性(温度稳定性)

温度敏感性是指石油沥青的粘滞性和塑性随温度升降而变化的性质。温度敏感性越大，则沥青的温度稳定性越低。温度敏感性大的沥青，在温度降低时，很快变成脆硬的物体，受外力作用极易产生裂缝以致破坏；而当温度升高时即成为液体流淌，而失去防水能力。因此，温度敏感性是评价沥青质量的重要性质。

沥青的温度敏感性通常用"软化点"表示。软化点是指沥青材料由固体状态转变为具有一定流动性膏体的温度。软化点可通过"环球法"试验测定，如图6.5所示。

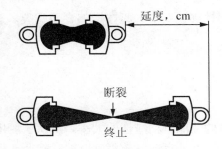

图 6.4　延度测量

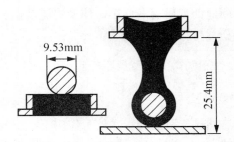

图 6.5　温度稳定性

● 特 别 提 示 ●

不同的沥青软化点不同，大致在25℃～100℃之间。软化点高，说明沥青的耐热性好，但软化点过高，又不易加工；软化点低的沥青，夏季易产生变形，甚至流淌。所以，在实际应用中，总希望沥青具有高软化点和低脆化点(当温度在非常低的范围时，整个沥青就好像玻璃一样的脆硬，一般称作"玻璃态"，沥青由玻璃态向高弹态转变的温度即为沥青的脆化点)。为了提高沥青的耐寒性和耐热性，常常对沥青进行改性，如在沥青中掺入增塑剂、橡胶、树脂和填料等。

**4. 大气稳定性**

大气稳定性是指石油沥青在热、阳光、水分和空气等大气因素作用下性能稳定的能力，也即沥青的抗老化性能，是沥青材料的耐久性。在自然气候的作用下，沥青的化学组成和性能都会发生变化，低分子物质将逐渐转变为大分子物质，流动性和塑性逐渐减小，硬脆性逐渐增大，直至脆裂，甚至完全松散而失去粘结力。石油沥青的大气稳定性常用蒸发损失和针入度变化等试验结果进行评定。

**5. 溶解度**

溶解度是指石油沥青在三氯乙烯、四氯化碳或苯中溶解的百分率。不溶解的物质会降低石油沥青的多项性能(如粘性等)，因而溶解度表示石油沥青中有效物质含量的多少。

**6. 闪点和燃点**

石油沥青在加热后所产生的易燃气体与空气中的气体混合遇到火后会产生闪火现象，这个过程中，开始闪火时的温度即为石油沥青的闪火点(闪点)，与火焰接触能持续燃烧时的最低温度即为石油沥青的燃点(着火点)，闪火点是加热石油沥青时不能超过的最高温度，也是石油沥青防火的重要指标。闪点和燃点的高低表明沥青引起火灾或爆炸的可能性的大小，这两项指标关系到沥青的运输、储存和加热使用等方面的安全。

### 6.1.4　石油沥青的分类及技术标准

石油沥青按用途分为：道路沥青、建筑沥青、防水防潮沥青、以用途或功能命名的各种专用沥青等。

**1. 建筑石油沥青**

建筑石油沥青按针入度不同分为10号、30号和40号三个牌号。牌号越大，则针入度越大(粘性越小)，延伸度越大(塑性越大)，软化点越低(温度稳定性越差)。

建筑石油沥青的技术要求及试验方法见表6-3。

表6-3　建筑石油沥青的技术要求及试验方法(GB 494—2010)

| 项　目 | 质量指标 | | | 试验方法 |
|---|---|---|---|---|
| | 10 号 | 30 号 | 40 号 | |
| 针入度(25℃，100g，5s)/(1/10mm) | 10~25 | 25~35 | 36~50 | GB/T 4509 |
| 针入度(45℃，100g，5s)/(1/10mm) | 报告 | 报告 | 报告 | |
| 针入度(0℃，100g，5s)/(1/10mm) | 3 | 6 | 6 | |
| 延度(25℃，5cm/min)/cm 不小于 | 1.5 | 2.5 | 3.5 | GB/T 4508 |
| 软化点，环球法/℃ 不低于 | 95 | 75 | 50 | GB/T 4507 |
| 溶解度(三氯乙烯)/% 不小于 | 99.0 | | | GB/T 11148 |
| 蒸发损失(163℃，5h)/%不大于 | 1 | | | GB/T 11964 |
| 蒸发后 25℃针入度比[2]/%不小于 | 65 | | | GB/T 4509 |
| 闪点(开口杯法)/℃不低于 | 260 | | | GB/T 267 |

注：① 报告应为实测值。
　　② 测定蒸发损失后样品的25℃针入度之比乘以100后，所得的百分比，称为蒸发后针入度比。

**2. 道路石油沥青**

道路石油沥青按针入度分为200号、180号、140号、100号、60号5个牌号。道路石油沥青的技术要求见表6-4。

表6-4　道路石油沥青的技术要求(SH/T 0522—2000)

| 项　目 | 质量指标 | | | | | 试验方法 |
|---|---|---|---|---|---|---|
| | 200 号 | 180 | 140 号 | 100 | 60 号 | |
| 针入度(25℃，100g，5s)，1/10mm | 200~300 | 150~200 | 110~150 | 80~110 | 50~80 | GB/T 4509 |
| 延度(25℃)/cm 不小于 | 20 | 100 | 100 | 90 | 70 | GB/T 4508 |
| 软化点/℃ | 30~45 | 35~45 | 38~48 | 42~52 | 45~55 | GB/T 4507 |
| 溶解度/%　不小于 | 99.0 | | | | | GB/T 11148 |
| 闪点(开口)/℃　不低于 | 180 | 200 | 230 | | | GB/T 267 |
| 蒸发后针入度比/%　不小于 | 50 | 60 | | | — | GB/T 4509 |
| 蒸发损失/%　不大于 | 1 | | | | — | GB/T 11964 |
| 薄膜烘箱试验 | | | | | | GB/T 5304 |
| 质量变化/% | — | | | 报告 | | GB/T 5304 |
| 针入度比/% | — | | | 报告 | | GB/T 4509 |
| 延度[①](25℃)/cm | — | | | 报告 | | GB/T 4508 |

注：① 如25℃针入度达不到，15℃延度达到时，也以为是合格的。

### 3. 防水防潮石油沥青

防水防潮石油沥青按产品的针入度指数分为 4 个牌号：3 号，感温性一般，质地较软，用于一般温度下，室内及地下结构部分的防水；4 号，感温性较小，用于一般地区可行走的缓坡屋顶防水；5 号，感温性小，用于一般地区暴露屋顶或气温较高地区的屋顶；6 号，感温性最小，且质地较软，除一般地区外，主要用于寒冷地区的屋顶及其他防水防潮工程。防水防潮石油沥青的技术要求见表 6-5。

表 6-5 防水防潮石油沥青的技术要求（SH/T 0002—90）（1998 确认）

| 项目 | 质量指标 | | | | 试验方法 |
|---|---|---|---|---|---|
| 牌号 | 3 号 | 4 号 | 5 号 | 6 号 | |
| 软化点/℃ 不低于 | 85 | 90 | 100 | 95 | GB/T 4507 |
| 针入度/(1/10mm) | 25～45 | 20～40 | 20～40 | 30～50 | GB/T 4509 |
| 针入度指数 不小于 | 3 | 4 | 5 | 6 | |
| 蒸发损失/% 不大于 | 1 | 1 | 1 | 1 | GB/T 11964 |
| 闪点(开口)/℃ 不低于 | 250 | 270 | 270 | 270 | GB/T 267 |
| 溶解度/% 不小于 | 98 | 98 | 95 | 92 | GB/T 11148 |
| 脆点/℃ 不高于 | −5 | −10 | −15 | −20 | GB/T 4510 |
| 垂度/mm 不大于 | — | — | 8 | 10 | SH/T 0424 |
| 加热安定性/℃ 不大于 | 5 | 5 | 5 | 5 | |

### 6.1.5 石油沥青的应用

#### 1. 石油沥青的选用

沥青在使用时，应根据当地气候条件、工程性质（房屋、道路、防腐）、使用部位（屋面、地下）及施工方法具体选择沥青的品种和牌号。对一般温暖地区，受日晒或经常受热部位，为防止受热软化，应选择牌号较小的沥青；在寒冷地区，夏季暴晒、冬季受冻的部位，不仅要考虑受热软化，还要考虑低温脆裂，应选用中等牌号沥青；对一些不易受温度影响的部位，可选用牌号较大的沥青。当缺乏所需牌号的沥青时，可用不同牌号的沥青进行掺配。

道路石油沥青粘度低、塑性好，主要用于配制沥青混凝土和沥青砂浆，用于道路路面和工业厂房地面等工程。

**引例点评**

引例 1 中，裂缝原因主要由沥青材料老化及低温所致，从裂缝的形状来看，沥青老化低温引起的裂缝大多为横向，且裂缝几乎为等距离间距，这与该路面破损情况相吻合。该路已修筑多年，沥青老化后变硬、变脆，延伸性下降，低温稳定性变差，容易产生裂缝、松散。在冬天，气温下降，沥青混合料受基层的约束而不能收缩，产生了应力，应力超过沥青混合料的极限抗拉强度，路面便产生开裂。因此冬天裂缝尤为明显。

建筑石油沥青粘性较大、耐热性较好、塑性较差，主要用于生产防水卷材、防水涂料、防水密封材料等，广泛应用于建筑防水工程及管道防腐工程。一般屋面用的沥青，软化点应比本地区屋面可能达到的最高温度高 20℃～25℃，以避免夏季流淌。防水防潮石油沥青质地较软，温度敏感性较小，适于作卷材涂复层。普通石油沥青因含蜡量较高、性能较差，建筑工程中应用很少。

2. 石油沥青的掺配

沥青在实际使用时，某一牌号的沥青不一定能完全满足工程要求，需要用现有的不同牌号的沥青进行掺配。掺配时注意，要掺配的石油沥青的软化点在现有两种石油沥青的软化点之间，通常按式(8-1)进行掺配：

$$Q_1 = \frac{T_2 - T}{T_2 - T_1} \times 100\% \tag{6-1}$$

$$Q_2 = 1 - Q_1 \tag{6-2}$$

式中　$Q_1$——牌号较低沥青的掺量，%；

　　　$Q_2$——牌号较高沥青的掺量，%；

　　　$T$——掺配后所需的软化点，℃；

　　　$T_2$——牌号较高沥青的软化点，℃；

　　　$T_1$——牌号较低沥青的软化点，℃。

如用三种沥青进行掺配，可先计算出两种的掺量，然后再与第三种沥青进行掺配。

## 6.1.6　改性石油沥青

建筑工程中，对沥青的物理性质要求较高，如要求沥青在低温条件下具有弹性和塑性，高温条件下具有足够的强度和稳定性，加工、使用过程中具有抗老化能力，还应与各种矿物和基体表面有较强的粘附力，以及对形体变形的适应能力等。一般的石油沥青并不能满足全面的使用要求，因此，需要对沥青进行改性，经过改性后的石油沥青被称为改性沥青。一般常用橡胶、树脂、矿物填料等对沥青进行改性，这些材料被统称为石油沥青的改性材料，改性后的石油沥青在性质上得到了很大程度的改善，具有低温下较好的柔韧性、高温下较好的稳定性、使用过程中不易变形、较好的抗老化能力以及与各种材料之间较好的粘结性等，基本上满足了建筑工程中多方面的使用要求。常见改沥青见表6-6。

表6-6　常见改性沥青

| 名　称 | 掺加料 | 性质改善 | 种　类 |
|---|---|---|---|
| 橡胶改性沥青 | 橡胶 | 高温下不易变形，低温下韧性加强，有较高的强度、延伸度，有较好的抗老化性 | 氯丁橡胶改性沥青、丁基橡胶改性沥青、天然橡胶改性沥青、再生橡胶改性沥青 |
| 树脂改性沥青 | 树脂 | 耐寒性、耐热性、粘结性和防渗透性都得到了一定程度的加强 | 聚乙烯改性沥青、聚丙烯改性沥青、无规聚丙烯改性沥青、环氧树脂改性沥青、酚醛树脂改性沥青 |

续表

| 名　称 | 掺加料 | 性质改善 | 种　类 |
|---|---|---|---|
| 橡胶树脂共混改性沥青 | 橡胶、树脂 | 同时具有橡胶和树脂的多种性能 | 氯化聚乙烯-橡胶共混改性沥青<br>聚氯乙烯-橡胶共混改性沥青 |
| 矿物填充料改性沥青 | 滑石粉、石灰粉、云母粉、石棉粉等 | 粘结性和耐热性上都得到了提高，温度敏感性变小，使用温度范围变大 | — |

## 任务 6.2　煤沥青的选用

煤沥青俗称柏油，是炼焦厂或煤气厂的副产品，烟煤在干馏过程中的挥发物质，经冷凝而成黑色粘性液体，称为煤焦油，即煤沥青。根据蒸馏温度不同，煤沥青可分为低温煤沥青、中温煤沥青和高温煤沥青三种。建筑上所采用的煤沥青，多为粘稠或半固体的低温煤沥青。

1. 煤沥青的特性

与石油沥青相比，煤沥青的特性有以下几点。

（1）因含有蒽、萘、酚等物质，有着特殊的臭味和毒性，故其防腐能力强。

（2）因含表面活性物质较多，故与矿物表面粘附能力强，不易脱落。

（3）含挥发性和化学稳定性差的成分较多，在热、光、氧气等长期综合作用下，煤沥青的变化较大，易硬脆，故大气稳定性差。

（4）含有较多的游离碳，塑性差，容易因变形而开裂。

由此可见，煤沥青的主要技术性质比石油沥青差，主要适用于木材防腐、制造涂料、铺设路面等。

2. 煤沥青与石油沥青的简易鉴别

石油沥青与煤沥青性质有别，必须认真鉴别，不能混淆，其简易鉴别方法见表6-7。

表6-7　石油沥青与煤沥青的简易鉴别方法

| 鉴别方法 | 石 油 沥 青 | 煤 沥 青 |
|---|---|---|
| 密度/(g/cm³) | 近于 1.0 | 1.25～1.28 |
| 燃烧 | 烟少、无色、有松香味、无毒 | 烟多、黄色、臭味大、有毒 |
| 锤击 | 声哑、有弹性、韧性好 | 声脆、韧性差 |
| 颜色 | 呈灰亮褐色 | 浓黑色 |
| 溶解 | 易溶于煤油或汽油中，呈棕黑色 | 难溶于煤油或汽油中，呈黄绿色 |

## 任务6.3　建筑防水制品及选用

建筑防水制品种繁多，主要包括防水卷材、防水涂料和密封材料等。

### 6.3.1　防水卷材

防水卷材是一种具有一定宽度和厚度的能够卷曲成卷状的带形防水材料。防水卷材是建筑防水工程中应用的主要防水材料，约占防水材料的90%。防水卷材品种很多，根据防水卷材中构成的防水膜层的主要原料，可以将防水卷材分为沥青防水卷材、高聚物改性卷材和合成高分子防水卷材三大类。

#### 1. 沥青防水卷材

沥青防水卷材是将原纸、纤维植物等与石油沥青组合制成的一种防水材料，根据制作原料和制作工艺的不同，可被分成浸渍卷材和辊压卷材两种，前者是以一些原纸、玻璃布、石棉布、棉麻制品等为基胎，浸涂石油沥青或焦油沥青，再在表面撒上粉状或片状的隔离材料，制成的一种可卷曲的片状防水材料，称有胎卷材；后者是直接将石棉、橡胶粉等材料与石油沥青相混合，再经过碾压制成的一种片状可卷曲的防水材料，称无胎卷材。目前，在我国，受国家各项产业政策的影响，沥青防水卷材的生产量逐年下降，产销量也已经很小。常见的有以下几个种类。

##### 1）石油沥青纸胎防水卷材

先采用低软化点的石油沥青浸渍原纸制成油纸，再用高软化点的石油沥青涂盖油纸两面，撒上隔离材料，从而制成的一种纸胎油毡，称为石油沥青纸胎防水卷材。

按照国际《石油沥青纸胎油毡》（GB 326—2007）中的规定，该类卷材幅宽1000mm，每卷总面积为 $20\pm0.3\text{m}^2$，卷重见表6-8。按油毡卷重和各自的物理性能分为Ⅰ型、Ⅱ型、Ⅲ型三个等级，其中，Ⅰ型、Ⅱ型油毡常用于简易防水、临时性建筑防水、防潮、包装等；Ⅲ型油毡多用于建筑屋面、地下、水利等工程中的多层防水。施工时应注意，铺设完毕，经检查合格后，应立即粘铺保护层。石油沥青纸胎防水卷材的技术性能执行GB 326—2007标准，见表6-9。

表6-8　石油沥青纸胎油毡卷重

| 类　　型 | Ⅰ型 | Ⅱ型 | Ⅲ型 |
| --- | --- | --- | --- |
| 卷重/kg | 17.5 | 22.5 | 28.5 |

表6-9　石油沥青纸胎防水卷材的技术性能

| 项　　目 | | 性能指标 | | |
| --- | --- | --- | --- | --- |
| | | Ⅰ型 | Ⅱ型 | Ⅲ型 |
| 单位面积浸涂材料总量/(g/m²)　≥ | | 600 | 750 | 1000 |
| 不透水性 | 压力/MPa　≥ | 0.02 | 0.02 | 0.10 |
| | 保持时间/min　≥ | 20 | 30 | 30 |

续表

| 项　　目 | 性能指标 | | |
|---|---|---|---|
| | Ⅰ型 | Ⅱ型 | Ⅲ型 |
| 吸水率/%　　　≤ | 3.0 | 2.0 | 1.0 |
| 耐热度/85±2℃　　　5h | 涂盖层无滑动、流淌和集中性气泡 | | |
| 拉力，纵向/(N/50mm)　≥ | 240 | 270 | 340 |
| 柔度/18±2℃ | 绕 $\phi$20mm 圆棒或弯板无裂缝 | | |

同时，石油沥青纸胎防水卷材也存在着一定的缺点，如抗拉强度较低、塑性较低、不透水性较差，原纸的来源比较困难、易腐蚀等。目前，已经开始广泛使用玻璃布及玻璃纤维毡等材料作为内胎来生产石油沥青纸胎油毡卷材，该类卷材在运输储存时应注意，不同类型、不同规格的产品分类码放，避免日晒，要求在 45℃ 以下温度环境中立放。

2）石油沥青玻璃布防水卷材、玻璃纤维胎防水卷材

该类防水卷材是分别采用玻璃布、玻璃纤维薄毡为内胎，内外两面浸涂石油沥青，然后撒上矿物材料或隔离材料制成的一种防水卷材。玻璃布油毡的规格为幅宽 1000mm，每卷面积为 $20\pm0.3m^2$，按物理性能被分为一等品和合格品。玻璃纤维胎油毡的规格为幅宽 1000mm，按上表面材料的不同被分为膜面（PE 膜）、砂面，按每 $10m^2$ 标称质量分为 15 号、25 号，按物理力学性能分为Ⅰ型、Ⅱ型，各型号卷材单位面积的质量见表 6-10，两种油毡的技术指标分别符合《石油沥青玻璃布胎油毡》、《石油沥青玻璃纤维胎油毡》的规定。

表6-10　石油沥青玻璃纤维胎防水卷材单位面积质量

| 标　　号 | 15 号 | | 25 号 | |
|---|---|---|---|---|
| 上表面材料 | PE 膜面 | 砂面 | PE 膜面 | 砂面 |
| 单位面积质量/（kg/m²） | 1.2 | 1.5 | 2.1 | 2.4 |

玻璃布油毡、玻璃纤维油毡的韧度远远好于纸胎油毡，这两类都耐霉菌、耐腐蚀，多用于地下防水防腐、屋面的防水层处理以及金属管道（热管道例外）的防腐层处理。其中，玻璃纤维油毡中的 15 号油毡多用于一般建筑工程中的多层防水和管道（热管道例外）的防腐保护层；25 号油毡多用于地下防水防腐、屋面的防水层处理和水利工程。

与这两类油毡卷材类似的还有麻布油毡、石棉布油毡、合成纤维布油毡等，制法与玻璃布油毡的制法相同，常用于对防水性、耐久性和防腐性要求较高的工程建设。

3）沥青复合胎防水卷材

该类卷材是以涤棉无纺布和玻纤网格复合毡为胎基，浸涂改性沥青，再覆盖上隔离材料制成的一种防水卷材。按物理性能可分为Ⅰ型、Ⅱ型，按上表面材料可分为聚乙烯膜（PE）、细砂（S）、矿物粒（片）料（M），每卷幅宽 1000mm，厚度为 3mm 或 4mm。

4）铝箔塑胶防水卷材

该类防水卷材是以玻纤毡为胎基，浸涂石油沥青，其上表面用压纹铝箔面，下表面采用细砂或聚乙烯膜（PE），作为隔离处理的防水卷材。具有美化装饰基体的效果，反射热量、紫

外线和防止蒸汽渗透的功能，可以有效降低屋面及室内温度。其规格为：幅宽 1000mm，按每卷单位面积质量分为 30 号、40 号两种类型，30 号铝箔面石油沥青防水卷材厚度不小于 2.4mm，40 号铝箔面石油沥青防水卷材厚度不小于 3.2mm。两种标号的防水卷材的技术指标分别符合《铝箔面石油沥青防水卷材》(JC/T 504—2007)的规定。其中 30 号铝箔面石油沥青防水卷材多用于外露屋面多层卷材防水工程的面层；40 号铝箔面石油沥青防水卷材既适用于外露屋面的单层防水，也适用于外露屋面多层卷材防水工程的面层。

2. 改性沥青防水卷材

1）SBS 改性沥青防水卷材

SBS 改性沥青防水卷材是以聚酯纤维无纺布为胎体，以 SBS(苯乙烯-丁二烯-苯乙烯)弹性体改性沥青为浸渍涂盖层，以塑料薄膜或矿物细料为隔离层制成的防水卷材。这类卷材具有较高的弹性、延伸率、耐疲劳性和低温柔性，主要用于屋面及地下室防水，尤其适用寒冷地区。以冷法施工或热熔铺贴，适于单层铺设或复合使用。弹性体(SBS)防水卷材物理力学性能见表 6-11。

表 6-11　弹性体(SBS)防水卷材物理力学性能(GB 18242—2008)

| 序号 | 项　目 | | 指标 | | | | |
| --- | --- | --- | --- | --- | --- | --- | --- |
| | | | Ⅰ | | Ⅱ | | |
| | | | PY | G | PY | G | PYG |
| 1 | 可溶物含量 /(g/m²) ≥ | 3mm | 2100 | | | | — |
| | | 4mm | 2900 | | | | — |
| | | 5mm | 3500 | | | | |
| | | 试验现象 | — | 胎基不然 | — | 胎基不然 | — |
| 2 | 耐热性 | ℃ | 90 | | 105 | | |
| | | ≤mm | 2 | | | | |
| | | 试验现象 | 无流淌、滴落 | | | | |
| 3 | 低温柔性/℃ | | —20 | | —25 | | |
| | | | 无裂缝 | | | | |
| 4 | 不透水性 30min | | 0.3MPa | 0.2MPa | 0.3MPa | | |
| 5 | 拉力 | 最大峰拉力/ (N/50mm) ≥ | 500 | 350 | 800 | 500 | 900 |
| | | 次高峰拉力/ (N/50mm) ≥ | — | — | — | — | 800 |
| | | 试验现象 | 拉伸过程中，试件中部无沥青涂盖层开裂或与太极分离现象 | | | | |
| 6 | 延伸率 | 最大峰延伸率/% ≥ | 30 | — | 40 | — | — |
| | | 第二峰时延伸率/% ≥ | — | — | — | — | 15 |

续表

| 序号 | 项 目 | | 指标 | | | | |
|---|---|---|---|---|---|---|---|
| | | | I | | II | | |
| | | | PY | G | PY | G | PYG |
| 7 | 浸水后质量增加/% ≤ | PE、S | 1.0 | | | | |
| | | M | 2.0 | | | | |
| 8 | 热老化 | 拉力保持率/% | 90 | | | | |
| | | 延伸率保持率/% | 80 | | | | |
| | | 低温柔性/℃ | −15 | | −20 | | |
| | | 尺寸变化率/% ≤ | 0.7 | — | 0.7 | — | 0.3 |
| | | 质量损失/% ≤ | 1.0 | | | | |
| 9 | 渗油性 | 张数 ≤ | 2 | | | | |
| 10 | 接缝剥离强度/(N/mm) ≥ | | 1.5 | | | | |
| 11 | 钉杆撕裂强度①/N ≥ | | — | | | | 300 |
| 12 | 矿物粒料粘附性②/g ≤ | | 2.0 | | | | |
| 13 | 卷材下表面沥青涂盖层厚度③/mm ≥ | | 1.0 | | | | |
| 14 | 人工气候加速老化 | 外观 | 无滑动、流淌、滴落 | | | | |
| | | 拉力保持率/% ≥ | 80 | | | | |
| | | 低温柔性/℃ | −15 | | −20 | | |
| | | | 无裂缝 | | | | |

注：① 仅适用于单层机械固定施工方式卷材；
　　② 仅适用于矿物粒料表面的卷材；
　　③ 仅适用于热熔施工的卷材。

2）APP 改性沥青防水卷材

APP 塑性体改性沥青防水卷材是以聚酯毡或玻纤毡为内胎，用 APP 改性沥青浸润后，上表面撒上隔离材料，下表面覆盖聚乙烯薄膜，经过加工制成的防水卷材，统称 APP 防水卷材。首先，在石油沥青中加入一定量的无规聚丙烯（APP）作为改性剂，APP 可以使沥青的软化点大幅度提高，两者混合后，明显改善了沥青在低温下的柔韧性。

APP 卷材属热塑性体防水材料，其主要特性为：抗拉强度高、延展性好、耐热性好、韧性强、抗腐蚀、耐紫外线、抗老化性能好、常温施工、操作简便、高温下（110℃～130℃）不流淌、低温下（−15℃～−5℃）不脆裂、有较强的抗腐蚀性和较高的自然燃点（265℃），其规则、品种与 SBS 卷材相同，用途也与 SBS 卷材相同，主要性能指标见表 6－12。

表6-12 APP改性沥青防水卷材的材料性能(GB 18243—2008)

| 项 目 | | 指 标 | | | | |
|---|---|---|---|---|---|---|
| | | Ⅰ | | Ⅱ | | |
| | | PY | G | PY | G | PYG |
| 可溶物含量/<br>(g/m²) ≥ | 3mm | 2100 | | | | — |
| | 4mm | 2900 | | | | — |
| | 5mm | 3500 | | | | |
| 不透水性 | 压力/MPa ≥ | 0.3 | 0.2 | 0.3 | | |
| | 保持时间/min ≥ | 30 | | | | |
| 耐热度,℃ | | 90 | | 105 | | |
| | | 无滑动、流淌、滴落 | | | | |
| 拉力/(N/50mm) ≥ | | 500 | 350 | 800 | 500 | 900 |
| 最大拉力时延伸率/% ≥ | | 25 | — | 40 | — | — |
| 低温柔度/℃ | | —7 | | —15 | | |
| | | 无裂纹 | | | | |

注:当耐热度需要超过130℃时,该指标可由供需双方协商确定。

APP卷材一般用于工业与民用建筑屋面、地下室、卫生间等的防水防潮,以及桥梁、停车场、隧道等类建筑物的防水工程。尤其适用于高温或有强烈太阳辐射的地区建筑物的防水防潮。同样,该类卷材在施工时应注意要涂刷的基层必须干燥4h(以不粘脚为宜)以上,施工现场应注意防火。

SBS及APP防水卷材均属于高聚物改性沥青防水卷材,其外观质量要求见表6-13。

表6-13 高聚物改性沥青防水卷材外观质量要求

| 项 目 | 质量要求 |
|---|---|
| 孔洞、缺边、裂口 | 不允许 |
| 边缘不整齐 | 不超过10mm |
| 胎体露白、未浸透 | 不允许 |
| 撒布材料粒度、颜色 | 均匀 |
| 每卷卷材的接头 | 不超过1处,较短的一段不应小于1000mm,接头处应加长150mm |

3) 铝箔塑胶改性沥青防水卷材

铝箔塑胶改性沥青防水卷材是以玻璃纤维或聚酯纤维(布或毡)为胎基,用高分子(合成橡胶或树脂)改性沥青为浸渍涂盖层,以银白色铝箔为上表面反光保护层,以矿物粒料和塑料薄膜为底面隔离层制成的防水卷材。

这种卷材对阳光的反射率高,具有一定的抗拉强度和延伸率,弹性好,低温柔性好,在—20℃~80℃温度范围内适应性较强,抗老化能力强,具有装饰功能,适用于外露防水

面层，并且价格较低，是一种中档的新型防水材料。

其他常见的改性沥青防水卷材还有再生橡胶改性沥青防水卷材、丁苯橡胶改性沥青防水卷材、PVC改性煤焦油防水卷材等。

3. 合成高分子防水材料

合成高分子防水材料具有抗拉强度高、延伸率大、弹性强、高低温特性好、防水性能优异的特性。合成高分子基防水材料中常用的高分子有三元乙丙橡胶、氯丁橡胶、有机硅橡胶、聚氨酯、丙烯酸酯、聚氯乙烯树脂等。

合成高分子防水卷材是以合成橡胶、合成树脂或两者的共混体为基材，加入适量的化学助剂、填充料等，经过塑炼、混炼、压延或挤出成型、硫化、定型、检验、分卷、包装等工序加工制成的无胎防水材料。具有抗拉强度高、断裂延伸率大、抗撕裂强度好、耐热耐低温性能优良、耐腐蚀、耐老化、单层施工及冷作业等优点。

● 特 别 提 示

合成高分子卷材是继改性石油沥青防水卷材之后发展起来的性能更优的新型高档防水材料，显示出独特的优异性。我国虽仅有十余年的发展史，但发展十分迅猛。现在可生产三元乙丙橡胶、丁基橡胶、氯丁橡胶、再生橡胶、聚氯乙烯、氯化聚乙烯、氯磺化聚乙烯等几十个品种。

合成高分子防水卷材外观质量见表 6-14。

表 6-14　合成高分子防水卷材外观质量

| 项　目 | 质量要求 |
|---|---|
| 折痕 | 每卷不超过 2 处，总长度不超过 20mm |
| 杂质 | 大于 0.5mm 颗粒不允许，每 1m² 不超过 9mm² |
| 胶块 | 每卷不超过 6 处，每处面积不大于 4mm² |
| 凹痕 | 每卷不超过 6 处，深度不超过本身厚度的 30%；树脂类深度不超过 15% |
| 每卷卷材接头 | 橡胶类每 20m 不超过 1 处，较短的一段不应小于 3000mm，接头处应加长 150mm；树脂类 20m 长度内不允许有接头 |

1) 三元乙丙橡胶防水卷材

三元乙丙橡胶防水卷材是以乙烯、丙烯和双环戊二烯三种单体共聚合成的三元乙丙橡胶为主体，掺入适量的丁基橡胶、硫化剂、促进剂、软化剂、补强剂和填充剂等，经密炼、拉片、过滤、挤出(或压延)成型、硫化、检验、分卷、包装等工序加工制成的高弹性防水材料。三元乙丙橡胶防水卷材，与传统的沥青防水材料相比，具有防水性能优异、耐候性好、耐臭氧及耐化学腐蚀性强、弹性和抗拉强度高、对基层材料的伸缩或开裂变形适应性强、质量轻、使用温度范围宽(−60℃～+120℃)、使用年限长(30～50 年)、可以冷施工、施工成本低等优点。适宜高级建筑防水，单层使用，也可复合使用。施工用冷粘法或自粘法。

2) 聚氯乙烯(PVC)防水卷材

聚氯乙烯防水卷材是以聚氯乙烯树脂为主要原料，加入一定量的稳定剂、增塑剂、改性剂、抗氧剂及紫外线吸收剂等辅助材料，经捏合、混炼、造粒、挤出或压延等工序制成的防水卷材，是我国目前用量较大的一种卷材。这种卷材具有较高的拉伸和撕裂强度，延伸率较大，耐老化性能好，耐腐蚀性强。其原料丰富、价格便宜、容易粘结，适用屋面、地下防水工程和防腐工程。单层或复合使用，冷粘法或热风焊接法施工。

聚氯乙烯防水卷材，根据基料的组分及其特性分为两种类型，即 S 型和 P 型。S 型是以煤焦油与聚氯乙烯树脂混溶料为基料的柔性卷材；P 型是以增塑聚氯乙烯为基料的塑性卷材。S 型防水卷材厚度为 1.80mm、2.00mm、2.50mm；P 型防水卷材厚度为 1.20mm、1.50mm、2.00mm，卷材宽度为 1000mm、1200mm、1500mm、2000mm。

3）氯化聚乙烯防水卷材

氯化聚乙烯防水卷材，是以含氯量为 30%～40% 的氯化聚乙烯树脂为主要原料，掺入适量的化学助剂和大量的填充材料，采用塑料（或橡胶）的加工工艺，经过捏合、塑炼、压延等工序加工而成，属于非硫化型高档防水卷材。

氯化聚乙烯防水卷材分为两种类型：Ⅰ型和Ⅱ型。Ⅰ型防水卷材是属于非增强型的；Ⅱ型是属于增强型的。其规格厚度可分为 1.00mm、1.20mm、1.50mm、2.00mm；宽度为 900mm、1000mm、1200mm、1500mm。

**知 识 链 接**

1. 氯化聚乙烯-橡胶共混防水卷材

氯化聚乙烯-橡胶共混防水卷材是以氯化聚乙烯树脂与合成橡胶为主体，加入硫化剂、促进剂、稳定剂、软化剂及填料等，经塑炼、混炼、过滤、压延或挤出成型及硫化等工序制成的防水卷材。

这类卷材既具有氯化聚乙烯的高强度和优异的耐久性，又具有橡胶的高弹性和高延伸性以及良好的耐低温性能。其性能与三元乙丙橡胶卷材相近，使用年限保证 10 年以上，但价格却低得多。与其配套的氯丁粘结剂，较好地解决了与基层粘结问题。其属中、高档防水材料，可用于各种建筑、道路、桥梁、水利工程的防水，尤其是适用寒冷地区或变形较大的屋面。单层或复合使用，冷粘法施工。

2. 氯磺化聚乙烯防水卷材

氯磺化聚乙烯防水卷材是以氯磺化聚乙烯橡胶为主，加入适量的软化剂、交联剂、填料、着色剂后，经混炼、压延或挤出、硫化等工序加工而成的弹性防水卷材。

氯磺化聚乙烯防水卷材的耐臭氧、耐老化、耐酸碱等性能突出，且拉伸强度高、耐高低温性好、断裂伸长率高，对防水基层伸缩和开裂变形的适应性强，使用寿命为 15 年以上，属于中高档防水卷材。氯磺化聚乙烯防水卷材可制成多种颜色，用这种彩色防水卷材作屋面外露防水层可起到美化环境的作用。氯磺化聚乙烯防水卷材特别适宜用于有腐蚀介质影响的部位做防水与防腐处理，也可用于其他防水工程。

## 6.3.2 防水涂料

防水涂料是以沥青、高分子合成材料为主体，经涂刷在基体表面固化，形成具有相当厚度并有一定弹性、连续的防水薄膜的材料总称。即用于防止水侵入和渗漏的涂料。常温下呈现无定形的粘稠状态，可以起到防水、防潮、保护基体的作用，同时起到粘结剂的作用。

1. 防水涂料概述

1) 防水涂料的特点

（1）整体防水性好。能满足各类屋面、地面、墙面的防水工程要求。常温下呈液态，固化后在基体表面形成完整连续的防水薄膜。在基层水平面、立面、阴角、阳角等平整或复杂表面施工，满足使用要求。

（2）温度适应性强。因为防水涂料品种繁多，用户可以选择的余地很大，可以满足不同地区气候环境的需要。

（3）操作方便，施工速度快。涂料大多采用冷施工，可刷涂、可喷涂，易于操作，施工方便，少污染，改善了工作环境。

（4）易于维修。当防水涂料发生渗漏时，不必铲除旧防水涂料，直接在原防水膜的基础上修补即可，或在原防水层上重新做一层防水处理。

2) 防水涂料的组成

防水涂料通常有主要成膜物质、次要成膜物质、稀释剂、助剂等组成，将其直接涂刷在结构表面后，其主要成分经过一系列的物理、化学变化后便形成防水膜，并能获得预期的防水效果。

（1）主要成膜物质。主要成膜物质作用是将涂料中的其他组分粘结在一起，并能牢固附着在基层表面形成连续、坚韧的保护膜。

（2）次要成膜物质。其作用是构成涂膜的组成部分，以微细粉状均匀分散于涂料介质中，赋予涂膜以色彩、质感，使涂膜具有一定的遮盖力，减少收缩，还能增加涂膜的机械强度，防止紫外线的穿透作用，提高涂膜的抗老化性、耐候性等。

（3）稀释剂。将油料、树脂稀释并将颜料和填料均匀分散；调节涂料的粘度，使涂料便于涂刷、喷涂在物体表面形成连续薄层；增加涂料的渗透力；改善涂料与基面的粘结能力、节约涂料等。

（4）助剂。改善涂料某些性能的重要物质。

3) 分类

防水涂料按其成膜物质的主要成分可分为沥青基防水涂料、高聚物改性沥青防水涂料、合成高分子防水涂料；按液态类型可分为溶剂型、水乳型和反应型三种；根据涂层厚度可分为薄质防水涂料和厚质防水涂料。

2. 沥青基防水涂料

沥青基防水涂料的主要成膜物质是沥青，有溶剂型和水乳型两类，在使用时经常采用沥青胶进行粘贴，在基体表面刷涂一层冷底子油，来提高沥青防水涂料与基体的粘结能力。

1) 冷底子油

冷底子油是在建筑石油沥青中加入汽油、煤油、轻柴油等，或者在煤沥青（软化点为50℃～70℃）中加入苯，相互溶合后得到的沥青溶液，这种溶液多数在常温下使用的，并且位于防水工程的底层，所以被称为冷底子油。它一般不单独作为防水材料使用，常作为打底材料与沥青胶配合使用，起到增强沥青胶与基层的粘结力的作用。

冷底子油的特点：粘度小，可以很容易渗入到混凝土、砂浆、木材等材料的毛细孔隙中，等到溶剂挥发后，溶液与基体牢固结合在一起，使得基体表面具有了一定的憎水能力，便于下一步与同类防水材料很好地粘结在一起。例如，在冷底子油层的上面铺上各类防水卷材，防水卷材便可与下面的基体更加牢固地粘结在一起，防水作用加强。

在施工中，冷底子油随配随用，通常要求涂于干燥的基体表面（水泥砂浆找平层的含水率≤10%），配置好储存时，要求使用密封容器，以免溶剂挥发，失去功效。

2）沥青胶

沥青胶又称沥青玛碲脂，是在沥青中加入适量的粉状或纤维状填充料混合制成。其中，填充料的作用是为了提高沥青的温度稳定性和韧性，改善沥青的粘结性，降低沥青在低温下的脆性，减少沥青的消耗量等，填充物的类型有很多种，例如，粉状的滑石粉、石灰石粉、白云石粉等，纤维状的木纤维、石棉屑等，或者两者的混合物，加入量通常为10%～30%。

沥青胶主要用来补漏、粘结防水卷材以及作为防水涂料的底层等，按照其在配制时使用溶剂的不同和操作方法的不同，又可以分为热熔沥青胶和冷沥青胶两类。

在配制沥青胶的过程中，如果采用软化点较高的沥青材料，相应沥青胶的耐热性好，加热后不会轻易流淌；如果采用延伸性高的沥青材料，沥青胶会具有较好的柔韧性，遇冷后不会轻易开裂，反之亦然；当一种沥青不能满足配制时所需要的软化点时，可以根据情况采用几种沥青进行配制，来满足各种需要。同样，在各类防水工程中，应根据使用环境、当地气温等多方面因素，按有关规定来选取不同标号的沥青胶。

3）乳化沥青防水涂料

乳化沥青防水涂料是以乳化沥青为基料配置的防水材料，借助于乳化剂的作用，将溶化后的沥青微粒，在强力机械的搅拌下，均匀分散于溶剂中，形成较为稳定的悬浮体，这个过程中，沥青的性质基本上没有改变或者改变很小。

乳化剂属于表面活性剂，种类有很多种，主要被分为离子型（阳离子型、阴离子型、两性离子型）和非离子型两大类。乳化剂的作用表现在：其中的憎水基团会吸附在沥青微粒表面，从而降低了沥青与水的表面扩张力，促使沥青微粒更加稳定、均匀地分散于溶剂中。

将乳化沥青涂刷于材料表面，或与其他材料搅拌成型后，其中的水分会逐渐消失，沥青微粒会挤破乳化剂薄膜而相互粘结到一起，这个过程称为乳化沥青的成膜过程。成膜后的乳化沥青具有一定的耐热性、粘结性、韧性、抗裂性和防水性。

乳化沥青防水涂料一般被分为厚质防水涂料和薄质防水涂料两大类，厚质防水涂料在常温下呈现膏体或粘稠状液体状态，不能自动流淌成平面；薄质防水涂料在常温下呈现液体状态，可以流淌，但施工中需要多次涂刷才可以满足涂膜防水的厚度要求。

乳化沥青可以充当基层处理剂，可以和其他材料粘结成多层防水层，也可以单独作为防水涂料来使用。建筑上经常使用的乳化沥青是一种呈棕黑色的乳状液体，常温下可以流动；土木工程中经常使用的乳化沥青有石灰乳化沥青防水涂料和膨润土沥青防水涂料。

乳化沥青可以在潮湿基体上施工，具有相当大的粘结能力。其他优点还有：使用时不需要加热，可以冷施工，更加安全，减少了劳动强度，加快了施工进度；价格便宜，施工机械容易清洗；与一般的橡胶乳液、树脂乳液等有良好的相溶性，混溶以后能显著改善乳化沥青的耐高温性和低温柔韧性。

乳化沥青的稳定性相对较差，存储时要求存于密闭容器中，以防止水分的蒸发和流失，防止混入其他杂质，存储时间一般要求不超过半年，若时间过长，乳化沥青容易分层变质，不能再使用；运输过程中，要求温度不低于0℃，同样也不能在0℃以下使用。

3. 高聚物改性沥青防水涂料

高聚物改性沥青防水涂料，是以沥青为基料，加入适当的高分子聚合物制成的一种水乳型或溶剂型防水涂料。常见的高分子聚合物有再生橡胶、合成橡胶、SBS 等，作用是用来改善沥青基料的柔韧性、抗裂性、弹性、流动性、耐高低温性、耐腐蚀性、抗老化性等性能。目前主要的高聚物改性沥青防水涂料品种有水乳型氯丁橡胶沥青防水涂料、SBS 橡胶改性沥青防水涂料、再生橡胶改性沥青防水涂料等，适用于建筑屋面、地面、混凝土地下室和卫生间的防水层处理。其质量要求应符合表 6-15 的规定。

表 6-15　高聚物改性沥青防水涂料的质量要求

| 项　　目 | | 质量要求 |
|---|---|---|
| 固体含量/% 　≥ | | 43 |
| 耐热度 80℃，5h | | 无流淌、起泡、滑动 |
| 柔韧度 －10℃ | | 2mm 厚，绕 $\phi$20mm 厚的圆棒，无裂缝、无断裂 |
| 不透水性 | 压力/MPa，≥ | 0.1 |
| | 保持时间/min，≥ | 30 不渗透 |
| 延伸度 20±2℃拉伸 mm，≥ | | 4.4 |

（1）氯丁橡胶沥青防水涂料是以氯丁橡胶和石油沥青为基料制成的一种防水材料。根据制作方法的不同可分为溶剂型和水乳型两大类。

溶剂型氯丁橡胶沥青防水涂料的制作过程：把氯丁橡胶溶于一定量的有机溶剂（甲基苯、二甲苯）中，然后再掺入液体状态的石油沥青，加入各种填充料、助剂等混合，形成的一种胶体溶液。其主要成膜物质是氯丁橡胶和石油沥青，粘结性比较好，但易燃、有毒、价格高，目前有逐渐被水乳型氯丁橡胶沥青防水材料取代的趋势。其技术性能见表 6-16。

表 6-16　溶剂型氯丁橡胶沥青防水涂料技术性能

| 项　　目 | 技术性能指标 |
|---|---|
| 外观 | 黑色粘稠状液体 |
| 耐热度（85℃，5h） | 无变化 |
| 粘结性/MPa | ＞0.25 |
| 低温柔性（－40℃，1h，绕 $\phi$5mm 圆棒弯曲） | 无裂纹 |
| 不透水性（0.2 MPa，3h） | 不透水 |
| 抗裂性 裂缝≤0.8mm | 涂膜不开裂 |

水乳型氯丁橡胶沥青防水涂料，是把阳离子型氯丁乳胶与阳离子型石油沥青乳液相混合而得到的。在混合过程中，氯丁乳胶的微粒与石油沥青的微粒借助于阳离子表面活性剂的作用，稳定地分散于溶剂中，形成一种乳状液态的物质，它的成膜物质也是氯丁橡胶和石油沥青，但其溶剂是水而不是甲苯类，因此成本较低且没有毒性。它的特点是：延展性好、耐热性好、低温下柔韧性好、抗腐蚀性好、耐臭氧老化、不易燃烧、能充分适应基体

变化，且安全无毒，是一种性能良好的防水涂料，目前已被广泛适用于建筑物的屋面、墙体、地面以及管道设备的防水处理中，其技术性能见表 6-17。

表 6-17　水乳型氯丁橡胶沥青防水涂料技术性能

| 项　　目 | 技术性能指标 |
| --- | --- |
| 外观 | 深棕色乳状液体 |
| 粘度/Pa·s | 0.1～0.25 |
| 含固量、% ≥ | 43 |
| 耐热性(85℃，5h) | 无变化 |
| 粘结力、MPa ≥ | 0.2 |
| 低温柔韧性(-10℃，2h) | φ2mm 不断裂 |
| 不透水性(0.1～0.2MPa，0.5h) | 不透水 |
| 抗裂性 | 涂膜不裂 |

（2）水乳型再生橡胶防水涂料是以石油沥青为基料，加入再生橡胶对其进行改性后而形成的一种水性防水涂料，常温下呈黑色、无光泽的粘稠状液体状态。

它是双组分(A 液、B 液)防水材料，其中的 A 液为乳化橡胶，B 液为阴离子型乳化沥青，两液分开包装，使用时现场配制。该涂料的特点是：无毒无味，不易燃烧，温度稳定性好，抗老化能力强，防腐蚀能力强，经刷涂或喷涂后形成防水涂膜，涂膜具有橡胶弹性，常温下施工。多用于建筑屋面、墙体、地面、地下室的防水防潮处理和一些防腐工程中。

（3）SBS 橡胶改性沥青防水涂料是以沥青、橡胶、合成树脂、SBS 及活性剂等高分子材料组成的一种水乳型沥青防水涂料。该涂料的特点是：低温下韧性好，抗裂能力强，粘结性好，抗老化能力强，施工方便，可以与玻纤布等胎基复合成中档防水材料，多应用于一些复杂的基体上，如厕浴间、厨房、水池等，有较好的防水效果。

4. 合成高分子防水涂料

合成高分子防水涂料是以合成树脂或合成橡胶为主要成膜物质，再加入其他辅料配制成的一种防水材料，根据使用基料的不同，有多个品种，常见的有硅酮、聚氨酯(单、双组分)、聚氯乙烯、丙烯酸酯及水乳型三元乙丙橡胶防水涂料等。

1) 聚氨酯防水涂料

聚氨酯防水涂料又称聚氨酯涂膜防水材料，可以分为双组分型和单组分型两种，通常使用的是前者。双组分型聚氨酯防水涂料属于固化反应型高分子防水涂料，其中包含甲乙两个组分，甲组分是含有异氰酸基的预聚体，乙组分是含有多羧基的固化剂、增塑剂和稀释剂等，两个组分相互混合后，形成均匀而有弹性的防水涂膜。该涂膜具有优异的拉伸强度、延伸率和不透水性，与水泥混凝土有较强的粘结力，可以起到很好的防水效果。双组分聚氨酯防水涂料的主要技术性能执行标准 GB/T 19250—2003，见表 6-18。

表 6-18 双组分聚氨酯防水涂料的主要技术性能

| 项　目 | 指　标 |
|---|---|
| 拉伸强度/MPa　≥ | 1.90 |
| 断裂伸长率/%　≥ | 550 |
| 不透水性(0.3MPa　30min) | 不透水 |
| 低温弯折性-35℃ | 无裂纹 |
| 固体含量/%　≥ | 92 |

聚氨酯防水涂料是反应型防水涂料，固化时体积收缩很小，可形成较厚的防水涂膜，是目前我国使用最多的防水涂料，该类涂料的特性是：富有弹性、耐高温低温、抗老化能力强、粘结性好、抗裂强度高、耐酸、耐碱、耐磨、绝缘、色彩多样、富有装饰性，对基体的伸缩开裂变化有较强适应能力，施工简单方便。适用于高级公共建筑的防水工程和地下室、有保护层的屋面防水工程。

2) 丙烯酸酯防水涂料

丙烯酸酯防水涂料是以丙烯酸酯共聚乳液为基料，加入填料、颜料、助剂等制成的一种水乳型防水涂料，是近几年发展较快的一种新型防水涂料，它涂刷或喷涂后形成的涂膜具有一定的柔韧性。另外，丙烯酸酯颜色很浅，可以配制成多种颜色，不仅可以起到防水功能，还可以美化基体，起到很好的装饰效果。

目前我国使用较多的是 AAS(丙烯酸丁酯-丙烯腈-苯乙烯)防水涂料，它对阳光的反射率高达70%，具有防水、防碱、防污染、抗老化、抗裂抗冻等性能，可以起到防水和绝热双重功效，并且无毒、无污染、施工方便，多用于各类建筑工程的防水防腐处理。

3) 聚氯乙烯防水涂料

聚氯乙烯防水涂料是以聚氯乙烯和煤焦油为基料，加入适量乳化剂、增塑剂等制成的一种水乳型防水涂料。该类防水涂料的弹性和塑性都很好，防腐蚀、抗老化、造价低，施工时，一般结合玻纤布、聚酯无纺布等胎体使用，多适用于地下室、厕浴间、屋面、桥洞、金属管道等的防水防腐工程。

4) 硅橡胶防水涂料

硅橡胶防水涂料是以硅橡胶乳液以及其他乳液的复合物为基料，掺入无机填料及各种助剂配制而成的乳液型防水涂料。该涂料兼有涂膜防水和渗透性防水材料的优良特性，具有良好的防水性、渗透性、成膜性、弹性、粘结性、延伸性、耐高低温性、抗裂性、耐氧化性和耐候性，并且无毒、无味、不燃、使用安全。适用于地下室、卫生间、屋面以及地上地下构筑物的防水防渗和渗漏水修补等工程。

### 6.3.3　密封材料

#### 1. 改性沥青基嵌缝油膏

改性沥青基嵌缝油膏是以石油沥青为基料，加入废橡胶粉等改性材料、稀释剂及填充料等混合制成的冷用膏状材料。其具有优良的防水防潮性能、粘结性好、延伸率高，能适应结构的适当伸缩变形，能自行结皮封膜。其可用于嵌填建筑物的水平、垂直缝及各种构件的防水，使用很普遍。

### 2. 丙烯酸酯建筑密封膏

丙烯酸酯建筑密封膏是在丙烯酸乳液中掺入少量表面活性剂、增塑剂、改性剂及颜料、填料等配制而成的单组分水乳型建筑密封膏。这种密封膏具有优良的耐紫外线性能和耐油性、粘结性、延伸性、耐低温性、耐热性和耐老化性能，并且以水为稀释剂，粘度较小，无污染、无毒、不燃，安全可靠，价格适中，可配成各种颜色，操作方便、干燥速度快、保存期长。但固化后有15%～20%的收缩率，应用时应予事先考虑。丙烯酸酯建筑密封膏可用于钢、铝、混凝土、玻璃和陶瓷等材料的嵌缝防水以及用作钢窗、铝合金窗的玻璃腻子等，还可用于各种预制墙板、屋面、门窗、卫生间等的接缝密封防水及裂缝修补。

### 3. 聚氨酯建筑密封膏

聚氨酯建筑密封膏弹性高、延伸率大、粘结力强、耐油、耐磨、耐酸碱、抗疲劳性和低温柔性好，使用年限长。该密封膏适用于各种装配式建筑的屋面板、楼地板、墙板、阳台、门窗框、卫生间等部位的接缝及施工密封，也可用于储水池、引水渠等工程的接缝密封、伸缩缝的密封、混凝土修补等。

### 4. 有机硅密封膏

有机硅密封膏具有优良的耐热性、耐寒性和耐候性。硫化后的密封膏可在－20℃～250℃范围内长期保持高弹性和拉压循环性。并且粘结性能好，耐油性、耐水性和低温柔性优良，能适应基层较大的变形，外观装饰效果好。

## 6.3.4　防水材料的选用

选用防水材料是防水设计的重要一环，具有决定性的意义。现在材料品种繁多、形态不一、性能各异、价格高低悬殊，施工方式也各不相同。因此选定的防水材料必须适应工程要求：工程地质水文、结构类型、施工季节、当地气候、建筑使用功能以及特殊部位等，对防水材料都有具体要求。

### 1. 根据气候条件选材

（1）我国地域辽阔，南北气温高低悬殊，南方夏季气温达四十余度，持续数日，暴露在屋面的防水层受到长时间的暴晒，防水材料易于老化。选用的材料应耐紫外线能力强，软化点高，如APP改性沥青卷材、三元乙丙橡胶卷材、聚氯乙烯卷材等。

（2）我国年降雨量在1000mm以上的约有15个省市自治区，阴雨连绵的日子的二百天，屋面始终是湿漉漉的，排水不畅而积水，一连数月不干，浸泡防水层。耐水性不好的涂料，易发生再乳化或水化还原反应；不耐水泡的粘结剂，严重降低粘结强度，使粘结合缝的高分子卷材开裂，特别是内排水的天沟，极易因长时间积水浸泡而渗漏。为此应选用耐水材料，如聚酯胎的改性沥青卷材或耐水的胶粘剂粘合高分子卷材。

（3）干旱少雨的西北地区，蒸发量远大于降雨量，常常雨后不见屋檐水。这些地区显然对防水的程度有所降低，二级建筑做一道设防也能满足防水要求，如果做好保护层，能够达到耐用年限。

（4）严寒多雪地区，有些防水材料经不住低温冻胀收缩的循环变化，过早老化断裂。

一年中有四五个月被积雪覆盖,雪水长久浸渍防水层,同时雪融又结冰,抗冻性不强、耐水不良的防水材料不宜选用。这些地区宜选用 SBS 改性沥青卷材或焊接合缝的高分子卷材,如果选用不耐低温的防水材料,应作倒置房屋面。

(5)防水施工季节也是不能忽视的。在华北地区秋季气温亦很低,水溶性涂料不能使用,胶粘剂在5℃时即会降低粘接性能,在零下的温度下更不能施工。冬季施工胶粘剂遇混凝土而冻凝,丧失粘合力,卷材合缝粘不牢,会致使施工失败。应注意了解选用材料的适应温度。表6-19列出了部分防水材料防水层施工环境气温条件。

表6-19　防水层施工环境气温条件

| 防水层材料 | 施工环境气温 |
| --- | --- |
| 高聚物改性沥青防水卷材 | 冷粘法不低于5℃,热熔法不低于−10℃ |
| 合成高分子防水卷材 | 冷粘法不低于5℃,热风焊接法不低于−10℃ |
| 有机防水涂料 | 溶剂型−5℃~35℃,水溶性5℃~35℃ |
| 无机防水涂料 | 5℃~35℃ |
| 防水混凝土、水泥砂浆 | 5℃~35℃ |

引 例 点 评

　　引例2中,夏季中午炎热,屋顶受太阳辐射,温度较高。此时铺贴沥青防水卷材基层中的水气会蒸发,集中于铺贴的卷材内表面,并会卷材鼓泡。此外,高温时沥青防水卷材软化,卷材膨胀,当温度降低后卷材产生收缩,导致短裂。还需指出的是,沥青中还含有对人体有害的挥发物,在强烈阳光照射下,会使操作工人得皮炎等疾病。故铺贴沥青防水卷材应尽量避开炎热中午。

　　2.根据建筑部位选材

　　不同的建筑部位,对防水材料的要求也不尽相同。每种材料都有各自的长处和短处,任何一种优质的防水材料也不能适应所有的防水场合,各种材料只能互补,而不可取代。屋面防水和地下室防水,要求材性不同,而浴间的防水和墙面防水更有差别,坡屋面、外形复杂的屋面、金属板基层屋面也不相同,选材时均应当区别对待。

　　1)屋面防水

　　屋面防水层暴露在大自然中,受到狂风吹袭、雨雪侵蚀和严寒酷暑影响,昼夜温差的变化胀缩反复,没有优良的材性和良好的保护措施,难以达到要求的耐久年限。所以应选择抗拉强度高、延伸率大、耐老化好的防水材料。如聚酯胎高聚物改性沥青卷材、三元乙丙橡胶卷材、P型聚氯乙烯卷材(焊接合缝)、单组分聚氨酯涂料(加保护层)。

　　2)墙体防渗漏

　　墙体渗漏多由于墙体太薄,渗漏墙体多为轻型砌块砌筑,存在大量内外通缝,门窗樘与墙的结合处密封不严,雨水由缝中渗入。故墙体防水不能用卷材,只能用涂料,而且要和外装修材料结合。窗樘安装缝用密封膏才能有效解决渗漏问题。

3）地下建筑防水

地下防水层长年浸泡在水中或十分潮湿的土壤中，防水材料必须耐水性好。不能用易腐烂的胎体制成的卷材，底板防水层应用厚质的，并且有一定抵抗扎刺能力的防水材料。最好叠层6～8mm厚。如果选用合成高分子卷材，最宜热焊合接缝。使用胶粘剂合缝者，其胶必须耐水性优良。使用防水涂料应慎重，单独使用厚度2.5mm，与卷材复合使用厚度也要2mm。

4）厕浴间防水

厕浴间的防水有三个特点，一是不受大自然气候的影响，温度变化不大，对材料的延伸率要求不高；二是面积小，阴阳角多，穿楼板管道多；三是墙面防水层上贴瓷砖，必须与粘结剂亲和性能好。根据以上三个特点，厕浴间防水不能选用卷材，只有涂料最合适，涂料中又以水泥基丙烯酸酯涂料为最合适，能在上面牢固地粘贴瓷砖。

**3. 根据工程条件要求选材**

1）建筑等级是选择材料的首要条件

Ⅰ、Ⅱ级建筑必须选用优质防水材料，如聚酯胎高聚物改性沥青卷材、合成高分子卷材、复合使用的合成高分子涂料。Ⅲ、Ⅳ级建筑选材较宽。我国的屋面防水等级和设防要求见表6-20。

表6-20　屋面防水等级和设防要求

| 项目 | | 屋面防水等级 | | | |
|---|---|---|---|---|---|
| | | Ⅰ | Ⅱ | Ⅲ | Ⅳ |
| 功能性质 | 建筑物类别 | 特别重要的民用建筑和对防水有特殊要求的工业建筑 | 重要的工业与民用建筑、高层建筑 | 一般工业与民用建筑 | 非永久性的建筑 |
| | 防水层耐用年限 | 25年以上 | 15年以上 | 10年以上 | 5年以上 |
| 防水措施选择 | 防水层选用材料 | 宜选用合成高分子防水卷材、高聚物改性沥青防水卷材、合成高分子防水涂料、细石防水混凝土等材料 | 宜选用高聚物改性沥青防水卷材、合成高分子防水卷材、高聚物改性沥青防水涂料、细石防水混凝土、平瓦等材料 | 宜选用三毡四油沥青防水卷材、高聚物改性沥青防水卷材、合成高分子防水卷材、高聚物改性沥青防水涂料、合成高分子防水涂料、沥青基防水涂料、刚性防水层、平瓦、油毡瓦等材料 | 可选用二毡三油沥青防水卷材、高聚物改性沥青防水涂料、沥青基防水涂料、波形瓦等材料 |
| | 设防要求 | 3道或3道以上防水设防，其中必须有一道合成高分子防水卷材；且只能有一道2mm以上厚的合成高分子防水涂膜 | 二道防水设防，其中必须有一道卷材，也可采用压型钢板进行一道设防 | 一道防水设防，或两种防水材料复合使用 | 一道防水设防 |

2）坡屋面用瓦

粘土瓦、沥青油毡瓦、混凝土瓦、金属瓦、木瓦、石板瓦、竹瓦等。坡屋面用瓦的下面必须用中柔性防水层。因有固定瓦钉穿过防水层，要求防水层有握钉能力，防止雨水沿钉渗入望板。最合适的卷材是 4mm 厚高聚物改性沥青卷材，而高分子卷材和涂料都不适宜。

3）振动较大的屋面

振动较大的屋面如近铁路、地震区、厂房内有天车锻锤、大跨度轻型屋架等。因振动较大，砂浆基层极易裂缝，满粘的卷材易被拉断。因此应选用高延伸率和高强度的卷材或涂料，如三元乙丙橡胶卷材、聚酯胎高聚物改性沥青卷材、聚氯乙烯卷材，且应昼空铺或点粘施工。

4）不能上人的陡坡屋面（多在 60°以上）

因为坡度很大，防水层上无法做块体保护层，一般选带矿物粒料的卷材，或者选用铝箔覆面的卷材、金属卷材。

**4. 根据建筑功能要求选材**

1）屋面做园林绿化，美化城区环境

防水层上覆盖种植土种植花木。植物根系穿刺力很强，防水层除了耐腐蚀耐浸泡之外，还要具备抗穿刺能力。选用聚乙烯土工膜（焊接接缝）、聚氯乙烯卷材（焊接接缝），铅锡合金卷材、抗生根的改性沥青卷材。

2）屋面做娱乐活动和工业场地

如舞场、小球类运动场、茶社、晾晒场、观光台等。防水层上应铺设块材保护层，防水材料不必满粘。对卷材的延伸率要求不高，多种涂料都能用，也可做刚柔结合的复合防水。

3）倒置式屋面是保温层在上、防水层在下的做法

保温层保护防水层不受阳光照射，也免于暴雨狂风的袭击和严冬酷暑折磨。选用的防水材料很宽，但是施工特别要精心细致，确保耐用年限内不漏。如果发生渗漏，修渗堵漏很困难，往往需要翻掉保温层和镇压层，维修成本很高。

4）屋面蓄水层底面

底面直接被水浸泡，但水深一般不超过 25mm。防水层长年浸泡在水中，要求防水材料耐水性好。可选用聚氨酯涂料、硅橡胶涂料、全盛高分子卷材（热焊合缝）、聚乙烯土工膜，铅锡金属卷材，不宜用胶粘合的卷材。

## 情 境 小 结

1. 本学习情境对防水材料做了较详细的阐述，包括石油沥青的性质、防水卷材防水涂料的种类及选用等。

2. 本学习情境具体内容：石油沥青的性质主要有粘度、延度、温度稳定性和大气稳定性等。防水卷材主要有改性沥青防水卷材和合成高分子防水卷材。防水涂料主要有沥青防水涂料、高聚物改性沥青类防水涂料、高分子防水涂料等。防水材料要根据不同环境情况进行选用，严格验收程序。通过本情境的学习，应掌握各种防水材料的种类、性质特点，能够根据不同的需要选择不同的材料，会合理选择防水材料。

# 习 题

## 一、填空题

1. 沥青按原料分为_____和_____两类。

2. 石油沥青是一种_____胶凝材料，在常温下呈_____、_____或_____状态。

3. 石油沥青按用途分为_____、_____和_____3种。

4. 同一品种石油沥青的牌号越高，则针入度越_____，粘性越_____；延伸度越_____，塑性越_____；软化点越_____，温度敏感性越_____。

5. SBS改性沥青防水卷材和APP改性沥青防水卷材，按胎基分为_____和_____两类。

6. 石油沥青胶的主要技术要求包括_____、_____和_____；标号以_____表示，分为_____、_____、_____、_____、_____和_____6个标号。

7. 沥青的老化是指石油沥青是在阳光、空气、水、热等外界因素的作用下，各组分之间会不断演变，_____、_____会逐渐减少，_____逐渐增加。

8. 石油沥青的针入度是指在温度为_____的条件下，以质量为_____的标准针，经5s沉入沥青中的深度。

9. 石油沥青的主要组分有_____、_____和_____。

## 二、单项选择题

1. 石油沥青的针入度越大，则其粘滞性_____。

A. 越大      B. 越小      C. 不变      D. 不确定

2. 为避免夏季流淌，一般屋面用沥青材料软化点应比本地区屋面最高温度高_____。

A. 10℃以上      B. 15℃以上      C. 20℃以上      D. 30℃以上

3. 石油沥青的牌号以_____表示。

A. 针入度      B. 延伸度      C. 软化点      D. 粘度

4. 三元乙丙橡胶（EPDM）防水卷材属于_____防水卷材。

A. 合成高分子      B. 沥青      C. 高聚物改性沥青      D. 改性沥青

5. 沥青胶的标号主要根据其_____划分。

A. 粘结力      B. 耐热度      C. 柔韧性      D. 延度

## 三、多项选择题

1. 石油沥青的组分主要包括_____3种。

A. 油分      B. 树脂      C. 地沥青质      D. 蜡

2. 石油沥青的粘滞性，对于液态石油沥青用_____表示，单位为s；对于半固体或固体石油沥青用_____表示，单位为0.1mm。

A. 柔韧性　　　　　　B. 粘度　　　　　　C. 针入度　　　　　　D. 流动性

3. 下列不宜用于屋面防水工程中的沥青是_____。

A. 建筑石油沥青　　　　　　　　　　B. 煤沥青

C. SBS 改性沥青　　　　　　　　　　D. 道路石油沥青

4. 防水卷材根据其主要防水组成材料分为_____三大类。

A. 沥青类防水卷材　　　　　　　　　B. 玻璃纤维类防水卷材

C. 改性沥青类防水卷材　　　　　　　D. 合成高分子类防水卷材

5. 下列_____属于热塑性塑料。

A. 聚乙烯塑料　　　　B. 酚醛塑料　　　　C. 聚苯乙烯塑料　　　D. 有机硅塑料

四、问答题

1. 建筑石油沥青、道路石油沥青和防水石油沥青的应用有何区别？

2. 石油沥青的主要技术性质是什么？各自的检测方法是什么？

3. 如何选择石油沥青的软化点？

4. 什么是改性沥青？常见的改性沥青有哪几种？

5. 什么是防水卷材？其特性是什么？常见的有哪几种？

# 学习情境 7

## 木材及其制品的选择与应用

### ⚙ 学习目标

通过本情境学习，应达到了解木材的分类和性质，运用其特点，掌握木材在建筑工程中的主要用途及木材的综合利用途径。

### ⚙ 学习要求

| 知识要点 | 能力要求 | 比重 |
|---|---|---|
| 木材的分类、木材的宏观构造和木材的微观构造 | 懂得木材的宏观、微观构造 | 10％ |
| 木材的性质 | (1) 会木材的物理性质和力学性质<br>(2) 能深刻领会木材的各向异性、湿胀干缩性、含水率对木材性质的影响，影响木材强度大小的因素等 | 70％ |
| 木材的应用 | 会运用知识分析案例 | 20％ |

## 引 例 1

请观察图 7.1 中 (a) 和 (b) 所示的两种木材的纹理，何为针叶树？何为阔叶树？并讨论它们的用途。

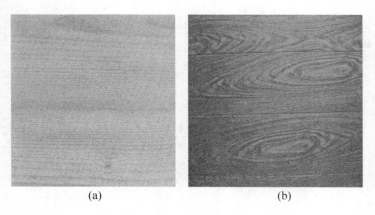

（a）　　　　　　　　　　　　（b）

**图 7.1　木材**

## 引 例 2

某铁路俱乐部的 22.5 m 跨度方木屋架，下弦用 3 根方木单排螺栓连接，上弦由两根方木平接。使用 2 年后，上下弦方木因干燥收缩而产生严重裂缝，且连接螺栓通过大裂缝，使连接失效，以至成为危房。

## 引 例 3

天安门城楼建于明朝，清朝重修，经历数次战乱，屡遭炮火袭击，天安门依然巍然屹立。20 世纪 70 年代初重修，从国外购买了上等良木更换顶梁柱，1 年后柱根便糟朽，不得不再次大修。其原因是这些木材拖于船后从非洲运回，饱浸海水，上岸后工期紧迫，不顾木材含水率高，在潮湿的木材上涂漆，水分难以挥发，这些潮湿的木材最易受到真菌的腐蚀。

# 任务 7.1　木材的分类及构造

## 7.1.1　木材的分类

木材产自木本植物中的乔木，分为针叶树和阔叶树两大类。针叶树如杉木、红松、马尾松、落叶松等，树叶细长，大部分为常绿树。其树干直而高大、纹理平顺、材质均匀木质较软、易加工、变形小，建筑上广泛用作承重构件和装修材料。大部分阔叶树质密、木质较硬、加工较难、易翘裂、纹理美观，适用于室内装修，如白桦木、毛白杨、核桃楸、榉木、紫椴、水曲柳、樟木、柚木、紫檀、酸枝、乌木等，种类比针叶树材多很多。

木材用途广泛，识别木材最终目的还是合理地选用木材。下面介绍几种木材的产地、特征和性质。

1. 针叶树类

1）红松

红松主要产地是东北长白山、小兴安岭。其主要特征是心材黄褐色微带肉红，故有红松之称。年轮分界明显；木射线细，树脂道多；材质轻软。纹理直，干燥性能良好；耐水、耐腐。

2）马尾松

马尾松主要产地是山东、长江流域以南各省及台湾。其主要特征是心材深黄褐色，微红；年轮极明显，很宽；木射线细，树脂道大而多，横切面有明显油脂圈，材质硬度中等，纹理直或斜，不匀，结构偏粗；干燥时翘裂较严重，不耐腐。

3）落叶松（黄花松）

落叶松主要产地是东北长白云、小兴安岭。其主要特征是树皮暗灰色，心材黄褐色至棕褐色；年轮分界明显，木射线细，树脂道小而少，肉眼可见，材质略重，材质硬度中等，纹理直，不匀，结构粗；强度高，抗弯力大，干燥性能不佳，干缩性大，易干裂，翘曲变形，透水性不良，加工性能不好，着钉时容易开裂。

4）杉木

杉木主要产地是长江流域及江南各省和台湾。其主要特征是树皮灰褐色，纵向浅裂，易剥落成长条状，内皮红褐色。年轮极明显，木射线细，木材有光泽，香气浓厚，髓斑明显；材质轻，纹理直而均匀，结构中等，干燥性能良好；易加工，但切削面易起毛，耐腐蚀和经久性强。

2. 阔叶树类

1）毛白杨（大叶杨、白杨）

毛白杨主要产地是华北、西北、华东。其主要特征是树皮暗青灰色，平滑，有棱型凹痕；年轮明显；木材浅黄色，髓心周围因腐朽常呈红褐色；材质轻柔，纹理直，结构细而密，容易干燥，不翘曲，但耐久性差，加工困难，锯解时易发生夹锯现象，旋刨困难，切面发毛；胶接和涂装性能较好。

2）核桃楸（楸木，胡桃楸）

核桃楸主要产地是东北、河北和河南。其主要特征是树皮暗灰褐色，平滑，交叉纵裂，裂沟棱形；心、边材明显，心材淡灰褐色稍带紫，年轮明显，木材重量及硬度中等，结构略粗；颜色花纹美丽；强度中等，富有韧性；干燥部易翘曲，耐磨性强；加工性能良好，胶接、涂饰着色性都很好。

3）白桦（桦木）

白桦主要产地是东北各省。其主要特征是外皮表面光滑，粉白色并带有白粉；老龄时灰白色，呈片装剥落，表面有横生纺锤形或线性皮孔；心边材部明显，年轮略明显；木材略重而硬，结构细，强度大，富弹性；干燥过程中易干裂及翘曲；加工性能良好，且削面光滑；不耐腐蚀，涂饰性能良好。

4）紫椴（椴木）

紫椴主要产地是东北、山东、山西、河北，其主要特征是树皮土黄色，一般平滑，纵裂，裂沟浅，表面单层翘离，内皮粉黄色，心边材不明显，材色黄白略带褐色，年轮较明显，木材略轻软，纹理通直，架构略细，有绢丝光泽，加工性能良好，切削面光滑，干燥

时稍有翘曲，但不易开裂；不耐腐蚀，着色、涂饰、胶接性能良好。

5）水曲柳

水曲柳主要产地是东北内蒙古等。其主要特征是树皮灰白微黄，皮沟纺锤形，内皮淡黄色，味苦，心、边材明显，边材窄、黄白，色心材褐色略黄；年轮明显，材质略重而硬；纹理直，花纹。

### 7.1.2 木材的结构

**1. 木材的宏观构造**

用肉眼或低倍放大镜所看到的木材组织称为宏观构造。为便于了解木材的构造，将树木切成三个不同的切面，如图 7.2 所示。

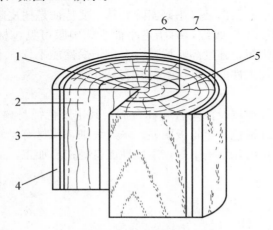

**图 7.2 木材的构造**

1—髓心；2—木质部；3—形成层；
4—树皮；5—木射线；6—心材；7—边材

横切面——垂直于树轴的切面。

径切面——通过树轴的切面。

弦切面——和树轴平行与年轮相切的切面。

在宏观下，树木可分为树皮、木质部和髓心三个部分。而木材主要使用木质部。

在木质部中，靠近髓心的部分颜色较深，称为心材。心材含水量较少，不易翘曲变形，抗蚀性较强；外面部分颜色较浅，称为边材。边材含水量高，易干燥，也易被湿润，所以容易翘曲变形，抗蚀性也不如心材。

横切面上可以看到深浅相间的同心圆，称为年轮。年轮中浅色部分是树木在春季生长的，由于生长快，细胞大而排列疏松，细胞壁较薄，颜色较浅，称为春材（早材）；深色部分是树木在夏季生长的，由于生长迟缓、细胞小、细胞壁较厚、组织紧密坚实、颜色较深，称为夏材（晚材）。每一年轮内就是树木一年的生长部分。年轮中夏材所占的比例越大，木材的强度越高。

第一年轮组成的初生木质部分称为髓心（树心）。从髓心呈放射状横穿过年轮的条纹，称为髓线。

髓心材质松软、强度低、易腐朽开裂。髓线与周围细胞连接软弱，在干燥过程中，木材易沿髓线开裂。

### 2. 木材的微观构造

在显微镜下所看到的木材组织，称为木材的微观构造(图7.3和图7.4)。

在显微镜下，可以看到木材是由无数管状细胞紧密结合而成。细胞横断面呈四角略圆的正方形。每个细胞分为细胞壁和细胞腔两个部分，细胞壁由若干层纤维组成。细胞之间纵向连接比横向连接牢固，造成细胞纵向强度高，横向强度低。细胞之间有极小的空隙，能吸附水和渗透水分。

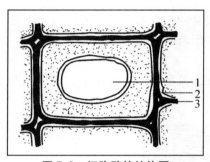

图7.3　细胞壁的结构图

1—细胞腔；2—初生层；3—细胞间层

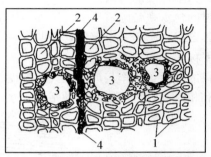

图7.4　显微镜下松木的横切片示意图

1—细胞壁；2—细胞腔；3—树脂流出孔；4—木髓线

## 任务7.2　木材的性质

### 7.2.1　密度

木材是由木材实质、水分及空气组成的多孔性材料，其中空气对木材的重量没有影响，但是木材中水分的含量与木材的密度有密切关系。因此对应着木材的不同水分状态，木材密度可以分气干密度、全干密度和基本密度。它们的定义如下。

#### 1. 气干材密度

气干材：自然干燥的木材。

#### 2. 全干材密度

全干材：在干燥箱内干燥至绝干的木材。理论上有，实际不存在。

#### 3. 基本密度

木材的基本密度＝木材试样绝干重/试样饱和水分时体积。

在3种密度中，最常用的是气干密度和基本密度。在运输和建筑上，一般采用气干密度，约为 $1.50\sim1.56g/cm^3$，各树种之间相差不大，实际计算和使用中常取 $1.53g/cm^3$。而在比较不同树种的材性时，则使用基本密度。

### 7.2.2　含水率

木材的含水率是木材中水分质量占干燥木材质量的百分比。木材中的水分按其与木材结合形式和存在的位置，可分为：自由水、吸附水和化学结合水。自由水是存在于木材细

胞腔和细胞间隙中的水分。吸附水是吸附在细胞壁内细纤维之间的水分。结合水是形成细胞化学成分的化合水。

木材受潮时，首先形成吸附水，吸附水饱和后，多余的水成为自由水；木材干燥时，首先失去自由水，然后才失去吸附水。

当吸附水处于饱和状态而无自由水存在时，对应的含水率称为木材的纤维饱和点。

纤维饱和点随树种而异，一般为 23%～33%，平均为 30%。木材的纤维饱和点是木材物理、力学性质的转折点。

木材的含水率是随着环境温度和湿度的变化而改变的。当木材长期处于一定温度和湿度下，其含水率趋于一个定值，表明木材表面的蒸气压与周围空气的压力达到平衡，此时的含水率称为平衡含水率。

材料的平衡含水率与周围空气的温度、相对湿度的关系如图 7.5 所示。根据周围空气的温度和相对湿度可求出木材的平衡含水率。

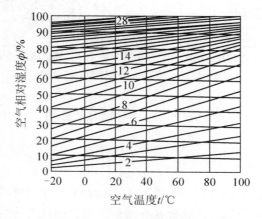

图 7.5　木材的平衡含水率

### 7.2.3　湿胀干缩性

木材细胞壁内吸附水的变化而引起木材的变形，即湿胀干缩。木材具有很显著的湿胀干缩性，其规律是：当木材的含水率在纤维饱和点以下时，随着含水率的增大，木材体积产生膨胀，随着含水率减小，木材体积收缩；而当木材含水率在纤维饱和点以上，只是自由水增减变化时，木材的体积不发生变化。纤维饱和点是木材发生湿胀干缩的转折点，木材含水率与胀缩变形的关系如图 7.6 所示。

由于木材为非匀质构造，故其胀缩变形各向不同，其中以弦向最大，径向次之，纵向（即顺纤维方向）最小。木材在干燥的过程中会产生变形、翘曲和开裂等现象，木材的干缩湿胀变形还随树种不同而异。密度大的、晚材含量多的木材，其干缩率就较大。

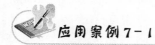 应用案例 7-1

【案例概况】

某住宅 4 月份铺地板，完工后尚满意。但半年后发现部分木地板拼缝不严，请分析原因。

**【案例解析】**

当木板材质较差，而当时其含水率较高，至秋季木块干缩，而其干缩程度随方向有明显差别，故会出现部分木板拼缝不严。此外，若芯材向下，裂缝就更明显了。

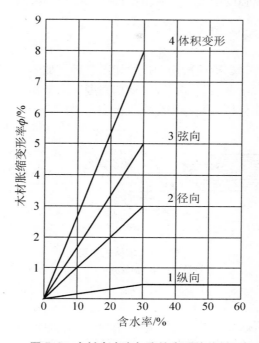

图 7.6　木材含水率与胀缩变形的关系

### 7.2.4　强度

木材是一种天然的、非匀质的各项异性材料，木材的强度主要有抗压、抗拉、抗剪及抗弯强度，而抗压、抗拉、抗剪强度又有顺纹、横纹之分。所谓顺纹，是指作用力方向与纤维方向平行；横纹是指作用力方向与纤维方向垂直。木材的顺纹强度比其横纹强度要大得多，所以工程上均充分利用它们的顺纹强度。从理论上讲，木材强度中以顺纹抗拉强度为最大，其次是抗弯强度和顺纹抗压强度，但实际上是木材的顺纹抗压强度最高。

当以顺纹抗压强度为1时，木材理论上各强度大小关系见表7－1。

表7－1　木材各种强度间的关系

| 顺纹抗压 | 横纹抗压 | 顺纹抗拉 | 横纹抗拉 | 抗弯 | 顺纹抗剪 | 横纹切断 |
|---|---|---|---|---|---|---|
| 1 | 1/10～1/3 | 2～3 | 1/20～1/3 | 3/2～2 | 1/7～1/3 | 1/2～1 |

木材的强度检验是采用无疵病的木材制成标准试件，按《木材物理力学试验方法》(GB 1927—1943—2009)进行测定。

**1. 抗压强度**

木材顺纹抗压强度是木材各种力学性质中的基本指标，广泛用于受压构件中。如柱、桩、桁架中承压杆件等。横纹抗压强度又分弦向与径向两种。顺纹抗压强度比横纹弦向抗压强度大，而横纹径向抗压强度最小。

**2. 抗拉强度**

顺纹抗拉强度在木材强度中最大，而横纹抗拉强度最小。因此使用时应尽量避免木材受横纹拉力。

**3. 剪切和切断强度**

木材的剪切有顺纹剪切、横纹剪切和横纹切断三种，如图 7.7 所示。

横纹切断强度大于顺纹剪切强度，顺纹剪切强度又大于横纹的剪切强度，用于建筑工程中的木构件受剪情况比受压、受弯和受拉少得多。

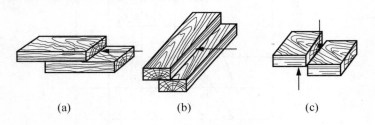

|          (a)          |          (b)          |          (c)          |

**图 7.7　木材的剪切**

(a) 顺纹剪切；(b) 横纹剪切；(c) 横纹切断

**4. 抗弯强度**

木材具有较高的抗弯强度，因此在建筑中广泛用作受弯构件，如梁、桁架、脚手架、瓦条等。一般抗弯强度高于顺纹抗压强度 1.5～2.0 倍。木材种类不同，其抗弯强度也不同。

**5. 影响木材强度的主要因素**

木材强度的影响因素主要有：含水率、环境温度、负荷时间、表观密度、疵病等。

**1) 含水率**

木材的强度受含水率影响很大。当木材的含水率在纤维饱和点以上变化时，只是自由水在变化，对木材的强度没有影响；当木材的含水率在纤维饱和点以下变化时，随含水率的降低，吸附水减少，细胞壁趋于紧密，木材强度增大，如图 7.8 所示；反之，木材的强度减小。含水率对木材各种强度的影响程度是不同的，对顺纹抗压强度和抗弯强度影响较大，对顺纹抗剪强度影响较小，对顺纹抗拉强度影响最小。

**2) 环境温度**

环境温度对木材的强度有直接影响。当木材温度升高时，组成细胞壁的成分会逐渐软化，强度随之降低。在通常的气候条件下，温度升高不会引起木材化学成分的改变，温度降低时，木材还将恢复原来的强度。但当木材长期处于 40℃～60℃ 时，木材会发生缓慢碳化；当木材长期处于 60℃～100℃ 时，会引起木材水分和所含挥发物的蒸发；当温度在100℃ 以上时，木材开始分解为组成它的化学元素。所以，如果环境温度可能长期超过50℃ 时，则不应采用木结构。

当环境温度降至 0℃ 以下时，木材中的水分结冰，强度将增大，但木质变得较脆，一旦解冻，木材各项强度都将低于未冻时的强度。

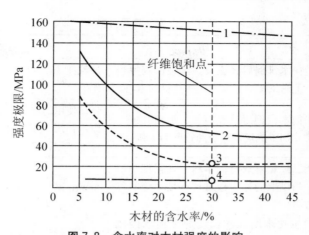

**图 7.8　含水率对木材强度的影响**

1—顺纹抗拉；2—抗弯；3—顺纹抗压；4—顺纹抗剪

3）负荷时间

荷载在结构上作用时间的长短对木材的强度有很大影响。木材在长期荷载作用下所能承受的最大应力称为木材的持久强度，它仅为木材在短期荷载作用下极限强度的 50%～60%，如图 7.9 所示，这是由于木材在长期荷载作用下将发生较大的蠕变，随着时间的增长，产生大量连续的变形而破坏。木结构一般都处于长期负荷状态，所以，在木结构设计时，通常以木材的持久强度为依据。

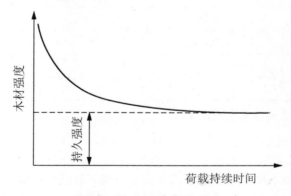

**图 7.9　木材持久强度**

4）木材的缺陷

木材中的缺陷，如木节、斜纹、裂纹、虫蛀、腐朽等，会造成木材构造的不连续性和不均匀性，从而使木材的强度降低。

# 任务 7.3　木材在建筑工程中的应用

## 7.3.1　木材产品

所有的木材产品按用途进行分类，可以分为原条、原木、锯材和各种人造板 4 大类，见表 7-2。

表7-2 木材产品分类

| 名 称 | 说 明 | 主要说明 |
|---|---|---|
| 原条 | 系指树木伐倒后经去皮、削枝、割掉梢尖，但尚未按一定尺寸规格造材的木料 | 建筑工程脚手架、建筑用材、家具制作等 |
| 原木 | 系指树木伐倒后已经削枝、割梢并按一定尺寸加工成规定径级和长度的木料 | 直接使用的原木：桩木、电杆、坑木等原木：用于加工胶合板、造船、机械模板加工用材等 |
| 锯材 | 系指已经锯解成材的木料，凡宽度为厚度2倍以上的称为板材，不足2倍的称为方材 | 桥梁、家具、造船、包装箱板等 |
| 枕木 | 系指按枕木断面和长度加工而成的成材面 | 铁道工程中铁轨铺设 |

锯材按其厚度、宽度可分为薄板、中板、厚板。其尺寸见表7-3。锯材有特等锯材和普通锯材之分。根据《针叶树锯材》（GB 153—2009）和《阔叶树锯材分等》（GB 4817—2009)的规定，普通锯材分为特等、一、二、三等4个等级。

表7-3 针叶树、阔叶树板宽度材宽度、厚度　　　　　　　　　　　　　　（mm）

| 分 类 | 厚 度 | 宽 度 | |
|---|---|---|---|
| | | 尺寸范围 | 进级 |
| 薄板 | 12，15，18，21 | 30～300 | 10 |
| 中板 | 25，30，35 | | |
| 厚板 | 40，45，50，60 | | |
| 方材 | 25×20，25×25，30×30，40×30，60×40，60×50，100×55，100×60 | | |

注：表中以外规格尺寸由供需双方协议商定

### 7.3.2 人造板材

木质人造板：利用木材、木质纤维、木质碎料或其他植物纤维为原料，加胶粘剂和其他添加剂制成的板材。常用的木质人造板有胶合板、胶合木、硬质纤维板、刨花板、木丝板等。

#### 1. 胶合板

胶合板一般多用单数层(3、5、7层数)由原木旋切成的单板按木材纹理纵横向交错重叠粘合而成，如图7.10所示。

胶合板厚度为2.7mm、3、3.5mm、4mm、5mm、5.5mm、6mm，自6mm起，按1mm递增。厚度自4mm以下为薄胶合板，3mm、3.5mm、4mm厚的胶合板为常用规格。胶合板的分类见表7-4。

表7-4　胶合板的分类

| 序号 | 分　类 | 品　种 |
| --- | --- | --- |
| 1 | 按板的结构分 | 胶合板，夹心胶合板，复合胶合板 |
| 2 | 按胶粘性能分 | 室外用胶合板，室内用胶合板 |
| 3 | 按表面加工分 | 砂光胶合板，刮光胶合板，贴面胶合板，预饰面胶合板 |
| 4 | 按处理情况分 | 未处理过的胶合板，处理过的胶合板（如浸渍防腐剂） |
| 5 | 按形状分 | 平面胶合板，成型胶合 |
| 6 | 按用途分 | 普通胶合板，特种胶合板 |

按树种不同，有阔叶材普通胶合板和松木普通胶合板。胶合板面板的树种为该胶合板的树种。按材质和加工工艺质量，普通胶合板分为Ⅰ、Ⅱ、Ⅲ、Ⅳ类。

在建筑中胶合板可用作天棚板、隔墙板、门心板及室内装修等。

**应用案例7-2**

【案例概况】

请观察胶合板的构造。讨论此板对改善木材的性能有何好处。

【案例解析】

胶合板是由一组单板按相邻层木纹方向互相垂直组坯经垫压胶合而成的板材。它有如下特点：消除木材各向异性的缺点，避免板的翘曲，材质更均匀，强度更高。可将优质木材和劣质木材内外搭配使用，利用纹理美观的优质材作面板，普通材作芯板，增加装饰木材的出产率，能使外层板避免木节和裂缝等缺陷。用小直径的原木可制成宽幅的板。胶合板可用作搁板、地板、天花板、护壁板、家具等，耐水胶合板可用作混凝土的模板。

**2. 胶合木**

用较厚的零碎木板胶合成大型木构件，称为胶合木（图7.11）。胶合木可以使小材大用、短材长用，并可使优劣不等的木材放在要求不同的部位，也可克服木材缺陷的影响。胶合木可用于承重结构。

图7.10　胶合板

图7.11　胶合木

3. 硬质纤维板

以植物纤维为原料，加工成密度大于 0.8g/cm³ 的纤维板，称为硬质纤维板。其规格尺寸，长度方向有 1220mm、1830mm、2000mm、2135mm、2440mm；宽度有 610mm、915mm、1000mm、1220mm；厚度有 2.50mm、3.00mm、3.20mm、4.00mm、5.00mm。

硬质纤维板按其处理方式分为特级纤维板和普通级纤维板两种；普通级纤维板按物理力学性能又分为 4 个等级，即特级、一级、二级和三级。

4. 刨花板

刨花板是利用施加或未加胶料的木质刨花或木质纤维材料（如木片、锯屑和亚麻等）压制的板材（图 7.12、7.13）。

刨花板的规格尺寸，长度方向有 915mm、1220mm、1525mm、1830mm、2135mm，宽度有 915mm、1000mm、1220mm，厚度有 6mm、8mm、10（12）mm、13mm、16mm、19mm、22mm、25mm、30mm 等。

刨花板具有隔声、绝热、防蛀及耐火等优点，可用作隔墙板、顶棚板等。木丝板是利用木材的短残料刨成木丝，再与水泥、水玻璃等搅拌在一起，加压凝固成型。木丝板规格：长度有 1500mm、1830mm，宽度有 500mm、600mm，厚度有 16～50mm。木丝板具有隔声、绝热、防蛀及耐火等优点，可用作隔墙板、顶棚板等。

图 7.12　定向刨花板

图 7.13　贴面刨花板

5. 木屑板、木丝板、水泥木屑板

利用木材加工的木屑、木丝、刨花拌以粘结剂压制而成。用于保温绝热和吸音。

不少人造板存在游离甲醛释放的问题，《室内装饰装修用人造板及其制品中甲醛释放限量》（GB 18580—2001）对此作出了规定，以防止室内环境受到污染。

# 任务 7.4　木材的防护

木材作为土木工程材料，最大缺点是容易腐朽、虫蛀和燃烧，因此大大地缩短了木材的使用寿命，并限制了它的应用范围。采取措施来提高木材的耐久性，对木材的合理使用具有十分重要的意义。

1. 木材的腐朽与防腐

1）木材的腐朽

木材的腐朽是真菌在木材中寄生引起的。真菌在木材中生存和繁殖，必须同时具备 4

个条件：温度适宜、木材含水率适当、有足够的空气、适当的养料。

真菌生长最适宜温度是25℃～30℃，最适宜含水率在木材纤维饱和点左右，含水率低于20%时，真菌难于生长，含水率过大时，空气难于流通，真菌得不到足够的氧或排不出废气。破坏性真菌所需养分是构成细胞壁的木质素或纤维素。

2）木材的防腐

根据木材产生腐朽的原因，木材防腐有两种方法：一种是创造条件，使木材不适于真菌的寄生和繁殖；另一种是把木材变成有毒的物质，使其不能作真菌的养料。

第一种的主要方法是将木材进行干燥，使其含水率在20%以下。在结构和施工中，使木结构不受潮湿，要有良好的通风条件；在木材与其他材料之间用防潮垫；不将支点或其他任何木结构封闭在墙内；木地板下设通风洞；木屋架设老虎窗等。总之，要保证木结构经常处于干燥状态。

第二种方法是将化学防腐剂注入木材中，使真菌无法寄生。木材防腐剂种类很多，一般分水溶性防腐剂、油质防腐剂和膏状防腐剂三类。水溶性防腐剂常用品种有氯化锌、氟化钠、硅氟酸钠、硼铬合剂、硼酚合剂、铜铬合剂、氟砷铬合剂等。水溶性防腐剂多用于室内木结构的防腐处理。油质防腐剂常用的有煤焦油、混合防腐油、强化防腐油等。油质防腐剂色深、有恶臭，常用于室外木构件的防腐。膏状防腐剂由粉状防腐剂、油质防腐剂、填料和胶结料(煤沥青、水玻璃等)按一定比例混合配制而成，用于室外木材防腐。

### 应用案例7-3

【案例概况】

某邮电调度楼设备用房于7楼现浇钢筋混凝土楼板上，铺炉渣混凝土50 mm，再铺木地板。完工后设备未及时进场，门窗关闭了1年，当设备进场时，发现木板大部分腐蚀，人踩即断裂。请分析原因。

【案例解析】

炉渣混凝土中的水分封闭于木地板内部，慢慢浸透到未做防腐、防潮处理的木桶栅和木地板中，门窗关闭使木材含水率较高，此环境条件正好适合真菌的生长，导致木材腐蚀。

**2. 木材的防虫**

木材除受真菌侵蚀而腐朽外，还会遭受昆虫的蛀蚀(图7.14)。常见的蛀虫有白蚁、天牛等。

木材虫蛀的防护，主要是采用化学药剂处理。同时，木材防腐剂也能防止昆虫的危害。

**3. 木材的防火**

木材是可燃性建筑材料。在木材被加热过程中，析出可燃气体，随着温度不同，析出的可燃气浓度也不同，此时若遇火源，析出的可燃气也会出现闪燃、引燃。若无火源，只要加热温度足够高，也会发生自燃现象。

对木材及其制品的防火保护有浸渍、添加阻燃剂和覆

**图7.14 被虫蛀的木材**

盖三种方法。

## 情 境 小 结

1. 木材是由树木加工而成的，树木分为针叶树和阔叶树两大类。建筑中应用最多的是针叶树。

2. 木材的构造是决定木材性质的主要因素。一般对木材的研究可以从宏观和微观两方面进行。

3. 木材的主要性质主要介绍了物理性质和力学性质。物理性质主要有密度、含水率、湿涨干缩性三个方面；力学性质主要介绍了木材的强度和影响木材强度的因素。

4. 把木材按用途分为原条、原木、锯材和各种人造板4大类，介绍其具体应用。

5. 木材的腐朽原因和防腐处理的方法，木材的防虫方法和防火方法。

## 习 题

一、填空题

1. 树木分针叶树和阔叶树两类，取前者的木材成为＿＿＿＿＿＿木材，后者则称为＿＿＿＿＿＿木材。

2. 在木材的每一年轮中，色浅而质软的部分称为＿＿＿＿＿＿；色深而质硬的部分称为＿＿＿＿＿＿。

3. 髓线是木材中较脆弱的部位，干燥时常沿髓线发生＿＿＿＿＿＿。

4. 当木材中没有自由水，而细胞壁内充满＿＿＿＿＿＿，达到饱和状态时，称为木材的＿＿＿＿＿＿。

5. 木材在长期荷载作用下不致引起破坏的最大强度称为＿＿＿＿＿＿。

6. 木材中＿＿＿＿＿＿水发生变化时，木材的物理力学性质也随之变化。

7. 木材的胀缩变形是各向异性的，其中＿＿＿＿＿＿向胀缩最小，＿＿＿＿＿＿向胀缩最大。

二、单选题

1. 木材的力学指标是以木材含水率为＿＿＿％时为标准的。

A. 12　　　　　　B. 14　　　　　　C. 16　　　　　　D. 18

2. 木材在不同受力下的强度，按其大小可排成如下顺序＿＿＿。

A. 抗弯＞抗压＞抗拉＞抗剪　　　　　B. 抗压＞抗弯＞抗拉＞抗剪

C. 抗拉＞抗弯＞抗压＞抗剪　　　　　D. 抗拉＞抗压＞抗弯＞抗剪

3. ＿＿＿是木材物理、力学性质发生变化的转折点。

A. 纤维饱和点　　B. 平衡含水率　　C. 饱和含水率　　D. A＋B

4. 一般情况下，所用木材多取自＿＿＿。

A. 木质部　　　　B. 髓心　　　　　C. 年轮　　　　　D. 树皮

5. 木材在进行加工使用前，应预先将其干燥至含水率达＿＿＿。

A. 纤维饱和点　　　　　　　　　　　B. 使用环境长年平均平衡含水率

C. 标准含水率　　　　　　　　　　　D. 气干状态

三、多选题

1. 木材含水率变化对以下哪两种强度影响较大？_____

A. 顺纹抗压强度　　B. 顺纹抗拉强度　　C. 抗弯强度

D. 顺纹抗剪强度　　E. 横纹抗拉强度

2. 木材的疵病主要有_____。

A. 木节　　　　　　B. 腐朽　　　　　　C. 斜纹

D. 虫害　　　　　　E. 裂缝

3. 木材可以通过下列_____方式加以综合利用。

A. 胶合板　　　　　B. 纤维板　　　　　C. 刨花板

D. 木丝板　　　　　E. 木屑板

四、简答题

1. 木材含水率的变化对其强度的影响如何？

2. 木材在吸湿或干燥过程中，体积变化有何规律？

3. 影响木材强度的主要因素有哪些？

五、案例题

1. 南方某三房二厅装修选择木地板，该住户客人较多，请帮业主选择木地板。

（1）选择地板所用木材种类_____。

A. 杉木　　　　　　B. 龙眼木　　　　　C. 松木

（2）请选择客厅及餐厅用木地板_____。

A. 实木淋漆地板　　B. 实木复合地板　　C. 强化木地板

（3）请选择卧室、书房木地板_____。

A. 实木淋漆地板　　B. 实木复合地板　　C. 强化木地板

2. 某施工队在装修时，前后两次都使用了木地板，但两次都失败了。请分析其失败原因，希望能从中得到一些经验教训。

第一次使用了没有经过干燥的木地板，但到了冬天干燥的季节，就发现木地板有变形开裂现象。为什么会出现这样的现象呢？吸取第一次的经验教训，施工队在第二次使用了已干燥的木材，施工时采用水泥砂浆作为基层，配制砂浆时水胶比较大，导致基层含水过多；且铺设时木板之间结合紧密，没有预留一定的伸缩缝隙。到了三、四月份潮湿的季节，又出现了地板起拱的现象。这又是什么原因呢？

# 学习情境 8

## 建筑装饰材料的选择与应用

### 学习目标

通过对常见建筑装饰材料的学习，了解各类装饰材料的组成，掌握它们的性质与应用。

### 学习要求

| 知识要点 | 能力要求 | 比重 |
|---|---|---|
| 陶瓷类材料的特性与应用 | (1) 懂得陶瓷类装饰材料的种类、特性<br>(2) 能根据工程实际情况合理选择 | 20% |
| 石材的特性与应用 | (1) 懂得石材的种类、特性<br>(2) 能根据工程实际情况合理选择 | 20% |
| 金属类装饰材料的特性与应用 | (1) 懂得金属类装饰材料的种类、特性<br>(2) 能根据工程实际情况合理选择 | 20% |
| 玻璃特性与应用 | (1) 懂得玻璃的分类、特性<br>(2) 能根据工程实际情况合理选择 | 20% |
| 装饰涂料的特性与应用 | (1) 懂得装饰涂料的特性<br>(2) 能根据工程实际情况合理选择 | 20% |

某单位学校浴室的墙面采用的是釉面内墙砖，在使用了一段时间后发现内墙砖有明显的开裂并伴随起层、釉面的剥落现象，请分析原因。

广东某高档高层建筑需建玻璃幕墙，有吸热玻璃及热反射玻璃两种材料可选用。请选用并简述理由。

# 任务8.1　装饰材料的基本要求及选用原则

1. 装饰材料的基本要求

建筑不仅仅是人类赖以生存的物质空间，更是人们进行文化交流和情感生活的重要精神空间。建筑艺术性的发挥，留给人们最终的概念和印象，是通过建筑材料去实现的，尤其是通过建筑装饰材料来实现的。因此，了解常用的建筑装饰材料的特点和性能，并在具体建筑环境中合理地应用，就显得十分重要了。

建筑装饰材料除应具有适宜的颜色、光泽、线条与花纹图案及质感，即除满足装饰性要求以外，还应具有保护作用，满足相应的使用要求，即具有一定的强度、硬度、防火性、阻燃性、耐火性、耐候性、耐水性、抗冻性、耐污染性与耐腐蚀性，有时还需具有一定的吸声性、隔声性和隔热保温性等。

2. 装饰材料的选用原则

1) 功能性原则

在选用装饰材料时，应根据建筑物和各房间的使用性质来选择装饰材料，以充分发挥装饰材料所具有的特殊功能。例如，对外墙应选用耐腐蚀、不易褪色、耐污性好的材料；公共场所地面应选用耐磨性好、耐水性好的天然石材或陶瓷地砖；而厨房、卫生间应选用易清洗、抗渗性好的材料，不宜选用纸质或布质的装饰材料，材料的表面也不宜有凹凸不平的花纹；卧室地面可以选择木地板或地毯等具有保温隔热效果的材料。

2) 装饰性原则

装饰性是指材料的外观特性给人的心里感觉。一般包括材料的色彩、光泽、形体、质感和花纹图案等几个方面。在选用装饰材料时应特别注意。

3) 经济性原则

装饰工程的造价往往在整个建筑工程总造价中占有很高的比例，一般为30%以上，而一些对装饰要求高的工程，所占的比例甚至可达60%以上。所以在不影响使用功能和装饰效果的前提下，尽量选择质优价廉的材料，选择工效高、安装简便的材料，选择耐久性好的材料。

4) 安全性原则

在选用装饰材料时，要妥善处理好安全性的问题，应优先使用环保材料，优先使用不燃或难燃的安全材料，优先使用无辐射、无有毒气体挥发的材料，优先使用施工和使用时都安全的材料，努力创造一个安全、健康的生活和工作环境。

一项调查表明，人的一生约有80%～90%的时间是在室内活动的，所以室内空气的质量与人体健康息息相关。近几年来，国家有关部门也非常重视建筑装饰材料对室内空气质

量的影响，在 2002 年后，相继出台了国家和地方标准，对一些室内装饰装修材料中有害物质的限量加以规定。

5）生态环保原则

建筑装饰材料若选择不当，会对生态环境构成破坏。如含甲醛的胶粘剂，就会向室内空气中释放毒害性的甲醛，造成室内生态环境的破坏；有些材料也能散发出异味；有些材料耗能大，污染严重，排放毒害性物质，对环境构成破坏，另外有的建筑装饰材料使用寿命短，但废弃后却很难分解掉，成为建筑垃圾，污染环境。故应按生态环保原则，选用具有环保性、生态性的建筑装饰材料。

● 知 识 链 接

## Ⅰ型环境标志认证

在目前国内开展的各类绿色建材认证中，最权威、应用最广泛的是中国Ⅰ型环境标志认证，即"十环标志认证"，其图标如图 8.1 所示。该标识是我国最高级别的产品环保标志，也是我国的官方环保标志，于 1994 年在 6 类 18 种产品中首先实行，国家环保部（原环保总局）下属的北京中环联合认证中心有限公司（CEC）是国家授权的唯一授予该标志的机构。

获准使用该标志的建材产品与同类产品相比，具有低毒少害、节约资源等环保优势。中国环境标志对申证企业有严格的审核要求，仅有在其所属行业中位列前 30％强的企业才有资格正式申请认证。Ⅰ型环标认证对产品从设计、生产、使用到废弃处理处置全过程的环境行为进行控制，不仅要求产品尽可能把污染消除在生产阶段，还要最大限度地减少产品在使用及处置过程中对环境的危害程度。

图 8.1 图标

# 任务 8.2 陶瓷类装饰材料的选用

陶瓷通常是指以粘土为原料，经过原料处理、成型、焙烧而成的无机非金属材料。根据所用原料和坯体致密程度的不同，陶瓷可分为陶器、炻器和瓷器 3 大类。

陶器的主要原料是可塑性较高的易熔或难熔粘土，坯体烧结程度不高，坯体中孔隙较多，因此陶器吸水率较大，制品断面粗糙无光、不透明、敲击声粗哑，有的有釉，有的无釉。根据所用原料土中杂质含量的不同，陶器又可分为粗陶和精陶两种。瓷器是以高岭土为主要原料，经过精细加工、成型后，在 1250℃～1450℃的温度下烧成，呈半透明状，烧后坯体致密，几乎不吸水，色白，耐酸、耐碱、耐热性能均好。炻器以耐火粘土为主要原料制成，烧成温度在 1200℃～1300℃。烧后呈浅黄色或白色，制品断面较致密，但仍有约 3％～5％的吸水率。炻器是介于陶与瓷之间的制品，也称半瓷。其性能见表 8-1。

表 8-1　建筑陶瓷的分类

| 产品名称 | | 颜色 | 质地 | 烧结程度 | 吸水率/% | 主要产品 |
|---|---|---|---|---|---|---|
| 陶器 | 粗陶 | 有色 | 多孔坚硬 | 较低 | ＞10 | 砖、瓦、陶管 |
| | 精陶 | 白色或象牙色 | | | | 釉面内墙砖、美术陶瓷、卫生洁具 |
| 炻器 | 粗炻器 | 有色 | 致密坚硬 | 较充分 | 4～8 | 外墙面砖、地砖 |
| | 细炻器 | 白色 | | | 1～3 | 外墙面砖、地砖、锦砖、陈列品 |
| 瓷器 | | 白色半透明 | 致密坚硬 | 充分 | ＜1 | 高档墙地砖、日用瓷、艺术品 |

现将常见的陶瓷类装饰材料简单介绍如下。

**1. 内墙面砖**

内墙面砖是适用于建筑物室内装饰的薄板状精陶制品，又称釉面砖。其表面施釉，烧成后光亮平滑，形状尺寸多种多样，色彩图案丰富，并且具有不易沾污、耐水性好、耐酸碱性好、热稳定性较强、防火性好等优点，是一种良好的内墙装饰材料。

由于釉面砖是多孔性的精陶坯体，在长期与空气的接触中，特别是在潮湿的环境中使用，坯体会吸收水分而产生吸湿膨胀，但其表面的釉层吸湿膨胀小，所以坯体膨胀会使釉层处于张拉状态，当张拉应力超过釉层的抗拉强度时，釉层就会发生开裂。尤其在室外，经长期冻融，更易出现分层、脱落、掉皮等现象。所以釉面砖只能用于室内。同时又由于其厚度较薄，强度较低，故也不能用于地面，釉面砖主要被用于浴室、厨房、卫生间、实验室、医院等的内墙面及工作台面、墙裙等处。经专门设计的彩绘面砖，可镶拼成各式壁画，具有独特的装饰效果。

**引 例 点 评**

引例1分析：釉面砖开裂并出现起层、剥落等原因主要是因为釉面砖是多孔性的精陶坯体，在长期的潮湿空气中使用，坯体会吸收水分而产生吸湿膨胀，但其表面的釉层吸湿膨胀小，所以坯体膨胀会使釉层处于张拉状态，当张拉应力超过釉层的抗拉强度时，釉层就会发生开裂。

**2. 墙地砖**

墙地砖包括外墙用贴面砖和室内、室外地面铺贴用砖。由于目前该类饰面砖发展趋势是既可用于外墙又可用于地面，故称为墙地砖。其特点是：强度高，耐磨、耐久性好，化学稳定性好，不燃，易清洗，吸水率低等。墙地砖主要有以下几种。

**1) 劈离砖**

劈离砖又称劈裂砖，由于成型时双砖背联坯体，烧成后再劈离成两块砖而得名。它是以粘土为主要原料制成的。劈离砖坯体密实，强度高，其抗折强度大于60MPa，吸水率小于6％，表面硬度大，耐磨抗冻；背面凹槽纹与粘结砂浆形成结合，可保证粘结牢固。该材料富于个性、古朴高雅，并且品种多、颜色多样，可适用于各类建筑物的外墙装饰，也可用于各类公共建筑及住宅的地面装饰。较厚的劈离砖可用于广场、公园、停车场、人行

道等的露天地面铺设，也可作为游泳池、浴室底部的贴面材料。

2）彩胎砖

彩胎砖是一种本色无釉瓷质饰面砖，富有天然花岗石的特点，纹络细腻、色调柔和、质朴高雅，其抗折强度大于 27MPa，吸水率小于 1%，耐磨性和耐久性好。可用于住宅厅堂的墙、地面装饰，特别适用于人流量大的商场、剧院、宾馆等公共场所的地面铺设。

3）地面砖

地面砖是采用塑性较大且难熔的黏土，经精细加工烧制而成的。其抗压强度（40～400MPa）接近花岗石，耐磨性很好，质地密实均匀，吸水率一般小于 4%，抗冻融循环在25 次以上。地面砖有正方形、长方形、六角形三种形状，其花色较多。地面砖主要用于人流较密集地方的地面装饰，如站台、商店、旅馆大厅等，也可用作厨房、浴室、走廊等的地面。

3. 陶瓷锦砖

陶瓷锦砖俗称"马赛克"，是以优质瓷土烧制成的小块瓷砖（长边≤50mm），有挂釉和不挂釉两种，目前各地产品多不挂釉。产品出厂前已按各种图案粘贴在牛皮纸上，每张牛皮纸制品为一联。陶瓷锦砖按砖联分为单色、拼花两种。

陶瓷锦砖具有美观、不吸水、防滑、耐磨、耐酸、耐火以及抗冻性好等性能。陶瓷锦砖主要用于室内地面装饰，如浴室、厨房、餐厅、精密生产车间等的地面，也可用于室内、低层建筑的外墙饰面，并可镶拼成有较高艺术价值的陶瓷壁画，提高其装饰效果并可增强建筑物的耐久性。

4. 建筑琉璃制品

琉璃制品是以难熔黏土作原料，经配料、成型、干燥、素烧、表面涂以琉璃釉料后，再经烧制而成的。琉璃制品属于精陶制品，颜色有金、黄、绿、蓝、青等。琉璃制品品种分为 3 类：瓦类（板瓦、筒瓦、沟头）、脊类、饰件类（物、博古、兽等）。

建筑琉璃制品是我国传统的极具中华民族文化特色与风格的建筑材料，其造型古朴、表面光滑、色彩绚丽、坚实耐用、富有民族特色。其彩釉不易剥落，装饰耐久性好，花色品种很多，不仅用于古典式及纪念性的建筑中，还常用于园林建筑中的亭、台、楼、阁中，体现出古代园林的风格；也广泛用于具有民族风格的现代建筑物中，体现现代与传统美的结合。

# 任务 8.3　装饰石材的选用

石材是装饰工程中常用的高级装饰材料之一，包括天然石材和人造石材两大类。天然石材主要有大理石、花岗石。天然石材是指从天然岩体上开采出来的毛料，经加工而成的板状或块状材料。天然石材结构致密、抗压强度高、耐水、耐磨、装饰性好、耐久性好。人造石材包括水磨石、人造大理石、人造花岗岩和其他人造石材。与天然石材相比，人造石材具有质量轻、强度高、耐污、耐磨、造价低廉等优点，从而成为一种有发展前途的装饰材料。

### 8.3.1 天然石材

#### 1. 天然大理石

天然大理石是石灰岩与白云岩在高温、高压作用下矿物重新结晶变质而成。纯净的大理石为白色，因其晶莹纯净、洁白如玉、熠熠生辉，故称为汉白玉、白玉，属大理石中的珍品。如在变质过程中混入了氧化铁、石墨、氧化亚铁、铜、镍等其他物质，就会出现各种不同的色彩和花纹、斑点。这些斑斓的色彩和石材本身的质地使其成为古今中外的高级建筑装饰材料(图8.2)。

图8.2 大理石

天然大理石具有抗压强度高、吸水率低、耐久性好等特点，较花岗岩易于切割、雕琢、磨光。其技术性能指标见表8-2。

表8-2 天然大理石的技术性能指标

| 项 目 | | 指 标 |
|---|---|---|
| 表观密度/(kg/m³) | | 2500～2700 |
| 强度/MPa | 抗压强度 | 47～140 |
| | 抗折强度 | 3.5～14 |
| | 抗剪强度 | 8.5～18 |
| 平均韧性/cm | | 10 |
| 平均重量磨耗率/% | | 12 |
| 吸水率/% | | <1 |
| 膨胀系数/(10⁻⁶/℃) | | 9.02～11.2 |
| 耐用年限/年 | | 20 以上 |

● 特 别 提 示

大理石的主要成分为碱性物质碳酸钙($CaCO_3$)，易与大气中的酸雨作用，形成二水硫酸钙，体积膨胀，使大理石的强度降低，表面很快失去光泽而变得粗糙多孔，从而降低装饰效果，除个别品种(如汉白玉、艾叶青等)外，大理石一般不宜用于建筑物外墙和其他露天部位。

#### 2. 天然花岗石

花岗石(图8.3)是一种火成岩，天然花岗石的主要矿物成分是长石、石英，并含有少量云母和暗色矿物,属硬石材,其主要成分见表8-3。天然花岗石结构致密、抗压强度高、吸水率低、耐磨性和耐久性好,其主要性能指标见表8-4。

表8-3 花岗石的主要化学成分

| 化学成分 | $SiO_2$ | $Al_2O_3$ | CaO | MgO | $Fe_2O_3$ |
|---|---|---|---|---|---|
| 含量/% | 67～75 | 12～17 | 1～2 | 1～2 | 0.5～1.5 |

当花岗石表面磨光后,便会形成色泽深浅不同的美丽斑点状花纹,花纹的特点是晶粒细小均匀,并分布着繁星般的云母亮点与闪闪发光的石英结晶。而大理石结晶程度差,表面有很少细小晶粒,而是圆圈状、枝条状或脉状的花纹,所以,可以据此来区别这两种石材。由于石英在573℃和870℃会发生相变膨胀,引起岩石开裂破坏,因而花岗石的耐火性差。在一般情况下,天然花岗石既适用于室外也适用于室内装饰。但是某些花岗石含有微量放射性元素,对这类花岗石应避免使用于室内。

图8.3 花岗石

表8-4 天然花岗石的性能指标

| 项目 | | 指标 |
|---|---|---|
| 表观密度/(kg/m³) | | 2500～2700 |
| 强度/MPa | 抗压强度 | 120～250 |
| | 抗折强度 | 8.5～15 |
| | 抗剪强度 | 13～19 |
| 平均韧性/cm | | 8 |
| 平均重量磨耗率/% | | 12 |
| 吸水率/% | | <1 |
| 膨胀系数/($10^{-6}$/℃) | | 5.6～7.34 |
| 耐用年限/年 | | 75～200 |

### 8.3.2 人造石材

人造石材是采用无机或有机胶凝材料作为粘结剂,以天然砂、碎石、石粉等为粗、细填充料,经成型、固化、表面处理而成的一种人造材料。常见的有人造大理石和人造花岗石,其色彩和花纹均可根据要求设计制作,如仿大理石、仿花岗石等,还可以制作成弧形、曲面等天然石材难以加工的复杂形状。

人造石材具有天然石材的质感，色泽鲜艳、花色繁多、装饰性好；重量轻、强度高；耐腐蚀、耐污染；可锯切、钻孔，施工方便。人造石材适用于墙面、门套或柱面装饰，也可作台面及各种卫生洁具，还可加工成浮雕、工艺品等。与天然石材相比，人造石是一种较经济的饰面材料。

按照生产材料和制造工艺的不同，可把人造石材分为以下几类。

### 1. 水泥型人造石材

水泥型人造石材是以各种水泥为胶凝材料，天然石英砂为细骨料，碎大理石、碎花岗岩、工业废渣等为粗骨料，经配料、搅拌混合、浇筑成型、养护、磨光和抛光而制成。该类人造石材中，以铝酸盐水泥作为胶凝材料的性能最为优良。因为铝酸盐水泥水化后生成的产物中含有氢氧化铝胶体，它与光滑的模板表面相接触，形成氢氧化铝凝胶层。氢氧化铝凝胶体在凝结硬化过程中，形成致密结构，因而表面光亮，呈半透明状，同时花纹耐久、抗风化、耐火性、耐冻性和防火性等性能优良。这种人造石材表面光滑，有一定的光泽性，装饰效果比较好。但耐腐蚀性能较差，且表面容易出现龟裂和泛霜，不宜用作卫生洁具，也不宜用于外墙装饰。

### 2. 树脂型人造石材

树脂型人造石材多以不饱和树脂为胶凝材料，配以天然大理石、花岗石、石英砂或氢氧化铝等无机粉状、粒状填料，经配料、搅拌和浇筑成型。在固化剂、催化剂作用下发生同化，再经脱模、抛光等工序制成。树脂型人造石材的主要特点是光泽度高、质地高雅、强度硬度较高、耐水、耐污染和花色可设计性强，缺点是填料级配若不合理，产品易出现翘曲变形。

### 3. 复合型人造石材

复合型人造石材的胶黏剂有无机和有机两类胶凝材料。其制作工艺是先用无机胶凝材料（各类水泥或石膏）将填料粘结成型，再将所成的坯体浸渍于有机单体中（苯乙烯、甲基丙烯酸甲酯、醋酸乙烯和丙烯腈等），使其在一定的条件下聚合而形成复合型人造石材。这种人造石材兼有上述两类的特点。

### 4. 烧结型人造饰面石材

烧结型人造饰面石材的生产工艺与陶瓷相似。将斜长石、石英、高岭土等按比例混合，制备坯料，用半干压法成型，经窑炉1000℃左右的高温焙烧而成。这种人造石材性能稳定，耐久性好，但因采用高温焙烧，能耗大，造价较高，实际应用得较少。

人造石材可用于建筑物室内外墙面、地面、柱面、楼梯面板、服务台面等。

## 任务8.4 金属类装饰材料的选用

金属是建筑装饰装修中不可缺少的重要材料之一。在现代建筑装饰工程中，金属装饰制品用得越来越多。如柱子外包不锈钢板或铜板、墙面和顶棚镶贴铝合金板、楼梯扶手采用不锈钢管或铜管、用铝合金做门窗等。由于金属装饰制品坚固耐用，装饰表面具有独特的质感，同时还可制成各种颜色，表面光泽度高，装饰性好，且安装方便，因此在一些装饰要求较高的公共建筑中，都不同程度地应用金属装饰制品进行装修。

### 8.4.1 建筑装饰用铝合金制品

建筑装饰工程中常用的铝合金制品主要有铝合金门窗、各种装饰板。如铝合金型材、屋架、屋面板、幕墙、门窗框、活动式隔墙、顶棚、暖气片、阳台、楼梯扶手、铝合金花纹板、镁铝曲面装饰板及其他室内装修及建筑五金等。

#### 1. 铝合金门窗

铝合金门窗是将表面处理过的型材，经过下料、打孔、铣槽、攻丝和组装等加工工艺而制成门窗框料构件，再加上连接件、密封件、开闭五金配件一起组合装配而成的。按其结构与开启方式分为：推拉窗(门)、平开窗(门)、固定窗(门)、百叶窗、纱窗等。

铝合金门窗与普通木门窗、钢门窗相比，具有以下主要特点：质量轻、强度高、密封性能好、色泽美观、耐腐蚀、经久耐用、安装简单、使用维修方便以及便于进行工业化生产。现代建筑装饰工程中，因铝合金门窗性能好、长期维修费用低，所以得到了广泛使用。

#### 2. 铝合金装饰板材

铝合金装饰板材具有价格便宜、加工方便、色彩丰富、质量轻、刚度好、耐大气腐蚀、经久耐用等特点，适用于宾馆、体育馆、办公楼等建筑的墙面和屋面装饰。建筑中常用的铝合金装饰板主要由以下几种。

1) 铝合金花纹板

铝合金花纹板是采用防锈铝合金等材料，用特殊的花纹辊轧制成。花纹美观大方，纹高适中，不易磨损，防滑性好，防腐蚀性强，便于冲洗。通过表面处理可以获得各种花色。花纹板板材平整，裁剪尺寸精确，便于安装，广泛应用于现代建筑的墙面装饰以及楼梯踏板等处，如图 8.4 所示。

图 8.4　铝合金花纹板

2) 铝合金压型板

铝及铝合金压型板是目前广泛应用的一种新型建筑装饰材料，具有重量轻、外形美观、耐久性好、耐腐蚀、安装方便、施工速度快等优点，可通过表面处理得到各种色彩的压型板。流板主要用作建筑物的外端和屋面，也可以作复合墙板，用于有隔热保温要求厂房的围护结构，如图 8.5 所示。

3) 铝合金波形板

铝合金波形板有多种颜色，自重轻，有很好的反光能力，防火、防潮、防腐。在大气中可使用 20 年以上，主要用于建筑墙面和屋面装饰，如图 8.6 所示。

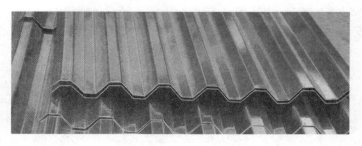

图8.5 铝合金压型板

图8.6 铝合金波形板

4）铝合金冲孔板

铝合金冲孔板使用各种铝合金平板经机械冲孔而成。孔型根据需要有长方孔、方孔、菱形孔、圆孔、六角形孔、十字孔、三角孔、长圆孔、长腰孔、梅花孔、鱼鳞孔、图案孔、五角星形孔、不规则孔、起鼓孔、组合孔等。铝合金冲孔板是一种能降低噪音并兼有装饰作用的新产品，网面光滑，耐腐蚀、耐高温、美观，坚固耐用。铝合金冲孔板广泛应用于化工机械、制药设备、食品饮料机械、烟卷机械、收割机、干洗机、烫台、消音设备、制冷设备（中央空调）音箱、工艺品制作、造纸、液压配件、滤清设备等各行各业，如图8.7所示。

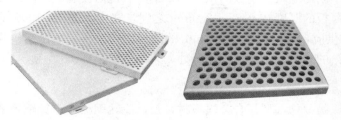

图8.7 铝合金冲孔板

5）铝塑板

铝塑复合板简称铝塑板，是由经过表面处理并用涂层烤漆的铝板作为表面，聚乙烯塑料板作为芯层，经过一系列工艺加工复合而成的新型材料。由于铝塑板是由性质截然不同的两种材料（金属和非金属）组成，它既保留了原组成材料（金属铝、非金属聚乙烯塑料）的主要特性，又克服了原组材料的不足，进而获得了众多优异的材料性质，如豪华性、艳丽

多彩的装饰性、耐候、耐蚀、耐冲击、防火、防潮、隔音、隔热、抗震性、质轻、易加工成型、易搬运安装、施工简便等特性，这些特点为铝塑板开阔了广阔的运用前景，如图8.8所示。

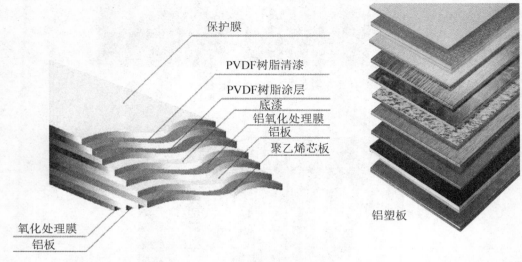

保护膜
PVDF树脂清漆
PVDF树脂涂层
底漆
铝氧化处理膜
铝板
聚乙烯芯板

氧化处理膜
铝板

铝塑板

**图 8.8　铝塑板**

### 8.4.2　装饰用钢板

装饰用钢板主要有普通不锈钢钢板、彩色涂层钢板、彩色压型钢板、彩色不锈钢钢板等。

#### 1. 普通不锈钢钢板

不锈钢是指含铬（Cr）在 12% 以上的具有耐腐蚀性能的铁基合金。铬的含量越高，钢的抗腐蚀性越好。不锈钢除有较强的耐腐蚀能力，还有较高的强度、硬度、冲击韧性及良好的冷弯性，并且具有一定的金属光泽。不锈钢经不同的表面加工，可形成不同的光泽度，并按此划分不同的等级。高级的抛光不锈钢具有镜面玻璃般的反射能力。

常用不锈钢薄板的厚度在 0.35~2.0mm 之间，宽度为 500~1000mm，长度为 100~200m，成品卷装供应，其中厚度小于 1mm 的薄板用的最多。不锈钢包柱被广泛用于大型商场、宾馆和餐馆的入口、门厅、中厅等处，装饰效果很好。

#### 2. 彩色涂层钢板

彩色涂层钢板是一种新型复合金属板材，是以冷轧钢板或镀锌钢板的卷板为基板，经过刷磨、除油、磷化、钝化等表面处理后，在基板的表面形成了一层极薄的磷化钝化膜。该膜对增强基材的耐蚀性和提高漆膜对基材的附着力具有重要作用。经过表面处理的基板在通过辊涂机时，基板的两面被涂覆一层有机涂料，再通过烘烤炉加热使涂层固化。

彩色涂层钢板发挥了金属材料与有机材料各自的特性，具有绝缘、耐磨、耐酸碱、强度高等优点，并有良好的加工性能，彩色涂层又赋予了钢板多种颜色和丰富的表面质感，且涂层耐腐蚀、耐湿热、耐低温。彩色涂层钢板主要用于各类建筑物的外墙板、屋面板、吊顶板，还可作为防水气渗透板、排气管、通风管等。

### 3．彩色压型钢板

彩色压型钢板是将彩色钢板辊压加工成V形、梯形、水波纹等形状。彩色涂层压型钢板的特点为：自重轻、生产效率高、施工速度快、表面波纹平直、色泽鲜艳丰富、装饰性好，且抗震性能优越，适合于地震区建筑。常用于工业与民用建筑物的屋面、墙面等围护结构和装饰工程中。

### 4．彩色不锈钢钢板

彩色不锈钢钢板是在不锈钢钢板上再进行技术和艺术加工，使其成为各种色彩绚丽的装饰板。该钢板具有良好的抗腐蚀性、耐磨、耐高温性能好，且其彩色面层经久不退色，增强了装饰效果。该钢板主要用于建筑物的墙板、顶棚、电梯厢板、外墙饰面等。

## 任务8.5　建筑玻璃及其制品的选用

玻璃是现代建筑十分重要的室内外装饰材料之一。玻璃是用石英砂、纯碱、长石、石灰石等为主要原料，1550～1600℃高温下熔融、成型，并经快速冷却而形成的固体材料。为了改善玻璃的某些性能和满足特种技术要求，常常在玻璃生产过程中加入某些金属氧化物，或经特殊工艺处理，则可得具有特殊性能的玻璃。

### 8.5.1　玻璃的基本性质

#### 1．密度

普通玻璃的密度为$2.45～2.55g/cm^3$，密实度高，孔隙率玻璃的孔隙接近于零，所以玻璃可看作是绝对密实的材料。

#### 2．力学性质

1）抗压强度

玻璃的抗压强度较高，影响强度的因素是玻璃中所含化学成分及制造工艺。如二氧化硅含量高可以提高玻璃的抗压强度，氧化钠、氧化钾等物质则会降低玻璃的抗压强度。

2）抗拉强度

玻璃的抗拉强度较小，因此玻璃在承受冲击时易破碎，是很典型的脆性材料。

3）弹性

玻璃的弹性用弹性模量来表示。弹性模量受温度影响，温度升高时弹性降低，并出现塑性变形。

4）硬度

玻璃的莫氏硬度为6～7。

#### 3．化学稳定性

玻璃具有较高的化学稳定性，在通常情况下，对酸（除氢氟酸）、碱、盐等具有较强的抵抗能力。但长期受到侵蚀性介质的腐蚀，如抗苛性钠、苛性钾、氢氟酸腐蚀性差，也会变质或破坏。

**4. 热物理性质**

玻璃的导热性很差，导热系数一般为 $0.75\sim0.92$ W/(m·K)，在常温中导热系数仅为铜的 1/400。玻璃的热膨胀系数决定于其化学组成及纯度，纯度越高热膨胀系数越小。玻璃的热稳定性决定了温度急剧变化时玻璃抵抗破裂的能力。玻璃制品的体积越大、厚度越厚，热稳定性越差。玻璃抗急热的破坏能力比抗极冷破坏的能力强。由于玻璃的导热性差，受导热或冷的温差急变时，会因为传热量的不均匀性使其局部受热或冷却。因为受急热时产生膨胀，玻璃表面产生压应力；受急冷时收缩，玻璃表面产生拉应力，而玻璃的抗压强度远高于抗拉强度，所以耐急热的稳定性比耐急冷的稳定性要高。

**5. 光学性质**

玻璃具有很好的光学性质，因此广泛用于建筑采光和装饰。当光线入射玻璃时，玻璃会对光线产生吸收、反射和透射等作用。透过玻璃的光能和入射玻璃的光能之比称为透过率或透光率，是玻璃的重要性能指标。清洁的普通玻璃透过率达 $85\%\sim90\%$。当玻璃中含有杂质或添加颜色后，其透过率将大大降低，彩色玻璃、热反射玻璃的透过率可以低至 $19\%$ 以下；用于遮光和隔热的热反射玻璃，要求反射比高；用于隔热、防眩作用的吸热玻璃，要求既能吸收大量的红外线辐射能，同时又保持良好透光性。

玻璃长期受水汽作用，表面可以形成白斑和白雾状，这称为发霉，因此储运时要注意防潮。

## 8.5.2 建筑玻璃的分类与应用

**1. 平板玻璃**

平板玻璃为板状无机玻璃的统称。按生产工艺分，有采用引上法或拉伸法生产的普通平板玻璃，有用浮法技术生产的浮法玻璃。浮法玻璃的组成与普通平板玻璃相同，浮法玻璃最大的特点是其表面平整光滑，厚度均匀，不产生光学畸变，具有机械磨光玻璃的质量。

平板玻璃是建筑玻璃中用量最大的一类，主要利用其透光、透视特性，用作建筑物的门窗，起采光、遮挡风雨、保温和隔声等作用，也可用于橱窗及屏风等装饰。

**2. 装饰平板玻璃**

**1）压花玻璃**

压花玻璃又称花纹玻璃或滚花玻璃，是用压延法生产的表面带有花纹图案的无色或彩色样平板玻璃。将熔融的玻璃液在冷却中通过带图案花纹的辊轴辊压，可使玻璃单面或两面压有深浅不同的各种花纹图案。经过喷涂处理的压花玻璃，可提高强度 $50\%\sim70\%$。

压花玻璃具有透光不透视的特点，它的一个表面或两个表面因压花产生凹凸不平，当光线通过玻璃时产生漫射，所以从玻璃的一面看另一面物体时，物象显得模糊不清。不同品种的压花玻璃表面的图案花纹各异，花纹的大小、深浅亦不同，具有不同的遮断视线的效果。压花玻璃主要用于室内的间壁、窗门、会客室、浴室、洗脸间等需要透光装饰又需要遮断视线的场所，并可用于飞机场候机厅、门厅等作艺术装饰。

**2）毛玻璃**

毛玻璃又称磨砂玻璃、喷砂玻璃。磨砂玻璃是采用普通平板玻璃，以硅砂、金刚砂、石英石粉等作为研磨材料，加水研磨而成。喷砂玻璃是采用普通平板玻璃，以压缩空气将细砂喷至玻璃表面研磨加工而成。毛玻璃具有透光不透视的特点。由于毛玻璃表面粗糙，使光线产生漫射，透光不透视，室内光线眩目不刺眼。毛玻璃适用于需要透光不透视的门窗、卫生间、浴室、办公室、隔断等处，也可用作黑板面及灯罩等。

3）磨花、喷花玻璃

用磨砂玻璃或喷砂玻璃的加工方法，将普通平板玻璃表面上预先设计好的花纹图案、风景人物研磨出来，这种玻璃，前者叫磨花玻璃，后者叫喷花玻璃。这种玻璃具有部分透光透视、部分透光不透视的特点，由于光线通过磨光玻璃、喷花玻璃后形成一定的漫射，具有图案清晰、美观的装饰效果，适用于玻璃屏风、桌面、家具等。

4）刻花玻璃

刻花玻璃是由平板玻璃经涂漆、雕刻、围蜡与酸蚀、研磨而成。表面的图案立体感非常强，好似浮雕一般，在灯光的照耀下，更显熠熠生辉，具有极好的装饰效果，是一种高档的装饰玻璃。刻花玻璃主要用于高档厕所的室内屏风或隔断。

5）镭射玻璃

镭射玻璃又称为激光玻璃，是在光源照射下能产生七彩光的玻璃。在光源照射下，镭射玻璃形成衍射光，经金属层反射后，会出现艳丽的七色光，并且同一感光点或感光面，因光源的入射角或视角的不同出现不同的色彩变化，使被装饰物显得华贵高雅、富丽堂皇。镭射玻璃主要适用于宾馆、酒店及各种商业、文化、娱乐场所内外墙贴面、幕墙、地面、如面、艺术屏风，也可作招牌、高级喷水池、大小型灯饰和其他轻工电子产品外观装饰。

6）镜面玻璃

镜面玻璃即镜子，是采用高质量平板玻璃、彩色平板玻璃为基材，经清洗、镀银、涂面层保护漆等工序而制成。镜面玻璃多用在有影像要求的部位，如卫生间、穿衣镜、梳妆台等。镜面玻璃也是装饰中常用的饰面材料，在厅堂的墙面、柱面、吊顶等部位，利用镜子的影像功能，在室内空间产生"动感"，不仅扩大了空间，同时也使周围的景物映到镜子上，起到景物互相借用、丰富空间的艺术效果。

### 8.5.3 安全玻璃

玻璃是脆性材料，当外力超过一定数值时即碎裂成具有尖锐棱角的碎片，破坏时几乎没有塑性变形。为了减少玻璃的脆性、提高强度，改变玻璃碎裂时带尖锐棱角的碎片飞溅容易伤人的现象，对普通玻璃进行增强处理，或与其他玻璃复合，这类玻璃称为安全玻璃，常用的有以下几种。

#### 1. 钢化玻璃

钢化玻璃又称为强化玻璃，是经强化处理，具有良好的机械性能和耐热、安全性能的玻璃制品的统称。钢化玻璃强化的目的是通过淬火（物理方法）或类似于淬火（化学方法）的方法，使得冷却硬化速度较快的玻璃外表面处于受压状态，而玻璃内部则处于受拉状态，这相当于给玻璃施加了一定的预加应力，因而这种玻璃在性能上有一定的改进。钢化玻璃的性能特点如下。

1）机械强度高

钢化玻璃抗折强度可达200MPa以上，比同厚度的普通玻璃要高4～5倍，抗冲击的

能力也很高。

**2）弹性好**

钢化玻璃的弹性要比同厚度的普通玻璃大得多，试验测定，一块1200mm×350mm×6mm的钢化玻璃，受力后可发生达100mm的弯曲挠度，并且在外力撤销后仍能恢复原来的形状，而普通玻璃挠度在达到几毫米时就发生破坏。

**3）热稳定性能好**

钢化玻璃耐热冲击，最大安全工作温度为288℃，能承受204℃温度变化。

**4）安全性好**

钢化玻璃在发生破坏时，它的碎片一般没有尖锐的棱角（化学钢化玻璃除外），不易伤人，所以钢化玻璃的安全性较好。

钢化玻璃主要用作建筑物的门窗、隔墙、幕墙和采光屋面以及电话亭、车、船、设备等的门窗、观察孔等。钢化玻璃可做成无框玻璃门。钢化玻璃用作幕墙时可大大提高抗风压能力，防止热炸裂，并可增大单块玻璃的面积，减少支承结构。

**特 别 提 示**

使用时需注意的是钢化玻璃不能切割、磨削，边角亦不能碰击挤压，需按照现成的尺寸规格选用或提出具体设计图纸进行加工定制。

**2. 夹丝玻璃**

夹丝玻璃又称防碎玻璃或钢丝玻璃。它是用连续压延法制造而得。当玻璃经过压延机的两辊中间时，从玻璃上面或下面连续送入经过预处理的金属丝或金属网，使其随着玻璃从辊中经过，从而嵌入玻璃中。

夹丝玻璃防火性能好。当遭受火灾时，夹丝玻璃产生开裂，但由于金属网的作用，玻璃仍能保持固定，起到隔绝火势的作用，夹丝玻璃因此又称为防火玻璃。由于钢丝网的骨架作用，不仅提高了夹丝玻璃的强度，而且遭受冲击力或受火灾作用产生开裂或破坏后玻璃并不散开，碎片也不易飞溅，安全性好。

夹丝玻璃作为防火材料，通常用于防火门窗；作为非防火材料，可用于易受到冲击的地方或者玻璃飞溅可能导致危险的地方，如震动较大的厂房、天棚、高层建筑、公共建筑的天窗、仓库门窗、地下采光窗等。

**特 别 提 示**

夹丝玻璃可以切割，但当切断玻璃时，需要对裸露在外的金属丝进行防锈处理，以防止生锈造成的体积膨胀引起玻璃的锈裂。

**3. 夹层玻璃**

夹层玻璃，是在两片或多片平板玻璃之间嵌夹一层或多层透明塑料膜片，经加热、加压黏合成平面的或弯曲面的复合玻璃制品。生产夹层玻璃的平板玻璃可以是普通平板玻璃、浮法玻璃、磨光玻璃、彩色玻璃或反射玻璃，但品质要求较高。中间的塑料夹层柔软而强韧，具有防水和抗日光老化作用。

夹层玻璃为一种复合材料，它的抗弯强度和冲击韧性，通常要比普通平板玻璃高出好几倍；当它受到冲击作用而开裂时，由于中间埋料层的黏结作用，仅产生辐射状裂纹，碎片不会飞溅四溢。嵌有三层塑料片的四层夹层玻璃，具有防弹作用。此外，夹层玻璃还有透明性好、耐光、耐热、耐湿、耐寒、隔声和保温，长期使用不易变色、老化等特点。

夹层玻璃一般用于有特殊安全要求的建筑物门窗、隔墙，工业厂房的天窗，安全性要求比较高的窗户，商品陈列橱窗，大厦地下室，屋顶及天窗等有飞散物落下的场所。

**● 特 别 提 示**

夹层玻璃不能切割，需要选用定型产品或按照尺寸订制。

### 8.5.4 节能玻璃

#### 1. 吸热玻璃

吸热玻璃是能吸收大量红外线辐射能量而又保持良好透光率的平板玻璃。吸热玻璃对太阳的辐射热有较强的吸收能力，当太阳光照射在吸热玻璃上时，相当一部分的太阳辐射能被吸热玻璃吸收，被吸收的热量可向室内、室外散发。吸热玻璃的这一特点，使得它可明显降低夏季室内的温度，避免了由于使用普通玻璃而带来的暖房效应。

吸热玻璃在建筑工程中应用广泛，凡既需采光又需隔热之处均可采用。尤其是用于炎热地区需设置空调、避免眩光的建筑物门窗或外墙体以及火车、汽午、轮船挡风玻璃等，起隔热、空调、防眩作用。采用各种不同颜色的吸热玻璃，不但能合理利用太阳光，调节室内与车船内的温度，节约能源费用，而且能创造舒适优美的环境。

吸热玻璃还可以按不同用途进行加工，制成磨光、钢化、夹层、镜面及中空玻璃。在外部围护结构中用它配置彩色玻璃窗，在室内装饰中用它镶嵌玻璃隔断、装饰家具、增加美感。

#### 2. 热反射玻璃

热反射玻璃又称镀膜玻璃，它是用一定的工艺在玻璃表面涂以金属氧化物薄膜或非金属氧化物薄膜，形成热反射膜，从而使玻璃具有遮阳、隔热、防眩、装饰等效果。热反射玻璃的生产方法有热分解法、喷涂法、浸涂法、真空离子镀膜等。常见的颜色有金色、茶色、灰色、紫色、褐色、青铜色和浅蓝等。

热反射玻璃对太阳辐射有较高的反射能力。普通平板玻璃的辐射热反射率为7%～8%，热反射玻璃则达30%左右。热反射玻璃在日晒时，室内温度仍可保持稳定，光线柔和，改变建筑物内的色调，避免眩光，改善室内环境。

热反射玻璃主要用于避免由于太阳辐射而增热及设置空调的建筑物。适用于建筑物的门窗、汽车和轮船的玻璃窗，常用作玻璃幕墙及各种艺术装饰。热反射玻璃还常用作生产中空玻璃或夹层玻璃的原片，以改善这些玻璃的绝热性能。

#### 3. 中空玻璃

中空玻璃是两片或多片平板玻璃用边框隔开，四周边用胶接、焊接或熔接的方法密封，中间充入干燥空气或其他气体的玻璃制品。

中空玻璃具有独特的隔热、隔音性能，还可以避免冬季窗户结露。中空玻璃主要用于需要采暖、空调、防止噪声或结露以及需要无直射阳光的建筑物上，广泛用于住宅、饭店、宾馆、办公楼、学校、医院、商店等需要室内空调的场合。

● 特 别 提 示

中空玻璃一般不能切割，可按设计要求的尺寸向厂家订制，或者按照厂家的产品规格进行选择。

● 引 例 点 评

引例 2 分析：高档高层建筑一般设空调。广东气温较高，尤其是夏天炎热，热反射玻璃主要靠反射太阳能达到隔热目的。而吸热玻璃对太阳能的吸收系数大于反射系数，气温较高的地区使用热反射玻璃更有利于减轻冷负荷、节能，故选用热反射玻璃。

# 任务 8.6　建筑装饰涂料的选用

建筑装饰涂料是指涂敷于建筑构件的表面，并能与建筑构件表面材料很好地粘结，形成完整装饰和保护膜的材料。建筑装饰涂料不仅具有色彩鲜艳、造型丰富，质感与装饰效果好等特点，而且还具有施工方便、易于维修、造价较低、自身质量小、施工效率高，可在各种复杂的墙面上施工等优点。

## 8.6.1　建筑装饰涂料的组成

建筑装饰涂料是由多种物质经混合、溶解、分散而组成的。按照各种组成材料在涂料生产、施工和使用中所起作用的不同，其基本组分可分为：主要成膜物质、次要成膜物质和辅助成膜物质 3 部分。

## 8.6.2　涂料的分类

按用途分类，可分为外墙涂料、内墙涂料、顶棚涂料、地面涂料和屋面涂料等。
按成膜物质分类，可分有机涂料、无机涂料、有机无机复合涂料等。
按分散介质分类，可分溶剂型涂料、水乳型涂料和水溶型涂料。
按涂层质感分类，可分薄质涂料、厚质涂料、复层建筑涂料等。

## 8.6.3　常见建筑装饰涂料

### 1. 有机建筑涂料

**1) 溶剂型建筑涂料**

溶剂型建筑涂料是以高分子合成树脂或油脂为主要成膜物质，以有机溶剂为稀释剂，再加入适量的颜料、填料及助剂，经研磨而成的涂料。

溶剂型建筑涂料的涂膜细腻、光洁、坚韧，有较好的硬度、光泽以及耐水性、耐候性、耐酸碱性能及气密性较好。它的缺点为：易燃，溶剂挥发时对人体有害，施工时要求基层干燥，涂膜透气性差，价格较乳胶漆贵。

溶剂型建筑涂料的常见品种有：氯化橡胶外墙涂料、丙烯酸酯外墙涂料、聚氨酯系外墙涂料、丙烯酸酯有机硅外墙涂料、过氯乙烯地面涂料、聚氨酯－丙烯酸酯地面涂料、磁漆、聚酯漆等。

2）水溶型建筑涂料

水溶型建筑涂料是以水溶性合成树脂为主要成膜物质，以水为稀释剂，再加入适量颜料、填料及助剂，经研磨而成的涂料。

水溶型建筑涂料是用水作为稀释剂，具有无毒、环保且成本较低的优点。它的缺点是涂膜耐水性差，耐候性不强，耐洗刷性差，故这种涂料一般只能作为内墙涂料。

水溶型建筑涂料的常见品种有：聚乙烯醇水玻璃内墙涂料（俗称 106 涂料）、聚乙烯缩甲醛（俗称 803 涂料）、改性聚乙烯醇系内墙涂料等。

3）乳液型建筑涂料

乳液型建筑涂料又称乳胶漆。它是由合成树脂借助乳化剂的作用，以 $0.1\sim0.5\mu m$ 的极细微粒分散于水中构成的乳液，并以乳液作为主要成膜物质，再加入适量颜料、填料等助剂，经研磨而成的涂料。

乳液型建筑涂料以水稀释剂，价格便宜，无毒、不燃，对人体无害，形成的涂膜具有一定透气性，涂布时布需要基层很干燥，涂膜固化后的耐水性和耐擦洗的性能较好。乳液型建筑涂料可作为室内外墙建筑涂料。

乳液型建筑涂料的常见品种有：聚醋酸乙烯乳胶漆、丙烯酸酯乳胶漆、乙-丙乳胶漆、苯-丙乳胶漆等内墙涂料以及乙丙乳液外墙涂料、苯丙乳液外墙涂料、丙烯酸酯乳液涂料、氯-醋-丙涂料、水乳型环氧树脂外墙涂料等。

● 特 别 提 示

乳液型建筑涂料通常必须在10℃以上才能保证涂膜质量，否则会导致涂料出现裂纹，所以冬季一般不能使用。

## 2. 无机建筑涂料

无机建筑涂料是以碱金属硅酸盐或硅溶胶为主要成膜物质，加入相应的固化剂，或有机合成树脂、着色颜料、填料及助剂等配制而成。无机建筑涂料按主要成膜物质的不同，分为 A 和 B 两类。A 类是以碱金属硅酸盐及其混合物为主要成膜物质，其代表产品为 JH80－1 型无机建筑涂料；B 类是以硅溶胶为主要成膜物质，其代表产品为 JH80－2 型无机建筑涂料。JH80－1 型无机建筑涂料是以硅酸钾为主要成膜物质，必须掺入固化剂的双组分涂料，形成的涂膜坚硬、有较好的耐水性。JH80－2 型无机建筑涂料是以二氧化硅（又称硅溶胶）为主要成膜物质，不需固化剂，涂膜耐酸、耐碱、耐冻融、耐玷污性好，但柔韧性差、光泽较差。

无机建筑涂料的耐水性、耐碱性和抗老化性等比有机涂料好，其粘结力强，对基层处理要求不严，而且成膜温度低，最低成膜温度是5℃，在负温下仍可固化，储存稳定性好，资源丰富、生产工艺简单、施工方便。

无机建筑涂料适用于混凝土墙面、水泥砂浆抹灰墙体、水泥石棉板、砖墙和石膏板等基层。

3. 复合建筑涂料

无机-有机复合涂料是一种新型涂料。它既含有有机高分子成膜物质，又含有无机成膜物质，兼有有机和无机涂料的优点，又弥补了两者的不足，起到了互相改性的作用，是一种很有发展前途的优良建筑装饰涂料。无机-有机复合涂料分为品种复合和涂层复合两类。品种复合是水性合成树脂和水溶性硅酸盐、重磷酸盐等配制成混合液或分散液，或在无机物表面上使用有机聚合物接枝制成悬浮液。涂层复合是在基层上先涂一层有机涂料，再在基层上涂覆一层无机涂料的一种装饰做法。

## 情境小结

1. 建筑装饰材料除满足装饰性要求以外，还应具有保护作用，满足相应的使用要求，有时还需具有一定的吸声性、隔声性和隔热保温性等。

2. 装饰材料的选用要满足功能性、装饰性、经济性、安全性、生态环保等原则。

3. 陶瓷类装饰材料主要包括内墙面砖、墙地砖、陶瓷锦砖建筑琉璃制品等的性质与选用。装饰石材主要包括天然石材和人造石材的性质与选用。金属类装饰材料主要包括装饰用铝合金制品、装饰用钢板等。建筑玻璃及其制品主要介绍建筑玻璃的分类及应用，安全玻璃、节能玻璃的选用。常见建筑装饰涂料有：有机建筑涂料、无机建筑涂料、复合建筑涂料。

## 习题

一、填空题

1. 建筑装饰材料除满足_____要求以外，还应具有_____作用，满足相应的使用要求，有时还需具有一定的_____、_____和_____等。

2. 装饰材料的选用要满足_____、_____、_____和_____等原则。

3. 装饰石材主要包括_____石材和_____石材两类。

4. 常见建筑装饰涂料按化学成分可分为_____、_____、_____。

5. 建筑安全玻璃主要包括_____、_____和_____。

二、判断题

1. 花岗石板材是酸性石材，不怕酸雨，强度大、硬度高，因此可以用于室内、外墙面、地面、柱面、台阶等。（　　　）

2. 釉面砖又称瓷砖、瓷片，是以难熔粘土为主要原料、二次或一次烧成的精陶制品，属于炻质砖。主要适用于室内墙面、柱面、台面、电梯门脸等。（　　　）

3. 玻璃是典型脆性材料，导热系数大，导热性好。（　　　）

4. 空心玻璃砖是一种具有干燥空气层的空腔，并周边均密封的玻璃制品，因此保温

绝热性能和隔声性能好。（　　　）

5. 大理石是变质岩，为碱性石材。（　　　）

三、选择题

1. 合成树脂乳液内墙涂料（又名内墙乳胶漆）的质量等级可分为_____。

A. 合格品　　　　　　　　　　　　B. 一等品、合格品

C. 优等品、一等品、合格品　　　　D. 特等品、优等品、一等品、合格品

2. 在下列玻璃中，_____可以作为防火玻璃，可起隔绝火势的作用。

A. 钢化玻璃　　　B. 夹丝玻璃　　　C. 镀膜玻璃　　　D. 夹层玻璃

3. _____俗称青石。

A. 石灰石　　　　B. 花岗石　　　　C. 大理石　　　　D. 砂石

4. _____外形大致方正，一般不加工或仅稍加修整，高度不应小于 200mm，叠砌面凹入深度不大于 20mm。

A. 细料石　　　　B. 毛料石　　　　C. 粗料石　　　　D. 半细料石

5. 汉白玉是一种白色的_____。

A. 石灰岩　　　　B. 凝灰岩　　　　C. 大理岩　　　　D. 花岗岩

四、回答题

1. 花岗石和大理石外观、性能及应用范围上有何区别？

2. 建筑陶瓷主要有哪些品种？试举例说明。

3. 金属类装饰材料有什么样的特点？

4. 建筑装饰材料的选用原则有哪些？

5. 大理石为何常用于室内？

# 学习情境 9

## 绝热、吸声与隔声材料的选择与应用

### 学习目标

通过对绝热、吸声与隔声材料的学习，了解绝热、吸声和隔声材料的概念、主要性能指标，熟悉绝热、吸声材料的特性及主要用途。

### 学习要求

| 知识要点 | 能力要求 | 比重 |
|---|---|---|
| 绝热材料 | （1）懂得导热系数的意义<br>（2）会根据实际工程合理选择绝热材料 | 50% |
| 吸声材料和隔声材料 | （1）懂得吸声系数的意义<br>（2）会根据实际工程合理选择绝热材料<br>（3）懂得吸声材料和隔声材料的区别 | 50% |

# 任务9.1　绝热材料的选用

**引 例 1**

现在人们对居住条件要求越来越高，对建筑节能越来越重视。许多新建甚至已建房屋在外墙覆盖一层白色的材料，这些材料起什么作用？

## 9.1.1　绝热材料的作用和基本要求

在建筑中，习惯上把用于控制室内热量外流的材料叫作保温材料；把防止室外热量进入室内的材料叫作隔热材料。保温、隔热材料统称为绝热材料，如图9.1所示。

**1. 绝热材料的作用**

建筑绝热保温材料是建筑节能的物质基础。性能优良的建筑绝热保温材料和良好的保温技术，在建筑和工业保温中往往可起到事半功倍的效果。统计表明，建筑中每使用1t矿物棉绝热制品，每年可节约1t燃油。

**图9.1　绝热材料**

随着近年来对环境保护意识的增强，噪声污染对人们的健康和日常生活的危害日益为人们所重视，建筑的吸声功能在诸多建筑功能中的地位逐步增高。保温绝热材料由于其轻质及结构上的多孔特征，故具有良好的吸声性能。对于一般建筑物来说，吸声材料无需单独使用，其吸声功能是与保温绝热及装饰等其他新型建材相结合来实现的。因此在改善建筑物的吸声功能方面，新型建筑隔热保温材料起着其他材料所无法替代的作用。

**2. 绝热材料的基本要求**

导热性指材料传递热量的能力。材料的导热能力用导热系数 $\lambda$ 表示。导热系数的物理意义为：在稳定传热条件下，当材料层单位厚度内的温差为1℃时，在1h内通过1m² 表面积的热量。材料导热系数越大，导热性能越好。工程上将导热系数 $\lambda < 0.23W/(m \cdot K)$ 的材料称为绝热材料。影响材料导热系数的因素有以下几点。

1) 材料本身性质

不同的材料导热系数不同。材料的导热系数由大到小为，金属材料>无机非金属材料>有机材料；液体较小，气体最小。相同组成的材料，结晶结构的导热系数最大，微晶结构次之，玻璃体结构最小，为了获取导热系数较低的材料，可通过改变其微观结构的方法来实现，如水淬矿渣即是一种较好的绝热材料。

2) 孔隙率及孔隙特征

孔隙率越大，材料导热系数越小。在孔隙相同时，孔径越大，孔隙间连通越多，导热系数越大，这是由于孔中气体产生对流。纤维状材料存在一个最佳表观密度，即在该密度时导热系数最小。当表观密度低于这个最佳值时，其导热系数有增大趋势。

3) 含水率

所有的保温材料都具有多孔结构，容易吸湿。当含湿率大于5%～10%，材料吸湿后湿分占据了原被空气充满的部分气孔空间，由于水的导热系数 $\lambda = 0.58\text{W}/(\text{m} \cdot \text{K})$，远大于空气，所以材料含水率增加后其导热系数将明显增加，若受冻(冰 $\lambda = 2.33\text{W}/(\text{m} \cdot \text{K})$，)则导热能力更大。

4）热流方向

导热系数与热流方向的关系，仅仅存在于各向异性的材料中，即在各个方向上构造不同的材料中。传热方向和纤维方向垂直时的绝热性能比传热方向和纤维方向平行时要好一些；同样，具有大量封闭气孔的材料的绝热性能也比具有大量开口气孔的要好一些。气孔质材料又进一步分成固体物质中有气泡和固体粒子相互轻微接触两种。纤维质材料从排列状态看，分为方向与热流向垂直和纤维方向与热流向平行两种情况。一般情况下纤维保温材料的纤维排列是后者或接近后者，同样密度条件下，其导热系数要比其他形态的多孔质保温材料的导热系数小得多。

室内外之间的热交换除了通过材料的传导传热方式外，辐射传热也是一种重要的传热方式，铝箔等金属薄膜，由于具有很强的反射能力，具有隔绝辐射传热的作用，因而也是理想的绝热材料。

### 9.1.2 常用绝热材料

绝热材料按照它们的化学组成可以分为无机绝热材料和有机绝热材料。

**1. 常用无机绝热材料**

1）多孔轻质类无机绝热材料

蛭石是一种有代表性的多孔轻质类无机绝热材料，它由云母类矿物经风化而成，具有层状结构，如图 9.2 所示。将天然蛭石经破碎、预热后快速通过煅烧带可使蛭石膨胀 20～30 倍。膨胀蛭石的导热系数约为 $0.046 \sim 0.070\text{W}/(\text{m} \cdot \text{K})$，可在 1000℃ 的高温下使用。主要用于建筑夹层，但需注意防潮。膨胀蛭石也可用水泥、水玻璃等胶结材胶结成板，用作板壁绝热，但导热系数值比松散状要大，一般为 $0.08 \sim 0.10\text{W}/(\text{m} \cdot \text{K})$。

2）纤维状无机绝热材料

（1）矿物棉。岩棉和矿渣棉统称矿物棉，由熔融的岩石经喷吹制成的纤维材料称为岩棉，如图 9.3 所示。由熔融矿渣经喷吹制成的纤维材料称为矿渣棉。将矿物棉与有机胶结剂结合可以制成矿棉板、毡、管壳等制品，其堆积密度约为 $45 \sim 150\text{kg}/\text{m}^3$，导热系数约为 $0.044 \sim 0.049\text{W}/(\text{m} \cdot \text{K})$。由于低堆积密度的矿棉内空气可发生对流而导热，因而，堆积密度低的矿物棉导热系数反而略高。最高使用温度约为 600℃。矿棉也可制成粒状棉用作填充材料，其缺点是吸水性大、弹性小。

图 9.2　蛭石

图 9.3　岩棉

（2）玻璃纤维。玻璃纤维一般分为长纤维和短纤维。短纤维由于相互纵横交错在一起，构成了多孔结构的玻璃棉，常用作绝热材料，如图9.4所示。玻璃棉堆积密度约45～150kg/m³，导热系数约为0.035～0.041W/(m·K)。玻璃纤维制品的纤维直径对其导热系数有较大影响，导热系数随纤维直径增大而增加。以玻璃纤维为主要原料的保温隔热制品主要有：沥青玻璃棉毡和酚醛玻璃棉板，以及各种玻璃毡、玻璃毯等，通常用于房屋建筑的墙体保温层。

3）泡沫状无机绝热材料

（1）泡沫玻璃。泡沫玻璃是用玻璃细粉和发泡剂(石灰石、碳化钙和焦炭)经粉磨、混合、装模、煅烧(800℃左右)而得到的多孔材料，如图9.5所示。泡沫玻璃导热系数小、抗压强度高、抗冻性好、耐久性好，并且对水分、水蒸气和其他气体具有不渗透性，还容易进行机械加工，可锯、钻、车及打钉等。表观密度为150～200kg/m³的泡沫玻璃，其导热系数约为0.042～0.048W/(m·K)，抗压强度达0.16～0.55MPa。泡沫玻璃作为绝热材料在建筑上主要用于保温墙体、地板、天花板及屋顶保温。可用于寒冷地区建筑低层的建筑物。

图9.4　8mm玻璃纤维短切丝

图9.5　泡沫玻璃

（2）多孔混凝土。多孔混凝土是指具有大量均匀分布、直径小于2mm的封闭气孔的轻质混凝土，主要有泡沫混凝土和加气混凝土。随着表观密度减小，多孔混凝土的绝热效果增加，但强度下降。

2. 常用有机绝热材料

1）泡沫塑料

泡沫塑料是以各种树脂为基料，加入各种辅助料经加热发泡制得的轻质保温材料。泡沫塑料目前广泛用作建筑上的保温隔音材料，其表观密度很小、隔热性能好、加工使用方便。常用的泡沫塑料有聚苯乙烯泡沫塑料、脲醛泡沫塑料、聚氨酯泡沫塑料、聚氯乙烯泡沫塑料、泡沫酚醛塑料等。

引 例 点 评

引例1中新建房屋的外表面覆盖的白色材料多数为泡沫塑料，起到墙体保温作用，是改善建筑热环境的一个重要手段，起到了节约能源的作用。

2）硬质泡沫橡胶

硬质泡沫橡胶用化学发泡法制成。特点是导热系数小而强度大。硬质泡沫橡胶的表观

密度在 $0.064 \sim 0.12 \text{g/cm}^3$ 之间。表观密度越小，保温性能越好，但强度越低。硬质泡沫橡胶的抗碱和盐的侵蚀能力较强，但强的无机酸及有机酸对它有侵蚀作用。它不溶于醇等弱溶剂，但易被某些强有机溶剂软化溶解。硬质泡沫橡胶为热塑性材料，耐热性不好，在 $65℃$ 左右开始软化。硬质泡沫橡胶有良好的低温性能，低温下强度较高且有较好的体积稳定性，可用于冷冻库。

3）植物纤维类绝热板

植物纤维类绝热材料可用稻草、木质纤维、麦秸、甘蔗渣等为原料经加工而成。其表观密度约为 $200 \sim 1200 \text{kg/m}^3$，热导率为 $0.058 \sim 0.307 \text{W/(m·K)}$，可用于墙体、地板、顶棚等，也可用于冷藏库、包装箱等。

4）窗用绝热薄膜（又名新型防热片）

窗用绝热薄膜其厚度约 $12 \sim 50 \mu m$，用于建筑物窗户的绝热，可以遮蔽阳光，防止室内陈设物褪色，减低冬季热量损失，节约能源，增加美感。使用时，将特制的防热片（薄膜）贴在玻璃上，其功能是将透过玻璃的大部分阳光反射出去，反射率高达 $80\%$。防热片能减少紫外线的透过率，减轻紫外线对室内家具和织物的有害作用，减弱室内的温度变化程度，也可避免玻璃碎片伤人。

常用绝热材料的技术性能及用途见表 9-1。

表 9-1  常用绝热材料的技术性能及用途

| 材料名称 | 表观密度/(kg/m³) | 强度/MPa | 热导率/[W/(m·K)] | 最高使用温度/℃ | 用途 |
|---|---|---|---|---|---|
| 超细玻璃棉毡 | $30 \sim 60$ | | 0.035 | $300 \sim 400$ | 墙体、屋面、冷藏等 |
| 沥青玻纤制品 | $100 \sim 150$ | | 0.041 | $250 \sim 300$ | |
| 矿渣棉纤维 | $110 \sim 130$ | | 0.044 | $\leqslant 600$ | 填充材料 |
| 岩棉纤维 | $80 \sim 150$ | $> 0.012$ | 0.044 | $250 \sim 600$ | 墙体、屋面、热力管道等 |
| 岩棉制品 | $80 \sim 160$ | | $0.04 \sim 0.052$ | $\leqslant 600$ | |
| 膨胀珍珠岩 | $40 \sim 300$ | — | 常温 $0.02 \sim 0.044$ 高温 $0.06 \sim 0.17$ 低温 $002 \sim 0.038$ | $\leqslant 800$ $(-200)$ | 高效能保温保冷填充材料 |
| 水泥膨胀珍珠岩制品 | $300 \sim 400$ | $0.5 \sim 1.0$ | 常温 $0.05 \sim 0.081$ 低温 $0.081 \sim 0.12$ | $\leqslant 600$ | 保温绝热用 |
| 水玻璃膨胀珍珠岩制品 | $200 \sim 300$ | $0.6 \sim 1.7$ | 常温 $0.056 \sim 0.092$ | $\leqslant 650$ | 保温绝热用 |
| 沥青膨胀珍珠岩制品 | $400 \sim 500$ | $0.2 \sim 12$ | $0.093 \sim 0.12$ | | 用于常温及负温 |
| 膨胀蛭石 | $80 \sim 900$ | — | $0.046 \sim 0.070$ | $1000 \sim 1100$ | 填充材料 |
| 水泥膨胀蛭石制品 | $300 \sim 500$ | $0.2 \sim 10$ | $0.076 \sim 0.105$ | $\leqslant 600$ | 保温绝热用 |
| 微孔硅酸钙制品 | 250 | $> 0.5$ $> 0.3$ | $0.041 \sim 0.056$ | $\leqslant 650$ | 围护结构及管道保温 |
| 轻质钙塑板 | $100 \sim 150$ | $0.1 \sim 03$ $0.7 \sim 0.11$ | 0.047 | 650 | 保温绝热兼防水性能，并具有装饰性能 |

续表

| 材料名称 | 表观密度/(kg/m³) | 强度/MPa | 热导率/[W/(m·K)] | 最高使用温度/℃ | 用　途 |
|---|---|---|---|---|---|
| 泡沫玻璃 | 150～600 | 0.55～15 | 0.058～0128 | 300～400 | 砌筑墙体及冷藏库绝热 |
| 泡沫混凝土 | 300～500 | ≥0.4 | 0.081～0.19 | — | 围护结构 |
| 加气混凝土 | 400～700 | ≥04 | 0:093～0.16 | — | 围护结构 |
| 木丝板 | 300～600 | 0.4～0.5 | 0.11～0.26 | — | 顶棚、隔墙板、护墙板 |
| 软质纤维板 | 150～400 | | 0.047～0.093 | — | 顶棚、隔墙板，护墙板表面较光洁 |
| 芦苇板 | 250～400 | | 0.093～0.3 | — | 顶棚、隔墙板 |
| 软木板 | 105～437 | 0.15～2.5 | 0.044～0.079 | ≤130 | 吸水率小，不霉腐、不燃烧，用于绝热结构 |
| 聚苯乙烯泡沫塑料 | 20～50 | 0.15 | 0.031～0.047 | — | 屋面、墙体保温绝热等 |
| 轻质聚氨酯泡沫塑料 | 30～40 | ≥2.02 | 0.037～0.055 | ≤120(-60) | 屋面、墙体保温，冷藏库绝热 |
| 聚氯乙烯泡沫塑料 | 12～72 | — | 0.045～0.081 | ≤70 | 屋面、墙体保温，冷藏库绝热 |

# 任务9.2　吸声与隔声材料的选用

## 引例　2

（1）影剧院或音乐厅的墙体表面覆盖一层多孔材料，为什么要这样做？

（2）高级宾馆的地面为什么铺了地毯？

### 9.2.1　吸声材料

吸声材料是指能在一定程度上吸收由空气传递的声波能量的材料。其主要作用是消耗声波的能量。吸声材料广泛用在音乐厅、影剧院、大会堂语音室等内部的墙面、地面、天棚等部位，适当布置吸声材料，能改善声波在室内传播的质量，保持良好的音响效果，同时也获得降燥或减排的效果。

这类材料的结构中充满了许多微小的孔隙和连通的气泡，当声波入射到吸声材料内互相贯通的孔隙时，声波将引起微孔及空隙间的空气运动，使紧靠孔壁或纤维表面处的空气受到阻碍不易振动，促使声波削弱。同时还由于小孔隙中空气的粘滞性，使部分声能转变为热能，孔壁纤维的热传导使其热能散失或被吸收掉，从而声波逐渐衰弱、消失。

#### 1.吸声材料的性能要求

吸声材料的吸声性能以吸声系数 $\alpha$ 表示。吸声系数的数值在 $0\sim1$ 之间，材料的吸声系数 $\alpha$ 越高，吸声效果越好。当需要吸收大量声能降低室内混响及噪声时，常常需要使用

高吸声系数的材料。如离心玻璃棉、岩棉等属于高吸声系数吸声材料，5cm 厚的 24 kg/m3 的离心玻璃棉的吸声系数可达到 0.95。

为全面反映材料的吸声性能，通常采用 125Hz、250Hz、500Hz、1000Hz、2000Hz、4000Hz 等 6 个频率的平均吸声系数表示材料吸声的频率特征。任何材料都能不同程度地吸收声音，通常把 6 个频率的平均吸声系数大于 0.2 的材料，称为吸声材料。常用材料吸声系数见表 9-2。

● 特 别 提 示

为发挥吸声材料的作用，材料的气孔应是开放的，且应相互连通。气孔越多，吸声性能越好。大多数吸声材料强度较低，设置时要注意避免撞坏。多孔的吸声材料易于吸湿，安装时应考虑到胀缩的影响，还应考虑防火、防腐、防蛀等问题。

表 9-2 常用材料的吸声系数

| 材料的类及名称 | | 厚度/cm | 各种频率/Hz 下的吸声系数 | | | | | | 装置情况 |
| --- | --- | --- | --- | --- | --- | --- | --- | --- | --- |
| | | | 125 | 250 | 500 | 1000 | 2000 | 4000 | |
| 无机材料 | 石膏板(有花纹) | — | 0.03 | 0.05 | 0.06 | 0.09 | 0.04 | 0.06 | 贴实 |
| | 水泥蛭石板 | 4.0 | — | 0.14 | 0.46 | 0.78 | 0.50 | 0.60 | 贴实 |
| | 石膏砂浆(掺水泥玻璃纤维) | 2.2 | 0.24 | 0.12 | 0.09 | 0.30 | 0.32 | 0.83 | 粉刷在墙上 |
| | 水泥膨胀珍珠岩板 | 5 | 0.16 | 0.46 | 0.64 | 0.48 | 0.56 | 0.56 | 贴实 |
| | 水泥砂浆 | 1.7 | 0.21 | 0.16 | 0.25 | 0.40 | 0.42 | 0.48 | |
| | 砖(清水墙面) | — | 0.02 | 0.03 | 0.04 | 0.04 | 0.05 | 0.05 | |
| 有机材料 | 软木板 | 2.5 | 0.05 | 0.11 | 0.25 | 0.63 | 0.70 | 0.70 | 贴实 |
| | 木丝板 | 3.0 | 0.10 | 0.36 | 0.62 | 0.53 | 0.71 | 0.90 | 钉在木龙骨上后留 5～10cm 的空气层 |
| | 胶合板(三夹板) | 0.3 | 0.21 | 0.73 | 0.21 | 0.19 | 0.08 | 0.12 | |
| | 穿孔五夹板 | 0.5 | 0.01 | 0.25 | 0.55 | 0.30 | 0.16 | 0.19 | |
| | 木花板 | 0.8 | 0.03 | 0.02 | 0.03 | 0.03 | 0.04 | — | |
| | 木制纤维板 | 1.1 | 0.06 | 0.15 | 0.28 | 0.30 | 0.33 | 0.31 | |
| 纤维材料 | 矿渣棉 | 3.13 | 0.10 | 0.21 | 0.60 | 0.95 | 0.85 | 0.72 | 贴实 |
| | 玻璃棉 | 5.0 | 0.06 | 0.08 | 0.18 | 0.44 | 0.72 | 0.82 | 贴实 |
| | 酚醛玻璃纤维板 | 8.0 | 0.25 | 0.55 | 0.80 | 0.92 | 0.98 | 0.95 | 贴实 |
| | 工业毛毡 | 3.0 | 0.10 | 0.28 | 0.55 | 0.60 | 0.60 | 0.56 | 紧贴于墙上 |
| 多孔材料 | 泡沫玻璃 | 4.4 | 0.11 | 0.32 | 0.52 | 0.44 | 0.52 | 0.33 | 贴实 |
| | 脲醛泡沫塑料 | 5.0 | 0.22 | 0.29 | 0.40 | 0.68 | 0.95 | 0.94 | 贴实 |
| | 泡沫水泥(外粉刷) | 2.0 | 0.18 | 0.05 | 0.22 | 0.48 | — | 0.32 | 紧贴墙 |
| | 吸声蜂窝板 | — | 0.27 | 0.12 | 0.42 | 0.86 | 0.48 | 0.30 | |
| | 泡沫塑料 | 1.0 | 0.03 | 0.06 | 0.12 | 0.41 | 0.85 | 0.67 | |

2. 影响材料吸声性能的主要因素

1) 材料的表观密度

对同一种多孔的材料而言，当表面密度增大，对低频的吸声效果有所提高，而对高频的牺牲效果则有所降低。

2) 材料厚度

同种材料增加厚度可以提高低频的吸声效果，而对高频吸声没有多大影响。

3) 材料的孔隙特征

材料的孔隙愈多愈细小吸声效果愈好。如果孔隙太大，则吸声效果较差。互相连通的开放的孔隙愈多，材料的吸声效果越好。

**特　别　提　示**

当多孔材料表面涂刷油漆或材料吸湿，由于材料孔隙大多被水分或涂料堵塞，吸声效果将大大降低。

4) 吸声材料设置的位置

悬挂在空中的吸声材料，可以控制室内的混响时间和降低噪声，同时吸声效果也比布置在墙面和顶棚效果好。

3. 建筑上常用吸声材料及其吸声结构

1) 多孔吸声材料

这种材料内部有大量的微小孔隙或空腔，彼此沟通。这类多孔材料的吸声系数一般从低频到高频逐渐增大，故对中频和高频的声音吸收效果较好。材料中的开放的、互相连通的、细致的气孔越多，其吸声性能越好。

**特　别　提　示**

影剧院或音乐厅的墙体表面覆盖的多孔材料为吸声材料，为了减少声音的反射，造成"混响"，改善音质。

2) 薄板振动吸声结构

建筑中通常是利用胶合板、石棉板、纤维板、薄木板等板材与墙面龙骨组成空腔，声腔作用于腔体形成共振，即构成薄板振动吸声结构。薄板振动吸声结构具有良好的低频吸声效果。

3) 共振吸声结构

共振吸声结构具有封闭的空腔和较小的开口，很像个瓶子。当瓶腔内空气受到外力激荡，会按一定的频率振动，因摩擦而消耗声能，这就是共振吸声器。为了获得较宽频带的吸声性能，常采用组合共振吸声结构。

4) 穿孔板组合共振吸声结构

穿孔板组合共振吸声结构与单独的共振吸声器相似，可看作是许多个单独共振器并联而成。这种吸声结构由穿孔的胶合板、硬质纤维板、石膏板、铝合板、薄钢板等，将周边固定在龙骨上，并在背后设置空气层而构成，在建筑中使用比较普遍。

5）柔性吸声材料

柔性吸声材料是具有密闭气孔和一定弹性的材料，如聚氯乙烯泡沫塑料，表面似为多孔材料，但因具有密闭气孔，声波引起的空气振动不易直接传递至材料内部，只能相应地产生振动，在振动过程中由于克服材料内部的摩擦而消耗了声能。

6）悬挂空间吸声体

悬挂于空间的吸声体，由于声波与吸声材料的两个或两个以上的表面接触，增加了有效的吸声面积，产生边缘效应，加上声波的衍射作用，提高了实际吸声效果。实际使用时，可根据不同要求，设计成各种形式的悬挂空间吸声体，有平板形、球形、圆锥形、棱锥形等多种形式。

7）帘幕吸声体

帘幕吸声体是用具有通气性能的纺织品，安装在离墙面或窗洞一定距离处，背后设置空气层。这类材料有灯芯绒、平绒、布材等，可用于中高频声波的吸收。帘幕的吸声效果与材料种类和褶纹有关。帘幕吸声体安装、拆卸方便，兼具装饰作用，应用价值较高。

## 9.2.2 隔声材料

### 1. 隔声材料

建筑上把主要起隔绝声音作用的材料称为隔声材料。隔声材料主要用于外墙、门窗、隔墙以及楼板地面等处。声音可分为通过空气传播的空气声和通过撞击或振动传播的固体声。两者的隔声原理截然不同，对围护结构的要求也不相同。固体声的隔绝主要是吸收，这和吸声材料是一致的；而空气声的隔绝主要是反射，因此必须选择密实、沉重的材料（如粘土砖、钢板等）作为隔声材料。

对于隔绝固体声音最有效的措施是采用不连续结构处理。即在墙壁和承重梁之间、房屋的框架和墙壁及楼板之间加弹性衬垫，这些衬垫的材料可以采用吸声材料，如毛毡、软木等。

门窗是建筑物围护结构中隔声最薄弱的部分，其相对于墙来说单位质量小，周边的缝隙也是传声的主要途径。提高门隔声能力的关键在于对门扇及其周边缝隙的处理。隔声门应为面密度较大的复合构造，轻质的夹板门可以铺贴强吸声材料；门扇边缘可以用橡胶、泡沫塑料等的垫圈、门条进行密封处理。

改善楼板隔绝撞击声性能的主要措施有：在承重楼板上铺设用塑料橡胶布、地毯、地板等软质弹性材料制成的弹性面层，可减弱楼板所受的撞击，减弱结构层的振动；在承重楼板下加设石膏板等吊顶，可以改善楼板隔绝空气噪声和撞击噪声的性能。

● 引 例 点 评

引例2中宾馆地面楼板铺上地毯后，减弱楼板所受的撞击，减弱结构层的振动，即减小了噪声。

### 2. 吸声材料和隔声材料的区别

吸声材料和隔声材料的区别在于：吸声材料着眼于声源一侧反射声能的大小，目标是反射声能要小。隔声材料着眼于入射声源另一侧的透射声能的大小，目标是透射声能要小。吸声材料对入射声能的衰减吸收，一般只有十分之几，因此，其吸声能力即吸声系数用小数表示（0～1之间）；而隔声材料可使透射声能衰减到入射声能的 3/10～4/10 或更小，为方便表达，其隔声量用分贝的计量方法表示，也就是声音降低多少分贝。

这两种材料在材质上的差异是吸声材料对入射声能的反射很小，这意味着声能容易进入和透过这种材料。它的结构特征是：材料中具有大量的、互相贯通的、从表到里的微孔，通常是用纤维状、颗粒状或发泡材料以形成多孔性结构，也即具有一定的透气性。当声波入射到多孔材料表面时，引起微孔中的空气振动，由于摩擦阻力和空气的黏滞阻力以及热传导作用，将相当一部分声能转化为热能，从而起吸声作用。

对于隔声材料，要减弱透射声能，阻挡声音的传播，就不能如同吸声材料那样疏松、多孔、透气；相反，它的材质应该是重而密实的，如铅板、钢板等一类材料。隔声材料材质的要求是密实无孔隙或缝隙、有较大的质量。由于这类隔声材料密实，难于吸收和透过声能而反射能强，所以它的吸声性能差。

3. 吸声、隔声材料的选用原则

建筑体的功能存在着千差万别，所以对声学材料的要求也是不一样的。如电影院、音乐厅、演讲厅除考虑材料对声音的影响外，还要考虑材料对厅内音质和音量的影响、材料的内装修功能以及成本、使用年限等问题。一般情况下选择吸声、隔声材料的基本要求如下。

（1）选择气孔是开放的且气孔互相连通的材料（开放连通的气孔，吸声性能好）。
（2）吸声材料强度低，设置部位要避免受碰撞。
（3）尽量选择吸声系数大的材料。
（4）房间各部件与吸声内装修的协调性。
（5）注意吸声材料与隔声材料的选择。

## 情境小结

1. 绝热、吸声与隔声材料是建筑工程中非常重要的功能材料。

2. 保温、隔热材料统称为绝热材料。绝热材料最突出的功能是它可以减少建筑物在使用过程中的能耗，从而节约能源，建筑绝热保温材料是建筑节能的物质基础。导热性指材料传递热量的能力。材料的导热能力用导热系数λ表示。材料导热系数越大，导热性能越好。影响材料导热系数的因素有材料本身性质、孔隙率及孔隙特征、含水率、热流方向等。

3. 绝热材料按照它们的化学组成可以分为无机绝热材料和有机绝热材料。

4. 吸声材料是指能在一定程度上吸收由空气传递的声波能量的材料。其主要作用是消耗声波的能量。这类材料的结构中充满了许多微小的孔隙和连通的气泡。建筑上把主要起隔绝声音作用的材料称为隔声材料。吸声材料和隔声材料的区别在于：吸声材料着眼于声源一侧反射声能的大小，目标是反射声能要小。隔声材料着眼于入射声源另一侧的透射声能的大小，目标是透射声能要小。

## 习题

一、填空题

1. 材料的导热能力用导热系数_____表示。材料导热系数越_____，导热性能＿＿＿＿＿＿＿。影响材料导热系数的因素有＿＿＿＿＿＿＿、＿＿＿＿＿＿＿、＿＿＿＿＿＿＿、＿＿＿＿＿＿＿等。

2. 保温、隔热材料统称为＿＿＿＿＿＿＿。

3. ＿＿＿＿＿＿＿是指能在一定程度上吸收由空气传递的声波能量的材料。其主要作用是＿＿＿＿＿＿＿。建筑上把主要起隔绝声音作用的材料称为＿＿＿＿＿＿＿。

4. 吸声材料的吸声性能以＿＿＿＿＿＿＿表示。

5. 将导热系数为＿＿＿＿＿＿＿的材料称为绝热材料。

二、单项选择题

1. 对保温隔热材料通常要求其导热系数不宜大于＿＿＿＿＿＿。
A. $0.4W/(m \cdot K)$    B. $0.23W/(m \cdot K)$    C. $0.175W/(m \cdot K)$    D. $0.1W/(m.K)$

2. ＿＿＿＿＿＿是指能在一定程度上吸收由空气传递的声波能量的材料，其主要作用是消耗声波的能量。
A. 吸声材料    B. 隔声材料    C. 绝热材料    D. 功能材料

3. 任何材料都能不同程度地吸收声音，通常把6个频率的平均吸声系数＿＿＿＿＿＿的材料，称为吸声材料。
A. 大于0.2    B. 大于0.23    C. 小于0.95    D. 等于0.5

4. 以下属于有机绝热材料的是＿＿＿＿＿＿。
A. 矿物棉    B. 玻璃纤维    C. 泡沫玻璃    D. 泡沫塑料

5. 材料的导热系数由大到小为，金属材料＞无机非金属材料＞有机材料，＿＿＿＿＿＿最小。
A. 气体    B. 液体    C. 金属    D. 冰

三、问答题

1. 什么叫绝热材料？在建筑上使用绝热材料的意义是什么？

2. 建筑工程对保温、绝热材料的基本要求是什么？

3. 常见吸声材料的结构形式有哪些？

4. 绝热材料导热系数的影响因素主要有哪些？

5. 吸声材料和隔声材料有何区别？

# 学习情境 10

# 建筑塑料的选择与应用

## 学习目标

通过对建筑塑料的学习，了解塑料的组成与种类，掌握典型建筑塑料的特性与应用。

## 学习要求

| 知识要点 | 能力要求 | 比重 |
| --- | --- | --- |
| 塑料的概念及建筑塑料的组成、特性 | (1) 懂得塑料的概念<br>(2) 懂得塑料的组成<br>(3) 能熟练说出塑料的特性 | 30％ |
| 塑料的种类 | 能说出塑料种类 | 30％ |
| 塑料的应用 | 能根据工程需要选择塑料 | 40％ |

**引 例**

建筑工程中使用的塑钢门窗、电气照明用设备的零件、开关插座及电气绝缘零件、保温用的泡沫塑料、装饰用地板、壁纸等为塑料制品。试分析塑料为什么能广泛用于建筑工程中。

塑料是以树脂(通常为合成树脂)为主要基料，与其他原料在一定条件下经混炼、塑化成型，在常温常压下能保持产品形状不变的材料。塑料在一定的温度和压力下具有较大的塑性，容易做成所需要的各种形状尺寸的制品，而成型以后，在常温下又能保持既得的形状和必需的强度。建筑塑料相对于传统的建筑材料而言，有着许多的优点，在建筑上可作为装饰材料、绝热材料、吸声材料、防火材料、墙体材料、管道及卫生洁具等。

# 任务 10.1　建筑塑料的基本知识

## 10.1.1　塑料的组成

塑料是以合成树脂为基本材料，再按一定比例加入填料、增塑剂、固化剂、着色剂及其他助剂等经加工而成的材料。

### 1. 合成树脂

合成树脂主要由碳、氢和少量的氧、氮、硫等原子以某种化学键结合而成的有机化合物。合成树脂是塑料的主要组成材料，在塑料中起胶粘剂的作用，它不仅能自身胶结，还能将塑料中的其他组分牢固地胶结在一起成为一个整体，使其具有加工成型的性能。合成树脂在塑料中的含量约为 30%～60%。塑料的名称常用其原料树脂的名称来命名，如聚氯乙烯、酚醛塑料等。

按分子中的碳原子之间结合形式的不同，合成树脂分子结构的几何形状有线型、支链型和体型(也称网状型)3 种。按受热时发生的变化不同，合成树脂分为热塑性树脂和热固性树脂两种。

### 1) 热塑性树脂

可反复加热软化、熔融，冷却时硬化的树脂为热塑性树脂。全部聚合树脂和部分缩合树脂为热塑性树脂。这种树脂刚度较小，抗冲击韧性好，耐热性较差。由热塑性树脂制成的塑料为热塑性塑料。如聚氯乙烯、聚乙烯、聚丙烯、聚苯乙烯等。

### 2) 热固性树脂

在第一次加热时软化、熔融而发生化学交联固化成型，以后再加热也不能软化、熔融或改变其形状，即只能塑制一次的树脂为热固性树脂。其耐热性好，刚度较大，但质地脆而硬。由热固性树脂制成的塑料为热固性塑料。如环氧树脂、酚醛树脂、有机硅塑料等。

**特 别 提 示**

热固性塑料的特点主要是表面硬度较高、耐热性好、耐电弧性能好，还具有耐矿物油、耐霉菌的作用。但耐水性较差，在水中长期浸泡后电气绝缘性能下降。

### 2. 填料

填料又称填充剂，它是绝大多数塑料中不可缺少的原料，通常占塑料组成材料的 40%～70%。其作用是为了提高塑料的强度、韧性、耐热性、耐老化性和抗冲击性等，同时也为了降低塑料的成本。常用的填料有滑石粉、硅藻土、石灰石粉、云母、石墨、石棉和玻璃纤维等，还可用木粉、纸屑、废棉及废布等。

### 3. 增塑剂

掺入增塑剂的目的是增加塑料的可塑性、柔软性、弹性、抗震性、耐寒性及伸长率等，但会降低塑料的强度与耐热性，对增塑剂的要求是要与树脂的混溶性好，无色、无毒、挥发性小。增塑剂一般用一些不易挥发的高沸点的液体有机化合物或低熔点的固体。常用的增塑剂有邻苯二甲酸二甲酯、邻苯二甲酸二丁酯、邻苯二甲酸二辛酯和磷酸三苯酯等。

### 4. 固化剂

固化剂又称硬化剂，其主要作用是使线型高聚物交联成体型高聚物，使树脂具有热固性。如环氧树脂常用的胺(乙二胺、二乙烯三胺、间苯二胺)，某些酚醛树脂常用的有六亚甲基四胺(乌洛托品)、酸酐类(邻苯二甲酸酐、顺丁烯二酸酐)及高分子类(聚酰胺树脂)。

### 5. 着色剂(色料)

加入的目的是将塑料染制成所需的颜色。着色剂的种类按其在着色介质中或水中的溶解性分为染料和颜料两大类。

染料是溶解在溶液中，靠离子或化学反应作用产生着色的化学物质。实际上染料都是有机物，其色泽鲜艳，着色性好，但其耐碱、耐热性差，受紫外线作用后易分解褪色。

颜料是基本不溶的微细粉末状物质，靠自身的光谱性吸收并反射特定的光谱而显色。塑料中所用的颜料，除具有优良的着色作用外，还可作为稳定剂和填充料，来提高塑料的性能，起到一剂多能的作用。在塑料制品中，常用的是无机颜料，如炭黑、铬黄等。

### 6. 其他助剂

为了改善或调节塑料的某些性能，以适应使用和加工的特殊要求，可在塑料中掺加各种不同的助剂，如稳定剂、阻燃剂、发泡剂、润滑剂及抗老化剂等。

在种类繁多的塑料助剂中，由于各种助剂的化学组成、物质结构不同，对塑料的作用机理及作用效果各异，因而由同种型号树脂制成的塑料，其性能会因助剂的不同而不同。

## 10.1.2 建筑塑料的主要特性

### 1. 塑料的优点

塑料能在建筑中得到广泛的应用，是由于它具有比其他建筑材料更为优越的性能。

(1) 优良的加工性能。塑料可以采用比较简便的方法加工成多种形状的产品，并采用机械化的大规模生产。

(2) 比强度高。即其强度与体积密度的比值远超过水泥、混凝土，接近或超过钢材，是一种优良的轻质高强材料。

(3) 质轻。塑料的密度在 $0.9\sim2.2g/mm^3$ 之间，平均为 $1.45g/mm^3$，约为铝的 1/2、

钢的 1/5、混凝土的 1/3，与木材相近。

(4) 热导率小。塑料制品的热传导能力较金属或岩石小，其导热能力约为金属的 1/500～1/600，混凝土的 1/40、砖的 1/20，是理想的绝热材料。

(5) 装饰、可用性高。塑料制品色彩绚丽，表面富有光泽，图案清晰，可以模仿天然材料的纹理达到以假乱真的程度。还可电镀、热压、烫金制成各种图案和花形，使其表面具有立体感和金属的质感，通过电镀技术处理，还可使塑料具有导电、耐磨和对电磁波的屏蔽作用等功能。

(6) 经济性。塑料建材无论是从生产时所消耗的能量或是在使用过程中的效果来看都有节能的作用。生产塑料的能耗低于传统材料，其范围为 $63～188kJ/m^3$，而钢材为 $316kJ/m^3$，铝材为 $617kJ/m^3$。

在使用过程中某些塑料产品具有节能效果，例如塑料窗隔热性好，代替钢窗可节省空调费用；塑料管内壁光滑，输水能力比铁管高 30%，因此，广泛使用塑料建筑材料有明显的经济效益和社会效益。

**2. 塑料的缺点**

(1) 耐热性差、易燃。塑料的耐热性差，受到较高温度的作用时会产生热变形，甚至产生分解。建筑中常用的热塑性塑料的热变形温度为 80℃～120℃，热固性塑料的热变形温度为 150℃左右。

塑料一般可燃，且燃烧时会产生大量的烟雾，甚至有毒气体。所以在生产过程中一般掺入一定量的阻燃剂，以提高塑料的耐燃性。但在重要的建筑物场所或易产生火灾的部位，不宜采用塑料装饰制品。

(2) 易老化。塑料在热、空气、阳光及环境介质中的酸、碱、盐等作用下，分子结构会产生递变，增塑剂等组分挥发，使塑料性能变差，甚至产生硬脆、破坏等。塑料的耐老化性可通过添加外加剂的方法得到明显改善，如某些塑料制品的使用年限可达 50 年左右，甚至更长。

(3) 热膨胀性大。塑料的热膨胀系数较大，因此在温差变化较大的场所使用塑料时，尤其是与其他材料结合时，应当考虑变形因素，以保证制品的正常使用。

(4) 刚度小。塑料的刚度小，其弹性模量较低，仅为钢材的 1/10，同时还具有较明显的徐变特性，因而塑料受力时会产生较大的变形。

## 10.1.3 常用建筑塑料

塑料在建筑工程中常用于管材、板材、门窗、壁纸、地毯、器皿、绝缘材料、装饰材料、防水材料及保温材料。用于生产中的塑料主要有以下几种。

**1. 聚氯乙烯（PVC）**

聚氯乙烯是多种塑料装饰材料的原料，如塑料壁纸、塑料地板、塑料扣板等。它是一种多功能的塑料，通过配方的变化，可以制成硬质、软质或轻质发泡的制品。

聚氯乙烯的耐燃性好，具有自熄性，耐一般的有机溶剂，但可溶于环乙酮和四氢呋喃等溶剂，利用这一点，PVC 制品可以用上述溶剂粘接。硬质 PVC 制品的耐老化性较好，力学性能相当好，但抗冲击性较差。通过加入抗冲击改性剂，其抗冲击能力能得到改善。

2. 聚乙烯(PE)

聚乙烯很易燃烧，燃烧时火焰呈淡蓝色并且熔融滴落，这会导致火焰的蔓延。因此在建筑材料的 PE 制品中通常加入阻燃剂以改善其耐燃性能。它是一种结晶性的聚合物，结晶度与密度有关，一般密度越高，结晶度也越高。PE 具有蜡状半透明的外观，透光率较低，耐溶剂性、柔性很好，耐低温性和抗冲击性比硬 PVC 好得多。

3. 聚丙烯(PP)

聚丙烯是塑料中相对密度较小的，约为 0.9g/cm 3 左右。它的燃烧性与 PE 接近，易燃，呈淡蓝色火焰并发生滴落，可能引起火焰蔓延。其耐热性和力学性能均优于 PE。聚丙烯的耐溶剂性也很好，常温下没有溶剂。聚丙烯的缺点是耐低温性较差，有一定的脆性。PE 和 PP 可用来生产管材和卫生洁具等。

4. 聚苯乙烯(PS)

聚苯乙烯为无色透明类似玻璃的塑料，透光率可达 88%～92%。PS 的机械强度较好，但抗冲击性较差，有脆性，敲击时有金属的清脆声音。燃烧时呈黄色火焰，并冒出大量黑烟。离开火源继续燃烧，发出特殊的苯乙烯气味。PS 能溶于苯、甲苯等芳香族溶剂。

5. 丙烯腈-丁二烯-苯乙烯塑料(ABS)

塑料 ABS 是一种橡胶改性的聚苯乙烯，无毒、无味，不透明，呈浅象牙色，相对密度为 $1.05g/cm^3$。ABS 有优良的力学性能，其冲击强度极好，可以在极低的温度下使用；可在 $-40\sim100℃$ 的温度范围内使用。ABS 的电绝缘性较好，并且几乎不受温度、湿度和频率的影响，可在大多数环境下使用。

ABS 不受水、无机盐、碱及多种酸的影响，但可溶于酮类、醛类及氯代烃中，受冰乙酸、植物油等侵蚀会产生应力开裂。ABS 的耐候性差，在紫外光的作用下易产生降解；于户外半年后，冲击强度下降一半。其抗冲击性很好，耐低温性也很好，耐热性也比 PS 好。

ABS 树脂的最大应用领域是汽车、电子电器和建材。包括汽车仪表板、车身外板、内装饰板、方向盘、隔音板等很多部件；在电器方面则广泛应用于电冰箱、电视机、洗衣机、空调器、计算机、复印机等电子电器中；建材方面应用于 S 管材、卫生洁具、装饰板等。此外，ABS 还广泛地应用于包装、家具、体育和娱乐用品、机械和仪表工业中。

6. 有机玻璃(PMMA)

有机玻璃是透光率最高的一种塑料，可达 92%，因此可代替玻璃，而且不易破碎，但其表面硬度比玻璃差，容易划伤。燃烧时呈淡蓝色火焰，顶端白色，无滴落，不冒烟，放出单体的典型气味。PMMA 具有优良的耐老化性，处热带气候下暴晒多年其透明性和色泽变化也很小，可用来制作护墙板和广告牌。

7. 不饱和聚酯(UP)

UP 是一种热固性树脂，未固化时是高粘度的液体。一般在室温下固化，固化时需加入固化剂和催促剂。由于可制造 UP 的原料种类很多，通过改变配方和工艺可以制得不同性能的 UP，以适应不同的需要，例如生产玻璃钢的 UP，作涂料用的韧性 UP 等。UP 的优点是工艺性能良好，可以不加压或在低压下成型，加工很方便，缺点是固化时收缩率较大，体积收缩为 7%～8%。UP 被大量用来生产玻璃钢制品。

### 8. 环氧树脂（EP）

环氧树脂也是一种热固性树脂，未固化时为高粘度液体或脆性固体，易溶于丙酮和二甲苯等溶剂，加入固化剂后可在室温或高温下固化。室温固化剂多为乙烯多胺，如二乙烯三案、三乙烯四胺；高温固化剂为邻二甲酸酐、液体酸酐等。EP 的突出特点是与各种材料有很强的粘结力，这是由于在固化后的 EP 分子中含有各种极性基因（胫基、醚键和环氧基）。

### 9. 聚氨酯（PU）

聚氨酯是性能优越的热固性树脂，可制成单组分或双组分的涂料、粘合剂泡沫塑料。根据组成的不同，PU 可以是软质的，也可以是硬质的。PU 的性能优异，其力学性能耐老化性能及耐热性能等都比 PVC 好很多。PV 作为建筑涂料使用，耐磨性、耐污性和耐老化性都很好。

### 10. 玻璃纤维增强塑料，玻璃钢（GRP）

GRP 是用玻璃纤维制品（纱、布、短切纤维、毡和无纺布等）增强 UP、EP 等树脂而得到的一类热固性塑料。它是一种复合材料，通过玻璃纤维的增强，得到机械强度很高的增强塑料，其强度甚至高于钢材，如图 10.1 所示。

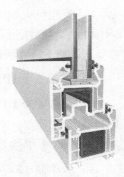

图 10.1　塑钢型材

## 任务 10.2　常用建筑塑料制品的选用

### 1. 塑料地板

塑料地板从广义上说，包括一切由有机物为主所制成的地面覆盖材料。目前最常用的塑料地板主要是聚氯乙烯（PVC）塑料地板，如图 10.2 所示。PVC 塑料地板具有色彩丰富，装饰效果好，耐湿性好，抗荷载性高和耐久性好等优点。由于 PVC 塑料具有较好的耐燃性和自熄性，所以成为塑料地板理想的原材料。PVC 塑料地板中除含 PVC 树脂外，还含有增强剂、稳定剂、加工润滑剂、填充料和颜料等，它们对 PVC 塑料地板的性能起到很大的影响，塑料地板的构造层次，如图 10.3 所示。

图 10.2　塑料地板

PVC 塑料地板的性能很多，其铺贴工艺简易、费用少、装饰效果好，不足之处是不耐烫、易污染、受锐器磕碰易受损。

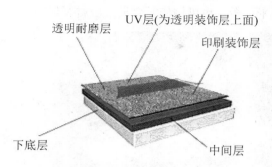

透明耐磨层
UV层(为透明装饰层上面)
印刷装饰层
下底层
中间层

图 10.3 塑料地板的构造层次

2. 塑料壁纸

塑料壁纸是以纸为基材，以聚氯乙烯塑料为面层，经压延、涂布以及印刷、压花、发泡等工艺制成的。因为塑料壁纸所用的树脂均为聚氯乙烯，所以也称聚氯乙烯壁纸。塑料壁纸有以下特点。

（1）具有一定的伸缩性和耐裂强度。

（2）装饰效果好。

（3）性能优越。

（4）粘贴方便。

（5）使用寿命长，易维修保养。

壁纸与其他各种装饰材料相比，其艺术性、经济性和功能性综合指标最佳。壁纸的图案色彩千变万化，适应不同用户所要求的丰富多彩的个性。选用时应以色调和图案为主要指标，综合考虑其价格和技术性能，以保证其装饰效果，如图 10.4 所示。

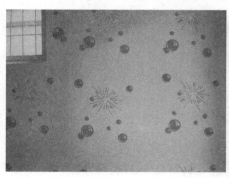

图 10.4 塑料壁纸

3. 塑料装饰板

塑料装饰板是指以树脂为浸渍材料或以树脂为基材，采用一定的生产工艺制成的具有装饰功能的普通或异形断面的板材。塑料装饰板材按原材料的不同可分为硬质 PVC 板、塑料贴面板（如三聚氰胺层压板）、有机玻璃装饰板、玻璃钢板、塑料金属复合板和聚碳酸酯采光板等类型。按结构和断面形式可分为平板、波形板、实体异形断面板、中空异形断面板、格子板及夹芯板等类型。塑料装饰板以其重量轻、装饰性强、生产工艺简单、施工简便、易于保养、适于与其他材料复合等特点在装饰工程中得到愈来愈广泛的应用。主要用作护墙板、屋面板和平顶板，也可用作复合夹心板材，如图 10.5 所示。

图 10.5　塑料装饰板

4. 塑钢门窗

塑钢门窗是以聚氯乙烯(PVC)树脂为主要原料，加一定比例的稳定剂、改性剂、填充剂和紫外线吸收剂等助剂，经挤出加工成型材，然后通过切割、焊接的方式制成门窗框、扇，配装上橡塑密封条、五金配件等附件而成，如图 10.6 所示。为增加型材的刚性，在型材空腔内添加钢衬，所以称之为塑钢门窗。其种类有平开门、窗，推拉门、窗，特殊规格可根据用户需要加工订制。构造分类为单框单玻、单框双玻两种。塑钢门窗的性能及特点有以下几点。

图 10.6　塑钢门窗

（1）保温、节能性能好。塑料型材为多腔式结构，具有良好的隔热性能。其传热系数特小，仅为钢材的 1/357、铝材的 1/1250。

（2）耐候性好。塑料型材采用特殊配方，有关部门通过人工加速老化试验表明，塑钢窗可长期使用于温差较大的环境中(−50～70℃)，烈日暴晒，潮湿都不会使塑钢门窗出现变质、老化和脆化等现象。

（3）防火性能好。塑钢门窗不自燃、不助燃、能自熄且安全可靠，这一性能更扩大了塑钢窗的使用范围。

（4）经济效益和社会效益。双玻塑钢窗的平均传热系数为 2.3W/(m·K)，每平方米每年节能 21.5kg/m² 标准煤。从生产能耗看，生产单位体积的 PVC 的能耗为钢的 1/4.5、铝的 1/8；在使用方面，采暖地区使用塑钢门窗与普通钢窗、铝窗相比节约采暖能耗

30%～50%。所以塑钢门窗是理想的代替钢材、木材的新型建筑材料，具有良好的经济效益和社会效益。

5. 塑料管材及其配件

塑料材料还被大量地用来生产各种塑料管线及配件，在电气安装、水暖安装工程中广泛使用。用来生产各种塑料管线的塑料材料主要为聚乙烯和聚丙烯塑料，生产出来的塑料管线可分为硬质、软质和半硬质 3 种。塑料管线及配件具有质轻、防腐蚀、耐酸碱、安装方便，无锈蚀及价格低廉等特点，因而得到广泛推广并且逐渐取代各种金属管线及配件。塑料管材作为化学建材的重要组成部分，以其优越的性能，卫生、环保、低耗等为广大用户所广泛接受，主要有 UPVC 排水管、UPVC 给水管、铝塑复合管、聚乙烯（PE）给水管材这几种，如图 10.7 所示。

塑料管线及配件可在电气安装工程中用于各种电线的敷设套管、各种电器配件（如开关、线盒等）及各种电线的绝缘护套等，如图 10.8 所示。

图 10.7　塑料管材及配件

图 10.8　管道供暖系统

◉ 知 识 链 接

NFβPP—R（H）塑料管材（图 10.9）是通过有机 βPP - R（H）材料同无机纳米材料在分子键上进行组装键合，以达到增强、增韧、耐高温、抗蠕变、降低线膨胀的目的。用改性的 PP 材料来复合抗拉纤维材料并生产的管材，该管材提升其耐高温使用性，并克服了塑料管材遇高温蠕变，使用寿命短、热变形温度低、尺寸不稳定等缺点。NFβPP - R（H）管材在采暖、空调、供热、供水等领域是一种非常理想的管道系统。

受力层　纳米加强层

阻氧层

图 10.9　NFβPP - R(H)塑料管材

▪▪ 情 境 小 结 ▪▪

1. 本情境介绍了建筑塑料的基本知识，常用建筑塑料品种，常用建筑塑料制品及其应用。

2. 塑料是由合成树脂、填料、助剂等组成。塑料按受热时性能变化的不同，可分为热塑性塑料和热固性塑料。塑料有着众多的优越性，如轻质高强、导热系数小、化学稳定性好、电绝缘性好等。但塑料也有一些缺点，如易老化、耐热性差、易燃、刚度小等。

3. 常用塑料主要有聚氯乙烯（PVC）、聚乙烯（PE）、聚丙烯（PP）、聚苯乙烯（PS）、丙烯腈-丁二烯-苯乙烯塑料（ABS）等。其中聚氯乙烯（PVC）是建筑中应用最广泛的塑料品种。此外建筑工程中还使用的塑料有有机玻璃（PMMA）、不饱和聚酯（UP）、环氧树脂（EP）、聚氨酯（PU）、玻璃钢（GRP）等。

4. 建筑塑料制品种类繁多，按其形状主要分为塑料板材、片材、管材等。如塑料地板、塑料壁纸、塑料门窗等。

## 习 题

### 一、填空题

1. 一般塑料对酸、碱、盐及油脂均有较好的_____能力。其中最为稳定的_____，仅能与熔融的碱金属反应，与其它化学物品均不起作用。

2. 由热固性树脂制成的酚醛塑料属_____塑料。

3. 按分子中的碳原子之间结合形式的不同，合成树脂分子结构的几何形状有_____、_____和_____三种。

4. 按受热时发生的变化不同，合成树脂分为_____树脂和_____树脂两种。

5. 塑料是以_____为基本材料，再按一定比例加入_____、_____、_____着色剂及其他助剂等经加工而成的材料。

### 二、判断题

1. 以塑料为基体、玻璃纤维为增强材料的复合材料，通常称为玻璃钢。（    ）

2. 液体状态的聚合物几乎全部无毒，而固化后的聚合物多半是有毒的。（    ）

3. 软聚氯乙烯薄膜能用于食品包装。（    ）

### 三、单项选择题

1. 合成树脂乳液内墙涂料（又名内墙乳胶漆）的质量等级可分为____。

A. 合格品　　　　　　　　　　B. 一等品、合格品

C. 优等品、一等品、合格品　　D. 特等品、优等品、一等品、合格品

2. ____是常用的热塑性塑料。

A. 氨基塑料　　　　　　　　　B. 三聚氰氨塑料

C. ABS 塑料　　　　　　　　　D. 脲醛塑料

3. 常用作食品保鲜膜的是____。

A. PS　　　　　B. PVC　　　　　C. PE　　　　　D. PMMA

### 四、多项选择题

1. 下列_____属于热塑性塑料。

A. 聚乙烯塑料　　　　　　　　B. 酚醛塑料

C. 聚苯乙烯塑料　　　　　　　　　D. 有机硅塑料

2. 能用于结构受力部位的粘结剂是_____。

A. 热固性树脂　　　B. 热塑性树脂　　　C. 橡胶　　　　　　D. B+C

3. 下列_____属于热固性塑料。

A. 聚乙烯塑料　　　B. 酚醛塑料　　　　C. 聚苯乙烯塑料　　D. 有机硅塑料

五、问答题

1. 塑料由哪些成分组成？

2. 塑钢门窗的性能及特点有哪些？

3. 塑料能在建筑中得到广泛的应用，是由于它具有哪些比其他建筑材料更为优越的性能？

# 参 考 文 献

[1] 张健. 建筑材料与检测 [M]. 2版. 北京：化学工业出版社，2007.

[2] 宋岩丽，等. 建筑材料与检测 [M]. 北京：人民交通出版社，2007.

[3] 柯国军. 土木工程材料 [M]. 北京：北京大学出版社，2006.

[4] 林祖宏. 建筑材料 [M]. 北京：北京大学出版社，2008.

[5] 范文昭. 建筑材料 [M]. 2版. 北京：中国建筑工业出版社，2007.

[6] 王秀花. 建筑材料 [M]. 北京：机械工业出版社，2006.

[7] 刘学应. 建筑材料 [M]. 北京：机械工业出版社，2009.

[8] 陈晓明，陈桂萍. 建筑材料 [M]. 北京：人民交通出版社 2008.

[9] 宋岩丽. 建筑材料与检测 [M]. 上海：同济大学出版社，2010.

[10] 卢经扬，等. 建筑材料与检测 [M]. 北京：中国建筑工业出版社，2010.

[11] 郭爱云. 实验员 [M]. 北京：中国电力出版社，2011.

[12] 张冬秀. 建筑工程材料的监测与选择 [M]. 天津：天津大学出版社，2011.

[13] 梅杨，等. 建筑材料与检测 [M]. 北京：北京大学出版社 2010.

[14] 曹文达，曹栋. 建筑工程材料 [M]. 北京：金盾出版社，2000.

[15]《〈通用硅酸盐水泥〉国家标准第一号修改单》GB 175－2007 /XG 1－2009 [S].

[16]《水泥取样方法》GB/T 12573－2008 [S].

[17]《水泥细度检验方法－筛析法》GB/T 1345－2005.

[18]《水泥标准稠度用水量、凝结时间、安定性检验方法》GB/T 1346－2011 [S].

[19]《水泥胶砂强度检验方法（ISO 法）》GB/T 17671－1999 [S].

[20]《白色硅酸盐水泥》GB/T 2015－2005 [S].

[21]《建筑生石灰》JC/T 479－1992 [S].

[22]《建筑生石灰粉》JC/T 480－1992 [S].

[23]《建筑消石灰粉》JC/T 481－1992 [S].

[24]《建筑石膏》GB/T 9776－2008 [S].

[25]《铝酸盐水泥》GB 201－2000 [S].

[26]《道路硅酸盐水泥》GB 13693－2005 [S].

[27]《中热硅酸盐水泥　低热硅酸盐水泥　低热矿渣硅酸盐水泥》GB 200－2003 [S].

[28]《抗硫酸盐硅酸盐水泥》GB 748－2005 [S].

[29]《砌筑水泥》GB/T 3183－2003 [S].

[30]《普通混凝土用砂、石质量及检验方法标准(附条文说明)》JGJ 52－2006 [S].

[31]《混凝土外加剂分类、命名与定义》GB 8075－2005 [S].

[32]《普通混凝土拌合物性能试验方法标准》GB/T 50080－2002 [S].

[33]《普通混凝土力学性能试验方法标准》GB/T 50081－2002 [S].

[34]《普通混凝土长期性能和耐久性试验方法标准》GB/T 50082－2009 [S].

[35]《普通混凝土配合比设计规程》JGJ 55－2011 [S].

[36]《混凝土结构设计规范》GB 50010－2010 [S].

[37]《混凝土防冻剂》JC 475－2004 [S].

[38]《用于水泥和混凝土中的粉煤灰》GB/T 1596－2005 [S].

[39]《砂浆和混凝土用硅灰》GB/T 27690－2011 [S].

[40]《用于水泥和混凝土中的粒化高炉矿渣》GB/T 18046－2008 [S].

[41]《轻骨料及其试验方法》GB/T 17431—2010 [S].

[42]《混凝土外加剂中释放氨的限量》GB 18588—2001 [S].

[43]《混凝土外加剂应用技术规范》GB 50119—2003 [S].

[44]《用于水泥和混凝土中的粒化高炉矿渣》GB/T 18046—2008 [S].

[45]《建筑砂浆基本性能试验方法标准》JGJ/T 70—2009 [S].

[46]《预拌砂浆》JG/T 230—2007 [S].

[47]《砌墙砖检测方法》GB/T 2542—2003 [S].

[48]《烧结普通砖》GB 5101—2003 [S].

[49]《粉煤灰砖》JC 239—2001 [S].

[50]《烧结空心砖和空心砌块》GB 13545—2003 [S].

[51]《蒸压加气混凝士砌块标准》GB 11968—2006 [S].

[52]《轻集料混凝土小型空心砌块》GB/T 15229—2002 [S].

[53]《蒸压加气混凝土板》GB 15762—2008 [S].

[54]《纸面石膏板》GB/T 9775—2008 [S].

[55]《蒸压加气混凝土性能检测方法》GB/T 11969—2008 [S].

[56]《金属材料　拉伸试验　第1部分：室温试验方法》GB/T 228.1—2010 [S].

[57]《金属材料弯曲试验方法》GB/T 232—2010 [S].

[58]《钢筋混凝土用钢　第1部分：热轧光圆钢筋》GB 1499.1—2008 [S].

[59]《钢筋混凝土用钢　第2部分：热轧带肋钢筋》GB 1499.2—2007 [S].

[60]《型钢验收包装标志及质量证明书的一般规定》GB/T 2101—2008 [S].

[61]《钢筋焊接接头试验方法标准》JGJ/T 27—2001 [S].

[62]《钢筋焊接及验收规程》JGJ/T 18—2012 [S].

[63]《沥青取样法》GB/T 11147—2010 [S].

[64]《建筑石油沥青》GB/T 494—2010 [S].

[65]《道路石油沥青》SH/T 0522—2000 [S].

[66]《沥青针入度测定法》GB/T 4509—2010 [S].

[67]《沥青延度测定法》GB/T 4508—2010 [S].

[68]《沥青软化点测定法（环球法）》GB/T—4507—1999 [S].

[69]《弹性体改性沥青防水卷材》GB 18242—2008 [S].

[70]《建筑防水卷材试验方法》GB/T 328—2007 [S].

[71]《铝箔面石油沥青防水卷材》JC/T 504—2007 [S].

[72]《木材物理力学试验方法》GB 1927—1943—2009 [S].

[73]《石油沥青纸胎油毡》GB 326—2007 [S].

# 北京大学出版社高职高专土建系列规划教材

| 序号 | 书名 | 书号 | 编著者 | 定价 | 出版时间 | 印次 | 配套情况 |
|---|---|---|---|---|---|---|---|
| | | 基 础 课 程 | | | | | |
| 1 | 工程建设法律与制度 | 978-7-301-14158-8 | 唐茂华 | 26.00 | 2012.7 | 6 | ppt/pdf |
| 2 | 建设法规及相关知识 | 978-7-301-22748-0 | 唐茂华等 | 34.00 | 2014.9 | 2 | ppt/pdf |
| 3 | 建设工程法规(第2版) | 978-7-301-24493-7 | 皇甫婧琪 | 40.00 | 2014.8 | 3 | ppt/pdf/答案/素材 |
| 4 | 建筑工程法规实务(第2版) | 978-7-301-26188-0 | 杨陈慧等 | 50.00 | 2015.8 | 1 | ppt/pdf |
| 5 | 建筑法规 | 978-7-301-19371-6 | 董伟等 | 39.00 | 2013.1 | 4 | ppt/pdf |
| 6 | 建设工程法规 | 978-7-301-20912-7 | 王先恕 | 32.00 | 2012.7 | 4 | ppt/ pdf |
| 7 | AutoCAD 建筑制图教程(第2版) | 978-7-301-21095-6 | 郭 慧 | 38.00 | 2014.12 | 7 | ppt/pdf/素材 |
| 8 | AutoCAD 建筑绘图教程(第2版) | 978-7-301-24540-8 | 唐英敏等 | 44.00 | 2014.7 | 1 | ppt/pdf |
| 9 | 建筑 CAD 项目教程(2010版) | 978-7-301-20979-0 | 郭 慧 | 38.00 | 2012.9 | 2 | pdf/素材 |
| 10 | 建筑工程专业英语 | 978-7-301-15376-5 | 吴承霞 | 20.00 | 2013.8 | 8 | ppt/pdf |
| 11 | 建筑工程专业英语 | 978-7-301-20003-2 | 韩薇等 | 24.00 | 2014.7 | 2 | ppt/pdf |
| 12 | ★建筑工程应用文写作(第2版) | 978-7-301-24480-7 | 赵立等 | 50.00 | 2014.7 | 1 | ppt/pdf |
| 13 | 建筑识图与构造(第2版) | 978-7-301-23774-8 | 郑贵超 | 40.00 | 2014.12 | 2 | ppt/pdf/答案 |
| 14 | 建筑构造 | 978-7-301-21267-7 | 肖 芳 | 34.00 | 2014.12 | 4 | ppt/ pdf |
| 15 | 房屋建筑构造 | 978-7-301-19883-4 | 李少红 | 26.00 | 2012.1 | 4 | ppt/pdf |
| 16 | 建筑识图 | 978-7-301-21893-8 | 邓志勇等 | 35.00 | 2013.1 | 2 | ppt/ pdf |
| 17 | 建筑识图与房屋构造 | 978-7-301-22860-9 | 贠禄等 | 54.00 | 2015.1 | 2 | ppt/pdf /答案 |
| 18 | 建筑构造与设计 | 978-7-301-23506-5 | 陈玉萍 | 38.00 | 2014.1 | 1 | ppt/pdf /答案 |
| 19 | 房屋建筑构造 | 978-7-301-23588-1 | 李元玲等 | 45.00 | 2014.1 | 2 | ppt/pdf |
| 20 | 房屋建筑构造习题集 | 978-7-301-26005-0 | 李元玲 | 26.00 | 2105.8 | 1 | pdf |
| 21 | 建筑构造与施工图识读 | 978-7-301-24470-8 | 南学平 | 52.00 | 2015.7 | 1 | ppt/pdf/答案 |
| 22 | 建筑工程制图与识图(第2版) | 978-7-301-24408-1 | 白丽红 | 29.00 | 2014.7 | 1 | ppt/pdf |
| 23 | 建筑制图习题集(第2版) | 978-7-301-24571-2 | 白丽红 | 25.00 | 2014.8 | 1 | pdf |
| 24 | 建筑制图(第2版) | 978-7-301-21146-5 | 高丽荣 | 32.00 | 2015.4 | 5 | ppt/pdf |
| 25 | 建筑制图习题集(第2版) | 978-7-301-21288-2 | 高丽荣 | 28.00 | 2014.12 | 5 | pdf |
| 26 | 建筑工程制图(第2版)(附习题册) | 978-7-301-21120-5 | 肖明和 | 48.00 | 2012.8 | 3 | ppt/pdf |
| 27 | 建筑制图与识图(第2版)(新规范) | 978-7-301-24386-2 | 曹雪梅 | 38.00 | 2015.8 | 1 | ppt/pdf |
| 28 | 建筑制图与识图习题册 | 978-7-301-18652-7 | 曹雪梅等 | 30.00 | 2012.4 | 4 | pdf |
| 29 | 建筑制图与识图 | 978-7-301-20070-4 | 李元玲 | 28.00 | 2012.8 | 5 | ppt/pdf |
| 30 | 建筑制图与识图习题集 | 978-7-301-20425-2 | 李元玲 | 24.00 | 2012.3 | 4 | ppt/pdf |
| 31 | 新编建筑工程制图 | 978-7-301-21140-3 | 方筱松 | 30.00 | 2014.8 | 2 | ppt/ pdf |
| 32 | 新编建筑工程制图习题集 | 978-7-301-16834-9 | 方筱松 | 22.00 | 2014.1 | 2 | pdf |
| 33 | 建筑工程概论 | 978-7-301-25934-4 | 申淑荣等 | 40.00 | 2015.8 | 1 | ppt |
| | | 建 筑 施 工 类 | | | | | |
| 1 | 建筑工程测量 | 978-7-301-16727-4 | 赵景利 | 30.00 | 2010.2 | 12 | ppt/pdf /答案 |
| 2 | 建筑工程测量(第2版) | 978-7-301-22002-3 | 张敬伟 | 37.00 | 2015.4 | 6 | ppt/pdf /答案 |
| 3 | 建筑工程测量实验与实训指导(第2版) | 978-7-301-23166-1 | 张敬伟 | 27.00 | 2013.9 | 2 | pdf/答案 |
| 4 | 建筑工程测量 | 978-7-301-19992-3 | 潘益民 | 38.00 | 2012.2 | 2 | ppt/ pdf |
| 5 | 建筑工程测量 | 978-7-301-13578-5 | 王金玲等 | 26.00 | 2011.8 | 3 | pdf |
| 6 | 建筑工程测量实训(第2版) | 978-7-301-24833-1 | 杨凤华 | 34.00 | 2015.1 | 1 | pdf/答案 |
| 7 | 建筑工程测量(含实验指导手册) | 978-7-301-19364-8 | 石 东等 | 43.00 | 2012.6 | 3 | ppt/pdf/答案 |
| 8 | 建筑工程测量 | 978-7-301-22485-4 | 景 铎等 | 34.00 | 2013.6 | 1 | ppt/pdf |
| 9 | 建筑施工技术(第2版) | 978-7-301-25788-3 | 陈雄辉 | 48.00 | 2015.7 | 1 | ppt/pdf |
| 10 | 建筑施工技术 | 978-7-301-12336-2 | 朱永祥等 | 38.00 | 2012.4 | 7 | ppt/pdf |
| 11 | 建筑施工技术 | 978-7-301-16726-7 | 叶 雯等 | 44.00 | 2013.5 | 6 | ppt/pdf /素材 |
| 12 | 建筑施工技术 | 978-7-301-19499-7 | 董伟等 | 42.00 | 2011.9 | 2 | ppt/pdf |
| 13 | 建筑施工技术 | 978-7-301-19997-8 | 苏小梅 | 38.00 | 2013.5 | 3 | ppt/pdf |
| 14 | 建筑工程施工技术(第2版) | 978-7-301-21093-2 | 钟汉华等 | 48.00 | 2013.8 | 7 | ppt/pdf |
| 15 | 数字测图技术 | 978-7-301-22656-8 | 赵 红 | 36.00 | 2013.6 | 1 | ppt/pdf |
| 16 | 数字测图技术实训指导 | 978-7-301-22679-7 | 赵 红 | 27.00 | 2013.6 | 1 | ppt/pdf |
| 17 | 基础工程施工 | 978-7-301-20917-2 | 董伟等 | 35.00 | 2012.7 | 2 | ppt/pdf |
| 18 | 建筑施工技术实训(第2版) | 978-7-301-24368-8 | 周晓龙 | 30.00 | 2014.12 | 2 | pdf |

| 序号 | 书名 | 书号 | 编著者 | 定价 | 出版时间 | 印次 | 配套情况 |
|---|---|---|---|---|---|---|---|
| 19 | 建筑力学(第2版) | 978-7-301-21695-8 | 石立安 | 46.00 | 2014.12 | 5 | ppt/pdf |
| 20 | ★土木工程实用力学(第2版) | 978-7-301-24681-8 | 马景善 | 47.00 | 2015.7 | 1 | pdf/ppt/答案 |
| 21 | 土木工程力学 | 978-7-301-16864-6 | 吴明军 | 38.00 | 2011.11 | 2 | ppt/pdf |
| 22 | PKPM软件的应用(第2版) | 978-7-301-22625-4 | 王娜等 | 34.00 | 2013.6 | 3 | Pdf |
| 23 | 建筑结构(第2版)(上册) | 978-7-301-21106-9 | 徐锡权 | 41.00 | 2013.4 | 3 | ppt/pdf/答案 |
| 24 | 建筑结构(第2版)(下册) | 978-7-301-22584-4 | 徐锡权 | 42.00 | 2013.6 | 2 | ppt/pdf/答案 |
| 25 | 建筑结构(第2版)(新规范) | 978-7-301-25832-3 | 唐春平等 | 48.00 | 2015.8 | 1 | ppt/pdf |
| 26 | 建筑结构基础 | 978-7-301-21125-0 | 王中发 | 36.00 | 2012.8 | 2 | ppt/pdf |
| 27 | 建筑结构原理及应用 | 978-7-301-18732-6 | 史美东 | 45.00 | 2012.8 | 1 | ppt/pdf |
| 28 | 建筑力学与结构(第2版) | 978-7-301-22148-8 | 吴承霞 | 49.00 | 2013.4 | 6 | ppt/pdf/答案 |
| 29 | 建筑力学与结构(少学时版) | 978-7-301-21730-6 | 吴承霞 | 34.00 | 2013.2 | 4 | ppt/pdf/答案 |
| 30 | 建筑力学与结构 | 978-7-301-20988-2 | 陈水广 | 32.00 | 2012.8 | 1 | pdf/ppt |
| 31 | 建筑力学与结构 | 978-7-301-23348-1 | 杨丽君等 | 44.00 | 2014.1 | 1 | ppt/pdf |
| 32 | 建筑结构与施工图 | 978-7-301-22188-4 | 朱希文等 | 35.00 | 2013.3 | 2 | ppt/pdf |
| 33 | 生态建筑材料 | 978-7-301-19588-2 | 陈剑峰等 | 38.00 | 2013.7 | 2 | ppt/pdf |
| 34 | 建筑材料(第2版) | 978-7-301-24633-7 | 林祖宏 | 35.00 | 2014.8 | 1 | ppt/pdf |
| 35 | 建筑材料与检测(第2版) | 978-7-301-25347-2 | 梅杨等 | 33.00 | 2015.2 | 1 | ppt/pdf/答案 |
| 36 | 建筑材料检测试验指导 | 978-7-301-16729-8 | 王美芬等 | 18.00 | 2014.12 | 7 | pdf |
| 37 | 建筑材料与检测 | 978-7-301-19261-0 | 王辉 | 35.00 | 2012.6 | 5 | ppt/pdf |
| 38 | 建筑材料与检测试验指导 | 978-7-301-20045-2 | 王辉 | 20.00 | 2013.1 | 3 | ppt/pdf |
| 39 | 建筑材料选择与应用 | 978-7-301-21948-5 | 申淑荣等 | 39.00 | 2013.3 | 3 | ppt/pdf |
| 40 | 建筑材料检测实训 | 978-7-301-22317-8 | 申淑荣等 | 24.00 | 2013.4 | 1 | pdf |
| 41 | 建筑材料 | 978-7-301-24208-7 | 任晓菲 | 40.00 | 2014.7 | 1 | ppt/pdf/答案 |
| 42 | 建设工程监理概论(第2版) | 978-7-301-20854-0 | 徐锡权等 | 43.00 | 2014.12 | 5 | ppt/pdf/答案 |
| 43 | ★建设工程监理(第2版) | 978-7-301-24490-6 | 斯庆 | 35.00 | 2014.9 | 1 | ppt/pdf/答案 |
| 44 | 建设工程监理概论 | 978-7-301-15518-9 | 曾庆军等 | 24.00 | 2012.12 | 5 | ppt/pdf |
| 45 | 工程建设监理案例分析教程 | 978-7-301-18984-9 | 刘志麟等 | 38.00 | 2013.2 | 2 | ppt/pdf |
| 46 | 地基与基础(第2版) | 978-7-301-23304-7 | 肖明和等 | 42.00 | 2014.12 | 2 | ppt/pdf/答案 |
| 47 | 地基与基础 | 978-7-301-16130-2 | 孙平平等 | 26.00 | 2013.2 | 3 | ppt/pdf |
| 48 | 地基与基础实训 | 978-7-301-23174-6 | 肖明和等 | 25.00 | 2013.10 | 1 | ppt/pdf |
| 49 | 土力学与地基基础 | 978-7-301-23675-8 | 叶火炎等 | 35.00 | 2014.1 | 1 | ppt/pdf |
| 50 | 土力学与基础工程 | 978-7-301-23590-4 | 宁培淋等 | 32.00 | 2014.1 | 1 | ppt/pdf |
| 51 | 建筑工程质量事故分析(第2版) | 978-7-301-22467-0 | 郑文新 | 32.00 | 2014.12 | 3 | ppt/pdf |
| 52 | 建筑工程施工组织设计 | 978-7-301-18512-4 | 李源清 | 26.00 | 2014.12 | 7 | ppt/pdf |
| 53 | 建筑工程施工组织实训 | 978-7-301-18961-0 | 李源清 | 40.00 | 2014.12 | 4 | ppt/pdf |
| 54 | 建筑施工组织与进度控制 | 978-7-301-21223-3 | 张廷瑞 | 36.00 | 2012.9 | 3 | ppt/pdf |
| 55 | 建筑施工组织项目式教程 | 978-7-301-19901-5 | 杨红玉 | 44.00 | 2012.1 | 2 | ppt/pdf/答案 |
| 56 | 钢筋混凝土工程施工与组织 | 978-7-301-19587-1 | 高雁 | 32.00 | 2012.5 | 2 | ppt/pdf |
| 57 | 钢筋混凝土工程施工与组织实训指导(学生工作页) | 978-7-301-21208-0 | 高雁 | 20.00 | 2012.9 | 1 | ppt |
| 58 | 建筑材料检测试验指导 | 978-7-301-24782-2 | 陈东佐等 | 20.00 | 2014.9 | 1 | ppt |
| 59 | ★建筑节能工程与施工 | 978-7-301-24274-2 | 吴明军等 | 35.00 | 2014.11 | 1 | ppt/pdf |
| 60 | 建筑施工工艺 | 978-7-301-24687-0 | 李源清等 | 49.50 | 2015.1 | 1 | pdf/ppt/答案 |
| 61 | 土力学与地基基础 | 978-7-301-25525-4 | 陈东佐 | 45.00 | 2015.2 | 1 | ppt/ pdf/答案 |
| | **工 程 管 理 类** | | | | | | |
| 1 | 建筑工程经济(第2版) | 978-7-301-22736-7 | 张宁宁等 | 30.00 | 2013.7 | 7 | ppt/pdf/答案 |
| 2 | ★建筑工程经济(第2版) | 978-7-301-24492-0 | 胡六星等 | 41.00 | 2014.9 | 2 | ppt/pdf/答案 |
| 3 | 建筑工程经济 | 978-7-301-24346-6 | 刘晓丽等 | 38.00 | 2014.7 | 2 | ppt/pdf/答案 |
| 4 | 施工企业会计(第2版) | 978-7-301-24434-0 | 辛艳红等 | 36.00 | 2014.7 | 1 | ppt/pdf/答案 |
| 5 | 建筑工程项目管理 | 978-7-301-12335-5 | 范红岩等 | 30.00 | 2012.4 | 9 | ppt/pdf |
| 6 | 建设工程项目管理(第2版) | 978-7-301-24683-2 | 王辉 | 36.00 | 2014.9 | 2 | ppt/pdf/答案 |
| 7 | 建设工程项目管理 | 978-7-301-19335-2 | 冯松山等 | 38.00 | 2013.11 | 3 | pdf/ppt |
| 8 | ★建设工程招投标与合同管理(第3版) | 978-7-301-24483-8 | 宋春岩 | 40.00 | 2014.9 | 4 | ppt/pdf/答案/试题/教案 |
| 9 | 建筑工程招投标与合同管理 | 978-7-301-16802-8 | 程超胜 | 30.00 | 2012.9 | 2 | pdf/ppt |

| 序号 | 书名 | 书号 | 编著者 | 定价 | 出版时间 | 印次 | 配套情况 |
|---|---|---|---|---|---|---|---|
| 10 | 工程招投标与合同管理实务(第2版) | 978-7-301-25769-2 | 杨甲奇等 | 49.00 | 2015.8 | 1 | ppt/pdf/答案 |
| 11 | 工程招投标与合同管理实务 | 978-7-301-19290-0 | 郑文新等 | 43.00 | 2012.4 | 2 | ppt/pdf/答案 |
| 12 | 建设工程招投标与合同管理实务 | 978-7-301-20404-7 | 杨云会等 | 42.00 | 2012.4 | 2 | ppt/pdf/答案/习题库 |
| 13 | 工程招投标与合同管理 | 978-7-301-17455-5 | 文新平 | 37.00 | 2012.9 | 1 | ppt/pdf/答案 |
| 14 | 工程项目招投标与合同管理(第2版) | 978-7-301-24554-5 | 李洪军等 | 42.00 | 2014.12 | 2 | ppt/pdf/答案 |
| 15 | 工程项目招投标与合同管理(第2版) | 978-7-301-22462-5 | 周艳冬 | 35.00 | 2014.12 | 4 | ppt/pdf |
| 16 | 建筑工程商务标编制实训 | 978-7-301-20804-5 | 钟振宇 | 35.00 | 2012.7 | 1 | ppt |
| 17 | 建筑工程安全管理(第2版) | 978-7-301-25480-6 | 宋 健等 | 42.00 | 2015.8 | 1 | ppt/pdf |
| 18 | 建筑工程质量与安全管理 | 978-7-301-16070-1 | 周连起 | 35.00 | 2014.12 | 8 | ppt/pdf/答案 |
| 19 | 施工项目质量与安全管理 | 978-7-301-21275-2 | 钟汉华 | 45.00 | 2012.10 | 2 | ppt/pdf/答案 |
| 20 | 工程造价控制(第2版) | 978-7-301-24594-1 | 斯 庆 | 32.00 | 2014.8 | 1 | ppt/pdf/答案 |
| 21 | 工程造价管理 | 978-7-301-20655-3 | 徐锡权等 | 33.00 | 2013.8 | 3 | ppt/pdf |
| 22 | 工程造价控制与管理 | 978-7-301-19366-2 | 胡新萍等 | 30.00 | 2014.12 | 4 | ppt/pdf |
| 23 | 建筑工程造价管理 | 978-7-301-20360-6 | 柴 琦等 | 27.00 | 2014.12 | 4 | ppt/pdf |
| 24 | 建筑工程造价管理 | 978-7-301-15517-2 | 李茂英等 | 24.00 | 2012.1 | 4 | pdf |
| 25 | 工程造价案例分析 | 978-7-301-22985-9 | 甄 凤 | 30.00 | 2013.8 | 2 | pdf/ppt |
| 26 | 建设工程造价控制与管理 | 978-7-301-24273-5 | 胡芳珍等 | 38.00 | 2014.6 | 1 | ppt/pdf/答案 |
| 27 | 建筑工程造价 | 978-7-301-21892-1 | 孙咏梅 | 40.00 | 2013.2 | 1 | ppt/pdf |
| 28 | ★建筑工程计量与计价(第3版) | 978-7-301-25344-1 | 肖明和等 | 65.00 | 2015.7 | 1 | pdf/ppt |
| 29 | ★建筑工程计量与计价实训(第3版) | 978-7-301-25345-8 | 肖明和等 | 29.00 | 2015.7 | 1 | pdf |
| 30 | 建筑工程计量与计价综合实训 | 978-7-301-23568-3 | 龚小兰 | 28.00 | 2014.1 | 2 | pdf |
| 31 | 建筑工程估价 | 978-7-301-22802-9 | 张 英 | 43.00 | 2013.8 | 1 | ppt/pdf |
| 32 | 建筑工程计量与计价——透过案例学造价(第2版) | 978-7-301-23852-3 | 张 强 | 59.00 | 2014.12 | 3 | ppt/pdf |
| 33 | 安装工程计量与计价(第3版) | 978-7-301-24539-2 | 冯 钢等 | 54.00 | 2014.8 | 4 | pdf/ppt |
| 34 | 安装工程计量与计价综合实训 | 978-7-301-23294-1 | 成春燕 | 49.00 | 2014.12 | 3 | pdf/素材 |
| 35 | 安装工程计量与计价实训 | 978-7-301-19336-5 | 景巧玲等 | 36.00 | 2013.5 | 4 | pdf/素材 |
| 36 | 建筑水电安装工程计量与计价 | 978-7-301-21198-4 | 陈连姝 | 36.00 | 2013.8 | 3 | ppt/pdf |
| 37 | 建筑与装饰工程工程量清单(第2版) | 978-7-301-25753-1 | 翟丽旻等 | 36.00 | 2015.5 | 1 | ppt |
| 38 | 建筑工程清单编制 | 978-7-301-19387-7 | 叶晓容 | 24.00 | 2011.8 | 2 | ppt/pdf |
| 39 | 建设项目评估 | 978-7-301-20068-1 | 高志云等 | 32.00 | 2013.6 | 2 | ppt/pdf |
| 40 | 钢筋工程清单编制 | 978-7-301-20114-5 | 贾莲英 | 36.00 | 2012.2 | 1 | ppt/pdf |
| 41 | 混凝土工程清单编制 | 978-7-301-20384-2 | 顾 娟 | 28.00 | 2012.5 | 1 | ppt/pdf |
| 42 | 建筑装饰工程预算(第2版) | 978-7-301-25801-9 | 范菊雨 | 44.00 | 2015.7 | 1 | pdf/ppt |
| 43 | 建设工程安全监理 | 978-7-301-20802-1 | 沈万岳 | 28.00 | 2012.7 | 1 | pdf/ppt |
| 44 | 建筑工程安全技术与管理实务 | 978-7-301-21187-8 | 沈万岳 | 48.00 | 2012.9 | 2 | pdf/ppt |
| 45 | 建筑工程资料管理 | 978-7-301-17456-2 | 孙 刚等 | 36.00 | 2014.12 | 5 | pdf/ppt |
| 46 | 建筑施工组织与管理(第2版) | 978-7-301-22149-5 | 翟丽旻等 | 43.00 | 2014.12 | 3 | ppt/pdf/答案 |
| 47 | 建设工程合同管理 | 978-7-301-22612-4 | 刘庭江 | 46.00 | 2013.6 | 1 | ppt/pdf/答案 |
| 48 | ★工程造价概论 | 978-7-301-24696-2 | 周艳冬 | 31.00 | 2015.1 | 2 | ppt/pdf/答案 |
| 49 | 建筑安装工程计量与计价实训(第2版) | 978-7-301-25683-1 | 景巧玲等 | 36.00 | 2015.7 | 1 | pdf |
| 建 筑 设 计 类 |
| 1 | 中外建筑史(第2版) | 978-7-301-23779-3 | 袁新华等 | 38.00 | 2014.2 | 2 | ppt/pdf |
| 2 | 建筑室内空间历程 | 978-7-301-19338-9 | 张伟孝 | 53.00 | 2011.8 | 1 | pdf |
| 3 | 建筑装饰CAD项目教程 | 978-7-301-20950-9 | 郭 慧 | 35.00 | 2013.1 | 2 | ppt/素材 |
| 4 | 室内设计基础 | 978-7-301-15613-1 | 李书青 | 32.00 | 2013.5 | 3 | ppt/pdf |
| 5 | 建筑装饰构造 | 978-7-301-15687-2 | 赵志文等 | 27.00 | 2012.11 | 6 | ppt/pdf/答案 |
| 6 | 建筑装饰材料(第2版) | 978-7-301-22356-7 | 焦 涛等 | 34.00 | 2013.5 | 2 | ppt/pdf |
| 7 | ★建筑装饰施工技术(第2版) | 978-7-301-24482-1 | 王 军 | 37.00 | 2014.7 | 3 | ppt/pdf |
| 8 | 设计构成 | 978-7-301-15504-2 | 戴碧锋 | 30.00 | 2012.10 | 2 | ppt/pdf |
| 9 | 基础色彩 | 978-7-301-16072-5 | 张 军 | 42.00 | 2011.9 | 2 | pdf |
| 10 | 设计色彩 | 978-7-301-21211-0 | 龙黎黎 | 46.00 | 2012.9 | 1 | ppt |
| 11 | 设计素描 | 978-7-301-22391-8 | 司马金桃 | 29.00 | 2013.4 | 2 | ppt |
| 12 | 建筑素描表现与创意 | 978-7-301-15541-7 | 于修国 | 25.00 | 2012.11 | 3 | Pdf |
| 13 | 3ds Max效果图制作 | 978-7-301-22870-8 | 刘 晗等 | 45.00 | 2013.7 | 1 | ppt |

| 序号 | 书名 | 书号 | 编著者 | 定价 | 出版时间 | 印次 | 配套情况 |
|---|---|---|---|---|---|---|---|
| 14 | 3ds max 室内设计表现方法 | 978-7-301-17762-4 | 徐海军 | 32.00 | 2010.9 | 1 | pdf |
| 15 | Photoshop 效果图后期制作 | 978-7-301-16073-2 | 脱忠伟等 | 52.00 | 2011.1 | 2 | 素材/pdf |
| 16 | 建筑表现技法 | 978-7-301-19216-0 | 张 峰 | 32.00 | 2013.1 | 2 | ppt/pdf |
| 17 | 建筑速写 | 978-7-301-20441-2 | 张 峰 | 30.00 | 2012.4 | 1 | pdf |
| 18 | 建筑装饰设计 | 978-7-301-20022-3 | 杨丽君 | 36.00 | 2012.2 | 1 | ppt/素材 |
| 19 | 装饰施工读图与识图 | 978-7-301-19991-6 | 杨丽君 | 33.00 | 2012.5 | 1 | ppt |
| 20 | 建筑装饰工程计量与计价 | 978-7-301-20055-1 | 李茂英 | 42.00 | 2013.7 | 3 | ppt/pdf |
| 21 | 3ds Max & V-Ray 建筑设计表现案例教程 | 978-7-301-25093-8 | 郑恩峰 | 40.00 | 2014.12 | 1 | ppt/pdf |
| **规 划 园 林 类** | | | | | | | |
| 1 | 城市规划原理与设计 | 978-7-301-21505-0 | 谭婧婧等 | 35.00 | 2013.1 | 1 | ppt/pdf |
| 2 | 居住区景观设计 | 978-7-301-20587-7 | 张群成 | 47.00 | 2012.5 | 1 | ppt |
| 3 | 居住区规划设计 | 978-7-301-21031-4 | 张 燕 | 48.00 | 2012.8 | 2 | ppt |
| 4 | 园林植物识别与应用 | 978-7-301-17485-2 | 潘利等 | 34.00 | 2012.9 | 1 | ppt |
| 5 | 园林工程施工组织管理 | 978-7-301-22364-2 | 潘利等 | 35.00 | 2013.4 | 1 | ppt/pdf |
| 6 | 园林景观计算机辅助设计 | 978-7-301-24500-2 | 于化强等 | 48.00 | 2014.8 | 1 | ppt/pdf |
| 7 | 建筑·园林·装饰设计初步 | 978-7-301-24575-0 | 王金贵 | 38.00 | 2014.10 | 1 | ppt/pdf |
| **房 地 产 类** | | | | | | | |
| 1 | 房地产开发与经营(第2版) | 978-7-301-23084-8 | 张建中等 | 33.00 | 2014.8 | 2 | ppt/pdf/答案 |
| 2 | 房地产估价(第2版) | 978-7-301-22945-3 | 张 勇等 | 35.00 | 2014.12 | 2 | ppt/pdf/答案 |
| 3 | 房地产估价理论与实务 | 978-7-301-19327-3 | 褚菁晶 | 35.00 | 2011.8 | 2 | ppt/pdf/答案 |
| 4 | 物业管理理论与实务 | 978-7-301-19354-9 | 裴艳慧 | 52.00 | 2011.9 | 2 | ppt/pdf |
| 5 | 房地产测绘 | 978-7-301-22747-3 | 唐春平 | 29.00 | 2013.7 | 1 | ppt/pdf |
| 6 | 房地产营销与策划 | 978-7-301-18731-9 | 应佐萍 | 42.00 | 2012.8 | 2 | ppt/pdf |
| 7 | 房地产投资分析与实务 | 978-7-301-24832-4 | 高志云 | 35.00 | 2014.9 | 1 | ppt/pdf |
| **市 政 与 路 桥 类** | | | | | | | |
| 1 | 市政工程计量与计价(第2版) | 978-7-301-20564-8 | 郭良娟等 | 42.00 | 2015.1 | 6 | pdf/ppt |
| 2 | 市政工程计价 | 978-7-301-22117-4 | 彭以舟等 | 39.00 | 2015.2 | 1 | ppt/pdf |
| 3 | 市政桥梁工程 | 978-7-301-16688-8 | 刘 江等 | 42.00 | 2012.10 | 2 | ppt/pdf/素材 |
| 4 | 市政工程材料 | 978-7-301-22452-6 | 郑晓国 | 37.00 | 2013.5 | 1 | ppt/pdf |
| 5 | 道桥工程材料 | 978-7-301-21170-0 | 刘水林等 | 43.00 | 2012.9 | 1 | ppt/pdf |
| 6 | 路基路面工程 | 978-7-301-19299-3 | 偶昌宝等 | 34.00 | 2011.8 | 1 | ppt/pdf/素材 |
| 7 | 道路工程技术 | 978-7-301-19363-1 | 刘 雨等 | 33.00 | 2011.12 | 1 | ppt/pdf |
| 8 | 城市道路设计与施工 | 978-7-301-21947-8 | 吴颖峰 | 39.00 | 2013.1 | 1 | ppt/pdf |
| 9 | 建筑给排水工程技术 | 978-7-301-25224-6 | 刘 芳等 | 46.00 | 2014.12 | 1 | ppt/pdf |
| 10 | 建筑给水排水工程 | 978-7-301-20047-6 | 叶巧云 | 38.00 | 2012.2 | 1 | ppt/pdf |
| 11 | 市政工程测量(含技能训练手册) | 978-7-301-20474-0 | 刘宗波等 | 41.00 | 2012.5 | 1 | ppt/pdf |
| 12 | 市政工程施工图案例图集 | 978-7-301-24824-9 | 陈忆琳等 | 45.00 | 2015.2 | 1 | pdf |
| 13 | 公路工程任务承揽与合同管理 | 978-7-301-21133-5 | 邱 兰等 | 30.00 | 2012.9 | 1 | ppt/pdf/答案 |
| 14 | ★工程地质与土力学(第2版) | 978-7-301-24479-1 | 杨仲元 | 41.00 | 2014.7 | 1 | ppt/pdf |
| 15 | 数字测图技术应用教程 | 978-7-301-20334-7 | 刘宗波 | 36.00 | 2012.8 | 1 | ppt |
| 16 | 水泵与水泵站技术 | 978-7-301-22510-3 | 刘振华 | 40.00 | 2013.5 | 1 | ppt/pdf |
| 17 | 道路工程测量(含技能训练手册) | 978-7-301-21967-6 | 田树涛等 | 45.00 | 2013.2 | 1 | ppt/pdf |
| 18 | 桥梁施工与维护 | 978-7-301-23834-9 | 梁 斌 | 50.00 | 2014.2 | 1 | ppt/pdf |
| 19 | 铁路轨道施工与维护 | 978-7-301-23524-9 | 梁 斌 | 36.00 | 2014.1 | 1 | ppt/pdf |
| 20 | 铁路轨道构造 | 978-7-301-23153-1 | 梁 斌 | 32.00 | 2013.10 | 1 | ppt/pdf |
| **建 筑 设 备 类** | | | | | | | |
| 1 | 建筑设备基础知识与识图(第2版) | 978-7-301-24586-6 | 靳慧征等 | 47.00 | 2014.12 | 3 | ppt/pdf/答案 |
| 2 | 建筑设备识图与施工工艺(第2版)(新规范) | 978-7-301-25254-3 | 周业梅 | 44.00 | 2015.8 | 1 | ppt/pdf |
| 3 | 建筑施工机械 | 978-7-301-19365-5 | 吴志强 | 30.00 | 2014.12 | 5 | pdf/ppt |
| 4 | 智能建筑环境设备自动化 | 978-7-301-21090-1 | 余志强 | 40.00 | 2012.8 | 1 | pdf/ppt |
| 5 | 流体力学及泵与风机 | 978-7-301-25279-6 | 王 宁等 | 35.00 | 2015.1 | 1 | pdf/ppt/答案 |

如您需要更多教学资源如电子课件、电子样章、习题答案等,请登录北京大学出版社第六事业部官网 www.pup6.cn 搜索下载。

如您需要浏览更多专业教材,请扫下面的二维码,关注北京大学出版社第六事业部官方微信(微信号:pup6book),随时查询专业教材、浏览教材目录、内容简介等信息,并可在线申请纸质样书用于教学。

感谢您使用我们的教材,欢迎您随时与我们联系,我们将及时做好全方位的服务。联系方式:010-62750667,yangxinglu@126.com, pup_6@163.com, lihu80@163.com,欢迎来电来信。客户服务 QQ 号:1292552107,欢迎随时咨询。